Heinz Kaufmann

Grundlagen der organischen Chemie

Neunte Auflage

1991
Birkhäuser Verlag
Basel · Boston · Berlin

DR. HEINZ KAUFMANN (geb. 1937) begann nach der Matura 1956 mit dem Chemiestudium an der Universität Basel. Unter Leitung von Prof. T. Reichstein Dissertation auf dem Gebiet der Herzglykoside und der Zuckerchemie. 1964 Promotion zum Dr. phil. II. 1962 bis 1965 Assistent von Prof. T. Reichstein. Nach einjährigem Studienaufenthalt am Institute for Steroid Research, Montefiore Hospital & Medical Center in New York, 1966 Eintritt als Forschungschemiker in die Ciba AG (jetzt Ciba-Geigy AG), Basel, Division Pharma.

Publikationen:
H. Kaufmann und L. Jecklin, *Grundlagen der anorganischen Chemie*,
12. Auflage 1991 (Birkhäuser Verlag, Basel · Boston · Berlin);

P. Wieland und H. Kaufmann, *Die Woodward-Hoffmann-Regeln, Einführung und Handhabung*, 1972 (UTB Band 88).

1. Auflage 1971, 1.–4. Tausend
9. Auflage 1991, 101.–110. Tausend

CIP-Titelaufnahme der Deutschen Bibliothek

Kaufmann, Heinz:
Grundlagen der organischen Chemie / Heinz Kaufmann. – 9.
Aufl., 101.–110. Tsd. – Basel ; Boston ; Berlin : Birkhäuser,
1991
ISBN 3-7643-2598-4

ISBN 3-7643-2598-4

Vorwort

Der Schwerpunkt dieser kurzen Einführung in die organische Chemie wurde bewußt auf die Behandlung der theoretischen Grundlagen gelegt. Nach einer eingehenden Besprechnung der Bindungsverhältnisse in organischen Verbindungen werden im Abschnitt «Isometrie und Stereochemie» die räumlichen Strukturen der Moleküle behandelt.

Ein weiterer Abschnitt faßt die wichtigsten organisch-chemischen Reaktionen auf Grund ihres Mechanismus in verschiedenen Reaktionstypen zusammen. Im Gegensatz zu einer auf der Systematik aufgebauten Beschreibung vieler einzelner Reaktionen führt dieses Vorgehen leichter zu einem Verständnis für die Grundprinzipien der organischen Chemie und soll es dem Leser ermöglichen, später in speziellere Gebiete einzudringen oder neue Entwicklungen zu verstehen.

Daß dieser Text nicht in herkömmlicher Weise auf der Systematik der organischen Verbindungen aufgebaut ist, will nicht heißen, daß dieses Gebiet vernachlässigt werden darf. Der letzte Abschnitt gibt einen Überblick über die wichtigsten Stoffklassen und die Regeln für deren Benennung. Dieser Abschnitt, der je nach Lehrprogramm auch zuerst studiert werden kann, soll während des Durcharbeitens der übrigen Kapitel zum Nachschlagen dienen.

Die vorliegende Einführung in die Grundlagen der organischen Chemie setzt einige Kenntnisse der allgemeinen und anorganischen Chemie voraus, etwa im Rahmen der bereits in 12. Auflage erschienenen *Grundlagen der anorganischen Chemie* von H. Kaufmann und L. Jecklin (Birkhäuser Verlag, Basel, Boston, Berlin, 1991). Außer für Studenten der Chemie in den ersten Semestern eignet sich diese Einführung für Medizin- und Pharmaziestudenten sowie für alle Studierenden der Naturwissenschaften, die Chemie als Nebenfach belegen, daneben aber auch für Absolventen von Ingenieurschulen und Gymnasiasten der naturwissenschaftlichen Richtung.

Eine größere Zahl von Übungsbeispielen mit Lösungen und ein ausführliches Sachwortregister sollen den Gebrauch des Textes zum Selbststudium oder als Repetitorium zur Examensvorbereitung erleichtern.
Herrn Dr. J. Kalvoda möchte ich auch an dieser Stelle für viele anregende Diskussionsbeiträge danken.

Basel, im Februar 1971 H. Kaufmann

Für die nun vorliegende neunte Auflage wurde der Text, von kleinen Korrekturen abgesehen, unverändert übernommen.

Basel, im November 1990 H. Kaufmann

Inhaltsverzeichnis

Einleitung

1. Definition der organischen Chemie

Der Begriff «organische Chemie» wurde erstmals von BERZELIUS zu Beginn des 19. Jahrhunderts verwendet. Damit bezeichnete er aus lebenden Organismen isolierte Verbindungen. Als besondere Eigenschaften dieser Substanzen erkannte man schon bald die Zusammensetzung aus nur wenigen Elementen (vor allem Kohlenstoff, Wasserstoff, Sauerstoff und Stickstoff), Brennbarkeit sowie Empfindlichkeit gegen Wärme, Säuren und Basen. Die Theorie, daß nur die lebende Zelle organische Verbindungen aufbauen könne, wurde von WÖHLER 1828 durch ein einfaches Experiment widerlegt: Beim Erhitzen des Salzes Ammoniumisocyanat entsteht die organische Verbindung Harnstoff:

$$NH_4OCN \xrightarrow{\Delta t} H_2N\text{–}CO\text{–}NH_2$$

Das war der Beginn der synthetischen organischen Chemie. Die Zahl der synthetisch hergestellten organischen Verbindungen ist schon seit langer Zeit größer als diejenige der aus natürlichen Quellen isolierten Verbindungen. Geblieben ist der Begriff «organische Verbindung» für Substanzen, die vorwiegend aus Kohlenstoff, Wasserstoff, Sauerstoff und Stickstoff aufgebaut sind, daneben aber auch noch andere Elemente wie z.B. Halogene, Schwefel, Phosphor, Silicium, Bor usw. enthalten können.

2. Unterschiede zwischen anorganischen und organischen Verbindungen

Die Tabelle zeigt einige der auffälligsten Unterschiede zwischen anorganischen und organischen Verbindungen. Obschon diese Aussagen für den größten Teil aller Verbindungen zutreffen, gibt es doch zahlreiche Ausnahmen. So sind Salze organischer Säuren und Basen ebenfalls wasserlöslich und leiten den elektrischen Strom. Manche organische Verbindungen, vor allem solche mit niedrigem Molekulargewicht (z. B. Ethanol) oder mit einer großen Zahl von polaren Substituenten wie OH-Gruppen (z. B. Glucose), sind in Wasser löslich.

Anorganische Verbindungen	Organische Verbindungen
Wasserlöslich	In Wasser unlöslich
In organischen Lösungsmitteln wie Ether, Alkohol, Aceton usw. unlöslich	In organischen Lösungsmitteln löslich
Hoher Schmelzpunkt	Schmelzpunkt meist < 350 °C
Schmelzen und Lösungen leiten den elektrischen Strom	Schmelzen und Lösungen sind nicht leitend
Ablauf der Reaktionen meist sehr schnell	Ablauf der Reaktionen häufig langsam

Die in der Tabelle beschriebenen Unterschiede lassen sich auf Grund der verschiedenen Bindungsverhältnisse erklären. In den anorganischen Verbindungen überwiegen die Ionenbindungen, während die Atome in organischen Molekülen durch Elektronenpaarbindungen miteinander verbunden sind:

$$NaCl + AgNO_3 \longrightarrow \downarrow \underline{AgCl} + NaNO_3$$

$$CH_3\text{–}CH_2\text{–}Cl + AgNO_3 \longrightarrow \text{keine Reaktion}$$

Das in den Salzen als Chlorid-Ion enthaltene Chlor kann als schwerlösliches AgCl ausgefällt werden. Beim kovalent gebundenen Chlor in organischen Verbindungen wie z.B. CH_3CH_2Cl ist das jedoch nicht möglich.

3. Sonderstellung des Kohlenstoffs

Die organische Chemie ist die Chemie des Kohlenstoffs. Die besonderen Eigenschaften dieses Elements, die es erlauben, damit eine so große Zahl von Verbindungen aufzubauen, lassen sich aus seiner Stellung im periodischen System ableiten. Beim Vergleich von einfachen Verbindungen des Kohlenstoffs mit solchen der benachbarten Elemente Bor und Stickstoff[1]) zeigt

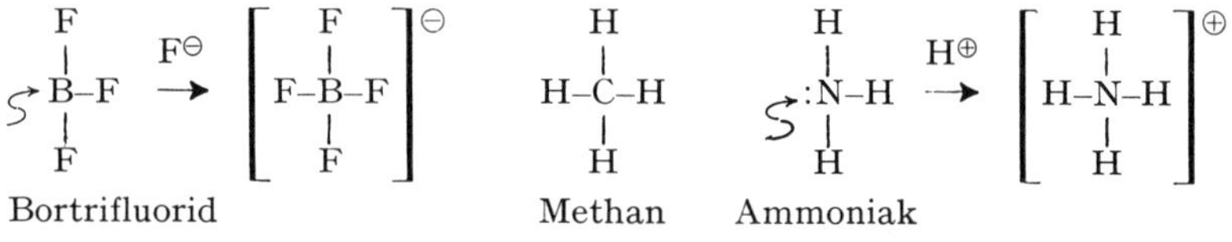

Bortrifluorid Methan Ammoniak

[1]) Die Striche zwischen den Elementsymbolen in den Formeln bedeuten Elektronenpaarbindungen.

sich, daß im Gegensatz zum neutralen Methanmolekül BF_3 eine LEWIS-Säure (Elektronenlücke) und NH_3 eine LEWIS-Base (einsames Elektronenpaar) ist. Obschon nach außen neutral, sind diese Moleküle koordinativ nicht abgesättigt und haben das Bestreben, ein zusätzliches passendes Teilchen anzulagern. Dabei entstehen Ionen.

Stellt man sich zudem Verbindungen vor, in denen die erwähnten Elemente Ketten bilden, so erhält man im Fall von Bor und Stickstoff entweder eine Reihe benachbarter koordinativ ungesättigter Zentren oder aber bei deren Absättigung Ladungsanhäufungen, die aus elektrostatischen Gründen unstabil sind. Die Fähigkeit, stabile Ketten zu bilden, ist eine der wichtigsten Eigenschaften des Kohlenstoffs.

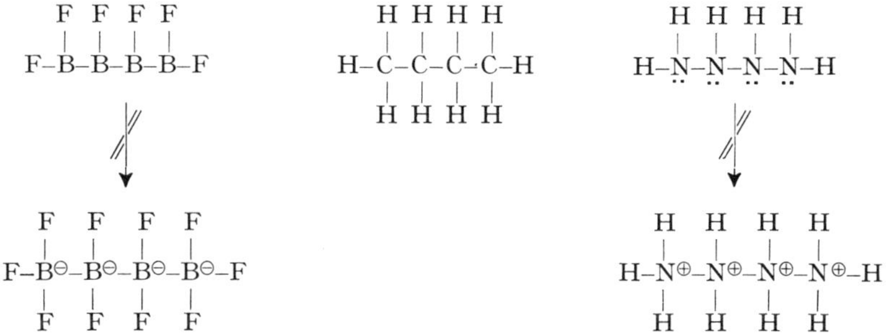

Auch das Silicium unterscheidet sich grundlegend vom maximal vierbindigen Kohlenstoff, da es Verbindungen mit der Koordinationszahl sechs bilden kann. Auf der äußersten, unvollständig besetzten Elektronenschale des Siliciums, der M-Schale, stehen neben den *s*- und *p*-Orbitalen auch *d*-Orbitale zur Verfügung, welche Elektronenpaare von weiteren Teilchen (hier z.B. von zwei F^--Ionen) aufnehmen können. Dabei entstehen koordinativ gesättigte, aber elektrisch geladene Komplexionen. Beim

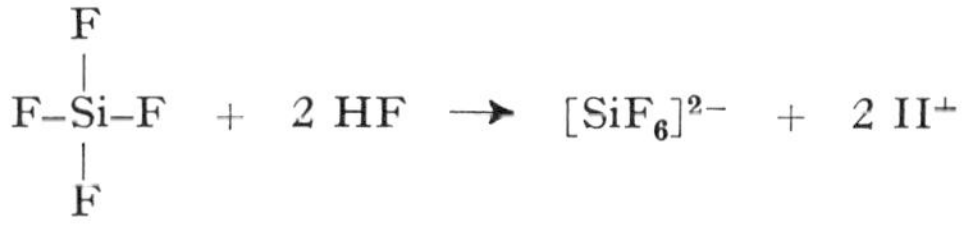

Kohlenstoff, dessen äußerste Elektronen sich auf der L-Schale befinden, gibt es diese Möglichkeit nicht, da dort keine *d*-Orbitale zur Verfügung stehen.

Zudem sind Si–Si-Bindungen schwächer als C–C-Bindungen und Si–O-Bindungen stärker als C–O-Bindungen. Das Silicium eignet sich daher weniger gut zum Aufbau langer Si-Ketten, bildet dagegen viele Verbindungen, die Si–O–Si–O–Si–...-Ketten enthalten (Silicate, Sand).

4. Elementaranalyse

Ein wichtiger Beitrag zur Entwicklung der organischen Chemie war die Ausarbeitung von Methoden zur qualitativen und quantitativen Analyse durch LAVOISIER. Damit konnte man zeigen, daß alle organischen Verbindungen Kohlenstoff und Wasserstoff, viele daneben auch Sauerstoff und Stickstoff enthalten.

Eine der wichtigsten Methoden zur Untersuchung unbekannter organischer Verbindungen ist die *Verbrennungsanalyse*. Dabei wird eine gewogene Menge der Substanz vollständig verbrannt, wobei CO_2 und Wasser entstehen:

$$C_5H_{10} \xrightarrow{O_2} 5\,CO_2 + 5\,H_2O$$

$$C_6H_{14}O \xrightarrow{O_2} 6\,CO_2 + 7\,H_2O$$

Der gesamte in der Verbindung enthaltene Kohlenstoff kann als CO_2, der gesamte Wasserstoff als H_2O aufgefangen und gewogen werden. Der Stickstoff aus N-haltigen Verbindungen liegt nach der Verbrennung als NO_2 vor, das nach der Absorption von CO_2 und H_2O über glühendem Kupferdraht reduziert und als N_2-Gas gemessen wird. Auch andere in organischen Verbindungen vorkommende Elemente können durch spezielle Bestimmungsmethoden erfaßt werden.

Beispiel 1: 3,921 mg einer Verbindung, die nur C, H und O enthält, liefert bei der Verbrennung 10,594 mg CO_2 und 4,338 mg H_2O. Da 44 g CO_2 (1 Mol) 12 g Kohlenstoff enthalten, entsprechen den 10,594 mg CO_2 $10{,}594 \cdot 12/44 = 2{,}899$ mg C. Analog folgt für den Gehalt an Wasserstoff (18 g = 1 Mol H_2O enthalten 2 g H) $4{,}338 \cdot 2/18 = 0{,}482$ mg H. Aus diesen Zahlen ergibt sich, daß die analysierte Probe von 3,921 mg zu 73,68% aus Kohlenstoff, zu 12,29% aus Wasserstoff und folglich zu 100–(73,68 + 12,29)% = 14,03% aus Sauerstoff besteht. Daraus kann die Bruttoformel berechnet werden:

Element	Prozentgehalt	:	Atomgewicht	=	Atomverhältnis		
C	73,68	:	12	=	6,14	: 0,88 =	6,97
H	12,29	:	1	=	12,29	: 0,88 =	13,97
O	14,03	:	16	=	0,88	: 0,88 =	1

Die erste Rechenoperation liefert das Atomverhältnis: Pro 0,88 Atome Sauerstoff enthält die Verbindung 12,29 Atome H und 6,14 Atome C. Da natürlich nur ganze Atome vorkommen können, werden diese Zahlenwerte durch 0,88 dividiert (als Divisor immer das kleinste Atomverhältnis wählen) und die Resultate auf ganze Zahlen abgerundet ($C_7H_{14}O$). Die geringfügigen Abweichungen von ganzen Zahlen kommen davon her, daß die Analysenwerte mit einem experimentellen Fehler behaftet sind[2]). Erhält man nach obiger Methode Werte, die ziemlich genau auf ,5 enden, z.B. $C_{3,5}H_3O$, so ist noch eine Multiplikation mit 2 auszuführen ($\rightarrow C_7H_6O_2$).
Die so erhaltenen Resultate sind nicht eindeutig, denn außer der in Beispiel 1 gefundenen Formel $C_7H_{14}O$ kommen auch ganzzahlige Vielfache davon ($C_{14}H_{28}O_2$, $C_{21}H_{42}O_3$) als Lösung in Frage. Für die sichere Bestimmung der Summenformel ist daher im Zweifelsfalle die Kenntnis des Molekulargewichts notwendig.
Beispiel 2: 4,421 mg einer aus C, H, O und N bestehenden Substanz (MG < 100) lieferten bei der Verbrennungsanalyse 8,940 mg CO_2, 4,140 mg H_2O und 0,569 ml N_2 (0 °C, 760 mm Hg). Durch dieselben Überlegungen wie bei Beispiel 1 findet man, daß die Substanzprobe 2,438 mg oder 55,14 % C sowie 0,460 mg oder 10,41 %H enthält. Für den Stickstoff gilt: 1 Mol N_2 = 28 g N_2 entspricht 22400 ml N_2. Daher entspricht den 0,569 ml N_2 (= 0,711 mg) ein Stickstoffgehalt von 16,08 %. Für den Sauerstoffgehalt folgt 100–(55,14 + 10,41 + 16,08) % = 18,37 %. Die Summenformel erhält man wieder durch Berechnung der Atomverhältnisse:

C	55,14	: 12	= 4,595	: 1,148 = 4
H	10,41	: 1	= 10,41	: 1,148 = 9,07
O	18,37	: 16	= 1,148	: 1,148 = 1
N	16,08	: 14	= 1,149	: 1,148 = 1

Die richtige Formel lautet demnach C_4H_9ON (MG 87).

Übung 1. Berechne Summenformeln auf Grund der folgenden analytischen Angaben:
a) Verbindung mit 72,44 % C, 9,26 % H und Sauerstoff.
b) Verbindung mit 68,57 % C, 8,61 % H und Sauerstoff, MG ca. 340.
c) Verbindung mit 77,15 % C, 10,42 % H, 5,81 % N und Sauerstoff.

[2]) Bei Bestimmungen von C, H und N ist in der Praxis auch bei reinsten Substanzen mit absoluten Fehlern von ± 0,2 % zu rechnen.

Übung 2. Aus den folgenden Ergebnissen von Verbrennungsanalysen sind die Summenformeln zu berechnen:
a) Eine Verbindung enthält C, H und O. 4,950 mg Substanz ergeben 14,308 mg CO_2 und 4,695 mg H_2O, MG < 200.
b) Eine Verbindung enthält C, H, N und O. 4,021 mg Substanz ergeben 8,945 mg CO_2 und 1,253 mg H_2O. Eine Probe von 4,311 mg liefert 0,231 ml N_2.
c) 3,903 mg einer C, H, N und O enthaltenden Verbindung ergaben 10,112 mg CO_2 und 2,319 mg H_2O. Aus 3,178 mg dieser Substanz wurden 0,414 ml N_2 erhalten.
Übung 3. Bei der Verbrennungsanalyse einer Substanz lieferten 3,670 mg der Verbindung 10,684 mg CO_2 und 3,377 mg H_2O. Als Summenformeln kommen $C_{31}H_{46}O_3$ und $C_{31}H_{48}O_3$ in Frage. Welche Formel ist die richtige ?

Bindungsverhältnisse in organischen Molekülen

5. Der vierbindige Kohlenstoff

5.1. Atomorbitale

Bei den in organischen Verbindungen am häufigsten vorkommenden Elementen sind nur die K- und L-Schalen mit Elektronen besetzt. Die beiden Elektronen der K-Schale befinden sich im kugelförmigen 1*s*-Orbital (Fig. 2). Alle vier Orbitale, welche die acht Elektronen der L-Schale aufnehmen, sind durch eine Knotenfläche zweigeteilt. Das 2*s*-Orbital ist wie das 1*s*-Orbital kugelsymmetrisch, aber durch eine Knotenkugel unterteilt (Fig. 1). Die drei 2*p*-Orbitale sind hantelförmige Gebilde, die entlang der drei Achsen des Koordinatensystems angeordnet sind (Fig. 1)[1]. Jedes dieser Orbitale kann zwei Elektronen mit antiparallelem Spin aufnehmen.

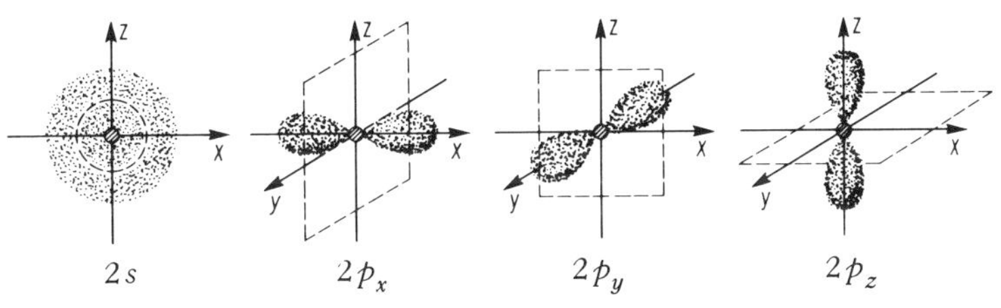

Fig. 1. Die Atomorbitale der L-Schale. Das 2*s*-Orbital ist im Querschnitt abgebildet. Der kleine schraffierte Kreis symbolisiert den Atomkern. Die Knotenflächen sind gestrichelt angegeben: Knotenkugel beim 2*s*-Orbital, Knotenebenen bei den 2*p*-Orbitalen.

5.2. Elektronenpaarbindungen, Molekülorbitale

Bei der Bildung eines H_2-Moleküls aus zwei Wasserstoffatomen überlappen sich die beiden 1*s*-Atomorbitale. Es entsteht eine neue Elektronenwolke, welche beide Atomkerne umhüllt und deshalb als Molekülorbital bezeichnet wird. Diese Elektronenwolke enthält das bindende Elektronenpaar und hat im Raum

[1]) Die *p*-Orbitale sollten eigentlich in Form von zwei Kugeln dargestellt werden. Eine leicht verzerrte Form wird zur Erreichung übersichtlicherer Darstellungen bevorzugt. Zur Bedeutung dieser Orbitale vgl. S. 45.

zwischen den beiden Atomkernen ihre größte Dichte (Fig. 2):

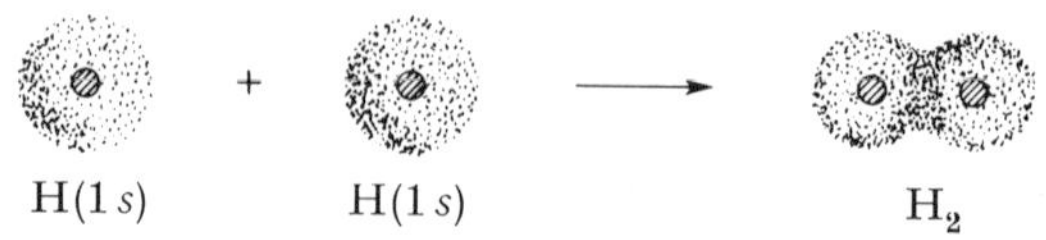

Fig. 2. Bildung eines H_2-Molekülorbitals.

Die Stärke einer Elektronenpaarbindung hängt vom Grad der Überlappung und damit von der Form der beteiligten Atomorbitale ab. Im Fall der kugelsymmetrischen 1*s*-Orbitale von H-Atomen ist die Überlappung nicht allzugroß. Stärkere Bindungen entstehen unter Beteiligung von *p*-Orbitalen (vgl. Fußnote S. 20), beispielsweise bei der Bildung eines F_2-Moleküls aus zwei Fluoratomen (Elektronenkonfiguration $1s^2\ 2s^2\ 2p_x^2\ 2p_y^2\ 2p_z$). Die Bindung entsteht durch Überlappung der beiden nur einfach besetzten $2p_z$-Orbitale (in Fig. 3 durch Fettdruck hervorgehoben, die kugelförmigen *s*-Orbitale sind weggelassen):

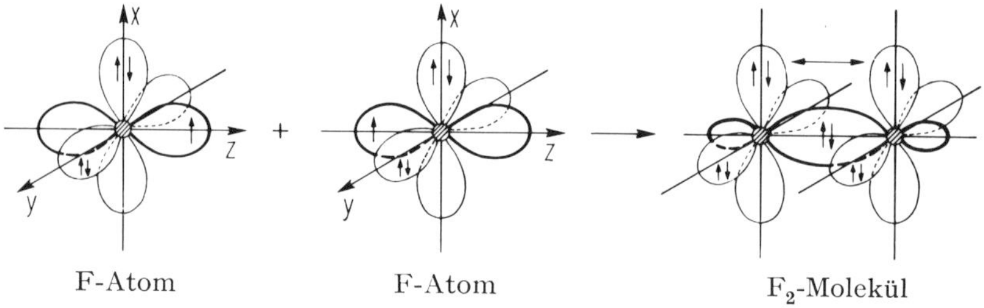

Fig. 3. Bildung von F_2 aus zwei F-Atomen.

Die *p*-Orbitale können stärker mit anderen Orbitalen überlappen als *s*-Orbitale. Sie haben im Kern eine Knotenebene (Fig. 1). Deshalb sind die *p*-Elektronen im Durchschnitt weiter vom Kern entfernt und werden von diesem nicht so stark angezogen wie die *s*-Elektronen. Das gibt den *p*-Orbitalen eine größere Deformierbarkeit. Wichtig ist aber auch, daß im Gegensatz zum kugelsymmetrischen *s*-Orbital das *p*-Orbital in der Richtung der zu bildenden Bindung angeordnet ist, hier z. B. entlang der *z*-Achse.

5.3. Das Methanmolekül, sp^3-Hybridisierung

Das Kohlenstoffatom weist im *Grundzustand* in der L-Schale zwei 2*s*- und zwei 2*p*-Elektronen auf. In dieser Form könnte das über nur zwei ungepaarte Elektronen verfügende Atom (Fig. 4a) nur zwei Bindungen eingehen. Durch Energiezufuhr ist es aber möglich, eines der $2s$-Elektronen in das noch leere $2p_z$-Orbital zu bringen (Fig. 4b). In diesem *angeregten Zustand* stehen nun vier unpaarige Elektronen für die Ausbildung von Bindungen zur Verfügung.

Fig. 4. *a* Kohlenstoff, Grundzustand; *b* Kohlenstoff, angeregter Zustand.

Auf Grund von Fig. 4b müßte man für das Methanmolekül CH_4 zwei Typen von Bindungen erwarten: Eine Bindung, entstanden durch Überlappung des $2s$-Orbitals des Kohlenstoffs mit dem $1s$-Orbital eines Wasserstoffatoms und drei weitere Bindungen, die durch die Kombination von Wasserstoff-$1s$-Orbitalen mit den drei $2p$-Orbitalen des Kohlenstoffs gebildet wurden. Die drei letztgenannten Bindungen wären gleichwertig und senkrecht zueinander angeordnet; die vierte Bindung wäre in ihrer Richtung nicht festgelegt, da sie durch die Überlappung zweier kugelförmiger Orbitale entstehen würde. Durch verschiedene physikalisch-chemische Messungen konnte jedoch gezeigt werden, daß die vier Elektronenpaarbindungen im CH_4-Molekül absolut gleichwertig sind und das Molekül vollkommen symmetrisch ist. Fig. 4b vermag also die wirklichen Verhältnisse nicht wiederzugeben.

Zur Erklärung dieses Befundes stellt man sich vor, daß die vier Orbitale der L-Schale *hybridisiert* (gemischt oder gekreuzt) werden (Fig. 5a→b), wobei vier neue, energiegleiche Orbitale entstehen. Da sie aus einem s- und drei p-Orbitalen gebildet werden, bezeichnet man sie als sp^3-Orbitale.

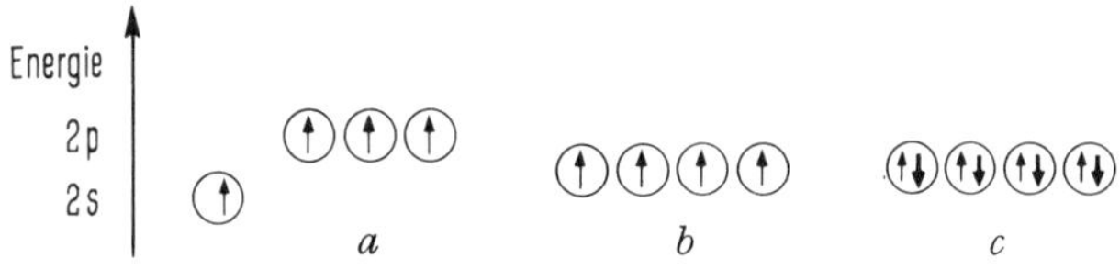

Fig. 5. *a* Kohlenstoff, angeregter Zustand; *b* Kohlenstoff, sp^3-hybridisiert; *c* CH_4.

Die Form dieser neuen Orbitale läßt sich berechnen (Fig. 6a). Eine gewisse Ähnlichkeit mit einem *p*-Orbital besteht, doch sind hier die beiden Lappen des Orbitals verschieden groß. Bindungen werden mit dem größeren Lappen der sp^3-Orbitale gebildet. Dabei ist eine stärkere Überlappung, z.B. mit einem Wasserstoff-1*s*-Orbital, möglich als bei der Kombination zwischen einem gewöhnlichen 2*p*- und einem 1*s*-Orbital (Fig. 6d). So entsteht eine

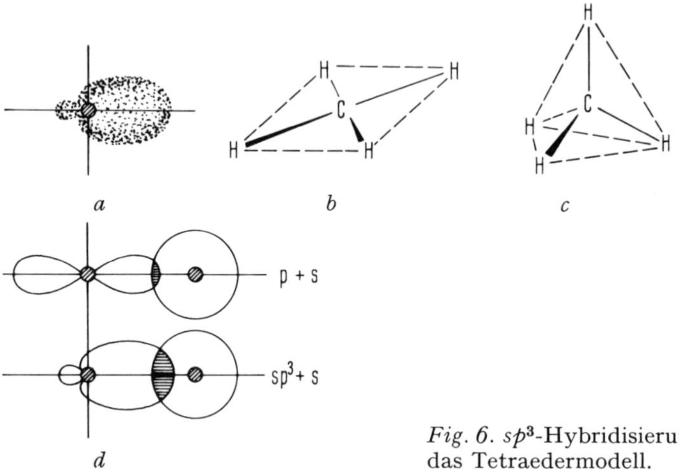

Fig. 6. sp^3-Hybridisierung, das Tetraedermodell.

starke Bindung, es wird viel Bindungsenergie frei[2]), und der Energieaufwand für den Übergang vom Grundzustand (Fig. 4a) zum angeregten, sp^3-hybridisierten Zustand (Fig. 5b) wird mehr als wettgemacht. Mit dem sp^3-hybridisierten C-Atom können also mehr und bessere Bindungen gebildet werden als mit dem Kohlenstoffatom im Grundzustand.

Für die geometrische Form des symmetrisch gebauten CH_4-Moleküls gibt es zunächst zwei Möglichkeiten: ein Quadrat (Fig. 6b) oder ein Tetraeder (Fig. 6c). Da die in den sp^3-Orbitalen

[2]) Daß die Bindungsenergie außer von der Art der beteiligten Orbitale auch noch von anderen Faktoren abhängig ist, zeigt der Vergleich der Bindungsenergien von H_2 (*s*–*s*-Bindung, 104 kcal/Mol) und F_2 (*p*–*p*-Bindung, 37 kcal/Mol). Bei der Annäherung der kleinen Fluoratome kommt es wegen der Abstoßung zwischen den Elektronenpaaren in den senkrecht zur Bindungsachse stehenden *p*-Orbitalen (⟷ in Fig. 3) nicht zur maximal möglichen Überlappung der beiden bindenden p_z-Orbitale. Daher ist die F–F-Bindung relativ schwach (vgl. dazu: HF, *s*–*p*-Bindung, 135 kcal/Mol).

des Kohlenstoffs enthaltenen Elektronen sich gegenseitig abstoßen, wird diejenige geometrische Form bevorzugt, bei der die vier sp^3-Orbitale so weit wie möglich voneinander entfernt sind, also das Tetraeder (Bindungswinkel 109,5°).
Bindungen, die unter Beteiligung von *p*- oder Hybridorbitalen zustande kommen, sind *gerichtet*. Die Art der Orbitale und deren Anordnung im Raum bestimmen die Molekülgeometrie. Einzig bei den kugelsymmetrischen *s*-Orbitalen ist die Richtung, in der Bindungen gebildet werden, unbestimmt.

5.4. Ketten und Ringe

Jede Verbindung, in der Kohlenstoff mit vier anderen Atomen verbunden ist, hat also die Form eines Tetraeders. Deshalb besitzt z.B. *n*-Butan C_4H_{10} eine gewinkelte Struktur (**2a,b**), die aus vereinfachten Strukturformeln wie **1** nicht ersichtlich ist.

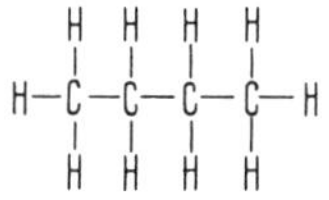

1

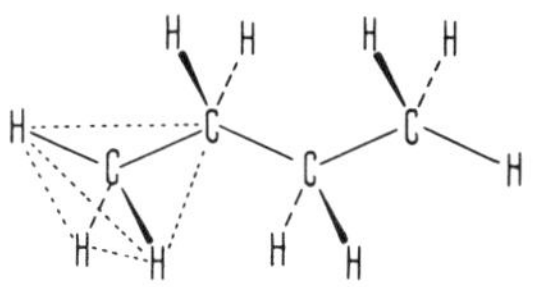

2a

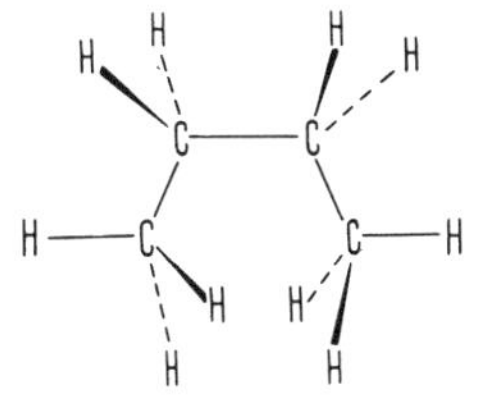

2b

In der perspektivischen Schreibweise liegen alle Atome, die durch ausgezogene Linien miteinander verbunden sind, in der Papierebene, fett gezeichnete Bindungen ragen daraus nach vorn, gestrichelt angegebene nach hinten heraus. Es ist leicht zu sehen, daß jedes C-Atom vierbindig ist und daß die vier Bindungen jedesmal zu den Ecken eines Tetraeders weisen.
Das Molekül ist um alle Bindungen frei drehbar. Die Formeln **2a** und **2b** stellen zwei mögliche Formen des *n*-Butan-Moleküls dar. **2b** entsteht aus **2a**, wenn die eine Molekülhälfte um 180° gedreht wird. In Wirklichkeit kommt das *n*-Butan in beiden Formen und allen bei der Drehung zu durchlaufenden Zwischenzuständen vor, da das Molekül ständig um alle Einfachbindungen rotiert. Die Formeln **2a** und **2b** zeigen zwei verschiedene *Konformationen* (Kapitel 16) von *n*-Butan. Solange nicht zusätzliche Einflüsse die eine oder andere Konformation begünstigen, gibt es zwischen den verschiedenen Konformeren einer Verbindung keine physikalischen und chemischen Unterschiede.

Bei größeren Molekülen nimmt die Zahl der möglichen Konformationen zu. Im gasförmigen Zustand oder in Lösung sind alle möglichen Konformeren vertreten. Im festen Zustand wird jedoch durch regelmäßiges Über- und Nebeneinanderschichten nur einer bestimmten Molekülform ein Molekülgitter aufgebaut (Fig. 7).

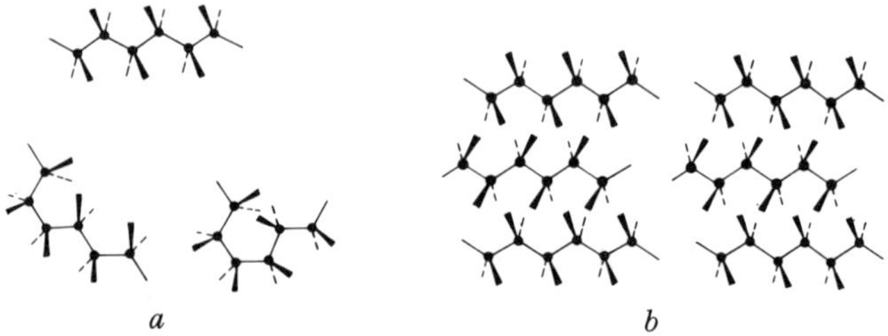

a *b*

Fig. 7. a Einige Konformere von C_6H_{14}; *b* mögliche Anordnung der C_6H_{14}-Moleküle im Molekülgitter.

Mit vierbindigen Kohlenstoffatomen kann man auch Ringe aufbauen. Berücksichtigt man, daß im Cyclohexan **3** wieder jedes C-Atom tetraedrisch gebaut sein soll, so ergibt sich an Stelle einer ebenen Molekülform wie **3a** die räumliche Anordnung **3b** (hier und in den folgenden Formeln werden die C-Atome nicht mehr ausgeschrieben, vgl. S. 199).

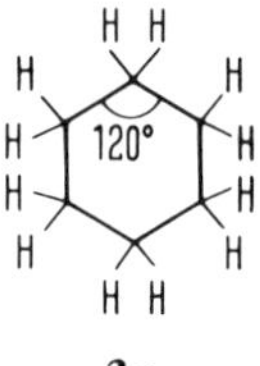

3a

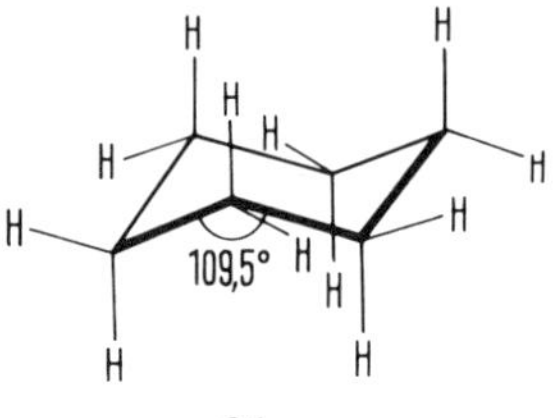

3b

Fünfgliedrige Ringe (z.B. Cyclopentan **4**) sind fast eben gebaut. Zur Erreichung der Tetraederwinkel von 109,5° genügt eine geringfügige Deformation des regelmäßigen Fünfecks (mit Winkeln von 108°). Dabei entsteht die in Formel **4** dargestellte Konformation, die oft mit einem Briefumschlag verglichen wird. Kleinere Ringe aus drei oder vier Kohlenstoffatomen lassen sich nur unter Deformation der Tetraederwinkel bilden. Die Winkel zwischen den C–C-Bindungen im Cyclobutan (**5**) betragen noch 90° (unter Annahme einer ebenen Form, vgl. aber S. 73), im Cyclopropan (**6**) sogar nur noch 60° an Stelle des Tetraederwinkels von 109,5°. Diese Ringe sind *gespannt* und weniger stabil als Ringverbindungen wie **3** oder **4**, bei denen sich die normalen Tetraederwinkel ausbilden können (vgl. Kapitel 17).

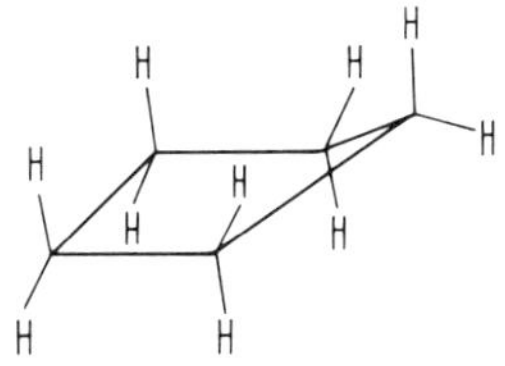
4

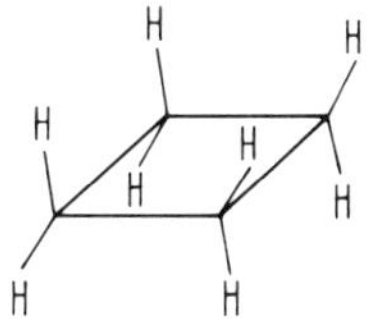
5

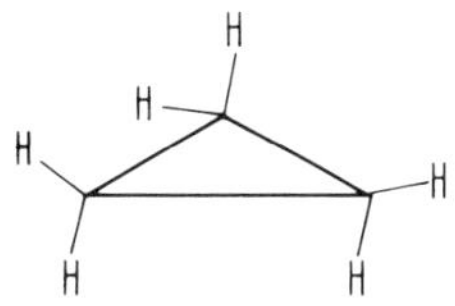
6

5.5. Polarisierte Bindungen

Bilden zwei gleiche Atome, z.B. zwei Kohlenstoffatome, durch Überlappung von je einem *sp*³-Orbital eine Bindung, so entsteht ein symmetrisches Molekülorbital:

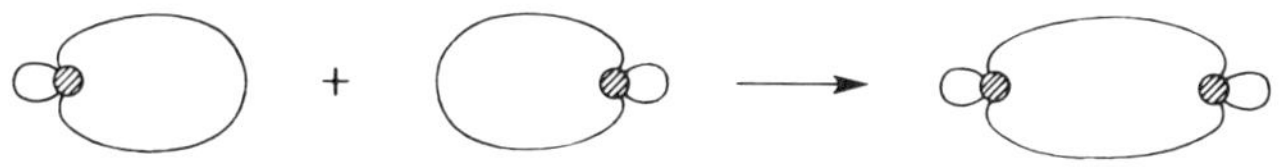

*sp*³-Orbital von Kohlenstoff — *sp*³-Orbital von Kohlenstoff — symmetrische C–C-Bindung

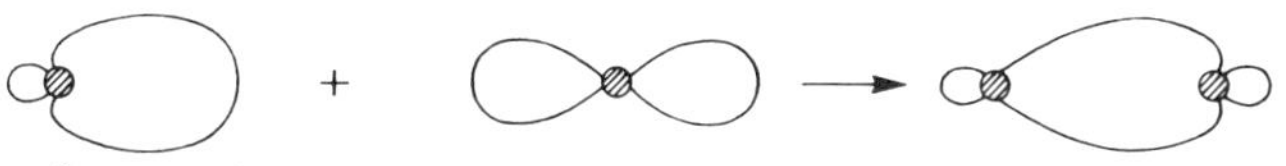

*sp*³-Orbital von Kohlenstoff — *p*-Orbital von Fluor — asymmetrische C–F-Bindung

Bei Bindungen zwischen Atomen verschiedener Elektronegativität zieht der stärker elektronegative Partner das bindende Elektronenpaar etwas auf seine Seite. Damit wird die Ladungsverteilung über der Bindung asymmetrisch: Beim elektronegativeren Atom ist die Elektronendichte größer, es entsteht dort eine partielle negative Ladung $\delta^{\ominus}$. Beim anderen Bindungspartner ergibt sich dagegen wegen der geringeren Elektronendichte eine partielle positive Ladung $\delta^{\oplus}$:

$$\overset{\delta^{\oplus}}{H_3C}\!-\!\overset{\delta^{\ominus}}{F}$$

6. sp²-hybridisierter Kohlenstoff, Doppelbindungen

6.1. σ- und π-Bindungen

In vielen organischen Verbindungen ist das Kohlenstoffatom nur mit drei weiteren Atomen verknüpft, mit einem davon durch eine Doppelbindung, die in den Strukturformeln durch einen doppelten Bindungsstrich wiedergegeben wird:

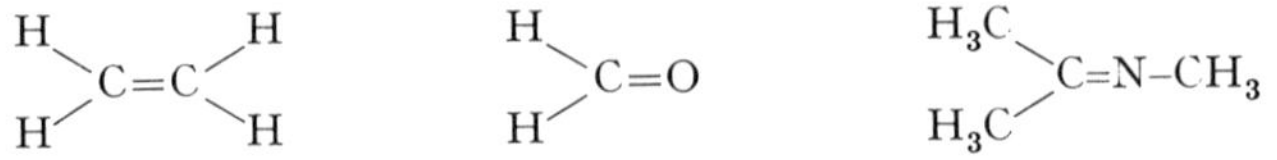

Bei diesen C-Atomen ist durch Kombination des 2*s*-Orbitals und nur zwei der drei vorhandenen 2*p*-Orbitale eine andere Hybridisierung eingetreten. Dabei entstehen drei neue Orbitale, die als *sp*²-Orbitale bezeichnet werden. Sie haben eine sehr ähnliche Form wie die *sp*³-Orbitale (Fig. 8a).

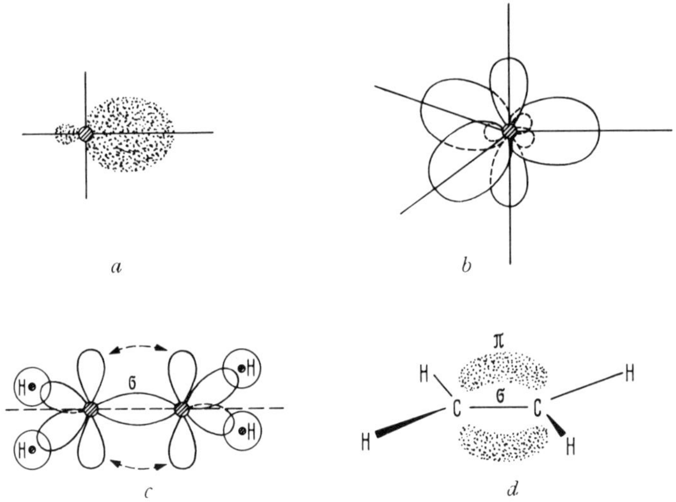

Fig. 8. *sp*²-Hybridisierung.

Fig. 8b zeigt die Geometrie eines *sp*²-hybridisierten Kohlenstoffatoms: Die drei *sp*²-Orbitale liegen in einer Ebene, wobei die Achsen der Orbitale Winkel von 120° einschließen. Das übriggebliebene *p*-Orbital steht senkrecht auf dieser Ebene. Im Ethylenmolekül $H_2C{=}CH_2$ (Fig. 8c) braucht jedes der beteiligten C-Atome eines der *sp*²-Orbitale zur Bildung der C–C-Bindung und die beiden andern, um durch Überlappung mit den *s*-Orbitalen von Wasserstoffatomen die C–H-Bindungen zu bilden. Bei allen diesen Bindungen ist die Überlappung zwischen den Orbitalen in Richtung der Symmetrieachse der Orbitale erfolgt. Bindungen, bei denen die Überlappung auf der Verbindungs-

geraden zwischen den Kernen stattfindet, werden als *σ-Bindungen* bezeichnet.
Die beiden übriggebliebenen *p*-Orbitale stehen parallel zueinander und, wenn sich die σ-Bindung zwischen den beiden Kohlenstoffatomen gebildet hat, so nahe nebeneinander, daß sie sich seitlich überlappen können (←--→ in Fig. 8c). Dadurch entsteht aus den beiden je ein Elektron enthaltenden *p*-Orbitalen ein neues, doppelt besetztes Orbital. Dieses besteht aus zwei Elektronenwolken, von denen die eine über und die andere unter der aus den C- und H-Atomen gebildeten Molekülebene liegt. Eine solche, durch seitliche Überlappung von *p*-Orbitalen entstandene Bindung wird als *π-Bindung* bezeichnet. Der Überlappungsgrad zwischen den Orbitalen ist dabei geringer als bei der C–C-σ-Bindung. Deshalb ist eine π-Bindung weniger stabil und reaktionsfähiger als eine σ-Bindung.
Ein sp^2-hybridisertes C-Atom und die drei damit verbundenen Atome liegen immer in einer Ebene, wobei die drei σ-Bindungen Winkel von 120° einschließen (z.B. Formaldehyd $H_2C{=}O$, Fig. 9a).

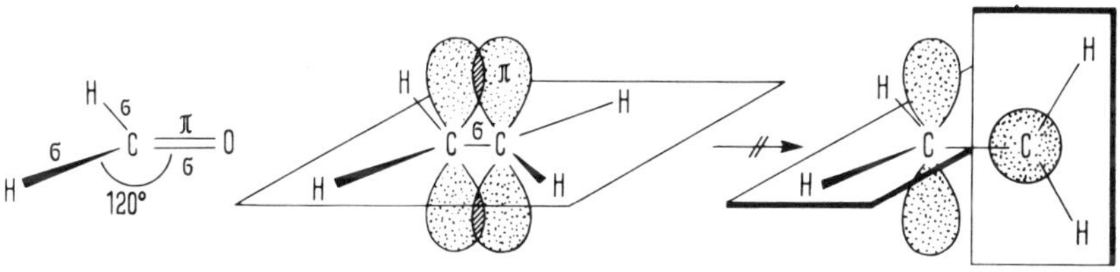

a *b*

Fig. 9. Molekülgeometrie von Formaldehyd und Ethylen.

Eine Drehung um die Doppelbindung des Ethylenmoleküls, wie sie in Fig. 9b angedeutet ist, könnte nur unter Auflösung der π-Bindung erfolgen. Diese energetisch sehr ungünstige Vorgang findet nicht statt.

6.2. Polarisierte Doppelbindungen

Im Gegensatz zu Doppelbindungen zwischen gleichartigen Atomen mit symmetrischer Elektronenverteilung zieht der elektronegativere Bindungspartner bei Doppelbindungen wie C=O, C=N neben den Elektronen der σ-Bindung vor allem die leichter beweglichen Elektronen der π-Bindung auf seine Seite.

In Formeln können diese polarisierten Doppelbindungen wie folgt symbolisiert werden (S. 23):

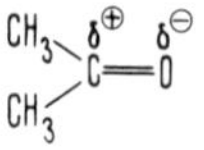
oder
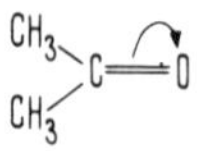

Aceton

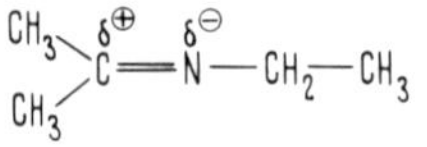

N-Ethyl-aceton-imin

Die Kenntnis dieser Verhältnisse erlaubt oft Voraussagen über den Verlauf von chemischen Reaktionen (z.B. S. 98, 103, 191).

6.3. Kohlenstoffionen und Radikale

Auch in der organischen Chemie kommen Ionen vor, die jedoch im Gegensatz zu den anorganischen Ionen meist instabil sind. In diesen Molekülionen kann der Kohlenstoff eine positive (*Carboniumionen*[3]) oder eine negative (*Carbanionen*) Ladung tragen.

Carboniumionen stellt man sich sp^2-hybridisiert vor, wobei das senkrecht auf der Molekülebene stehende p-Orbital leer ist:

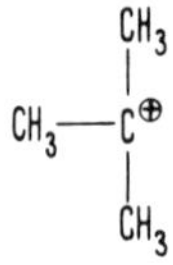

1

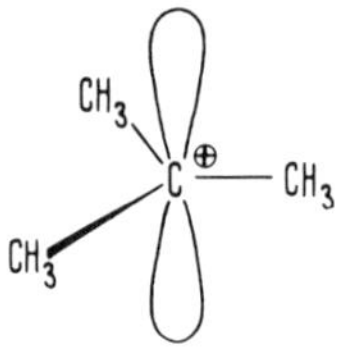

1a

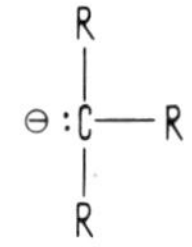

2

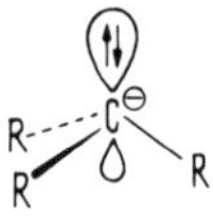

2a

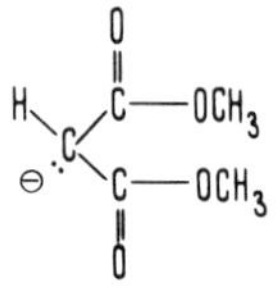

2b

Das *tert.*-Butylion **1** ist somit eben gebaut (**1a**). Das zentrale C-Atom besitzt nur ein Elektronensextett und ist daher sehr reaktionsfähig. Ein solches Carboniumion wird rasch mit geeigneten Teilchen reagieren und dabei wieder in ein ungeladenes Molekül übergehen, z.B.

$$\begin{array}{c} CH_3 \\ | \\ CH_3\text{–}C^{\oplus} \\ | \\ CH_3 \end{array} \quad + \quad H_2O \quad \longrightarrow \quad \begin{array}{c} CH_3 \\ | \\ CH_3\text{–}C\text{–}OH \\ | \\ CH_3 \end{array} \quad + \quad H^{\oplus}$$

[3]) Bezeichnung in Analogie zu Ammoniumionen NH_4^+, Bromoniumionen Br^+ usw. Daneben wird auch die Bezeichnung *Carbeniumionen* verwendet.

In der Reihe

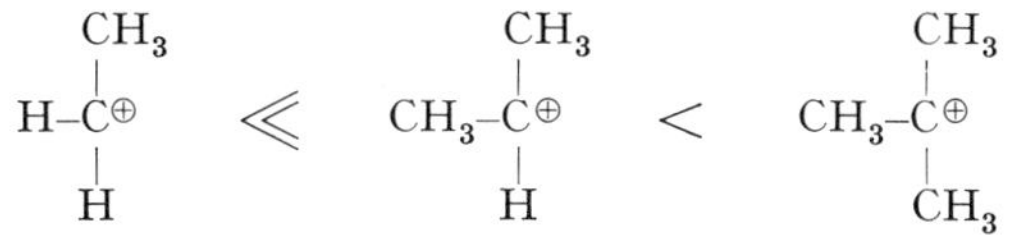

primäres sekundäres tertiäres Carboniumion[4])

nimmt die Stabilität von links nach rechts zu, da die positive Ladung auf dem zentralen C-Atom durch den induktiven Effekt (S. 86) der Alkylgruppen stabilisiert wird.

Carbanionen (**2**) treten in *sp*³-hybridisierter Form auf. In der Tetraederstruktur **2a** ist eines der *sp*³-Orbitale mit dem einsamen Elektronenpaar besetzt. Diese Ionen sind außerordentlich reaktionsfähig und koordinieren sehr rasch positiv geladene Teilchen:

$$R_3C{:}^{\ominus} + H_2O \rightarrow R_3C{-}H + OH^{\ominus}$$

Etwas stabiler sind Carbanionen, die durch Mesomerie (Kapitel 11) stabilisiert sind. Diese Carbanionen dürften eben gebaut sein, damit das im *p*-Orbital eines *sp*²-hybridisierten C-Atoms untergebrachte einsame Elektronenpaar mit den *π*-Orbitalen direkt benachbarter Doppelbindungen (z. B. in **2b** mit den Carbonylgruppen) wirkungsvoll in Wechselwirkung treten kann.

Radikale sind Atome oder Moleküle, die ungepaarte Elektronen besitzen. Sie entstehen fast immer durch Homolyse: Eine Elektronenpaarbindung wird durch Zuführen von Energie (Wärme, Licht) gespaltet. Das einzelne Elektron wird in Strukturformeln durch einen Punkt symbolisiert:

$$Cl{-}Cl \xrightarrow{h\nu} 2\,Cl\cdot$$

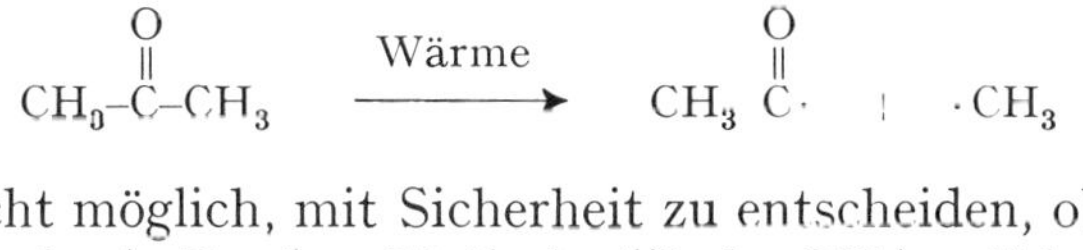

Es ist nicht möglich, mit Sicherheit zu entscheiden, ob Kohlenstoffradikale (z.B. das Methylradikal $\cdot CH_3$) *sp*³-hybridisiert (**3a**, das einzelne Elektron befindet sich in einem der *sp*³-Orbitale) oder *sp*²-hybridisiert (**3b**, das ungepaarte Elektron befindet sich im *p*-Orbital) sind.

[4]) Die Klassifikation der Carboniumionen entspricht derjenigen der Alkohole (S. 206).

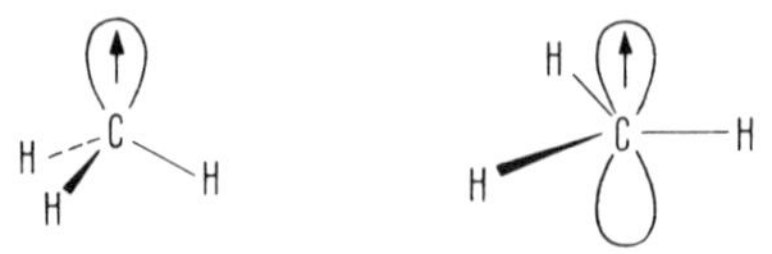

3a **3b**

Für C-Radikale gilt die gleiche Stabilitätsreihe wie für Carboniumionen. Die für Radikale typischen Reaktionen werden in Kapitel 27 behandelt.

7. *sp*-hybridisierter Kohlenstoff, Dreifachbindungen

Die Kombination des 2*s*-Orbitals mit nur einem der 2*p*-Orbitale zu zwei *sp*-Orbitalen ist eine weitere Hybridisierungsmöglichkeit. Fig. 10a zeigt die Form eines *sp*-Orbitals. Die beiden *sp*-

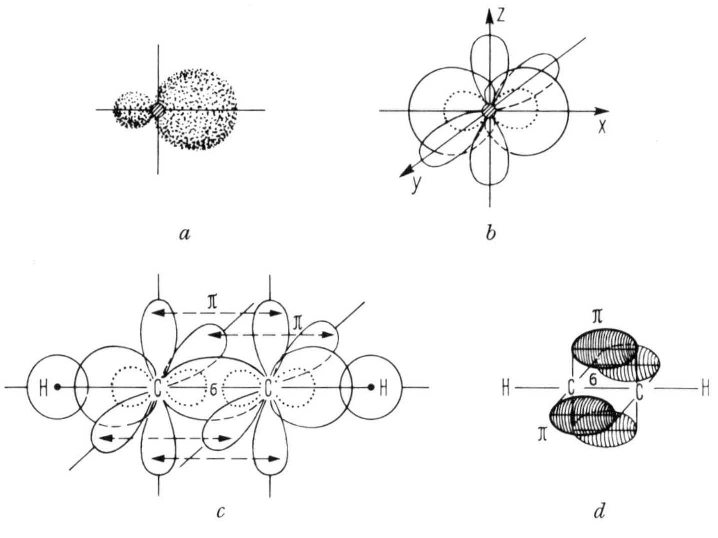

Fig. 10. sp-Hybridisierung.

Orbitale nehmen voneinander möglichst weit entfernte Stellungen ein (Fig. 10b): sie sind längs einer Geraden, z.B. der x-Achse, zu beiden Seiten des Kerns angeordnet. Die beiden unverändert gebliebenen *p*-Orbitale liegen auf den y- und z-Achsen. Beim Kohlenstoff ist jedes dieser Orbitale mit einem Elektron besetzt und kann sich an einer Bindung beteiligen. Fig. 10c zeigt die Bindungsverhältnisse im Acetylenmolekül H–C≡C–H: Die *sp*-

Orbitale von zwei *sp*-hybridisierten Kohlenstoffatomen bilden die C–C- und die beiden C–H-Bindungen (σ-Bindungen). Die übriggebliebenen *p*-Orbitale können durch seitliche Überlappung zwei π-Bindungen bilden (←--→ in Fig. 10c). Man kann sich diese aus vier Elektronenwolken zusammengesetzt vorstellen, die über, unter, vor und hinter der C–C-σ-Bindung angeordnet sind (Fig. 10d). Die Zeichnungen zeigen auch, daß die an einer Dreifachbindung beteiligten Atome und ihre Nachbarn immer auf einer Geraden liegen.

8. Vergleich der Einfach-, Doppel- und Dreifachbindungen

8.1. Bindungslängen

Für die Bindungslängen von C–C-Bindungen wurden folgende Werte gefunden:

—C—C— (C–C)	>C=C<	—C≡C—
1,55 Å	1,34 Å	1,20 Å

Viele Moleküle enthalten Bindungen, deren Länge von den obigen Werten abweicht. Beim 1,3-Butadien ist die Einfachbindung zwischen den beiden mittleren C-Atomen verkürzt. Diese Bindung ist jedoch nicht eine normale Einfachbindung. Eine solche kommt nur zustande, wenn sich sp^3-Orbitale von zwei C-Atomen (Beispiel Ethan CH_3–CH_3) überlappen. Die an der Einfachbindung im 1,3-Butadien beteiligten C-Atome sind jedoch sp^2-hybridisiert (vgl. Kapitel 10.1.).

$$H_2C{=}CH \overset{1{,}48\ \text{Å}}{\text{———}} CH{=}CH_2$$

1,3-Butadien

8.2. *s*- und *p*-Charakter von Bindungen

Den aus *s*- und *p*-Orbitalen entstandenen Hybridorbitalen kann man einen gewissen Anteil an *s*- und *p*-Charakter zuschreiben, der sich danach bemißt, aus wie vielen *s*- und *p*-Orbitalen die betreffenden Hybridorbitale entstanden sind:

sp^3	25% *s*-Charakter	75% *p*-Charakter
sp^2	$33\frac{1}{3}$%	$66\frac{2}{3}$%
sp	50%	50%

Als Regel gilt, daß mit zunehmendem *s*-Charakter die Bindungen kürzer und stärker werden (vgl. dazu die in Abschnitt 8.1. angegebenen Zahlenwerte).

s-Orbitale sind kugelsymmetrisch, die *s*-Elektronen befinden sich relativ nahe beim Kern und werden von diesem stark angezogen. Bei Hybridorbitalen werden die Elektronen um so näher beim Kern liegen und von diesem um so stärker angezogen werden, je mehr *s*-Charakter das betreffende Hybridorbital aufweist. Das bedeutet, daß die Elektronegativität hybridisierter Kohlenstoffatome in der Reihenfolge $sp^3 < sp^2 < sp$ zunimmt. Die Bindungen zwischen C und H werden in der Reihe Ethan $CH_3{-}CH_3$, Ethylen $CH_2{=}CH_2$, Acetylen $CH{\equiv}CH$ immer stärker, da das bindende Elektronenpaar immer stärker vom C-Atom angezogen wird. Die C–H-Bindung im Acetylen ist also am stärksten und läßt sich am schlechtesten homolytisch wieder auflösen. Da die Bindungselektronen jedoch vom *sp*-hybridisierten C-Atom im Acetylen so stark angezogen werden, ist es bei dieser Verbindung am leichtesten, den Wasserstoff ohne sein Elektron als H^+-Ion aus dem Molekül abzuspalten. Acetylen ist daher eine, allerdings sehr schwache, Säure; mit starken Basen wie Natriumamid in flüssigem Ammoniak gelingt es, das Salz Natriumacetylid herzustellen:

$$H{-}C{\equiv}C{-}H \;+\; NaNH_2 \;\longrightarrow\; H{-}C{\equiv}\overset{\ominus}{C}{:} \;+\; Na^{\oplus} \;+\; NH_3$$

8.3. Bindungsstärken, Überlappungsfähigkeit

Die Stärke einer Bindung hängt sehr davon ab, welche Typen von Atom- oder Hybridorbitalen an ihrer Bildung beteiligt sind. Je größer die Ausdehnung eines Orbitals entlang der Bindungsachse ist, um so wirksamer kann es mit dem Orbital eines Bindungspartners überlappen. Pauling und Slater haben für die *Überlappungsfähigkeit* der Orbitale auf Grund von Berechnungen eine Skala aufgestellt. Dabei wird der Überlappungsfähigkeit des 2*s*-Orbitals der Wert 1 zugeordnet:

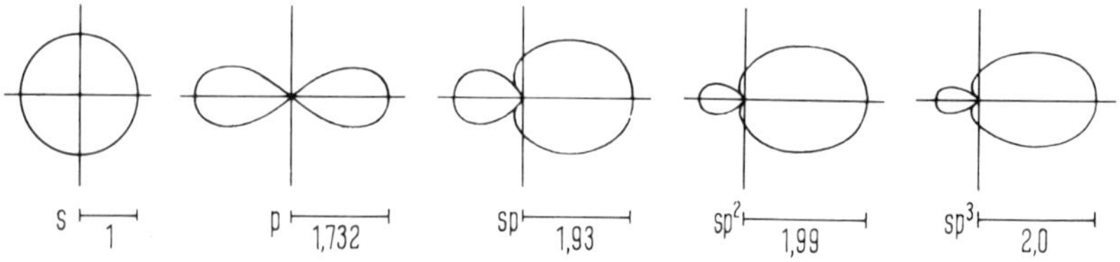

Aus der Skala geht hervor, daß Bindungen mit Beteiligung von Hybridorbitalen stärker sind als solche, die durch Überlappung mit *s*- und *p*-Orbitalen entstehen:

$$s < p < \text{Hybridorbitale}$$

Unsicher ist die Reihenfolge innerhalb der Hybridorbitale: Die aus den, allerdings sehr geringen, Unterschieden in der Überlappungsfähigkeit resultierende Reihenfolge $sp < sp^2 < sp^3$ steht im Widerspruch zur weiter oben abgeleiteten Reihe $sp^3 < sp^2 < sp$.

9. Bindungsverhältnisse bei Stickstoff und Sauerstoff

Der Bindungswinkel zwischen den N–H-Bindungen im Ammoniakmolekül NH_3 beträgt 106°. Im Wassermolekül H_2O schließen die beiden O–H-Bindungen einen Winkel von 104° ein. Auf Grund der Elektronenanordnung in Stickstoff- und Sauerstoffatomen (in den Zeichnungen sind nur die *p*-Orbitale dargestellt) müßten für die Bindungen zu den Wasserstoffatomen die

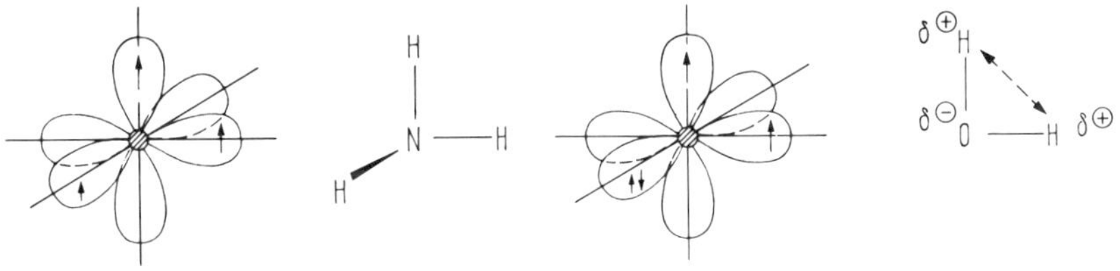

$N(1s^2\ 2s^2\ 2p_x\ 2p_y\ 2p_z)$ $O(1s^2\ 2s^2\ 2p_x^2\ 2p_y\ 2p_z)$

nur einfach besetzten 2*p*-Orbitale benützt werden. Da *p*-Orbitale senkrecht aufeinander stehen, wären somit für NH_3 und H_2O Bindungswinkel von 90° zu erwarten. Eine Erklärung für die beobachteten Abweichungen von diesem Wert geht davon aus, daß N–H- und O–H-Bindungen polarisiert sind (S. 23). Da Stickstoff und Sauerstoff elektronegativer sind als Wasserstoff, tragen in den NH_3- und den H_2O-Molekülen die H-Atome partielle positive Ladungen. Berechnungen zeigen jedoch, daß die elektrostatische Abstoßung zwischen diesen Teilladungen viel zu schwach ist, um eine Spreizung der Bindungswinkel von 90° auf 106° bzw. 104° zu verursachen.

Nimmt man dagegen für N- und O-Atome ebenfalls eine sp^3-Hybridisierung an, so ergibt sich eine bessere Erklärung. Von den jeweils vier sp^3-Orbitalen ist beim Stickstoff (fünf Elektronen auf der L-Schale) eines doppelt besetzt, beim Sauerstoff (sechs Elektronen auf der L-Schale) sind es zwei. Die übrigen sp^3-Orbitale sind einfach besetzt und werden für die Bindungen zu den Wasserstoffatomen verwendet. Auf Grund dieser Vorstellung wären Bindungswinkel von 109,5° (Tetraederwinkel) zu erwarten. Die tatsächlich gefundenen Bindungswinkel zeigen nur eine geringe Abweichung von diesem Wert. Sie dürfte dadurch zustande kommen, daß freie Elektronenpaare mehr Raum beanspruchen und so die bindenden Elektronenpaare etwas zusammengedrängt werden.

10. Moleküle mit mehreren Doppelbindungen

Durch zwei oder mehr C–C-Einfachbindungen voneinander getrennte Doppelbindungen werden als *isolierte Doppelbindungen* bezeichnet. Sie üben keinerlei Einfluß aufeinander aus und verhalten sich wie gewöhnliche Doppelbindungen. Moleküle mit einer alternierenden Anordnung von Doppel- und Einfachbindungen (*konjugierte Doppelbindungen*) oder einer ununterbrochenen Reihe von zwei oder mehr Doppelbindungen (*kumulierte Doppelbindungen*) weisen dagegen besondere Eigenschaften auf.

10.1. Konjugierte Doppelbindungen

Die einfachste Verbindung mit konjugierten Doppelbindungen ist das 1,3-Butadien $\overset{1}{C}H_2{=}\overset{2}{C}H{-}\overset{3}{C}H{=}\overset{4}{C}H_2$. Sämtliche Atome des Butadienmoleküls sind durch σ-Bindungen miteinander verbunden und liegen in einer Ebene (Fig. 11a). Jedes der vier sp^2-hybridisierten Kohlenstoffatome besitzt noch ein mit einem Elektron besetztes p-Orbital. Diese p-Orbitale, die auf der

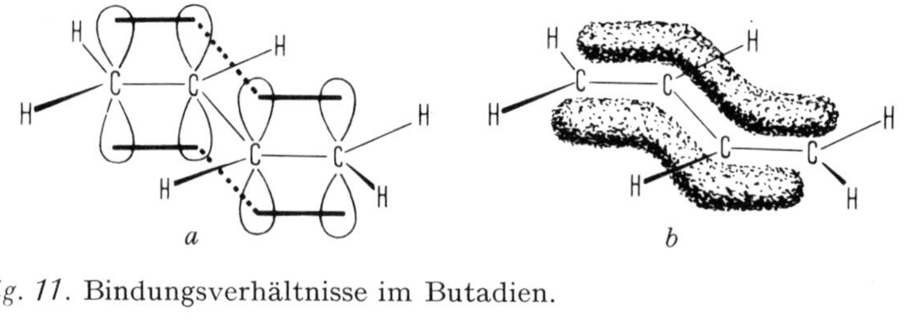

Fig. 11. Bindungsverhältnisse im Butadien.

Molekülebene senkrecht und zueinander parallel stehen, haben zunächst die Möglichkeit, durch seitliche Überlappung zwei π-Bindungen zwischen den C-Atomen 1 und 2 sowie 3 und 4 zu bilden (— in Fig. 11a). Zusätzlich können nun aber auch noch die p-Orbitale an den C-Atomen 2 und 3 seitlich überlappen (····· in Fig. 11a). Damit halten sich die π-Elektronen nicht nur in den Orbitalen der einzelnen π-Bindungen auf, sondern können sich über das ganze Molekül ausbreiten (Fig. 11b). Diese Möglichkeit, Elektronen auf einen größeren Raum zu verteilen, ist immer mit einem Energiegewinn verbunden. Verbindungen mit konjugierten Doppelbindungen weisen, im Vergleich zu Analogen mit einer gleichen Anzahl von isolierten Doppelbindungen, eine erhöhte Stabilität und andere Reaktionsmöglichkeiten auf (vgl. S. 103, 192).

Die in Fig. 11b angedeutete Vorstellung über die Elektronenverteilung in Verbindungen mit konjugierten Doppelbindungen vermag deren Besonderheiten recht gut zu erklären, sie ist jedoch nicht ganz korrekt. Eine genauere Beschreibung der Verhältnisse wird in Kapitel 12 gegeben.

10.2. Kumulierte Doppelbindungen

Die einfachste Verbindung mit kumulierten Doppelbindungen ist das Allen $H_2C{=}C{=}CH_2$. Das mittlere C-Atom ist nur mit zwei weiteren Atomen verbunden und somit sp-hybridisiert. Es weist also noch zwei zueinander senkrecht stehende p-Orbitale auf. Die beiden äußeren C-Atome sind sp^2-hybridisiert, sie bilden mit den zugehörigen H-Atomen je eine Ebene und weisen je ein einfach besetztes p-Orbital auf. Bei der Anordnung von Fig. 12a bleiben nach der seitlichen Überlappung zwischen zwei p-Orbitalen zwei weitere p-Orbitale übrig, die senkrecht zueinander stehen und daher keine π-Bindung bilden können. Nach der Drehung der Ebene eines der äußeren C-Atome um 90° kann aber eine zweite π-Bindung entstehen (Fig. 12b). Die durch die

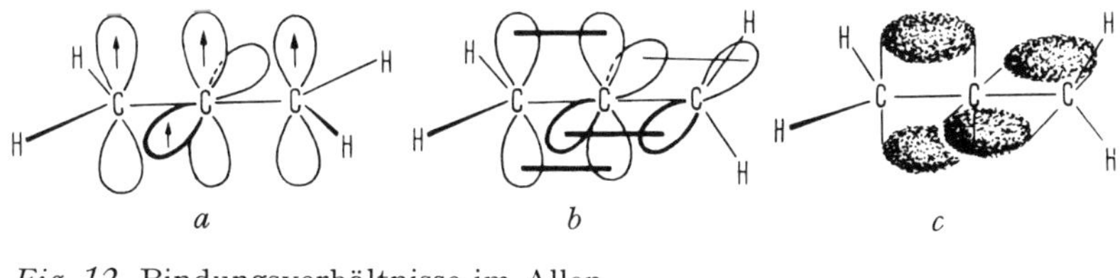

Fig. 12. Bindungsverhältnisse im Allen.

CH_2=C-Gruppen gebildeten Ebenen und damit auch die beiden π-Bindungen stehen senkrecht zueinander (Fig. 12c). In dieser Anordnung können die beiden π-Orbitale miteinander nicht in Wechselwirkung treten, wie das beim Butadien der Fall war. Diese Überlegungen lassen sich sinngemäß auch auf andere Kumulene mit drei oder mehr benachbarten Doppelbindungen anwenden.

10.3. Aromatische Verbindungen

10.3.1. *Der aromatische Zustand.* Eine besondere Gruppe bilden Verbindungen, bei denen Einfach- und Doppelbindung alternierend in Ringen angeordnet sind, und zwar so, daß Systeme mit insgesamt $(4n + 2)$ π-Elektronen entstehen. Der wichtigste Vertreter dieser *aromatischen Verbindungen* ist das Benzol C_6H_6, für das die beiden Strukturformeln **1** und **2** geschrieben werden können

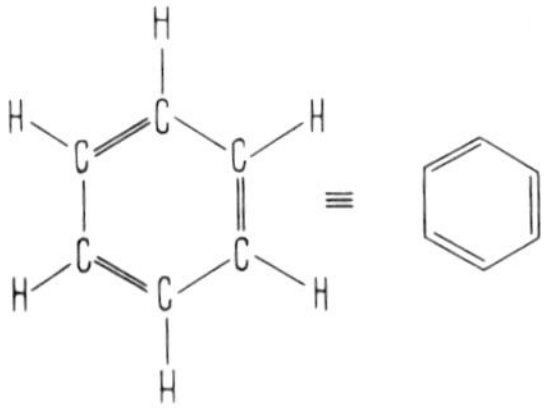

1

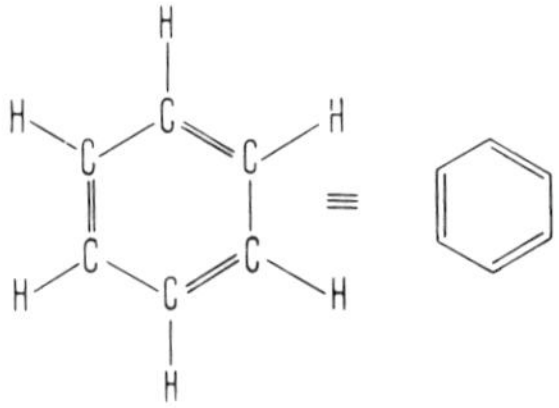

2

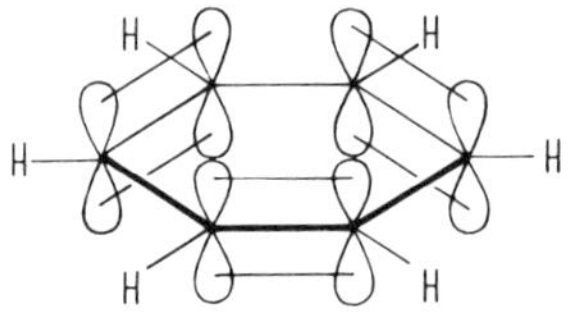

3

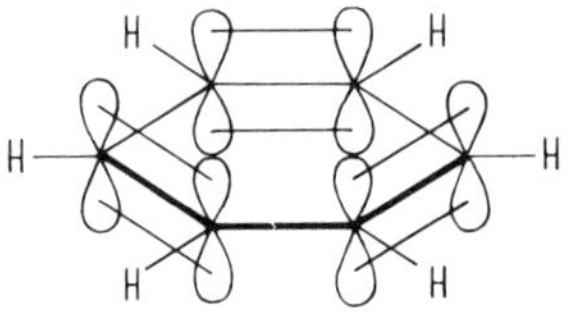

4

Das Benzolmolekül kann damit jedoch nicht richtig wiedergegeben werden: Für Verbindungen wie *o*-Xylol müßte man dann zwei Molekülsorten A und B erwarten. Ein derartiger Unterschied läßt sich jedoch nicht nachweisen, es gibt nur eine Sorte von *o*-Xylolmolekülen. Die Erklärung für diesen Befund ergab sich aus der Messung der Bindungslängen im Benzolmolekül. Wären die Formeln **1** und **2** richtig, so müßten C–C-Bindungen von unterschiedlicher Länge (S. 29) gefunden werden. In Wirklichkeit findet man aber sechs gleichwertige, 1,39 Å lange Bindungen.

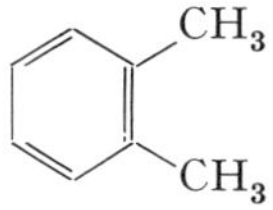

A

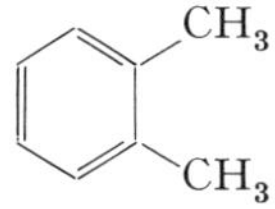

B

Auf Grund dieser Erkenntnisse lassen sich die Bindungsverhältnisse im Benzol genauer beschreiben. Alle sechs Kohlenstoffatome sind sp^2-hybridisiert. Da alle Bindungswinkel 120° betragen und alle C–C-Bindungen gleich lang sind (= regelmäßiges Sechseck) liegen alle zwölf Atome des Benzolmoleküls in einer Ebene. Jedes C-Atom besitzt nun noch ein einfach besetztes, senkrecht auf der Molekülebene stehendes *p*-Orbital. Daraus könnten durch paarweise seitliche Überlappung drei π-Bindungen gebildet werden. Diese Strukturen, **3** und **4**, entsprechen den Formeln **1** und **2** mit lokalisierten Einfach- und Doppelbindungen. Genau wie beim Butadien (S. 32) darf aber angenommen werden, daß jedes der sechs *p*-Orbitale mit beiden benachbarten *p*-Orbitalen überlappen kann (**5**). Damit sind die sechs π-Elektronen nicht mehr auf die π-Orbitale bestimmter Doppel-

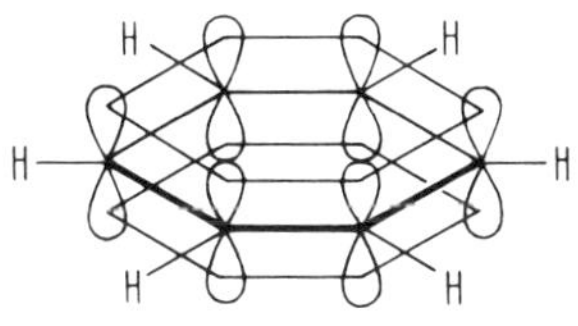

5

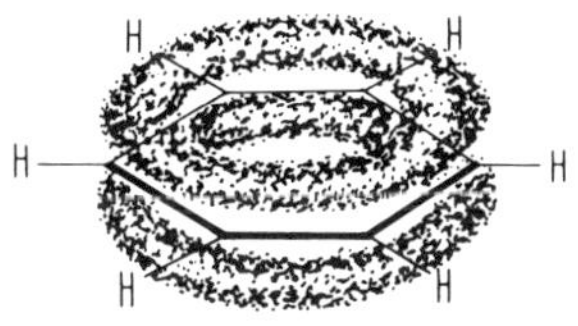

6

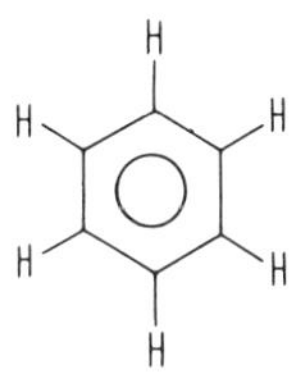

7

bindungen lokalisiert, sondern können sich über einen größeren Raum verteilen. Dieser Raum besteht aus zwei ringförmigen Elektronenwolken, von denen die eine über, die andere unter der Molekülebene liegt (**6**). Um diese für den *aromatischen Zustand* typische Elektronenverteilung anzudeuten, wird oft der Schreibweise **7** für Benzol der Vorzug gegeben, wobei der Kreis die sechs über das ganze Molekül verteilten Elektronen symbolisiert.
Die Möglichkeit, Elektronen über die ringförmigen Elektronenwolken in **6** zu verteilen, bringt einen noch größeren Energiegewinn mit sich, als bei den langgestreckten Elektronenwolken in Molekülen mit konjugierten Doppelbindungen (z. B. Fig. 11 b).

Deshalb zeichnen sich aromatische Verbindungen durch eine sehr hohe Stabilität aus (vgl. Kapitel 11.1, 11.4).
Die Formel **6** beschreibt das Benzolmolekül zwar zutreffender als die Formeln **1** und **2** und ermöglicht das Verständnis der besonderen Eigenschaften des Benzols und der aromatischen Verbindungen. Sie ist jedoch nicht ganz korrekt. Eine genauere Beschreibung der Verhältnisse wird in Kapitel 12 gegeben.
10.3.2. *Die* (4n + 2)-*Regel.* Eine Verbindung ist aromatisch, wenn sie in einem cyclischen System (4n + 2) π-Elektronen, also 2, 6, 10, 14 usw. π-Elektronen aufweist. Beispiele sind neben dem Benzol das Naphthalin (**8**) mit zehn π-Elektronen, das Anthracen (**9**) und das Phenanthren (**10**) mit je vierzehn π-Elektronen. Dagegen ist das Cyclooctatetraen (**11**) mit acht π-Elektronen

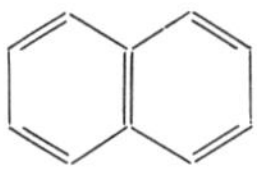

8

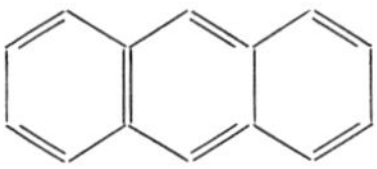

9

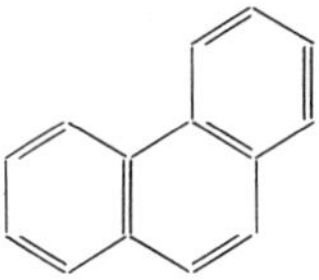

10

11

11a

keine aromatische Verbindung. Es ist nicht möglich, acht sp^2-hybridisierte, eben gebaute C-Atome ohne starke Deformation der Bindungswinkel zu einem ebenen Ring zusammenzufügen. In der gewinkelten Struktur **11a** sind nicht mehr alle, sondern nur noch je zwei benachbarte *p*-Orbitale parallel angeordnet. Damit ist die Ausbildung einer sich über das ganze Molekül erstreckenden Elektronenwolke nicht möglich, es entstehen vier lokalisierte Doppelbindungen.
Die (4n + 2)-Regel gilt auch für Molekülionen. In den folgenden Beispielen sind die π-Elektronen durch Fettdruck hervorgehoben. Die in der zweiten Zeile angeführten Ionen weisen (4n)-π-Elektronen auf, sie sind äußerst instabil und nicht aromatisch.
Eine Ausnahme von der (4n + 2)-Regel bildet das Cyclodecapentaen (**12**). Es besitzt zwar 10 π-Elektronen, kann aber nicht in einer ebenen Form vorkommen, da sich dabei die zwei in den Zehnring hineinragenden H-Atome praktisch am gleichen Ort

befinden müßten. Daher weicht das Molekül in eine gewinkelte Struktur aus, bei der sich die beiden H-Atome gegenseitig weniger behindern. Deshalb ist **12** nicht aromatisch.

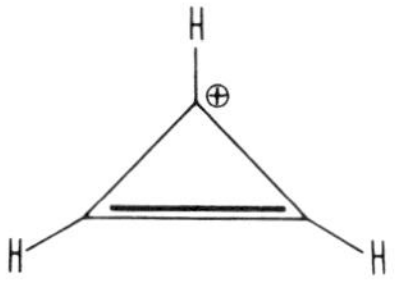

Cyclopropen-
carboniumion
2π-Elektronen
stabil

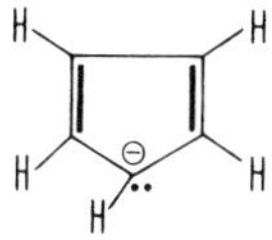

Cyclopentadien-
carbanion
6π-Elektronen
stabil

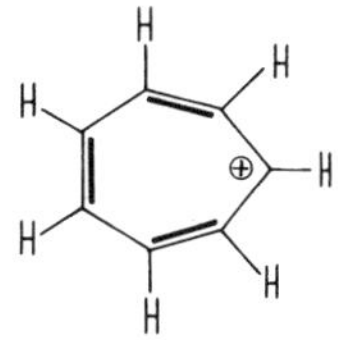

Tropylium-
kation
6π-Elektronen
stabil

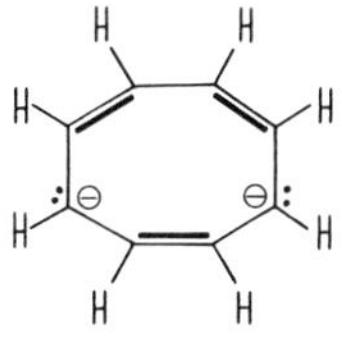

Cyclooctatrien-
dicarbanion
10π-Elektronen
stabil

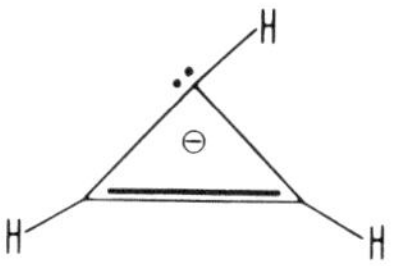

Cyclopropen-
carbanion
4π-Elektronen

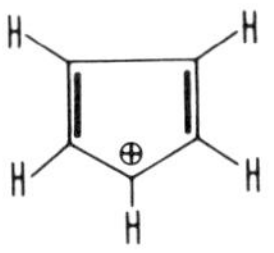

Cyclopentadien-
carboniumion
4π-Elektronen

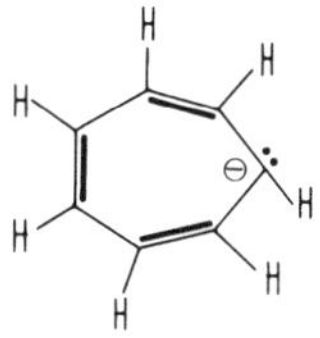

Cycloheptatrien-
carbanion
8π-Elektronen

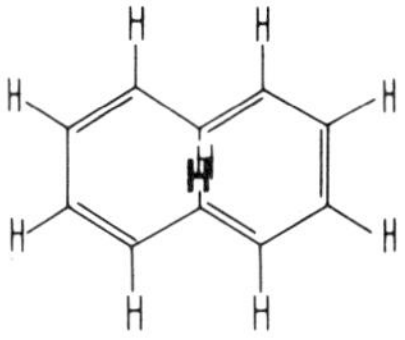

12

10.3.3. *Aromatische Heterocyclen.* Aromatische Verbindungen, deren Ringe neben Kohlenstoffatomen auch andere Atome (N, O, S) enthalten, werden als aromatische Heterocyclen bezeichnet. In Stickstoff enthaltenden Heterocyclen wie z.B. Pyridin sind die N-Atome sp^2-hybridisiert. Die fünf Elektronen der L-Schale sind wie folgt verteilt: Zwei der sp^2 Orbitale sind einfach besetzt und werden für die Bildung der σ-Bindungen zu den benachbarten C-Atomen verwendet. Das dritte sp^2 Orbital enthält das einsame Elektronenpaar, das für den basischen Charakter der Stickstoffverbindungen verantwortlich ist. Das letzte, fünfte Elektron befindet sich im p-Orbital und nimmt an der Bildung der ringförmigen $6\,\pi$-Elektronenwolke teil.

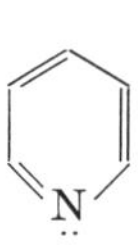

Pyridin

Auch Fünfring-Verbindungen können aromatisch sein, wenn sie ein Heteroatom enthalten: Im Pyrrol (**13**) weisen die vier sp^2-

hybridisierten C-Atome zusammen nur vier π-Elektronen auf. Ein aromatisches System mit sechs π-Elektronen wird hier nur ermöglicht, weil der Stickstoff sein einsames Elektronenpaar beisteuern kann. Dieses Elektronenpaar befindet sich im *p*-Orbital des sp^2-hybridisierten Stickstoffatoms (**14**). Als Teil des 6π-Elektronensystems steht es nun aber nicht mehr ohne weiteres für die Anlagerung eines Protons zur Verfügung, da bei dieser Reaktion das aromatische System aufgelöst werden muß. Pyrrol ist deshalb eine sehr schwache Base.

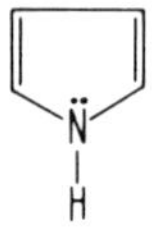

13

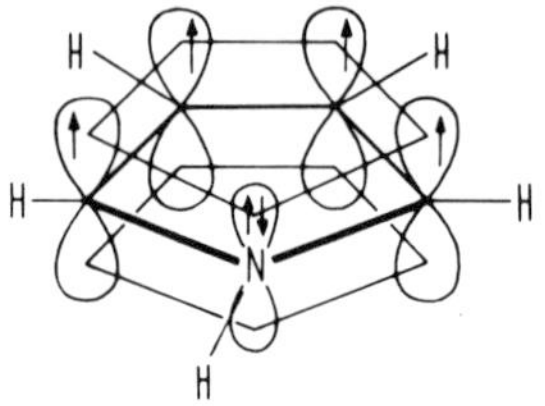

14

Im Benzol ist die 6 π-Elektronenwolke gleichmäßig über das ganze Molekül verteilt. Da die in Heterocyclen enthaltenen Heteroatome alle elektronegativer sind als Kohlenstoff, beanspruchen sie einen größeren Anteil an den sechs π-Elektronen als die Kohlenstoffatome. Wegen der daraus resultierenden unregelmäßigen Elektronenverteilung ist der aromatische Charakter bei den Heterocyclen weniger stark ausgeprägt; sie sind weniger stabil und reaktionsfähiger als Benzol.

11. Mesomerie

11.1. Definition

Die Eigenschaften vieler Verbindungen können anhand der bis jetzt behandelten Bindungsarten nicht erklärt werden. Für das Acetatanion, das bei der Protolyse von Essigsäure entsteht, können zwei Strukturformeln **1a** und **1b** geschrieben werden:

1a **1b** **1c**

Man kann jedoch zeigen, daß die beiden C–O-Bindungen gleichwertig und nicht unterscheidbar sind. Somit beschreibt keine der Formeln **1a** und **1b** das Acetation korrekt. Der tatsächliche

Zustand liegt in der Mitte zwischen diesen beiden Formen. Diese Erscheinung wird als *Mesomerie*[5]) bezeichnet und in den Formelbildern durch den Mesomeriepfeil $\longleftrightarrow$ symbolisiert. In der Schreibweise **1a** $\longleftrightarrow$ **1b** soll der Doppelpfeil[6]) weder eine Reaktion noch einen Gleichgewichtszustand, sondern den besonderen, stationären Zustand des Acetations beschreiben. Die Formeln **1a** und **1b** werden als *Grenzformen, Extremformen* oder *mesomere Formen* des Acetations bezeichnet. Keine der Grenzformen hat für sich allein eine reelle Bedeutung. Ein mesomeres Molekül oder Ion tritt nie in der Form einer seiner Grenzstrukturen auf, sondern in einem Zustand, der zwischen den Grenzformen liegt. Zur Darstellung dieser Verhältnisse wird oft die abgekürzte Schreibweise **1c** verwendet. Darin kommt zum Ausdruck, daß beim Vorliegen von Mesomerie Bindungen und Ladungen delokalisiert und über mehrere Atome verteilt werden. Damit ist ein Energiegewinn verbunden, durch Mesomerie werden Moleküle oder Ionen stabilisiert.

Ein weiteres Beispiel einer mesomeren Verbindung ist das Benzol (Kapitel 10.3.). Die Schreibweisen

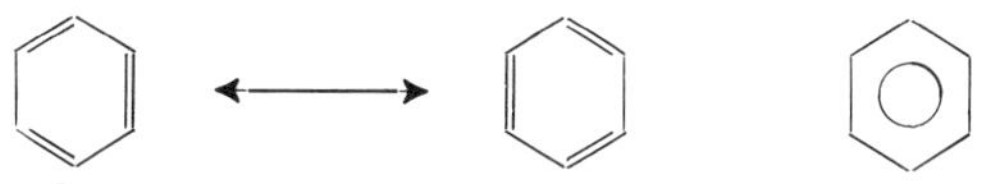

2a **2b** **3**

bedeuten, daß der wirkliche Zustand des Benzols zwischen den Grenzstrukturen **2a** und **2b** liegt, und zwar in der Mitte, da gleichwertige Grenzstrukturen vorliegen.

11.2. Bedingungen für das Auftreten von Mesomerie

Beim Aufstellen von Grenzformen mesomerer Verbindungen ist darauf zu achten, daß in allen Formeln die Verknüpfung der Atome dieselbe ist. Bei

[5]) Vor allem im englischen Sprachbereich ist der Ausdruck *Resonanz* üblicher. **1a** und **1b** werden als *Resonanzstrukturen* bezeichnet. Ungeschickt an dieser Bezeichnung ist, daß sie den falschen Eindruck eines Hin- und Herschwingens zwischen den beiden Resonanzstrukturen erwecken kann.

[6]) Der Mesomeriepfeil $\leftrightarrow$ ist sorgfältig vom Gleichgewichtspfeil $\rightleftarrows$ (dynamisches Gleichgewicht) zu unterscheiden.

kann es sich also nicht um mesomere Grenzformen handeln, da ein H-Atom seinen Platz wechselt und von einem Kohlenstoff- an ein Sauerstoffatom wandert (Tautomerie, S. 209).
Charakteristisch für die Mesomerie ist die damit verbundene Möglichkeit, Ladungen und Elektronen, vor allem π-Elektronen, über mehrere Atome zu verteilen, zu *delokalisieren*. Das ist jedoch nur möglich, wenn alle beteiligten Atome geeignete Orbitale aufweisen, welche diese Elektronen aufnehmen können. Besonders wichtig ist es dabei, daß alle diese Orbitale genau *parallel* zueinander angeordnet sind. Diese Bedingung kann nur bei *eben* gebauten Verbindungen erfüllt werden. Das ist z.B. beim Benzol der Fall (S. 35), ebenso beim Acetation, wo sich das *p*-Orbital des sp^2-hybridisierten Kohlenstoffs und *p*-Orbitale der beiden Sauerstoffatome parallel ausrichten können.
Bei substituierten aromatischen Verbindungen kann die funktionelle Gruppe in das mesomere System einbezogen werden. Die Nitrogruppe im Nitrobenzol (**4**) kann sich so orientieren,

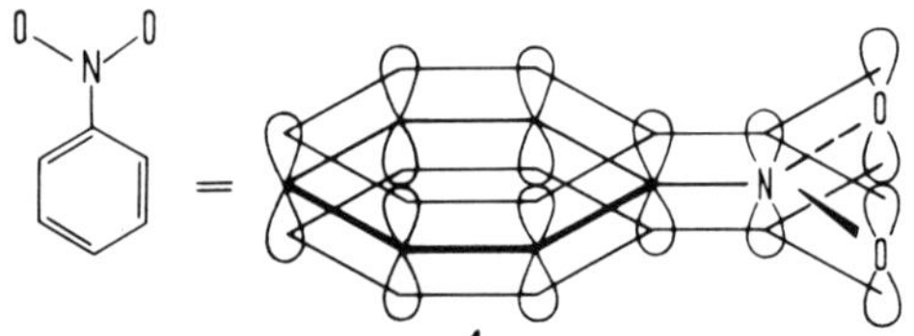

4

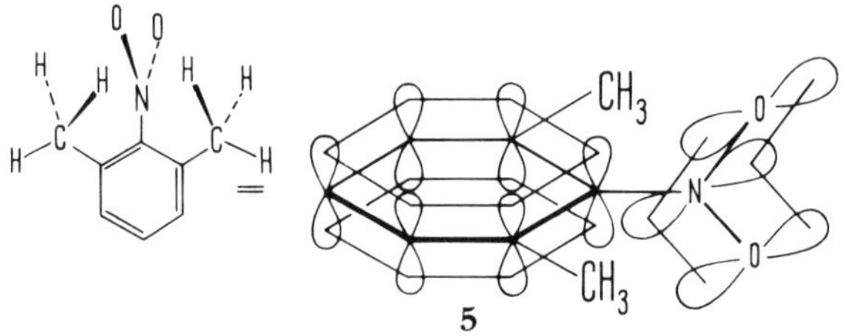

5

daß die *p*-Orbitale der Stickstoff- und Sauerstoffatome parallel zu denjenigen der Ring-C-Atome stehen. In der Formel **4** sind nur die an der Mesomerie beteiligten *p*-Orbitale angegeben. Es ist klar ersichtlich, daß sich die π-Elektronenwolke nicht nur über den Benzolring, sondern auch über die Nitrogruppe erstreckt.
Beim 2,6-Dimethyl-nitrobenzol (**5**) liegt die Nitrogruppe in einer Ebene, die senkrecht auf der Benzolringebene steht, da die beiden Methylgruppen eine zu **4** analoge Anordnung des großen

NO_2-Substituenten verunmöglichen. Damit stehen aber auch die *p*-Orbitale an den Stickstoff- und Sauerstoffatomen senkrecht zu den *p*-Orbitalen der Ring-C-Atome und können mit diesen nicht mehr überlappen. Wenn auch der Benzolkern und die Nitrogruppe je für sich ein mesomeres System bilden, kann doch beim 2,6-Dimethyl-nitrobenzol keine sich über das ganze Molekül erstreckende π-Elektronenwolke entstehen. Diese Verbindung wird daher weniger stabil sein als das Nitrobenzol und sich auch chemisch anders verhalten.

11.3. Weitere Beispiele für mesomere Verbindungen

Die heterolytische Spaltung von *n*-Butylchlorid (**6**) zu einem Carboniumion **7** und einem Cl^--Ion findet praktisch nicht statt, da primäre Carboniumionen sehr instabil sind.

$$\underset{\mathbf{6}}{\overset{4}{C}H_3\text{–}\overset{3}{C}H_2\text{–}\overset{2}{C}H_2\text{–}\overset{1}{C}H_2\text{–}Cl} \longrightarrow \underset{\mathbf{7}}{CH_3\text{–}CH_2\text{–}CH_2\text{–}CH_2^{\oplus}} + Cl^{\ominus}$$

$$\underset{\mathbf{8}}{CH_3\text{–}CH{=}CH\text{–}CH_2\text{–}Cl} \longrightarrow \left[\begin{array}{c} CH_3\text{–}CH{=}CH\text{–}CH_2^{\oplus} \quad \mathbf{9a} \\ \updownarrow \\ CH_3\text{–}CH^{\oplus}\text{–}CH{=}CH_2 \quad \mathbf{9b} \end{array}\right] Cl^{\ominus}$$

Bei der ungesättigten Verbindung **8** (1-Chlor-2-buten) entsteht durch Abspaltung des Chloridions ein Carboniumion **9**, das durch Mesomerie stabilisiert werden kann. Die positive Ladung und eine π-Bindung sind über drei Kohlenstoffatome verteilt. Das kann durch die Formel **9c** dargestellt werden. Ein Beweis für die Mesomerie ergibt sich aus der Reaktion des Carboniumions **9** mit einem Anion, z.B. OH^-, wobei zwei verschiedene Produkte entstehen:

$$\underset{\mathbf{9c}}{CH_3\text{–}\overbrace{CH{\cdots}CH{\cdots}CH_2}^{\oplus}} \xrightarrow{OH^{\ominus}} \underset{\sim 75\,\%}{CH_3\text{–}\overset{\overset{OH}{|}}{C}H\text{–}CH{=}CH_2} + \underset{\sim 25\,\%}{CH_3\text{–}CH{=}CH\text{–}CH_2\text{–}OH}$$

Ohne Mesomerie wäre aus **8** nur das primäre Carboniumion **9a** entstanden, und man hätte nur die Verbindung mit der endständigen OH-Gruppe erhalten. Nimmt eine mesomere Verbindung an einer Reaktion teil, so kann sie sich wie eine ihrer Grenzformen verhalten, obschon sie nie wirklich in einer dieser

Formen vorliegt. Zur Abschätzung des Verlaufs einer solchen Reaktion ist es daher nötig, die einzelnen Grenzformen gegeneinander abzuwägen. Kann man eine Grenzform, für sich allein betrachtet, als stabiler bezeichnen als eine andere, so wird auch ihr Beitrag an die wirkliche Struktur der betreffenden mesomeren Verbindung größer sein. So sind die beiden Grenzformen des Carboniumions **9** nicht gleichwertig: **9a** ist ein primäres Carboniumion, **9b** ein sekundäres und damit stabileres Carboniumion (S. 27). Daher wird der wirkliche Zustand des mesomeren Carboniumions näher bei **9b** liegen. Von der über die C-Atome 1 und 3 verteilten positiven Ladung befindet sich ein größerer Anteil auf dem Kohlenstoffatom in 3-Stellung als auf dem endständigen C-Atom. Bei der Reaktion mit OH^--Ionen ist daher die stärker positiv geladene 3-Stellung attraktiver, und es wird mehr von dem Alkohol entstehen, der sich von **9b** ableitet. Auch für das Aceton (**10**) lassen sich mesomere Formen schreiben:

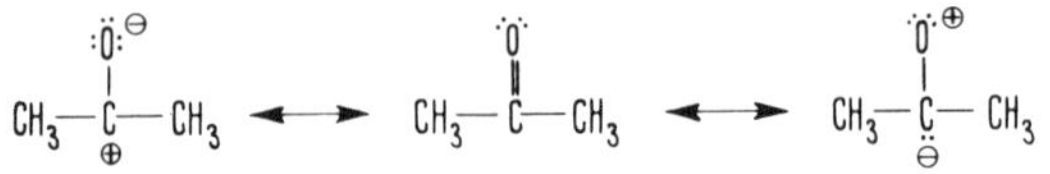

10a **10** **10b**

Sie kommen so zustande, daß man die π-Elektronen der C–O-Doppelbindung einmal ganz auf den Sauerstoff (**10a**), das andere Mal ganz auf den Kohlenstoff (**10b**) der Carbonylgruppe überträgt. Dabei treten Ladungen auf, es entstehen *dipolare Grenzformen*. Von den drei Strukturen ist **10** die wichtigste, aber auch **10a** ist für den wirklichen Zustand und das chemische Verhalten des Acetons von Bedeutung. **10b** fällt dagegen kaum in Betracht, da die Anordnung mit einem positiv geladenen, also elektronenarmen Sauerstoffatom neben einem negativ geladenen Kohlenstoffatom in Anbetracht der hohen Elektronegativität des Sauerstoffs unwahrscheinlich ist. Derartige Grenzformen werden daher bei der Formulierung mesomerer Verbindungen normalerweise nicht berücksichtigt.

Für Stabilitätsvergleiche zwischen ähnlich gebauten mesomeren Verbindungen gibt es eine nützliche Faustregel: Eine mesomere Verbindung ist um so stabiler, je mehr Grenzformen dafür formuliert werden können. Dabei sollen nur wirklich voneinander verschiedene und sinnvolle Strukturen berücksichtigt werden. Besonders günstig ist es, wenn die Grenzformen wie beim Benzol äquivalent sind. Der Beitrag von dipolaren Grenzformen zur Stabilisierung mesomerer Verbindungen ist geringer als derjenige von ladungsfreien Extremformen. Beispiel: Nitrobenzol (**4**) mit fünf Grenzformen ist stabiler als Nitrocyclohexan (**11**), bei dem sich nur zwei Grenzformen formulieren lassen (die kleinen Pfeile in den Formeln deuten an, wie man Elektronenpaare und π-Bindungen zu verschieben hat, um von einer Grenzform zur nächsten zu kommen).

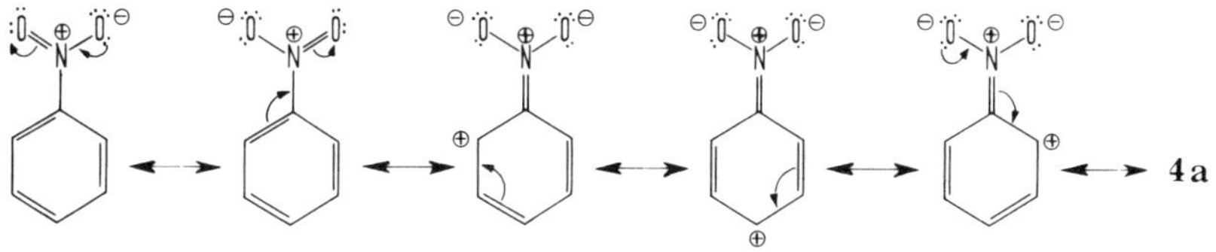

4a **4b** **4c** **4d** **4e**

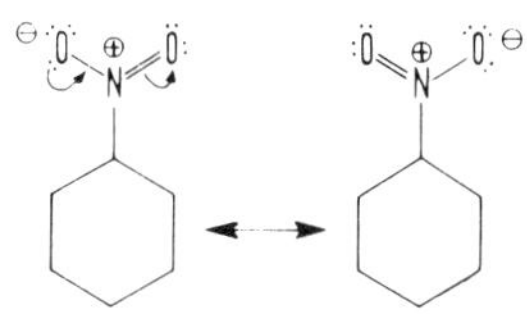

11a **11b**

Die Mesomerie hat einen großen Einfluß auf die Eigenschaften und das chemische Verhalten organischer Verbindungen. Die Reaktivität wird dabei weitgehend von denjenigen Grenzformen bestimmt, die, für sich allein betrachtet, am stabilsten sind.

11.4. Bestimmung der Mesomerie-Energie [7])

Mit der Mesomerie ist ein Energiegewinn verbunden, der durch die Delokalisation von Bindungen und Ladungen zustande kommt. Diese *Mesomerie-Energie* kann, wenigstens für einfache Beispiele, abgeschätzt werden. An die isolierte Doppelbindung im Cyclohexen (**12**) kann man Wasserstoff addieren (S. 91). Diese Reaktion ist exotherm und liefert eine Energie von 28,8 kcal/Mol.
Wäre Benzol eine Verbindung mit drei lokalisierten, voneinander unabhängigen Doppelbindungen, so müßte bei der Addition von Wasserstoff eine Energie von $3 \times 28{,}8 = 86{,}4$ kcal/Mol frei werden. Die tatsächlich gemessene Reaktionswärme beträgt

[7]) In vielen Tabellenwerken wird der Begriff *Resonanzenergie* verwendet (vgl. dazu Fußnote [5]), S. 39).

jedoch nur 49,8 kcal/Mol. Die Mesomerie-Energie entspricht der Differenz zwischen diesen beiden Werten. Das bedeutet, daß das Benzol dank der Mesomerie um 36,6 kcal/Mol stabiler (energieärmer) ist als die hypothetische Verbindung 1,3,5-Cyclohexatrien mit drei isolierten Doppelbindungen.

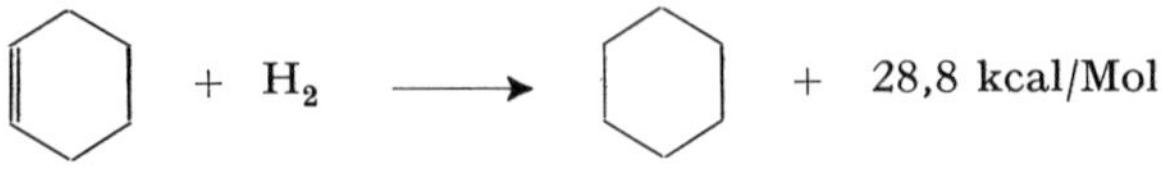

12

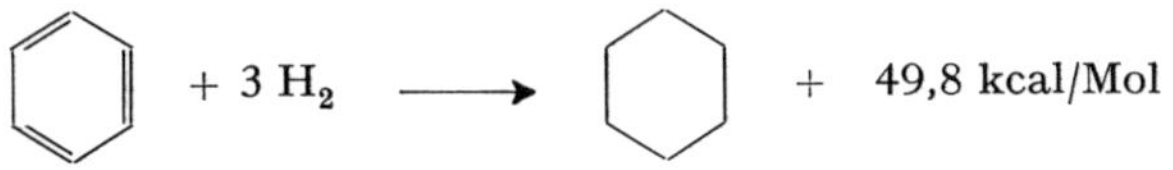

12. Die Molekülorbital-Theorie

Die Molekülorbital-Theorie (MO-Theorie) ist für das Verständnis der modernen organischen Chemie von großer Wichtigkeit. Obschon es den Rahmen dieser Einführung sprengen würde, dieses Gebiet der theoretischen organischen Chemie vollständig zu behandeln, sollen doch einige Aspekte kurz dargestellt werden.

Auf die Notwendigkeit einer Erweiterung der theoretischen Grundlagen wurde bereits bei der Besprechung der Verbindungen Butadien und Benzol hingewiesen. Zur Erklärung der besonderen Eigenschaften dieser Moleküle wurde angenommen, daß sich die π-Elektronen in einer Elektronenwolke aufhalten, die sich über das ganze Molekül erstreckt. Danach enthält das π-Orbital des Butadiens (S. 32) vier, dasjenige des Benzols (S. 35) sogar sechs Elektronen. Diese Vorstellung verstößt jedoch gegen das Pauli-Prinzip: Auch diese sich über das ganze Molekül erstreckenden π-Orbitale dürfen nur mit zwei Elektronen besetzt werden.

Die MO-Theorie beschreibt die Eigenschaften dieser π-Elektronen. Dabei gelten weitgehend dieselben Grundgesetze, die das Verhalten von Elektronen in Atomorbitalen bestimmen. Die Molekülorbitale, in denen sich die π-Elektronen aufhalten, sind aber nicht wie die Atomorbitale auf die Umgebung eines Kerns beschränkt, sondern erstrecken sich über ein aus mehreren Atomen aufgebautes, durch σ-Bindungen zusammengehaltenes Gerüst.

In diesem Zusammenhang ist es wichtig, nochmals auf einige Eigenschaften von Elektronen und Orbitalen hinzuweisen.

Außer als negativ geladene Teilchen kann man die Elektronen auch als elektromagnetische Schwingungen auffassen, die sich mit stehenden Wellen (z. B. schwingende Saite) vergleichen und durch eine Wellenfunktion ψ darstellen lassen. Die Orbitale, wie sie in den vorangehenden Kapiteln für *s*-, *p*-, sp^3-, sp^2- und *sp*-Elektronen gezeigt wurden, sind keine beobachtbaren Gebilde. Sie sind Darstellungen von ψ^2 (Elektronendichtefunktion) und geben den Raum wieder, für den die Wahrscheinlichkeit, das Elektron anzutreffen, einen bestimmten Wert (üblicherweise 90%) aufweist.
Es ist üblich, auf verschiedenen Seiten einer Knotenebene liegende Teile eines Orbitals mit verschiedenen Vorzeichen zu bezeichnen. Diese Vorzeichen haben nichts mit Ladungen oder dem Spin der in den Orbitalen enthaltenen Elektronen zu tun. Vielmehr wird damit zwischen einem positiven und einem negativen Teil der Wellenfunktion unterschieden, wie man das auch bei einer Sinusfunktion tun kann.

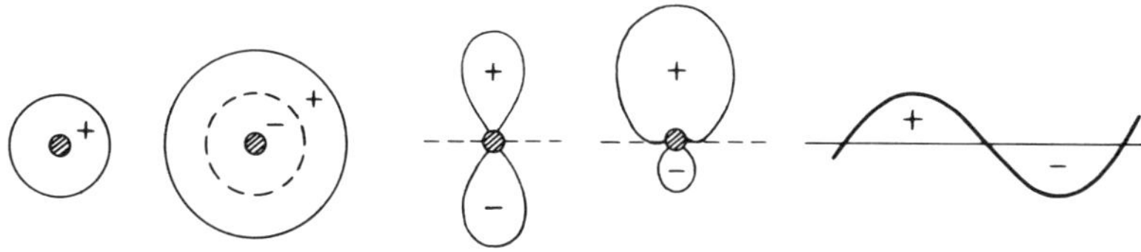

1*s* 2*s* 2*p* sp^3

12.1. Bindende und antibindende Molekülorbitale

Die Darstellung der Elektronenpaarbindung als Resultat der Überlappung von Atomorbitalen, wie sie in den Kapiteln 5 bis 7 gegeben wurde, ist nicht vollständig. Das in Fig. 2 wiedergegebene Molekülorbital entsteht durch Addition von zwei 1*s*-Orbitalen und ist ein *bindendes* σ-Orbital. Daneben kann man sich auch noch ein zweites Orbital vorstellen, das durch Subtraktion entsteht. Dieses Orbital weist eine Knotenebene K auf, die senkrecht auf der Verbindungslinie der beiden Atomkerne steht. Ein derartiges Orbital ist *antibindend* und wird mit einem Stern gekennzeichnet (Fig. 13a).
Dasselbe gilt für σ-Bindungen, die aus *p*-Orbitalen (Fig. 13b) oder aus Hybridorbitalen gebildet werden.
In gleicher Weise kann auch die Bildung von π-Bindungen durch seitliche Überlappung parallel ausgerichteter *p*-Orbitale be-

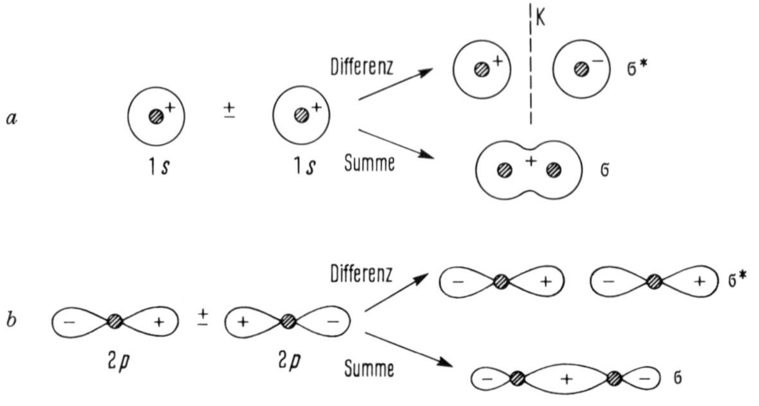

Fig. 13. σ- und σ*-Orbitale.

trachtet werden. Addition der gleichsinnig orientierten *p*-Orbitale (Fig. 14a) ergibt das bindende π-Orbital (Fig. 14b), Subtraktion dagegen das energiereiche, antibindende π*-Orbital mit einer Knotenebene (Fig. 14c). Im Grundzustand des Ethylens ist dieses π*-Orbital nicht besetzt, beide π-Elektronen befinden sich im π-Orbital. Vor allem bei komplizierter gebauten Molekülen mit ausgedehnten π-Elektronensystemen werden Molekülorbitale (z.B. Fig. 14b) zur Vereinfachung oft durch die Atomorbitale dargestellt, aus denen sie entstehen (Fig. 14a).

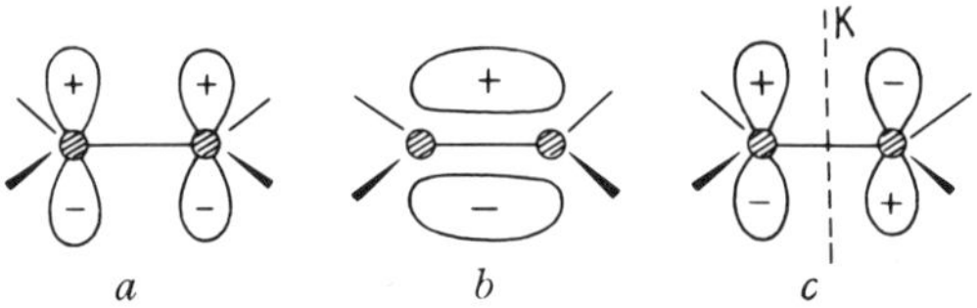

Fig. 14. π- und π*-Orbital des Ethylens.

Allgemein kann man aus zwei Atomorbitalen ein bindendes und ein antibindendes Molekülorbital bilden. Das antibindende Molekülorbital liegt dabei um den gleichen Energiebetrag über dem Niveau der einzelnen Atomorbitale, der bei der Bildung des bindenden Orbitals frei wird (Fig. 15). Im Grundzustand von stabilen Molekülen sind die antibindenden Orbitale nicht besetzt. Müssen aber in einem Molekül Elektronen in einem solchen Orbital untergebracht werden, so wird dadurch die σ-Bindung geschwächt, die Verbindung wird instabil. Dieses Konzept erklärt auch, wieso ein He_2-Molekül nicht existiert. Da jedes Heliumatom bereits zwei 1*s*-Elektronen besitzt, müßten im He_2-Molekül das σ- und das σ^*-Orbital mit je zwei Elektronen besetzt werden (Fig. 15). Da aber der durch die Bildung der σ-Bindung gewonnene Energiebetrag für die Besetzung des σ^*-Orbitals aufgewendet werden müßte, kommt eine derartige Bindung gar nicht zustande.

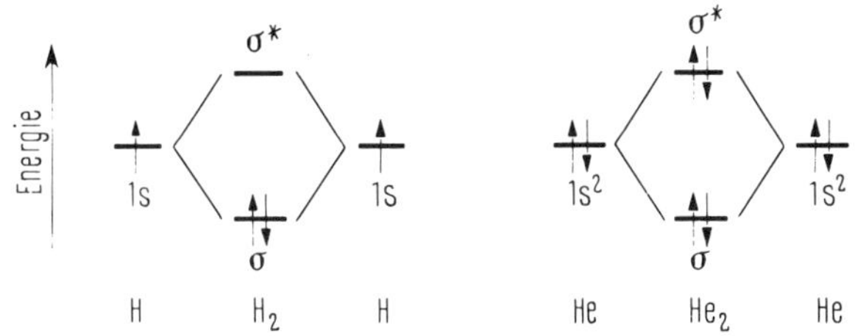

Fig. 15. Energieniveauschema für σ- und σ^*-Orbitale.

Von großer Wichtigkeit können die antibindenden Orbitale während chemischer Reaktionen sein. Genauso wie durch Energiezufuhr Elektronen in Atomen auf höhere Energieniveaus gehoben werden können, kann man Elektronen aus einem bindenden Orbital in ein energiereiches, antibindendes Orbital befördern. In dieser angeregten Form ist das Molekül sehr reaktionsfähig. Vorgänge dieser Art sind vor allem in der Photochemie (Kapitel 28) von Bedeutung.

12.2. Molekülorbitale des 1,3-Butadiens

Das 1,3-Butadien besteht aus einer Kette von vier sp^2-hybridisierten C-Atomen, von denen jedes ein senkrecht auf der Molekülebene stehendes p-Orbital aufweist (Fig. 10b). Aus diesen vier p-Orbitalen können Molekülorbitale gebildet werden. Die Zahl dieser üblicherweise mit ψ bezeichneten Molekülorbitale entspricht der Zahl der am System beteiligten Atome. Das energieärmste und damit günstigste Orbital ψ_1 entsteht durch Addition aller vier p-Orbitale (Fig. 16). ψ_1 erstreckt sich über die ganze Länge des Moleküls. Es entspricht dem bereits in Fig. 10b dargestellten Molekülorbital, ist nun aber nur mit zwei Elektronen besetzt und weist, abgesehen von der Molekülebene, keine Knotenebene und drei bindende Beziehungen zwischen benach-

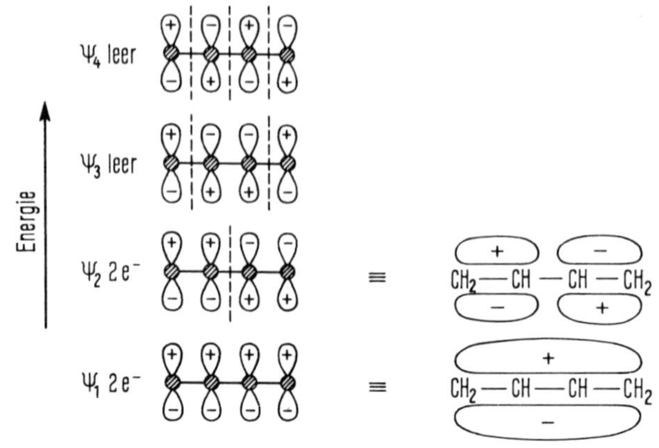

Fig. 16. Molekülorbitale des 1,3-Butadiens.

barten *p*-Orbitalen auf. Das auf der Energieskala nächsthöhere Molekülorbital ψ_2 weist eine Knotenebene[8]) auf, hier sind zwei bindende und eine antibindende Beziehung festzustellen. Auch dieses Molekülorbital ist mit zwei Elektronen besetzt. Damit sind alle π-Elektronen des 1,3-Butadiens untergebracht, die beiden weiteren Molekülorbitale ψ_3 und ψ_4 mit zwei bzw. drei Knotenebenen sind im Grundzustand nicht besetzt.

Um das richtige Bild von Butadien zu erhalten, muß man sich die Molekülorbitale ψ_1 bis ψ_4 von Fig. 16 übereinander projiziert vorstellen, alle vier Orbitale nehmen genau denselben Raum ein. Eine analoge Erscheinung läßt sich bei einer Saite beobachten (Fig. 17), die neben der Grundschwingung (——) gleichzeitig

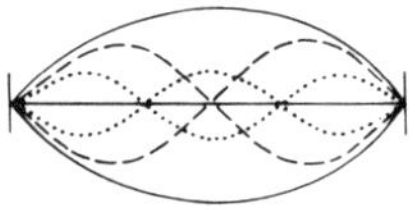

Fig. 17

auch noch die den Obertönen entsprechenden kürzerwelligen Schwingungen (– – – und ····· mit einem bzw. zwei Knoten) ausführt.

Aus Fig. 16 lassen sich einige Gesetzmäßigkeiten ableiten, die das Formulieren der ψ-Orbitale auch für andere Moleküle mit π-Elektronensystemen erlauben:

[8]) Als Faustregel gilt, daß Knotenebenen so angeordnet werden sollen, daß möglichst symmetrische Molekülorbitale entstehen. Für komplizierte Systeme muß die Lage der Knotenebenen berechnet werden.

- Die Zahl der ψ-Orbitale entspricht der Zahl der Atome, die das Grundgerüst bilden.
- Das energieärmste Molekülorbital ist dasjenige, das am wenigsten Knotenebenen aufweist.
- Die Anordnung der Molekülorbitale ψ nach steigender Energie erfolgt nach steigender Anzahl der Knotenebenen.
- Die π-Elektronen halten sich im Grundzustand paarweise in den energieärmsten Orbitalen auf.

12.3. Molekülorbitale des Benzols

Das Grundgerüst des Benzols besteht aus sechs sp^2-hybridisierten C-Atomen mit je einem einfach besetzten p-Orbital. Es sind also sechs ψ-Orbitale zu erwarten. Das günstigste Molekülorbital ψ_1 entsteht, wenn alle sechs p-Orbitale in gleicher Orientierung kombiniert werden (Fig. 18a). Es weist sechs bindende Beziehungen auf und hat die bereits auf S. 35 dargestellte Form von zwei ringförmigen, über und unter der Molekülebene (Knotenebene) angeordneten Elektronenwolken (Fig. 18b). Die Molekülorbitale ψ_2 und ψ_3 erhält man durch Einführen einer zusätzlichen, senkrecht zur Molekülebene stehenden Knotenebene. Das kann auf zwei Arten geschehen: Diese Knotenebene kann

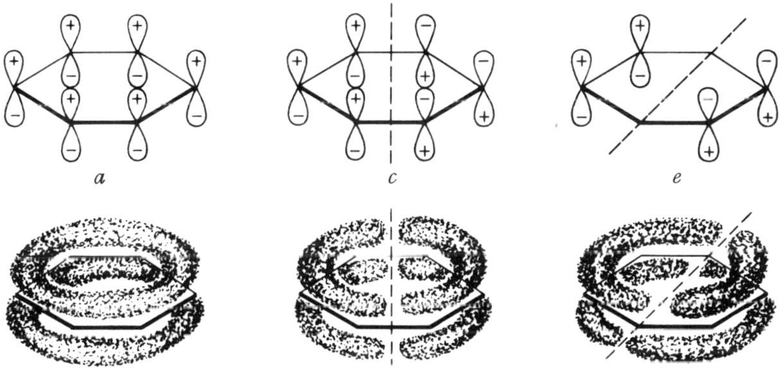

a / b	c / d	e / f
1 Knotenebene 6 bindende Beziehungen	2 Knotenebenen 4 bindende Beziehungen 2 antibindende Beziehungen	2 Knotenebenen 2 bindende Beziehungen 4 nichtbindende Beziehungen

Fig. 18. Besetzte Molekülorbitale des Benzols.

durch die Mitten zweier gegenüberliegender C–C-Bindungen (Fig. 18c) oder durch zwei gegenüberliegende C-Atome (Fig. 18e) gelegt werden. Das Orbital ψ_2 weist vier bindende und zwei antibindende Beziehungen auf. ψ_3 zeigt eine neue Situation: Geht in einem Molekül mit einem π-Elektronensystem eine Knotenebene K durch eines der Atome des Gerüsts, so verschwindet das dortige p-Orbital (Fig. 19). Die Beziehung zu den benachbarten p-Orbitalen ist dann weder bindend noch antibindend und wird als *nichtbindende* Beziehung bezeichnet[9]). Auf der Energieskala liegt die nichtbindende Beziehung zwischen der bindenden und der antibindenden Beziehung, sie hat keinen Einfluß auf die Bindungsstärke. Das zeigt sich z.B. darin, daß ψ_3 mit nur zwei bindenden und vier nichtbindenden Beziehungen auf demselben Energieniveau liegt wie ψ_2 mit vier bindenden und zwei antibindenden Beziehungen.

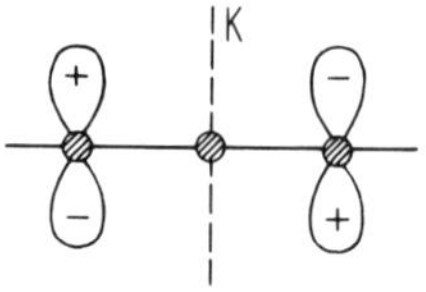

Fig. 19. Nichtbindende Beziehung.

Die drei in Fig. 18 dargestellten Orbitale ψ_1, ψ_2 und ψ_3 nehmen je zwei Elektronen auf, der Grundzustand des Benzols läßt sich damit darstellen. Dabei ist ψ_1 energetisch ganz besonders günstig. Der Energiegewinn beim Ausbreiten eines Elektronenpaars in diesem ringförmigen Orbital macht die ganze Mesomerie-Energie (S. 43) des Benzols aus.

An Stelle der Darstellungen in Fig. 18 wird oft eine stark vereinfachte Schreibweise angewendet. Dabei gibt man bei jedem C-Atom nur noch das Vorzeichen des über der Molekülebene liegenden Teils der p-Orbitale an. Außer für die bereits behandel-

[9]) Nichtbindende Beziehungen kommen auch bei offenkettigen Verbindungen mit einer ungeraden Anzahl von Atomen im Grundgerüst vor, also z.B. im Allylcarboniumion $CH_2{=}CH{-}\overset{\oplus}{C}H_2$ (S. 41, 182):

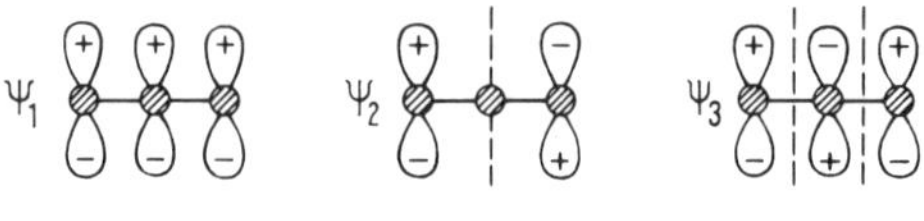

ten besetzten Orbitale ψ_1, ψ_2 und ψ_3 sind in Fig. 20 auch die drei weiteren, im Grundzustand nicht besetzten Orbitale in dieser Weise wiedergegeben.

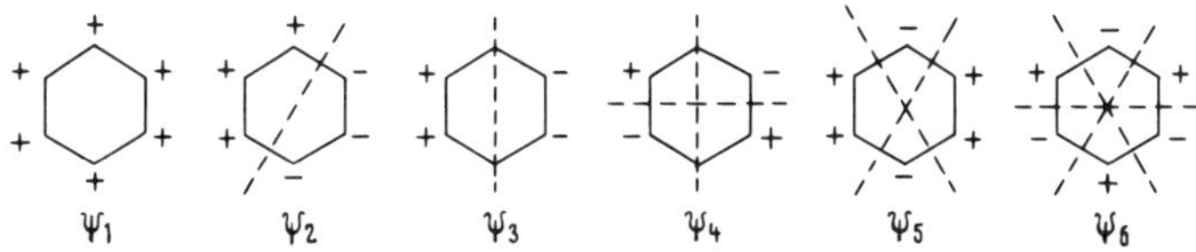

Fig. 20. Molekülorbitale von Benzol in abgekürzter Schreibweise.

Wie ψ_2 und ψ_3 liegen auch ψ_4 und ψ_5 auf demselben Energieniveau. Man bezeichnet derartige Orbitale als *entartete Zustände*. Diese Erscheinung tritt bereits bei Atomorbitalen auf, beispielsweise bei den drei energiegleichen $2p$-Orbitalen oder den fünf $3d$-Orbitalen.

Isomerie, Stereochemie

Organische Verbindungen können durch die *Bruttoformel* charakterisiert werden. Diese gibt die Zusammensetzung der Verbindung aus den verschiedenen Elementen an, sagt aber nichts darüber aus, wie die einzelnen Atome miteinander verbunden sind. Bruttoformeln sind nicht eindeutig: C_2H_6O ist die Bruttoformel von zwei chemisch vollständig verschiedenen Verbindungen, nämlich Ethanol und Dimethylether. Obwohl die *Strukturformeln*[1]) über die Anordnung der Atome im Molekül

$CH_3–CH_2–OH$	$CH_3–O–CH_3$
Ethanol	Dimethylether

Auskunft geben, genügt auch diese Darstellungsweise häufig nicht, da sie die Bindungswinkel und die räumliche Anordnung der Atome nicht berücksichtigt. Die *Stereochemie* befaßt sich mit der genauen Beschreibung des räumlichen Baus, der *Konfiguration* chemischer Verbindungen. Die dabei benötigten perspektivischen Darstellungen und Projektionen werden in den folgenden Kapiteln behandelt. Die Verwendung von geeigneten Atommodellen erleichtert das Verständnis der Stereochemie sehr. Zu empfehlen sind z. B. die DREIDING-Stereomodelle (BÜCHI, Glasapparatefabrik, Flawil/Schweiz) oder die Framework Molecular Models (PRENTICE HALL Inc., Englewood Cliffs, N.J./USA).

13. Strukturisomerie

Isomere Verbindungen haben dieselbe Bruttoformel, unterscheiden sich aber in der Anordnung der Atome im Molekül. Isomere wie z.B. die oben erwähnten Verbindungen Ethanol und Dimethylether haben verschiedene physikalische und chemische Eigenschaften.

Beim einfachsten Isomerietyp, der *Strukturisomerie*, kann die folgende Einteilung vorgenommen werden:

[1]) Die üblichen Schreibweisen für Strukturformeln werden auf S. 198 besprochen.

13.1. Skelett- oder Gerüstisomerie

Bei der Skelett- oder Gerüstisomerie unterscheiden sich die Isomeren im Aufbau des Kohlenstoffgerüsts:

$CH_3-CH_2-CH_2-CH_3$

n-Butan C_4H_{10}

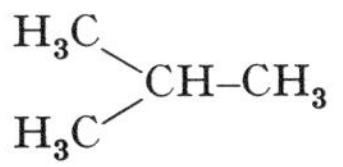

Isobutan C_4H_{10}

$CH_3-(CH_2)_3-CH_3$

n-Pentan C_5H_{12}

Isopentan C_5H_{12}

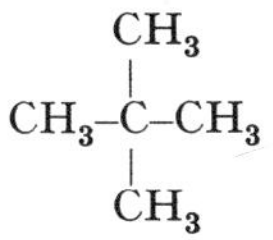

Neopentan C_5H_{12}

Mit der Zahl der Kohlenstoffatome wächst die Zahl der möglichen Isomeren. So gibt es fünf isomere Hexane C_6H_{14}, neun Heptane C_7H_{16}, achtzehn Octane C_8H_{18} usw. Ein direkter mathematischer Zusammenhang zwischen der Zahl der Kohlenstoffatome in einem Kohlenwasserstoff und der Zahl der möglichen Isomeren besteht jedoch nicht.

13.2. Positions- oder Stellungsisomerie

Positions- oder Stellungsisomere unterscheiden sich nur in der Stellung von funktionellen Gruppen.

$CH_3-CH_2-CH_2-CH_2-OH$

1-Butanol

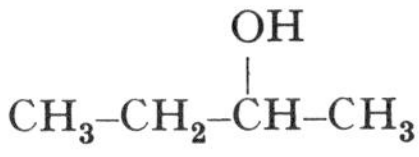

2-Butanol

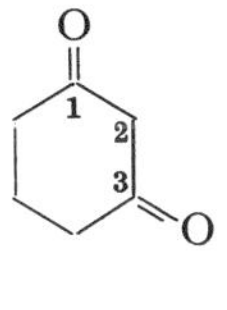

1,3-Cyclohexandion

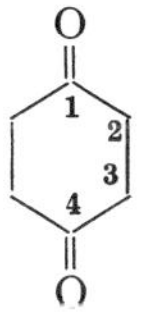

1,4-Cyclohexandion

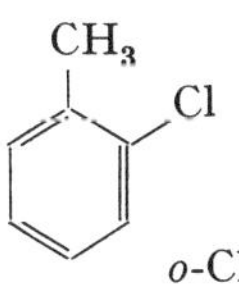

o-Chlortoluol
2-Chlortoluol

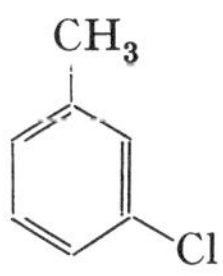

m-Chlortoluol
3-Chlortoluol

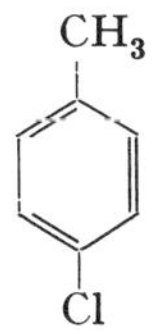

p-Chlortoluol
4-Chlortoluol

13.3. Funktionelle Isomerie

Bei Verbindungen, die außer Kohlenstoff und Wasserstoff noch weitere Elemente enthalten, können Strukturisomere formuliert werden, die verschiedene funktionelle Gruppen aufweisen und damit zu verschiedenen Verbindungsklassen gehören. Ein Beispiel dafür sind die bereits früher erwähnten Verbindungen **Ethanol und Dimethylether mit der Summenformel C_2H_6O. Für die Bruttoformel C_4H_8O gibt es bereits sehr viel mehr Möglichkeiten:**

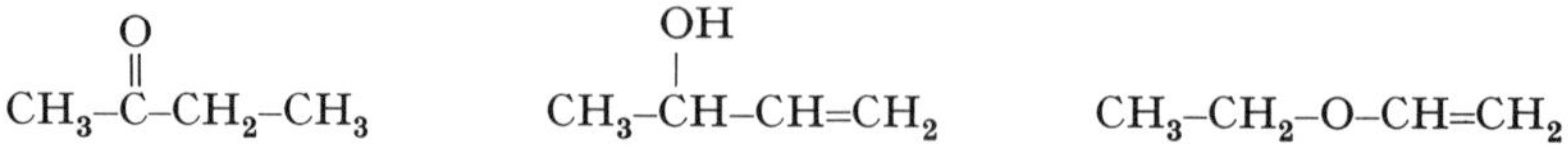

2-Butanon — *aliphatisches Keton*; 1-Buten-3-ol — *ungesättigter Alkohol*; **Ethylvinylether** — ***ungesättigter Ether***

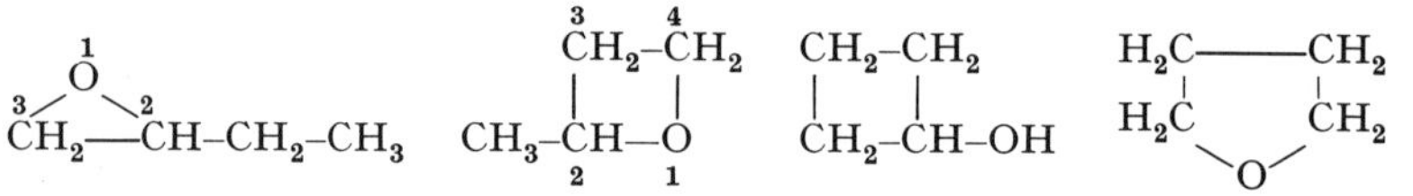

2-Ethyl*oxiran*; 2-Methyl*oxetan*; Cyclobutanol — *sek. Alkohol*; **Tetrahydrofuran** — *cyclischer Ether*

Bei dieser Aufstellung wurden die ebenfalls möglichen Gerüst- und Stellungsisomeren (z.B. 2,3-Dimethyloxiran oder 1-Buten-4-ol usw.) nicht berücksichtigt.

Übung 4. Formuliere sämtliche Strukturisomeren mit der Bruttoformel C_3H_7N.

14. Geometrische Isomerie

14.1. Das *cis-trans*-System

Die geometrische Isomerie, häufig auch *cis-trans*-Isomerie genannt, tritt bei starren Systemen auf, z. B. bei substituierten Ethylenen:

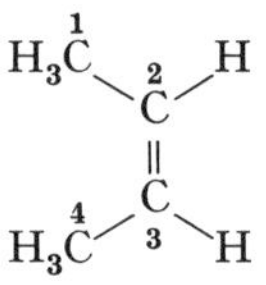

cis-2-Buten

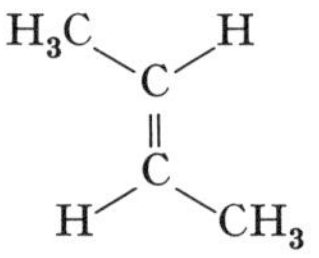

trans-2-Buten

Eine Drehung um die Doppelbindung im 2-Buten ist nicht möglich (S. 25). Daher ist die Verbindung, bei der gleiche Substituenten auf derselben Seite der Doppelbindung liegen, verschieden von der zweiten, isomeren Verbindung, bei der gleiche Substituenten auf verschiedenen Seiten der Doppelbindung liegen. Die beiden Isomeren werden durch die Vorsilben *cis*- und *trans*- charakterisiert. Es ist dabei nicht nötig, daß an der Doppelbindung zweimal zwei gleiche Substituenten sitzen; auch für Verbindungen wie 1-Chlor-2-bromethylen können diese Bezeichnungen sinngemäß verwendet werden:

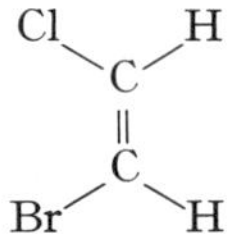
cis-1-Chlor-2-bromethylen

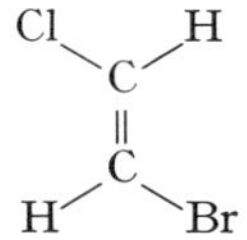
trans-1-Chlor-2-bromethylen

cis- und *trans*-Isomere unterscheiden sich in ihren physikalischen und chemischen Eigenschaften. Beispielsweise hat die Fumarsäure einen höheren Schmelzpunkt, ist besser wasserlöslich und stabiler als die entsprechende *cis*-Verbindung Maleinsäure. Die allgemein größere Stabilität der *trans*-Isomeren kommt davon

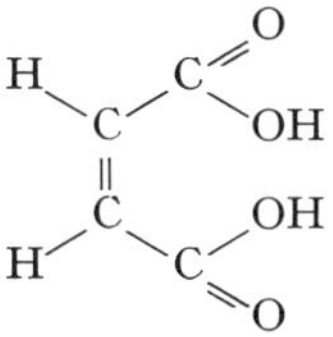
Maleinsäure

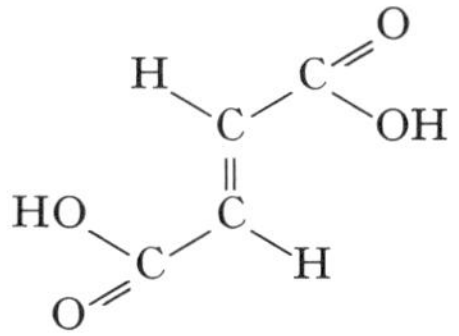
Fumarsäure

her, daß sich in dieser Form große Substituenten weniger behindern. Unter dem Einfluß von Katalysatoren (Säuren oder Radikale) lassen sich die beiden Formen meist ineinander überführen. Dabei wird in einem Übergangszustand (ÜZ) die Doppelbindung aufgehoben und so die freie Drehbarkeit wieder ermöglicht. Die Umwandlung *cis* → *trans* gelingt dabei leichter, da sich das Molekül im frei drehbaren Übergangszustand bevorzugt so einstellt, daß große Substituenten möglichst weit voneinander entfernt sind[2]):

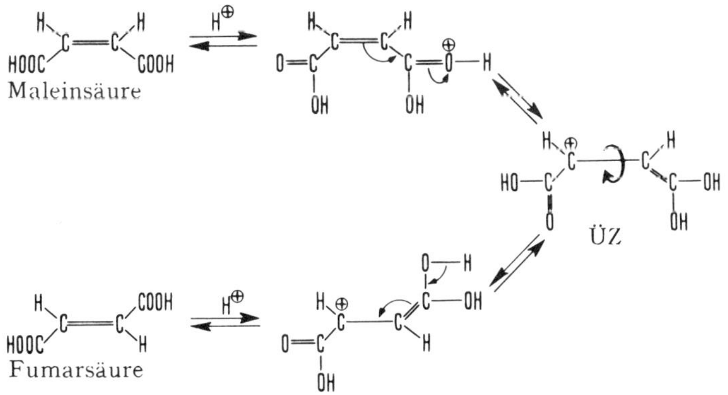

[2]) Zur Erläuterung der im Formelschema verwendeten Schreibweise siehe S. 84.

Chemisch unterscheiden sich die beiden Isomeren unter anderem dadurch, daß auf Grund der Stellung der beiden Carboxylgruppen nur Maleinsäure ein Anhydrid bildet.

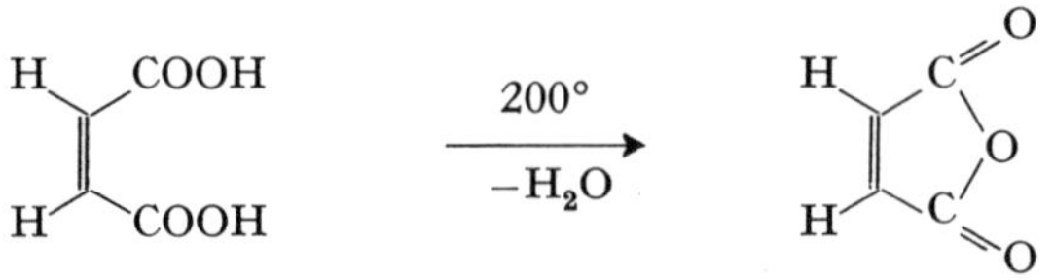

Maleinsäureanhydrid

Enthält eine Verbindung mehrere Doppelbindungen, so muß die *cis-trans*-Isomerie an allen Doppelbindungen berücksichtigt werden. So gibt es drei geometrische Isomere des 2,4-Hexadiens:

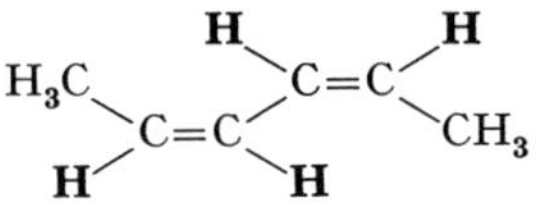

cis-cis-

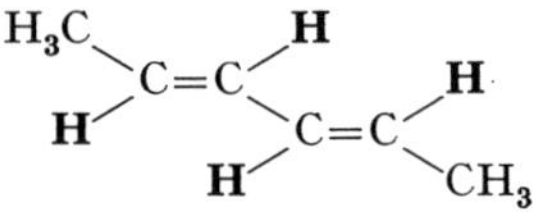

trans-trans-

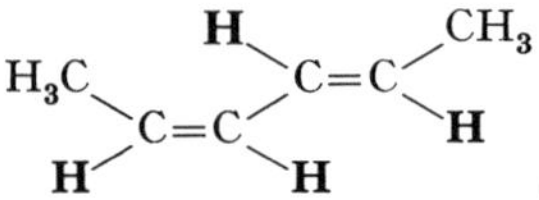

cis-trans-

-2,4-Hexadien

cis-trans-Isomerie ist auch bei alicyclischen Verbindungen möglich: Zwei Substituenten können entweder auf derselben Seite oder ober- und unterhalb der Ringebene angeordnet sein. Ein Beispiel ist das 1,2-Cyclopropandiol.

cis-

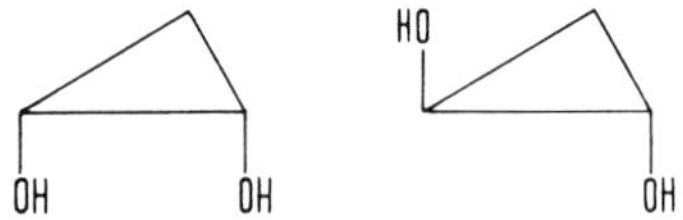

trans-

1,2-Cyclopropandiol

Für weitere Angaben über die Isomerie bei cyclischen Verbindungen, insbesondere über die *cis-trans*-Verknüpfung von Ringen, vgl. Kapitel 17.4. und 17.5.

14.2. Das E-Z-System

Da eine Unterscheidung von *cis-* und *trans*-Isomeren bei Alkenen wie z. B. **1** oder **3** mit vier verschiedenen Substituenten an der Doppelbindung nicht möglich ist, wurde ein neues, universell anwendbares System entwickelt. Die an jedem Ende der

Doppelbindung sitzenden Substituenten werden nach absteigender Ordnungszahl der direkt an die Ethylenkohlenstoffe gebundenen Atome klassifiziert. Nach diesem im Abschnitt

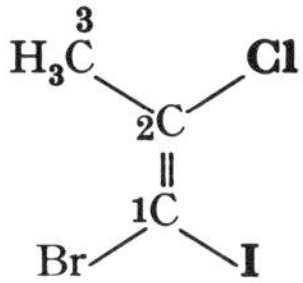

1

(Z)-1-Brom-1-iod-2-chlor-propen

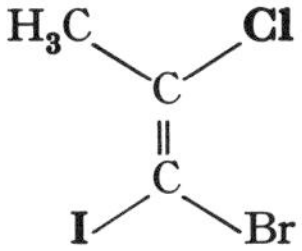

2

(E)-1-Brom-1-iod-2-chlor-propen

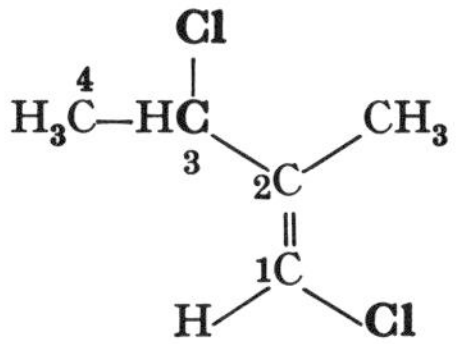

3

(E)-1,3-Dichlor-2-methyl-buten

15.6. detaillierter beschriebenen Vorgehen hat von den Substituenten in der 1-Stellung von **1** und **2** Iod die höhere Priorität als Brom, in der 2-Stellung Chlor die höhere Priorität als Kohlenstoff. Dasjenige Isomere, das die beiden höher eingestuften Substituenten auf derselben Seite der Doppelbindung trägt (**1**), wird mit dem Buchstaben Z (*zusammen*), das geometrische Isomere (**2**) mit dem Buchstaben E (*entgegen*) bezeichnet. Die Bezeichnungen E und Z werden, in Klammern gesetzt, dem Namen der Verbindung vorangestellt.

Ist die Klassifizierung der Substituenten auf Grund der direkt an der Doppelbindung sitzenden Atome nicht möglich, so werden die nächstfolgenden Atome zur Differenzierung herangezogen: In der Verbindung **3** kommt dem mit Cl, C und H substituierten C-Atom in 3-Stellung die höhere Priorität zu als dem ausschließlich mit Wasserstoff substituierten C-Atom auf der gegenüberliegenden Seite.

Obwohl das E-Z-System zur Charakterisierung aller geometrischen Isomeren verwendet werden kann, beschränkt sich seine Anwendung in der Literatur üblicherweise auf jene Fälle, bei denen eine eindeutige Bezeichnung von geometrischen Isomeren als *cis*- oder *trans*-Formen nicht möglich ist.

Übung 5. Formuliere alle geometrischen Isomeren von

a) 1,3-Pentadien $CH_2{=}CH{-}CH{=}CH{-}CH_3$.

b) 1,4-Dibrom-1,3-butadien CHBr=CH–CH=CHBr.

c) 1,2-Dihydroxy-cyclobutan

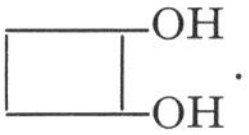

Bezeichne die folgenden Verbindungen als (E)-/(Z)-Formen und soweit möglich auch als *cis-/trans*-Formen:

d) 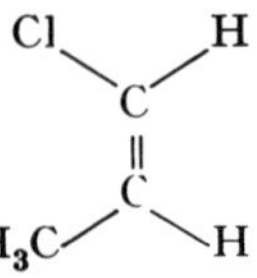

e) 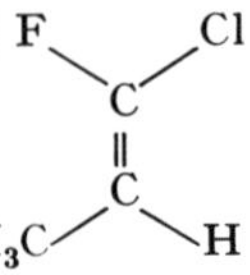

f) 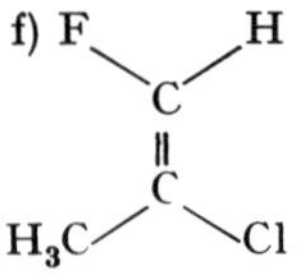

g) 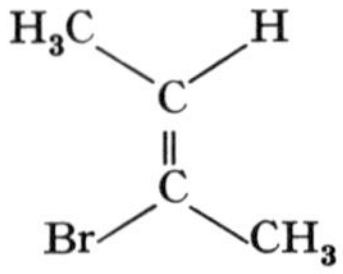

h) 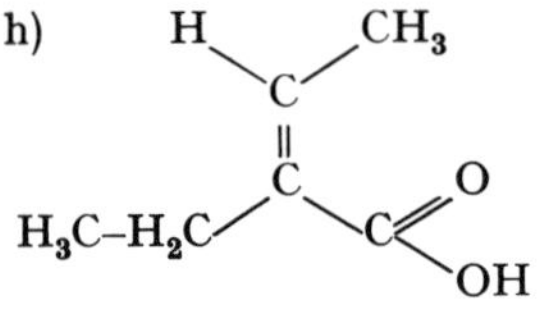

i) 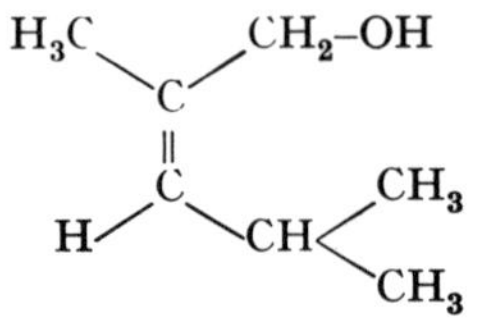

k) 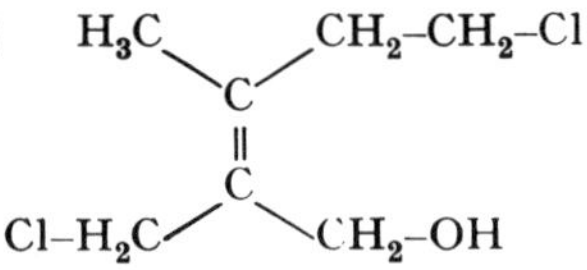

15. Optische Aktivität, Spiegelbildisomerie

15.1. Definition

Moleküle, in denen ein Kohlenstoffatom vier verschiedene Gruppen trägt (*asymmetrisches C-Atom*), können in zwei verschiedenen Formen vorkommen. Beim Glycerinaldehyd beispielsweise können die beiden Formen **1a** und **1b** nicht zur Deckung gebracht werden, sie sind Spiegelbildisomere:

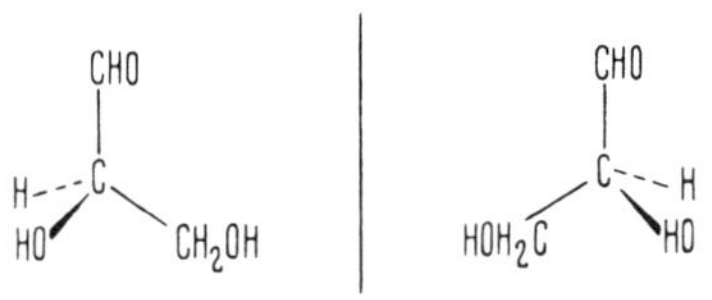

1a Spiegelebene **1b**

Verbindungen, die wie Glycerinaldehyd ein asymmetrisches C-Atom enthalten, vermögen in Lösung die Schwingungsebene von linear polarisiertem Licht zu drehen, sie sind *optisch aktiv* (vgl. Abschnitt b). Die Anwesenheit eines asymmetrischen Kohlenstoffatoms ist nicht das einzige Strukturmerkmal, das optische Aktivität ermöglicht (vgl. Kapitel 15.11). Es ist üblich, asymmetrische C-Atome in Strukturformeln durch einen * hervorzuheben:

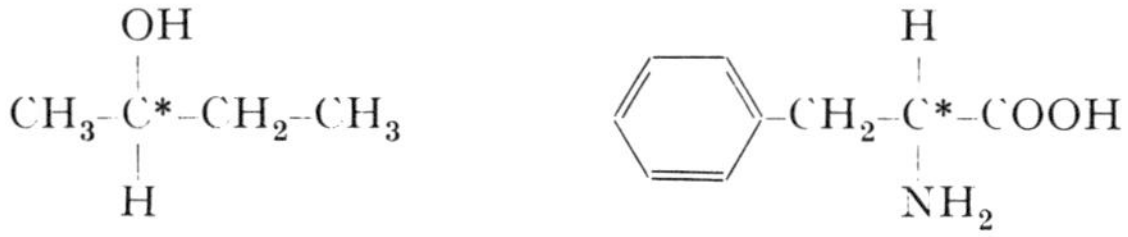

15.2. Messung der optischen Aktivität

Lösungen von optisch aktiven Verbindungen wie z.B. **1a** drehen die Schwingungsebene von linear polarisiertem Licht. Zur Bestimmung verwendet man monochromatisches Licht, normalerweise dasjenige einer Natriumdampflampe (D-Linie des Na-Spektrums mit 589 nm). Schickt man dieses Licht durch einen Kalkspatkristall, so wird es polarisiert, alle austretenden Lichtstrahlen schwingen in derselben Ebene. Beim Durchtritt durch eine Lösung, z.B. von **1a**, wird nun diese Schwingungsebene um einen bestimmten Winkel α gedreht (Fig. 21). Der Drehsinn wird so definiert, daß eine Drehung der Schwingungsebene im Uhrzeigersinn ein positives, eine solche gegen den Uhrzeiger ein

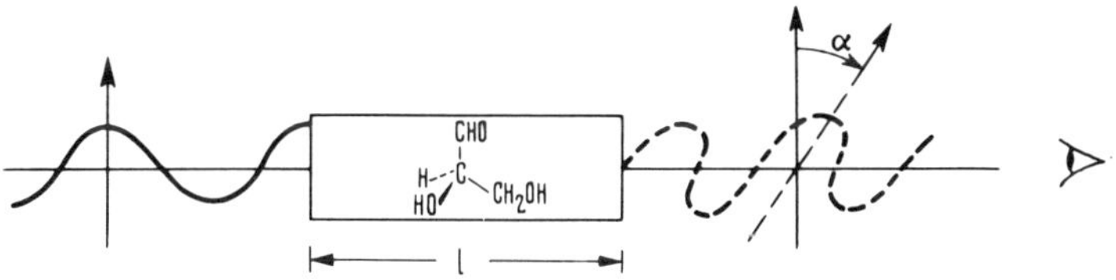

Fig. 21. Messung der optischen Aktivität. ——— eintretender, – – – austretender Lichtstrahl. Die Pfeile markieren die Schwingungsebenen des linear polarisierten Lichts.

negatives Vorzeichen erhält, wenn der austretende Strahl auf den Beobachter zukommt.

Lösungen gleicher Konzentration von Spiegelbildisomeren wie **1a** und **1b** zeigen denselben Drehwinkel α, jedoch mit entgegengesetzten Vorzeichen. Zur genaueren Bezeichnung der Spiegelbildisomeren, die auch als optische *Antipoden* oder *Enantiomere* bezeichnet werden, kann das Vorzeichen des Drehwerts vor den Namen der Verbindung gesetzt werden: (+)-Glycerinaldehyd und (−)-Glycerinaldehyd. Die Bezeichnungen *d* (von *dextro*, rechts) und *l* (von *laevo*, links) sollten nicht mehr verwendet werden.

Von der optischen Drehung abgesehen, weisen optische Antipoden dieselben physikalischen Eigenschaften auf. Auch das chemische Verhalten ist genau gleich, es sei denn, es finde eine Reaktion mit einem ebenfalls optisch aktiven Reagens statt. Die im Versuch (vgl. Fig. 21) gemessene Größe α ist von verschiedenen Faktoren abhängig, so von der Konzentration c des gelösten, optisch aktiven Stoffs (in g/100 ml), von der Länge l des Meßrohrs (in dm anzugeben), von der Temperatur t, von der Wellenlänge λ des verwendeten Lichts und vom Lösungsmittel. Die nach der Gleichung

$$[\alpha]_{\lambda}^{t} = \frac{\alpha_{\text{gemessen}} \cdot 100}{l \cdot c}$$

berechnete Größe $[\alpha]$ wird *spezifische Drehung* genannt und ist eine für jede optisch aktive Verbindung charakteristische Größe. Zusätzlich zu $[\alpha]$ müssen immer die Temperatur und die Wellenlänge des verwendeten Lichts (D wenn es sich um die D-Linie des Na-Spektrums handelt) als Indizes sowie die Konzentration des gelösten Stoffs und das verwendete Lösungsmittel angegeben werden.

15.3. Die Fischer-Projektion

Die Darstellung von optisch aktiven Molekülen durch perspektivisch gezeichnete Strukturformeln ist sehr unpraktisch. Deshalb werden Projektionsformeln verwendet. Am gebräuchlichsten ist die von E. Fischer 1891 vorgeschlagene Projektionsmethode. Dabei sind folgende Regeln zu beachten:

- Die Kohlenstoffkette der Verbindung wird in der Senkrechten angeordnet.
- Die Kette wird so orientiert, daß das Ende mit der höheren **Oxidationsstufe** (vgl. Kap. 24.1.) nach oben zu liegen kommt.
- Das Molekül muß zudem so angeordnet werden, daß an jedem asymmetrischen C-Atom die Substituenten nach vorn ragen.

In dieser Anordnung wird das Molekül auf die Papierebene projiziert:

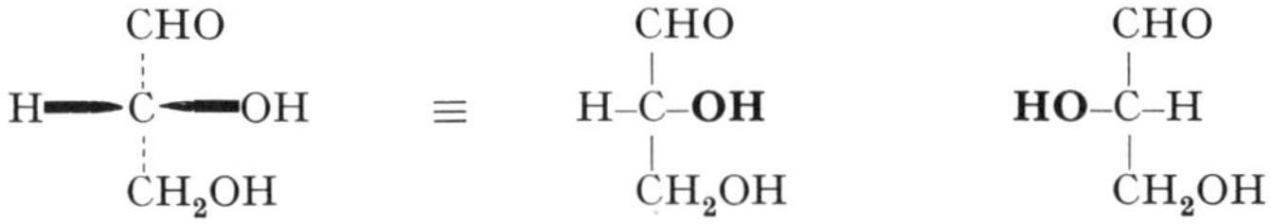

1a D-Form **1b** L-Form

Zur Bezeichnung der beiden Konfigurationen bezieht man sich, falls vorhanden, auf die am asymmetrischen C-Atom sitzenden OH- oder NH_2-Gruppen. Die Form **1a** mit der rechtsstehenden OH-Gruppe wird als D-Glycerinaldehyd, diejenige mit der linksstehenden OH-Gruppe als L-Glycerinaldehyd (**1b**) bezeichnet. Die Bezeichnungen D und L haben nichts mit der Richtung der optischen Drehung zu tun, sie beziehen sich nur auf die FISCHER-Projektionsformeln.
Will man FISCHER-Projektionsformeln untereinander vergleichen, so darf man sie nur in der Ebene bewegen. Jedes Umklappen aus der Ebene heraus ist verboten.

15.4. Racemate

Gemische aus gleichen Teilen der D- und der L-Form einer bestimmten, optisch aktiven Verbindung werden als *Racemate* bezeichnet. In Lösung zeigen Racemate keine optische Drehung, da sich die entgegengesetzt gleich großen Drehwerte der D- und der L-Form kompensieren. Racemate unterscheiden sich in den physikalischen Eigenschaften (z.B. Schmelzpunkt, Löslichkeit) von den reinen D- und L-Enantiomeren. Für Methoden zur Trennung von Racematen vgl. Kapitel 15.10.
Racemate entstehen oft bei chemischen Reaktionen, deren stereochemischer Verlauf nicht eindeutig bestimmt ist (vgl. auch Kapitel 15.7. und 20.2.):

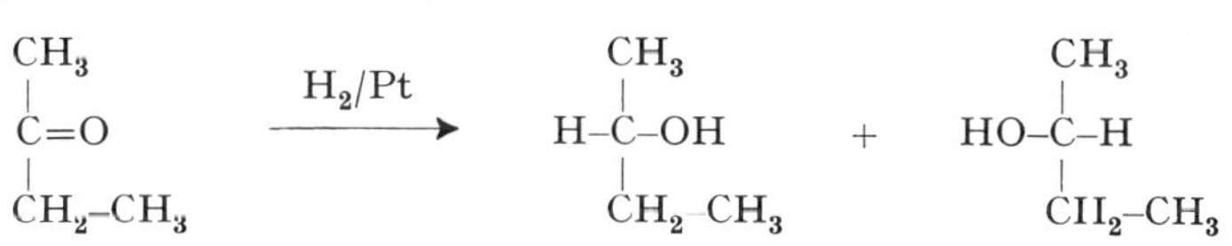

Methylethylketon D,L-2-Butanol

15.5. Moleküle mit mehreren asymmetrischen C-Atomen

Verbindungen mit einem einzigen asymmetrischen C-Atom können in einer D- und einer L-Form vorkommen, es gibt ein Paar von optischen Antipoden. Bei *n* asymmetrischen C-Atomen sind 2^n optische Isomere zu erwarten. Diese 2^n-Regel gilt jedoch nur, wenn die asymmetrischen C-Atome voneinander verschieden sind und das Molekül keine Symmetrieebene aufweist. Das ist bei der Verbindung $CH_2OH–\overset{*}{C}HOH–\overset{*}{C}HOH–CHO$ der Fall. Von den vier optischen Isomeren bilden je zwei, nämlich **2a** und

2b sowie **3a** und **3b** ein Paar von Enantiomeren. Beim Vergleich von **2b** mit **3a** zeigt sich, daß diese Moleküle zwar optische

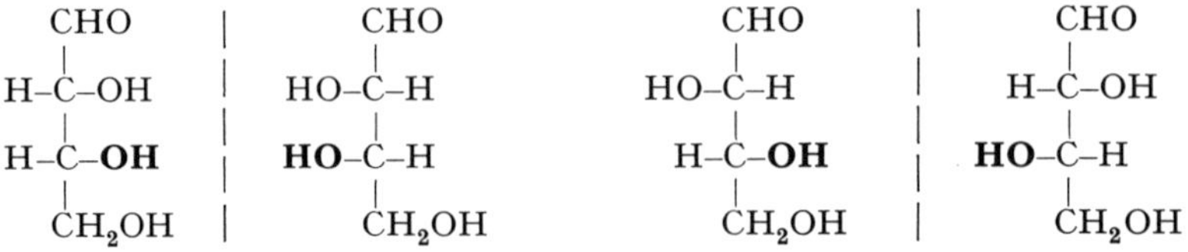

2a D-Erythrose | **2b** L-Erythrose | **3a** D-Threose | **3b** L-Threose

Isomere der Verbindung CH_2OH–CHOH–CHOH–CHO sind, sich aber nicht wie Bild und Spiegelbild verhalten. Derartige optische Isomere werden als *Diastereomere* bezeichnet. Zu einer Verbindung mit zwei verschiedenen asymmetrischen C-Atomen gibt es also zwei diastereomere Antipodenpaare. Zur Kennzeichnung könnte man die Konfiguration aller C* von oben nach unten aufzählen und so z.B. **2a** als D-D-Form und **3a** als L-D-Form bezeichnen. Häufig bekommt jedoch jedes Antipodenpaar einen eigenen Trivialnamen. Die Bezeichnungen D und L richten sich dabei nach der Stellung der OH-Gruppe am untersten C*-Atom in der FISCHER-Projektion.

Bei der Weinsäure kann man zunächst ebenfalls vier optische Isomere aufzeichnen. **4a** und **4b** sind ein Antipodenpaar. Die dazu diastereomeren Isomeren **5a** und **5b** sind hier identisch: Nach einer Drehung um 180° in der Papierebene läßt sich **5b** mit **5a** zur Deckung bringen. Moleküle mit zwei gleich substituierten C*-Atomen können eine Symmetrieebene (–·–·–) aufweisen und werden dann als *meso*-Formen bezeichnet. *meso*-Formen, z.B. *meso*-Weinsäure **5**, zeigen keine optische Drehung.

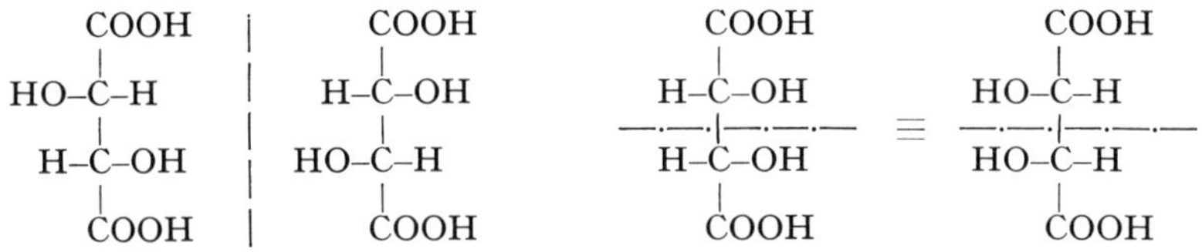

4a D-Weinsäure[3]) $[\alpha]_D^{20} = -12°$

4b L-Weinsäure $[\alpha]_D^{20} = +12°$

5a **5b** *meso*-Weinsäure keine optische Drehung

[3]) In einigen deutschsprachigen Lehrbüchern erfolgt die Konfigurationsbezeichnung immer noch nach der oberen OH-Gruppe in den Projektionsformeln.

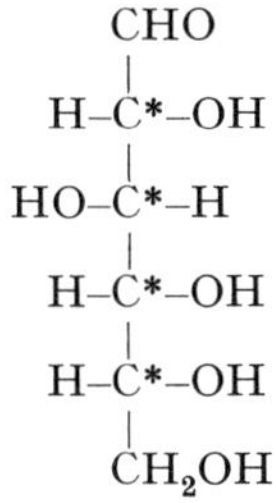

6

D-Glucose (**6**) weist vier asymmetrische C-Atome auf. Dazu sind $2^4 = 16$ optische Isomere zu erwarten, und zwar acht zueinander diastereomere Isomerenpaare. Diese sechzehn Verbindungen sind alle bekannt (vgl. auch S. 229).

15.6. Konfigurationsbezeichnung nach dem R-S-System

Die Bezeichnung von Konfigurationen mit D und L anhand der Fischer-Projektion kann Schwierigkeiten bereiten, wenn nicht klar ist, auf Grund welches Substituenten am asymmetrischen C-Atom die Unterscheidung getroffen werden soll. Deshalb wurde ein allgemeiner gefaßtes und eindeutiges System entwickelt: Die am asymmetrischen C-Atom sitzenden Substituenten werden nach absteigender Ordnungszahl klassifiziert. Man beginnt dabei mit den direkt an das C* gebundenen Atomen (① im Schema). Sind dabei zwei oder mehr Atome gleichwertig, so betrachtet man die nächstfolgenden Atome (② im Schema), später nötigenfalls noch die in dritter oder vierter Position sitzenden Atome. Trägt eines der direkt am C* sitzenden Atome keine weiteren Substituenten, so setzt man dort für die Position ② die Ordnungszahl 0 ein.

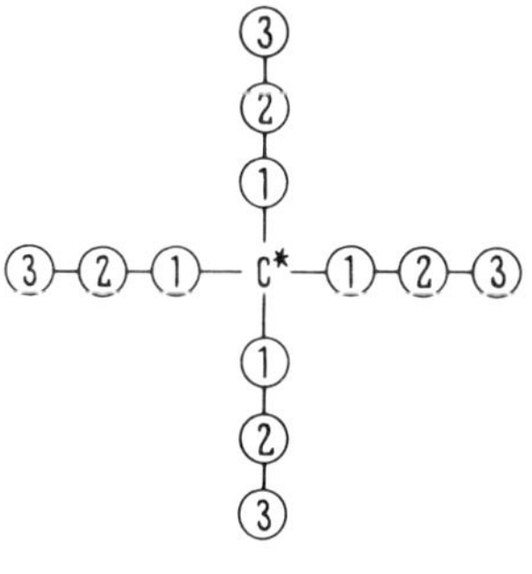

In der Verbindung 2-Chlorbutan (**7**) hat Cl die höchste Ordnungszahl und somit die erste Priorität. H mit der niedrigsten Ordnungszahl nimmt den letzten Platz ein. Die beiden anderen Substituenten sind gleichwertig (C-Atome). Vergleicht man die am

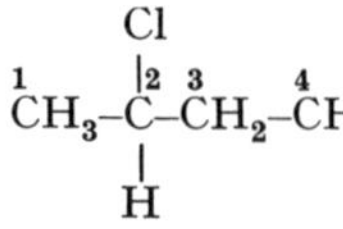

7

C-1 und am C-3 sitzenden weiteren Substituenten, so findet man, daß C-3 (trägt ein C und zwei H) in der Rangordnung vor das C-1 (trägt drei H) zu setzen ist. Die Reihenfolge der Substituenten lautet also: Cl, C-3, C-1, H.
Nun wird das Molekül so angeordnet, daß sich der in obiger Reihenfolge letzte Substituent auf der dem Beobachter abgewendeten Seite befindet. Die Zuordnung der Konfiguration erfolgt dann so, daß man sich die übrigen drei Substituenten, nach ihrer Reihenfolge und immer beim ersten beginnend, durch einen Bogen verbunden denkt. Beim Enantiomeren **7a** von

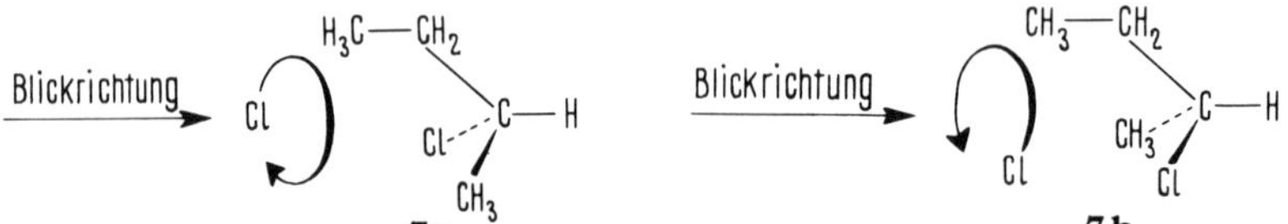

7a **7b**

2-Chlorbutan verläuft dieser Bogen im Uhrzeigersinn. Diese Konfiguration wird mit R (von *rectus*) bezeichnet. Der optische Antipode **7b**, bei dem der entsprechende Bogen gegen den Uhrzeigersinn verläuft, erhält die Bezeichnung S (von *sinister*).
Bei Molekülen mit mehreren asymmetrischen C-Atomen wird an jedem C* einzeln die Konfiguration bestimmt und zusammen mit der Nummer des betreffenden C-Atoms in den Namen eingefügt. Verbindung **8** heißt demnach 3-S-Methyl-4-R-bromhexan.

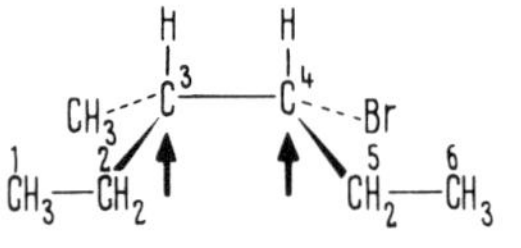

8

15.7. Änderung der Konfiguration an asymmetrischen C-Atomen bei chemischen Reaktionen

Ist bei einer chemischen Umsetzung einer optisch aktiven Verbindung das asymmetrische C-Atom selbst an der Reaktion nicht beteiligt, so bleibt die Konfiguration unverändert. Entsteht dabei ein symmetrisch gebautes Molekül, so geht allerdings die optische Aktivität verloren:

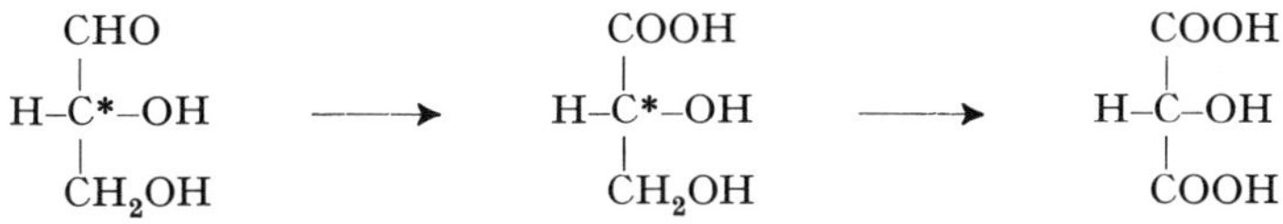

D-Glycerinaldehyd — D-Glycerinsäure — 2-Hydroxymalonsäure

Wird bei einer Reaktion einer der am asymmetrischen C-Atom sitzenden Substituenten ersetzt, ohne daß dabei die Konfiguration verändert wird, so ist sie unter *Retention* der Konfiguration verlaufen:

R-2-Butanol

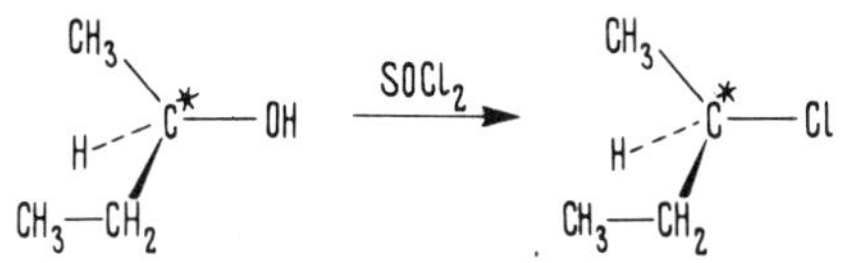

R-2-Chlorbutan

Bei vielen Reaktionen wird die Konfiguration am asymmetrischen C-Atom umgekehrt. Dabei klappen die drei im Molekül verbleibenden Substituenten wie ein Schirm um. Diese Reaktionen verlaufen unter *Inversion* der Konfiguration (vgl. Kapitel 20.2.):

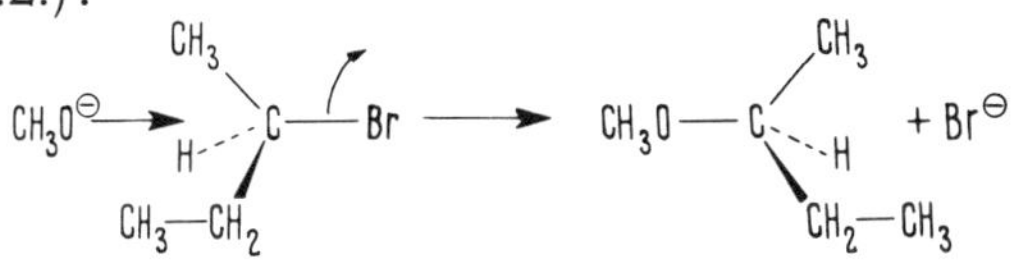

R-2-Brombutan — **S-2-Methoxybutan**

Entstehen bei einer Reaktion beide möglichen Antipoden, so ist sie unter Racemisierung verlaufen. Falls das Produkt aus gleichen Mengen der beiden Enantiomeren besteht, so wird eine optische Drehung von 0° gemessen (vgl. Kapitel 15.4.).
Unter *Epimerisierung* versteht man die Umkehrung der Konfiguration an nur einem asymmetrischen C-Atom in einem Molekül mit mehreren Asymmetriezentren. Ein Beispiel ist die Umwandlung von D-Glucose (**6**) in D-Mannose (**9**).

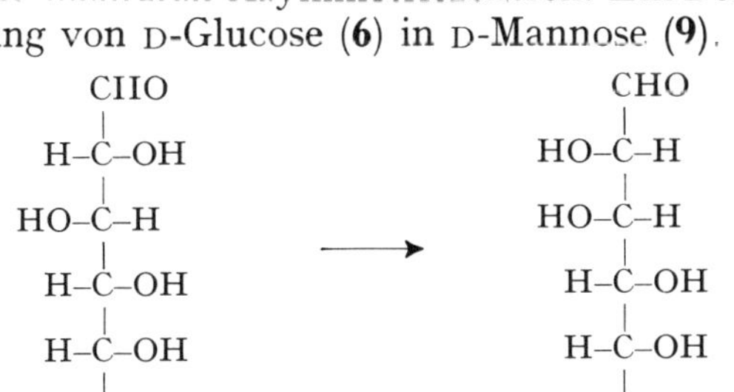

6 — **9**

15.8. Relative Konfiguration

Wie das Beispiel von D-Glycerinaldehyd ($[\alpha]_D = +8{,}7°$) und D-Milchsäure ($[\alpha]_D = -2{,}6°$) zeigt, besteht zwischen dem Drehsinn und der Stereochemie einer Verbindung kein Zusammen-

D-(+)-Glycerinaldehyd $[\alpha]_D^{25} = +8{,}7°$ L-(−)-Glycerinaldehyd $[\alpha]_D^{25} = -8{,}7°$

hang. Deshalb wurde Glycerinaldehyd als Bezugssubstanz gewählt: dem rechtsdrehenden Glycerinaldehyd wurde willkürlich die als D-Form bezeichnete räumliche Anordnung zugeschrieben. Andere optisch aktive Verbindungen werden nun mit dem Glycerinaldehyd verknüpft, indem man sie entweder durch chemische Reaktionen in Glycerinaldehyd überführt oder von diesem ausgehend synthetisiert. Dabei dürfen keine unter Racemisierung verlaufenden Reaktionen angewendet werden[4]:

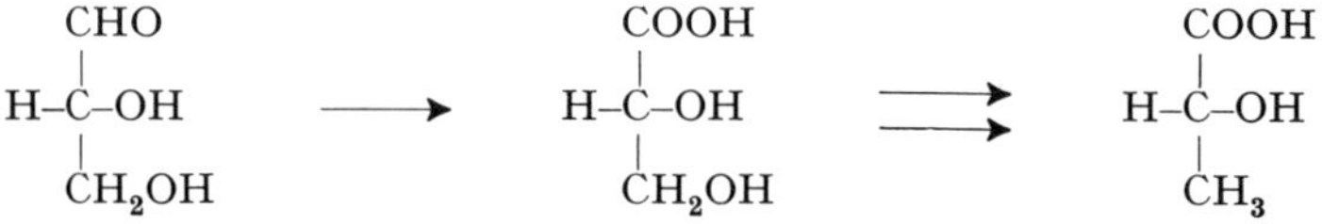

D-Glycerinaldehyd D-Glycerinsäure D-Milchsäure

Die in der Natur vorkommende Glucose läßt sich durch den unten angedeuteten stufenweisen Abbau in D-Glycerinaldehyd überführen. Das bedeutet, daß die Konfiguration am C-5 der Glucose derjenigen des D-Glycerinaldehyds entspricht. Deshalb wird die natürliche Glucose zur D-Reihe gezählt und als D-Glucose bezeichnet.

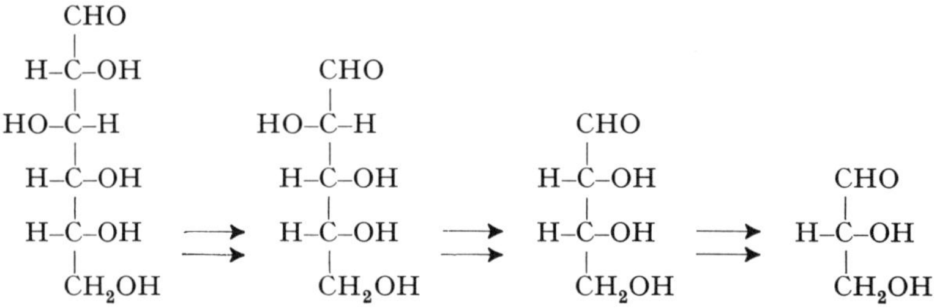

D-Glucose D-Arabinose D-Erythrose D-Glycerinaldehyd

[4]) Doppelte Reaktionspfeile deuten an, daß die betreffende Umwandlung in mehreren Reaktionsschritten ausgeführt werden muß.

Durch derartige Untersuchungen sind eine große Anzahl von Verbindungen miteinander in Beziehung gebracht worden. Das erleichtert die Bestimmung der Konfiguration neuer Verbindungen, denn es genügt, eine Verbindung unbekannter Konfiguration in eine Verbindung überzuführen, deren relative Konfiguration bereits abgeklärt wurde.

15.9. Absolute Konfiguration

Die Zuordnung der hier nochmals in perspektivischer Darstellung und Fischer-Projektion gezeigten D-Form des Glycerinaldehyds zum rechtsdrehenden Isomeren dieser Verbindung war rein willkürlich. Erst 1951 konnte anhand einer Röntgenanalyse an einem Salz der L-Weinsäure (deren Beziehung zum D-Glycerinaldehyd bekannt war) gezeigt werden, daß diese Zuordnung richtig war. Damit ist für den D-Glycerinaldehyd die wirkliche, die *absolute Konfiguration* mit Sicherheit bekannt, und man kann jetzt auch für alle anderen optisch aktiven Verbindungen, deren auf D-Glycerinaldehyd bezogene relative Konfiguration bereits bekannt ist, die absolute Konfiguration angeben.

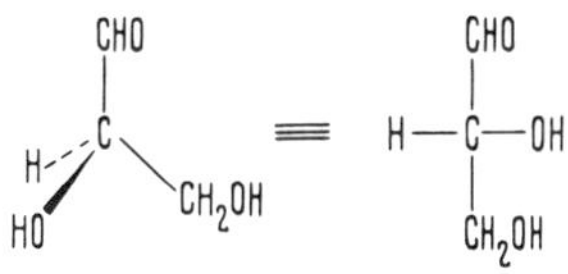

D-(+)-Glycerinaldehyd

15.10. Trennung von Racematen

Bei vielen chemischen Reaktionen wird ein neues asymmetrisches C-Atom gebildet, oder optisch aktive Verbindungen werden unter Racemisierung umgesetzt. Deshalb stellt sich häufig das Problem, die dabei entstandenen racemischen Produkte in die beiden optischen Antipoden aufzutrennen. Eine oft angewendete Methode erlaubt es, racemische Säuren D,L-HA durch Salzbildung mit einer optisch reinen Base, z.B. einer L-Base L-B zu trennen. Dabei entstehen zwei Salze, die beide zwei Asymmetriezentren aufweisen. Die Salze L-$BH^{\oplus}$ D-$A^{\ominus}$ und L-$BH^{\oplus}$ L-$A^{\ominus}$ sind Diastereomere und können voneinander getrennt werden. Das geschieht meist durch Kristallisation:

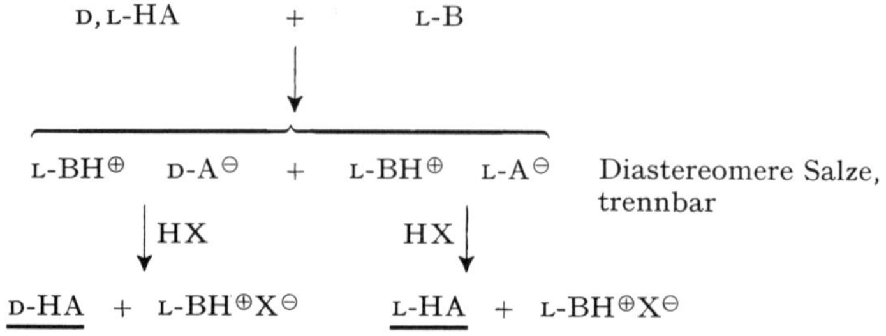

Das schlechter lösliche Diastereomere kristallisiert zuerst aus, das leichter lösliche reichert sich in der Mutterlauge an und ist meist schwerer zu reinigen. Setzt man mit Hilfe einer starken Säure HX aus den getrennten Salzen die Säure wieder frei, so erhält man die optisch reinen Formen D-HA und L-HA.

In gleicher Weise kann man mit einer optisch aktiven Säure eine racemische Base in die beiden Antipoden auftrennen. Enthält die racemische Verbindung keine sauren oder basischen Gruppen, so ist es häufig möglich, solche Gruppen intermediär einzuführen.

In lebenden Organismen werden Reaktionen, bei denen asymmetrische C-Atome entstehen, durch Enzyme katalysiert und laufen so ab, daß nur einer der optischen Antipoden gebildet wird. So bestehen beispielsweise natürliche Proteine (S. 229) durchwegs aus L-Aminosäuren, und die Glucose (**6**) kommt in der Natur nur in der D-Form vor. Man kann sich den stereospezifischen Verlauf biochemischer Reaktionen zunutze machen und Reaktionen in Gegenwart isolierter Enzyme oder geeigneter Mikroorganismen ablaufen lassen. Brenztraubensäure (**10**) läßt sich auf diese Weise zur D-Milchsäure reduzieren. Führt man dieselbe Reaktion mit chemischen Mitteln aus, nämlich mit H_2-Gas und Platin als Katalysator, so erhält man racemische Milchsäure:

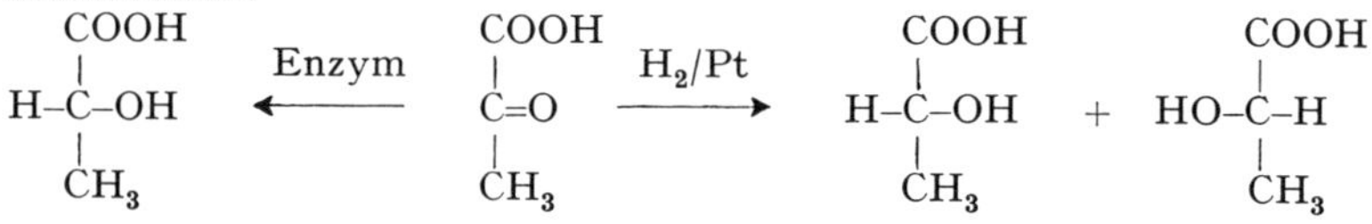

D-Milchsäure **10** D,L-Milchsäure

15.11. Optische Isomerie ohne asymmetrisches Kohlenstoffatom

Für Allene (S. 33) vom Typ ABC=C=CBA können zwei zueinander spiegelbildliche Formen gezeichnet werden. Diese

Allene sind deshalb optisch aktiv und zeigen eine optische Drehung.

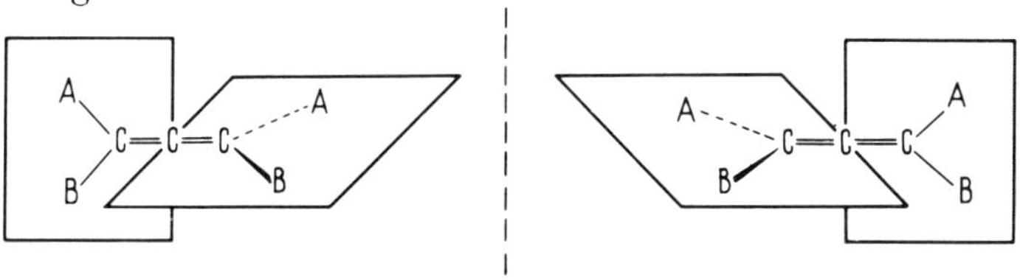

Beim Diphenylsystem **11** kann optische Isomerie auftreten, wenn große Substituenten so angeordnet sind, daß die freie Drehbarkeit um die Bindung zwischen den beiden Benzolkernen aufgehoben wird. Die in Formel **12** dargestellte Konformation eines substituierten Diphenylmoleküls ist speziell ungünstig, da

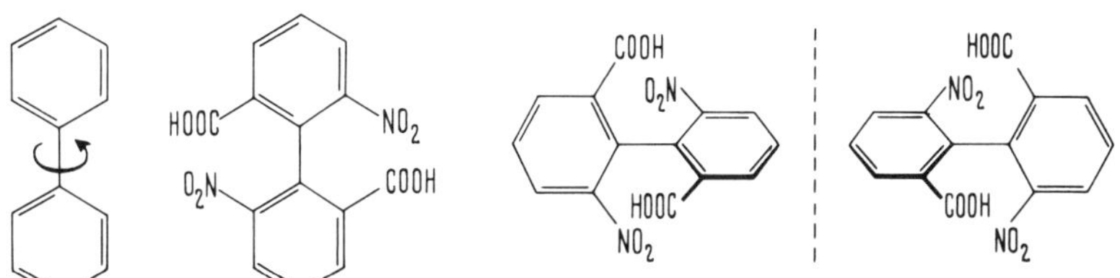

11 **12** **12a** **12b**

sich die großen Substituenten gegenseitig behindern. Günstiger ist es, wenn sich die beiden Benzolringe senkrecht zueinander einstellen, so daß die COOH- und NO_2-Gruppen möglichst weit voneinander entfernt sind. Die beiden möglichen Konformationen **12a** und **12b** sind spiegelbildlich. Da die Umwandlung **12a** → **12b** nicht stattfindet, sind **12a** und **12b** ein Antipodenpaar. Dieser Typ der optischen Isomerie wird als *Atropisomerie* bezeichnet.

Übung 6. Für eine Lösung von 18,51 mg der Verbindung $C_{19}H_{26}OF_2$ in 2 ml Chloroform wurde eine optische Drehung von $\alpha = +0{,}944°$ gemessen (t = 20 °C, Länge des Meßrohrs 10 cm, Natriumdampflampe). Berechne $[\alpha]_D^{20}$.

Übung 7. 16,455 mg A in 1,97 ml Ethanol ergaben eine optische Drehung von $\alpha = -0{,}549°$. Für eine Substanz B fand man eine Drehung von $\alpha = +0{,}75°$ für eine Lösung von 22,345 mg B in 1,97 ml Ethanol. Beide Messungen wurden bei 20 °C in einem 10 cm langen Rohr ausgeführt. Könnten die Substanzen A und B optische Antipoden sein?

Übung 8. In den folgenden Strukturformeln sind die asymmetrischen C-Atome zu markieren. Wie viele optische Isomere sind in jedem Fall möglich?

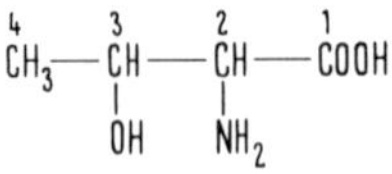

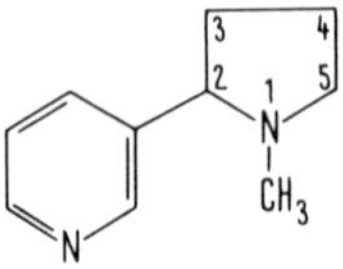

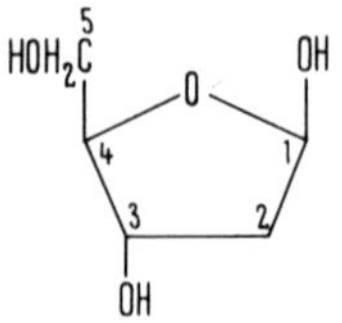

a Threonin

b Nicotin

c 2-Desoxyribose

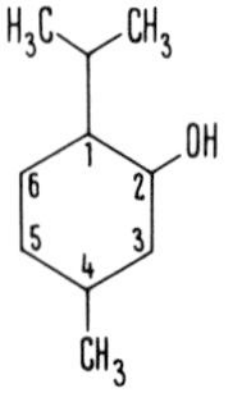

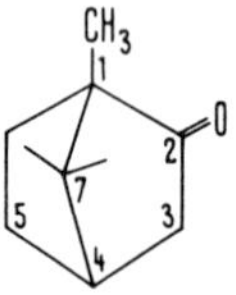

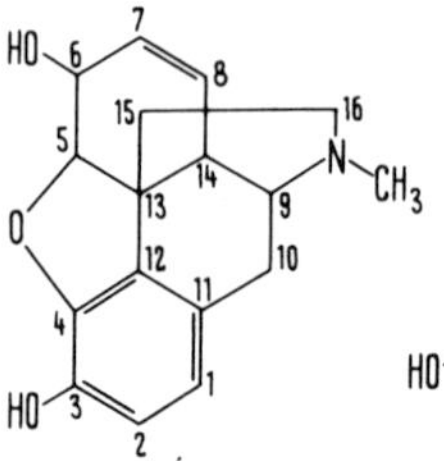

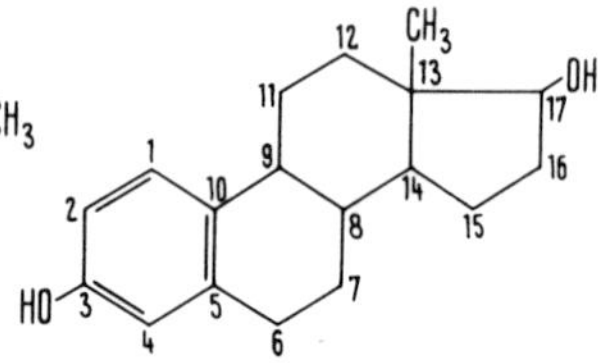

d Menthol

e Campher

f Morphin

g Östradiol

Übung 9. Formuliere sämtliche optischen Isomeren der Arabinose (S. 66).

Übung 10. Bezeichne für folgende Verbindungen die Konfiguration an den asymmetrischen C-Atomen nach dem R–S-System:

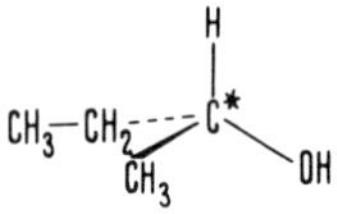

a

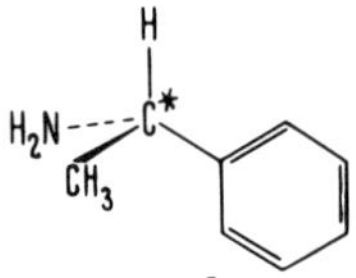

b

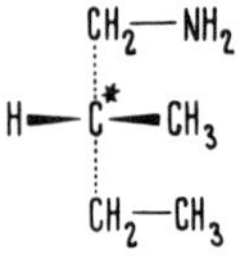

c

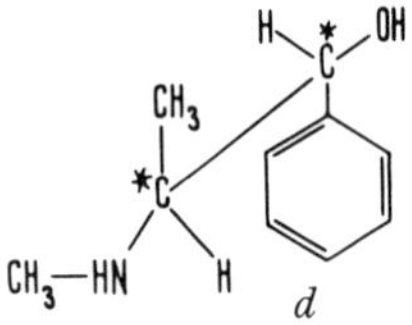

d

16. Konformation aliphatischer Verbindungen

Ein substituiertes Äthan wie **1** ist um die C–C-Bindung frei drehbar. Dabei kann das Molekül in unendlich vielen Formen vorkommen. Bei allen diesen *Konformationen* des Moleküls sind die Atome miteinander in gleicher Weise verknüpft. Wenn an den beiden C-Atomen in **1** verschieden große Substituenten sitzen, sind jedoch nicht alle Konformationen des Moleküls gleichwertig. Das ist in den folgenden schematischen Formelbildern angedeutet: ○ = kleiner Substituent (z.B. –H, –F), ● = mittelgroßer Substituent (z.B. –OH, $-CH_3$), **O** = großer Substituent (z.B. –⬡, $-C(CH_3)_3$). Unter den unendlich vielen Konformationen, die das in Formel **1** dargestellte Molekül beim Drehen um die C–C-Bindung durchläuft, sind einige besonders günstig

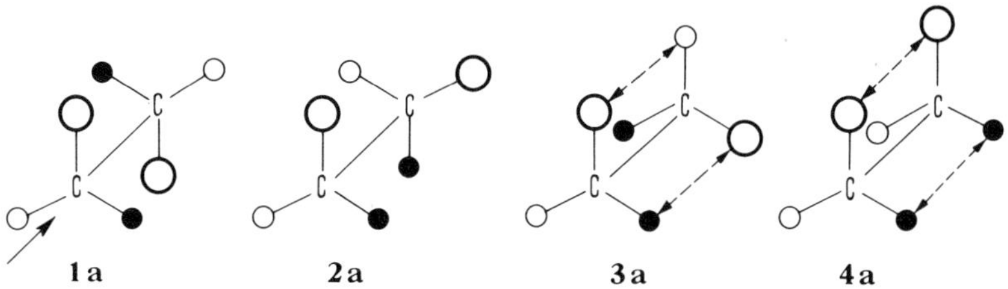

1a **2a** **3a** **4a**

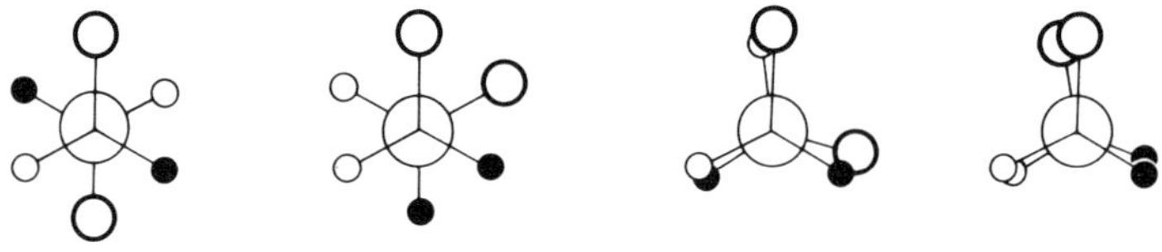

1b **2b** **3b** **4b**

gegenständig	schief gestaffelt	gleichständig
gestaffelt	*skew*	ekliptisch
staggered	*gauche*	*eclipsed*

oder ungünstig. Neben der perspektivischen Darstellung dieser Konformeren (**1a**–**4a**) wird oft eine von Newman eingeführte Projektion verwendet. Dafür betrachtet man das Molekül von vorne entlang der C–C-Bindung (Pfeil bei **1a**). In den Newman-Projektionsformeln (**1b**–**4b**) sind die am vorderen C-Atom sitzenden Substituenten dadurch hervorgehoben, daß ihre Bindungen bis zum Zentrum des Hilfskreises durchgezeichnet sind. Unter den Projektionen sind neben den zugehörigen deutschen auch die in der Literatur häufig verwendeten englischen Bezeichnungen angegeben.

Die Stabilität der Konformationen nimmt in der Reihenfolge **1** → **4** ab. Die *gestaffelte* Konformation wird bevorzugt, besonders wenn sehr große Substituenten vorhanden sind. Bereits etwas weniger günstig ist eine *schief gestaffelte* Konformation (**2**), da sich darin zwei große Substituenten gegenseitig etwas behindern können. Sind nur mittelgroße Substituenten vorhanden, so kann zwischen **1** und **2** nicht mehr unterschieden werden. Dasselbe gilt bei den *ekliptischen* Konformeren **3** und **4**. Besonders bei Anwesenheit großer Substituenten kommt es zu starken Wechselwirkungen (←→ in **3** und **4**) zwischen den gleichständigen Substituenten. Deshalb sind ekliptische Konformationen ungünstig.

Beim Butan erfordert die Überführung des Moleküls von der stabilsten gestaffelten Konformation **5a** in die ungünstigste

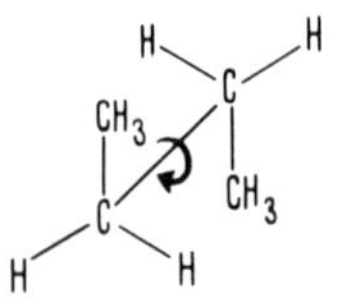

5a

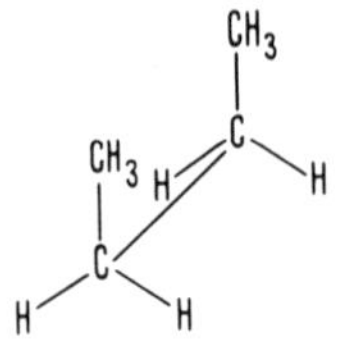

5b

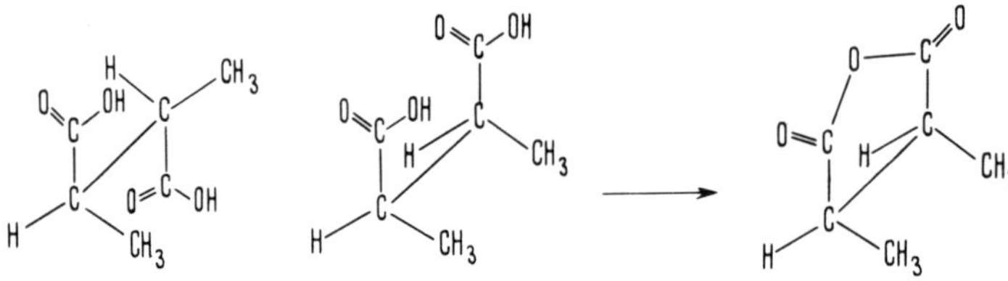

6a **6b** **7**

ekliptische Konformation **5b** einen Energiebetrag von ca. 7 kcal/Mol. Dieser Energieunterschied ist jedoch nicht groß genug, um eine Drehung um die C–C-Bindung zu verunmöglichen. Chemische Reaktionen sind daher auch dann durchführbar, wenn sie eine ungünstige Konformation des Moleküls voraussetzen. Beispielsweise läßt sich 2,3-Dimethylbernsteinsäure (**6**) in das zugehörige Anhydrid **7** überführen, obschon die Reaktion über das ungünstige Konformere **6b** verlaufen muß.

Offenkettige Moleküle liegen immer vorwiegend in einer gestaffelten Konformation vor. Bei cyclischen Verbindungen ist jedoch die Beweglichkeit reduziert. Im Cyclopropan (**8**) beispielsweise erlaubt es der starre Dreiring höchstens in beschränktem Ausmaß, die Wechselwirkungen zwischen den durchwegs ekliptischen H-Atomen durch Ausweichbewegungen zu reduzieren. Das ist ein weiterer Grund dafür, daß Cyclopropanderivate nicht sehr stabil sind (vgl. auch Kapitel 5.2.). Besonders gilt das, wenn der Cyclopropanring große Substituenten trägt wie z.B. bei 2-*tert*.-Butylcyclopropancarbonsäure (**9**).

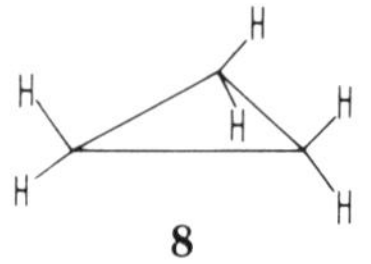

8

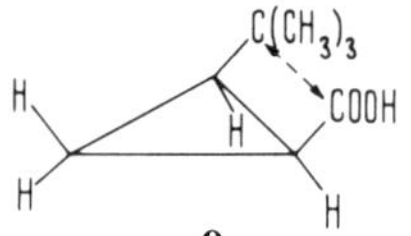

9

17. Stereochemie der alicyclischen Verbindungen

17.1. Baeyersche Ringspannung

Die Kohlenstoffatome in gesättigten alicyclischen Verbindungen sind sp^3-hybridisiert. Unter der Annahme, daß die Verbindungen

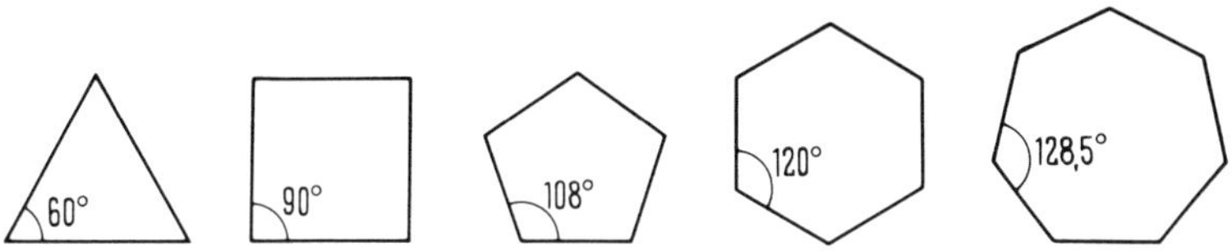

1 2 3 4 5

1 bis **5** eben gebaut sind, kommen aber zum Teil erheblich vom Tetraederwinkel (109,5°) abweichende Bindungswinkel vor. Besonders klein sind die Bindungswinkel beim Cyclopropan (**1**) und beim Cyclobutan (**2**). Deshalb sind diese Ringe gespannt und viel weniger stabil als das Cyclopentan (**3**) mit einem vom Tetraederwinkel nur unwesentlich abweichenden Bindungswinkel von 108°. Für größere Ringe wie Cyclohexan (**4**) und Cycloheptan (**5**) müßte man wegen gespreizter Bindungswinkel wieder eine Abnahme der Stabilität erwarten.
Das stimmt aber offensichtlich nicht, die Verbindungen **4** und **5** sind genau so stabil wie das Cyclopentan. Die Theorie der Ringspannung hat denn auch nur bei den kleinen Ringen ihre Berechtigung. Da alicyclische Verbindungen nicht eben gebaut sind (S. 22), können sie mit Ausnahme des Drei- und des Vierrings ohne Deformation der Bindungswinkel aufgebaut werden.
Ein Maß für die Ringspannung erhält man aus der Bestimmung der Verbrennungswärmen. Die Reaktionsgleichung für die Verbrennung von Cyclobutan lautet

$$C_4H_8 + 6\,O_2 \rightarrow 4\,CO_2 + 4\,H_2O + 662{,}5\ \text{kcal/Mol.}$$

Für Vergleichszwecke gibt man die Verbrennungswärmen pro CH_2-Gruppe an, für Cyclobutan also 662,5 : 4 = 165,5 kcal/Mol. Für die übrigen Alicyclen findet man die folgenden Werte (Verbrennungswärmen in kcal/Mol pro CH_2-Gruppe):

Ethylen $CH_2{=}CH_2$	170	Cyclopentan (**3**)	158,7
Cyclopropan (**1**)	168,5	Cyclohexan (**4**)	157,4
Cyclobutan (**2**)	165,5	Cycloheptan (**5**)	158,3

17.2. Die Pitzer-Spannung

Neben der Ringspannung tragen auch die Wechselwirkungen zwischen den ekliptischen H-Atomen oder Substituenten zur Destabilisierung von kleinen Ringen bei. Diese als Pitzer-Spannung bezeichnete Erscheinung (in den folgenden Formeln nur für die oberhalb der Ringebene liegenden H-Atome durch ←···→

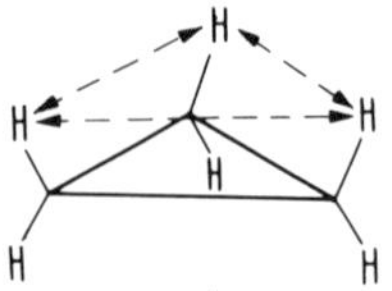

1

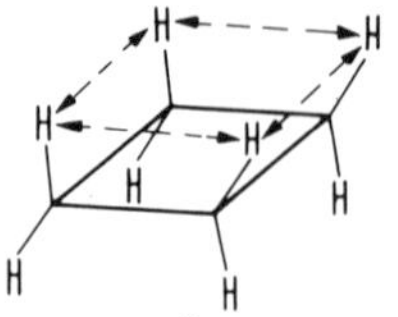

2a

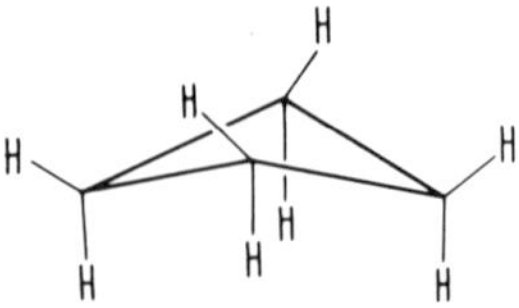

2b

dargestellt) ist besonders stark beim Cyclopropan (**1**), wo die Abstoßung zwischen den ekliptischen H-Atomen durch Deformation von Bindungswinkeln nur in geringfügigem Maße vermindert werden kann. Cyclobutan liegt nicht in der ebenen Form **2a** mit acht ekliptischen H-Atomen (oder Substituenten) vor, sondern in einer gewinkelten Struktur wie **2b**. Obschon dabei die Bindungswinkel noch weiter deformiert werden müssen, ist **2b** dank der verminderten Pitzer-Spannung dennoch die günstigere Konformation von Cyclobutan als **2a**.
In der ebenen Konformation **3a** von Cyclopentan sind sämtliche Wasserstoffatome ekliptisch. Die Pitzer-Spannung kann beträchtlich reduziert werden, wenn eines der Ring-C-Atome aus der Molekülebene von **3a** herausgehoben wird (**3b**). Es konnte gezeigt werden, daß Cyclopentan tatsächlich in der «Briefumschlag»-Konformation **3b** vorliegt.

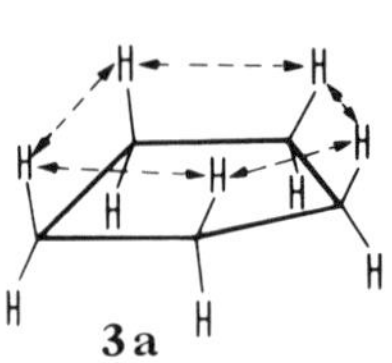

3a

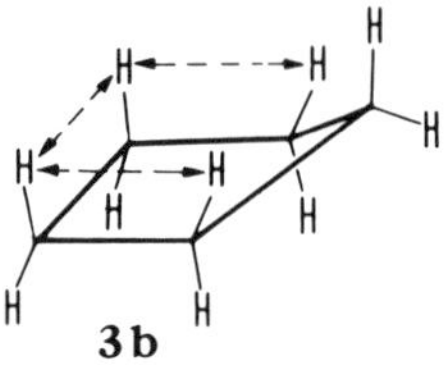

3b

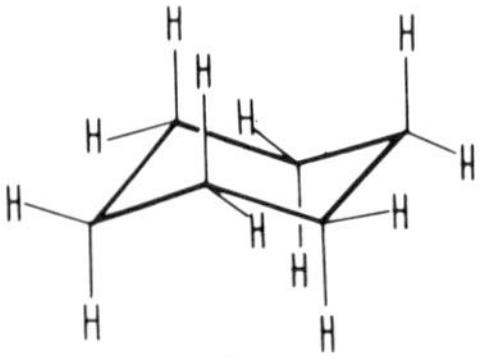

4a

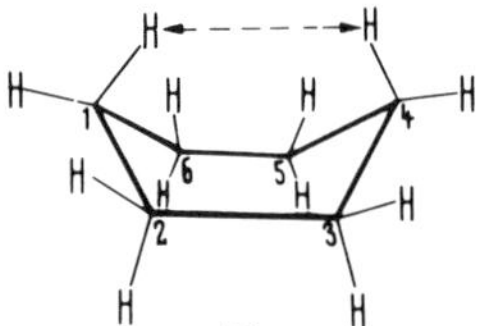

4b

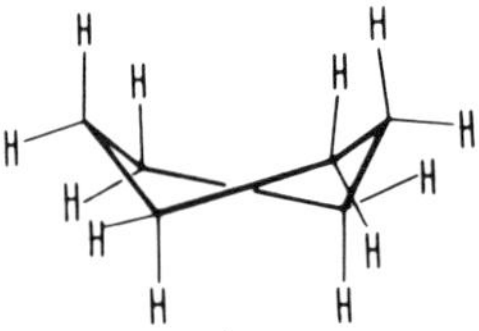

4c

Auch Cyclohexan ist nicht eben gebaut. Es sind zwei Formen möglich, die nach ihrer Gestalt als Sesselform (**4a**) und Wannen- oder Bootform (**4b**) bezeichnet werden. Die Sesselform **4a** mit durchwegs schief gestaffelten H-Atomen ist die günstigste Konformation. In der Wannenform **4b** sind acht H-Atome in den Stellungen 2, 3, 5 und 6 ekliptisch. Zudem kommen sich die H-Atome in 1- und 4-Stellung so nahe, daß auch hier eine abstoßende Wechselwirkung auftritt. Wegen dieses Bug-Heck-Effekts (←- - → in **4b**) und der PITZER-Spannung ist die Wannenform von Cyclohexan um ca. 9 kcal/Mol weniger stabil als die Sesselform. In der Wannenform, die im Gegensatz zu den starren Sesselformen ziemlich flexibel ist, können sowohl die PITZER-Spannung als auch der Bug-Heck-Effekt durch eine Verdrehung des Moleküls reduziert werden. Diese *Twist*-Form genannte Konformation **4c** ist nur um etwa 5 kcal/Mol weniger stabil als die Sesselform und wird vor allem bei gewissen substituierten Cyclohexanderivaten realisiert (S. 79).

17.3. Konformationen von Cyclohexanderivaten

Zu jedem Cyclohexanderivat lassen sich zwei Sesselformen formulieren. Diese durch einfaches Umklappen ineinander überführbaren Konformationen (**6c**, **6d**) stehen miteinander im Gleichgewicht. Beim Cyclohexan selbst sind die beiden Konformeren gleichwertig.

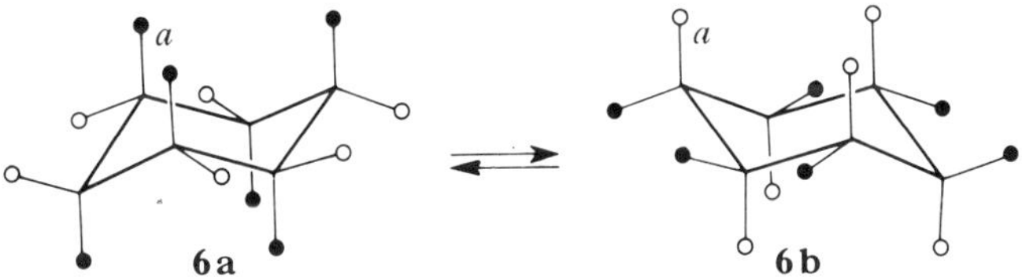

6a **6b**

6c **6d**

Formel **6a** zeigt, daß sich die am Cyclohexanring sitzenden zwölf Substituenten in zwei Gruppen einteilen lassen. Betrachtet man in **6a** den Sechsring als angenähert ebenes Gebilde, so ragen daraus sechs *axiale* Substituenten senkrecht nach oben oder unten heraus (—●, *a*), während die übrigen sechs *äquatorialen* Substituenten ungefähr in der Ringebene liegen (—○, *e*). Beim Umklappen der Sesselform **6a** ⇄ **6b** vertauschen alle Substituenten ihre Rollen.

Im Methylcyclohexan kann die Methylgruppe äquatorial (**7a**) oder axial (**7b**) angeordnet sein. Die beiden Konformationen sind hier nicht gleichwertig. Zwar ist die Methylgruppe in beiden Formen in bezug auf die H-Atome in 2- und 6-Stellung in einer schief gestaffelten Anordnung. Bei **7b** treten jedoch Wechselwirkungen (←→) zwischen der axial stehenden großen Methylgruppe und den ebenfalls axialen H-Atomen in 3- und 5-Stellung auf. Wegen dieser 1,3-Wechselwirkungen ist **7b** weniger günstig als die Konformation **7a**, bei der die entsprechenden Wechselwirkungen (←···→) viel schwächer sind.

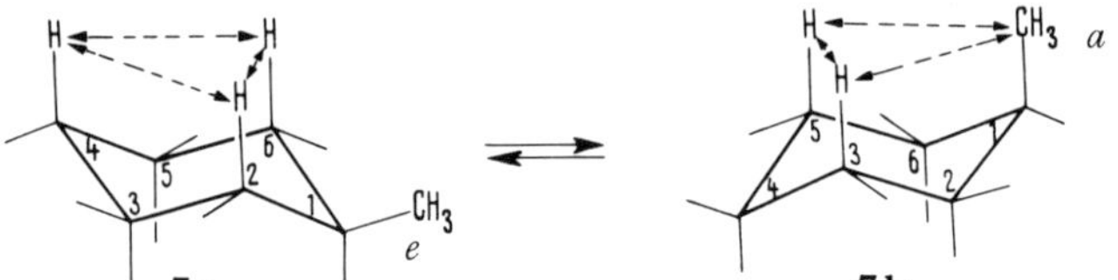

7a **7b**

Der Anteil des Konformeren mit äquatorialer Stellung des Substituenten R im Gleichgewichtsgemisch **8a** ⇄ **8b** wächst mit zunehmender Größe von R. Durch Einführen eines sehr großen Substituenten kann man einen Cyclohexanring in der einen Sesselform (**8a**) praktisch vollständig festhalten.

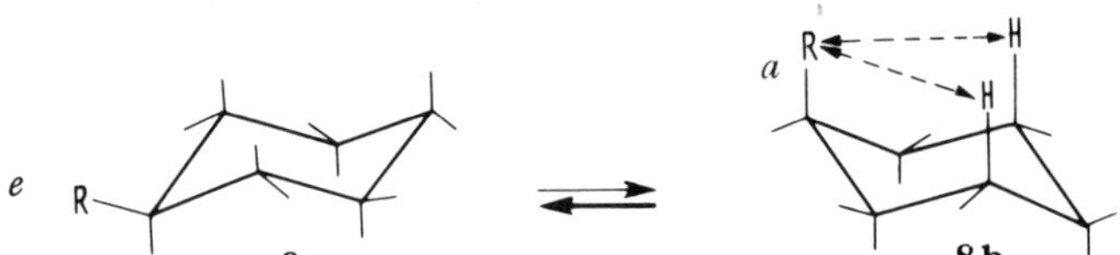

8a **8b**

Trägt ein Cyclohexanring mehrere Substituenten, so ist diejenige Konformation am stabilsten, bei der möglichst viele, und zwar vor allem große Substituenten eine äquatoriale Lage einnehmen.

17.4. *cis-trans*-Isomerie bei alicyclischen Verbindungen

Trägt eine alicyclische Verbindung zwei Substituenten in verschiedenen Stellungen, so ist *cis-trans*-Isomerie möglich: Die zwei Substituenten können sich auf derselben Seite (*cis*-Konfiguration) oder auf entgegengesetzten Seiten (*trans*-Konfiguration) der Ringebene befinden. Ist eines dieser Isomeren asymmetrisch gebaut, so ist zusätzlich zur geometrischen *cis-trans*-Isomerie auch noch optische Isomerie möglich. Von den beiden Cyclopropan-dicarbonsäuren ist die *cis*-Form **9** symmetrisch, die *trans*-Form **10a**, **10b** dagegen asymmetrisch und daher optisch aktiv. Außer durch die optische Drehung unter-

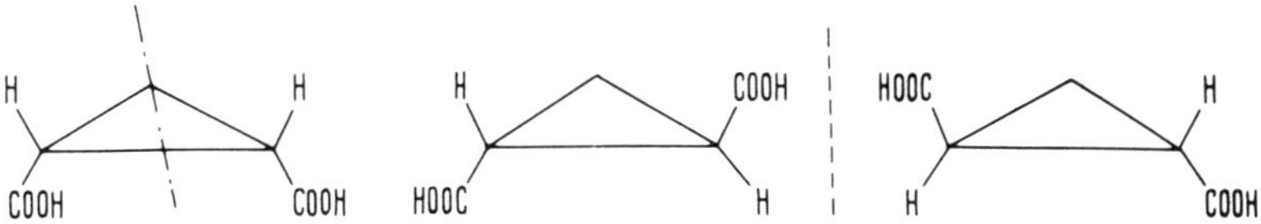

9 **10a** **10b**

scheiden sich **9** und **10a, b** auch in ihren physikalischen Daten: Die *trans*-Formen haben einen höheren Schmelzpunkt und sind schwerer wasserlöslich als die *cis*-Form. Zudem kann nur aus der *cis*-Form ein Anhydrid gebildet werden, da bei der *trans*-Form die beiden Carboxylgruppen zu weit voneinander entfernt sind. Bei substituierten Cyclobutanen und Cyclopentanen sind die Verhältnisse dieselben, es sind jedoch mehr Isomere möglich, da zwei Substituenten in diesen Verbindungen in 1,2-Stellung oder in 1,3-Stellung stehen können.

Bei disubstituierten Cyclohexanderivaten tritt optische Isomerie auf, wenn die Substituenten sich in 1,2-*trans*- oder in 1,3-*trans*-Stellung befinden. 1,4-disubstituierte Cyclohexan derivate sind in jedem Fall symmetrisch. In Fig. 22 sind die Isomeren von Dichlorcyclohexan dargestellt (mit Ausnahme des 1,1-Dichlorcyclohexans).

Jedes dieser Isomeren kann noch in verschiedenen Konformationen vorkommen. Sind im Molekül voneinander verschiedene Substituenten vorhanden, so sind nicht alle dieser Konformeren

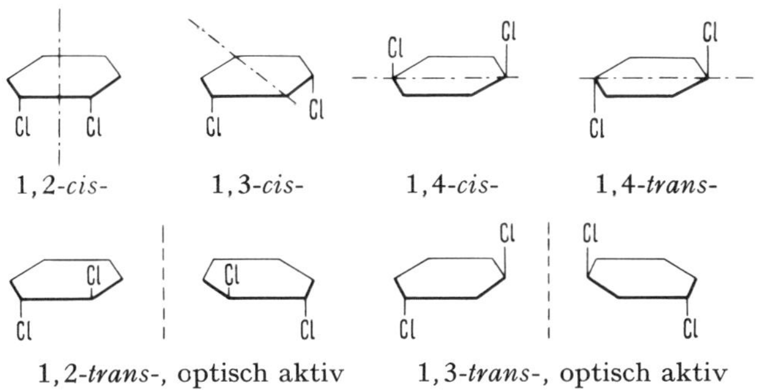

Fig. 22. Isomere von Dichlorcyclohexan. Der Einfachheit halber sind die Cyclohexanringe als ebene Sechsecke dargestellt. –·–·– Symmetrieebene, – – – – Spiegelebene.

gleichwertig. Beim 2-Methylcyclohexanol beispielsweise ist die Stabilität der Konformeren des *trans*-Isomeren **12** besonders leicht zu beurteilen. Da die äquatoriale Lage der Substituenten günstiger ist, wird das diäquatoriale Konformere **12b** überwiegen. Beim *cis*-Isomeren **11** ist dasjenige Konformere bevorzugt, bei dem der größere Substituent (hier die Methylgruppe) eine äquatoriale Lage einnimmt. Dabei steht der kleinere Substituent (hier –OH), der die geringeren 1,3-Wechselwirkungen verursacht, axial (**11b**).

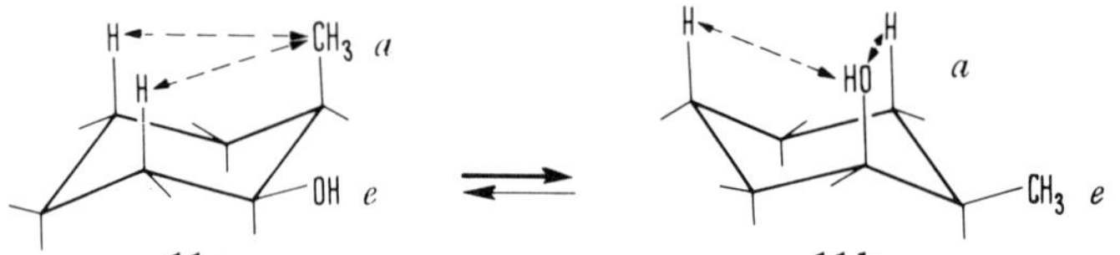

11a **11b**

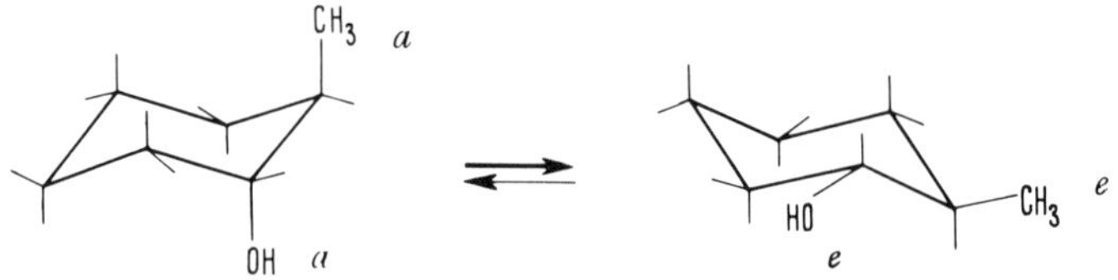

12a, diaxial **12b**, diäquatorial

Sind die Unterschiede zwischen den Substituenten groß genug, so kann man das Molekül in der einen Konformation festhalten. Beim 4-*tert.*-Butylcyclohexanol liegen beide Isomeren praktisch vollständig in der Konformation mit äquatorialer *tert.*-Butylgruppe vor.

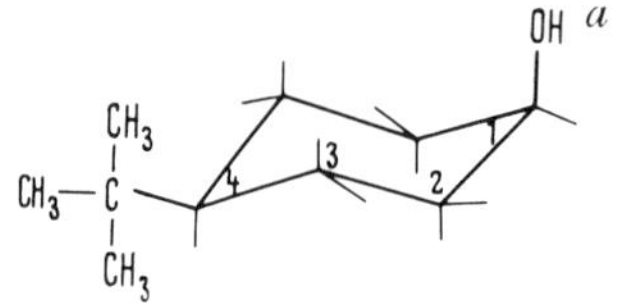

13 *cis*-4-*tert.*-Butylcyclohexanol

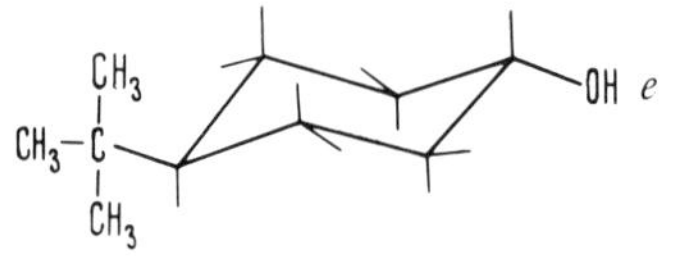

14 *trans*-4-*tert.*-Butylcyclohexanol

An Verbindungen dieses Typs kann die Abhängigkeit des chemischen Verhaltens einer funktionellen Gruppe von der Stereochemie untersucht werden. So läßt sich bei **13** und **14** zeigen, daß axiale OH-Gruppen sich schlechter verestern lassen als äquatoriale. Leichter gelingen dagegen die Oxydation zu einem Keton und die Abspaltung von Wasser zu einem Cyclohexenderivat bei der *cis*-Form **13** mit der axialen OH-Gruppe.

Die so gewonnenen Erkenntnisse lassen sich weitgehend auf andere Verbindungen mit fixierter Konformation übertragen, d.h. alle axialen und äquatorialen OH-Gruppen zeigen dieses hier beschriebene chemische Verhalten.

Beide Sesselkonformationen von *cis*-1,4-Di-*tert.*-butylcyclohexan (**15**) sind ungünstig, da jedesmal einer der großen *tert.*-Butylsubstituenten in axialer Position steht. Nur in der Wannenform **15b** ist eine diäquatoriale Anordnung der beiden *tert.*-Butylgruppen möglich. Noch günstiger ist die Twist-Konformation **15c** (S. 75) für Verbindungen dieses Typs, weil dabei sowohl die PITZER-Spannung als auch der Bug-Heck-Effekt weniger stark sind als in der Wannenform **15b**.

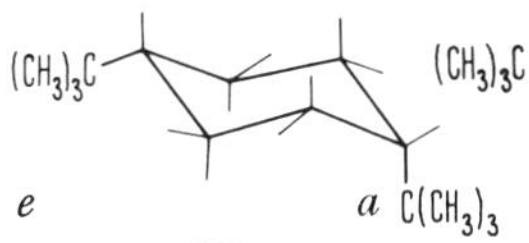

15a

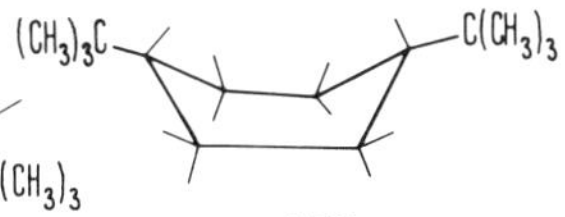

15b

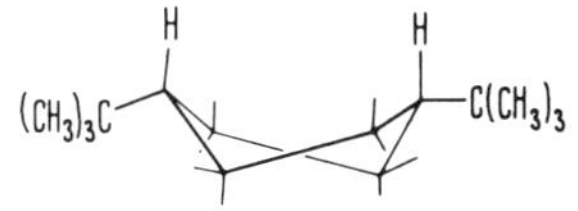

15c

17.5. POLYCYCLISCHE SYSTEME

Alicyclische Ringe, z.B. Cyclohexanringe können auf mehrere Arten miteinander verknüpft werden, wobei die beiden Ringe kein, ein oder zwei (evtl. auch mehr) gemeinsame C-Atome aufweisen:

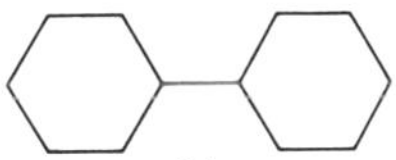

16

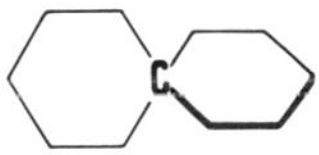

17

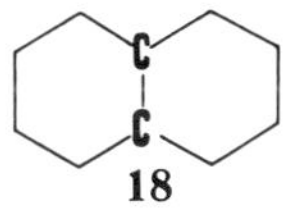

18

Die Typen **16** und **17** zeigen keine besonderen stereochemischen Probleme. Im Cyclohexylcyclohexan (**16**) sind die beiden Ringe frei gegeneinander drehbar. In Spiro-Verbindungen wie **17** (Spiro-[5,5]-undecan) stehen die Ringe senkrecht zueinander. Die Verknüpfung von zwei Sechsringen zu einem Decalin (**18**) kann auf zwei Arten erfolgen. In den Cyclohexanringen **19** und **21** sind die Bindungen, über die der zweite Ring angeschlossen wird, durch —● hervorgehoben. Zur Unterscheidung der Decaline **20** und **22** wird die Stellung der beiden an den Verknüpfungsstellen sitzenden H-Atome oder Substituenten betrachtet. Verbindung **20**, bei der diese beiden Wasserstoffatome auf derselben Seite des Moleküls stehen, wird als *cis*-Decalin bezeichnet. Bezogen auf jeden der beiden Ringe ist eines der H-

Atome an der Verknüpfungsstelle axial, das andere äquatorial. Bei **22** befinden sich die beiden Wasserstoffatome an den Verknüpfungsstellen auf verschiedenen Seiten des Moleküls. Ihre

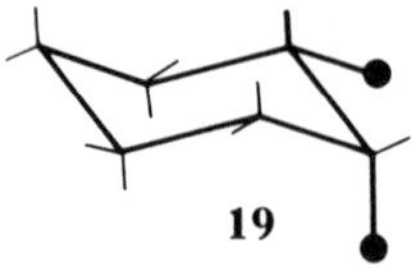

19

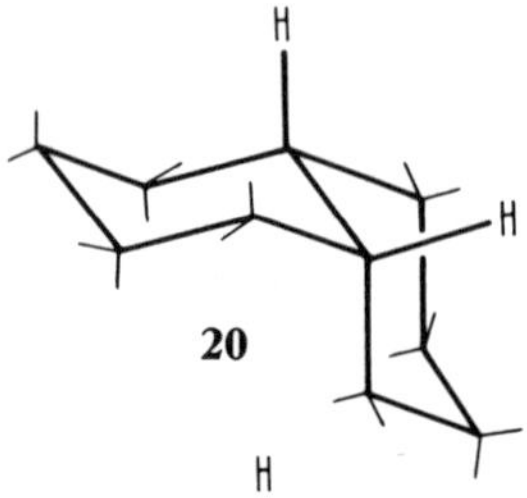

20

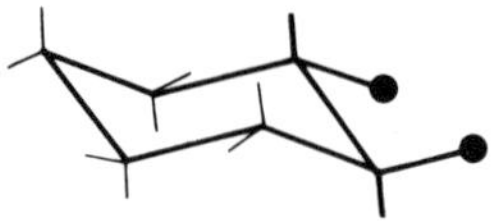

21

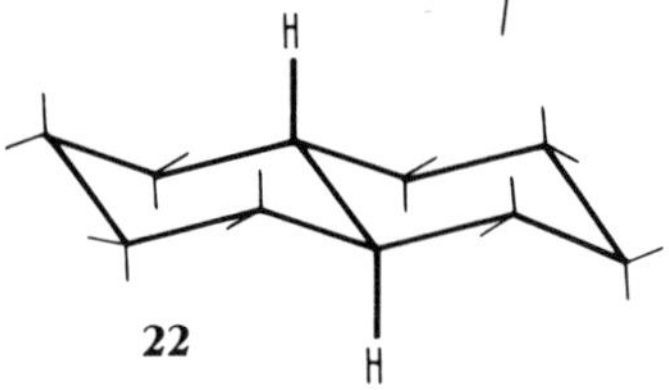

22

Konformation ist bezüglich beider Ringe *trans*-diaxial; **22** wird als *trans*-Decalin bezeichnet.

trans-Decalin ist um etwa 2 kcal/Mol stabiler als *cis*-Decalin. Dieser Unterschied dürfte vor allem auf die Wechselwirkungen zwischen den nahe beieinanderstehenden axialen Wasserstoffatomen in den Stellungen 1, 3, 5 und 7, wie sie im Formelbild **23** von *cis*-Decalin angedeutet sind, zurückzuführen zu sein. Im *trans*-Decalin fehlen derartige Wechselwirkungen.

Das Ringsystem von *trans*-Decalin ist vollständig starr. Es ist unmöglich, einen oder beide Sechsringe in die zweite Sesselkonformation umzuklappen. Die andere denkbare Konformation

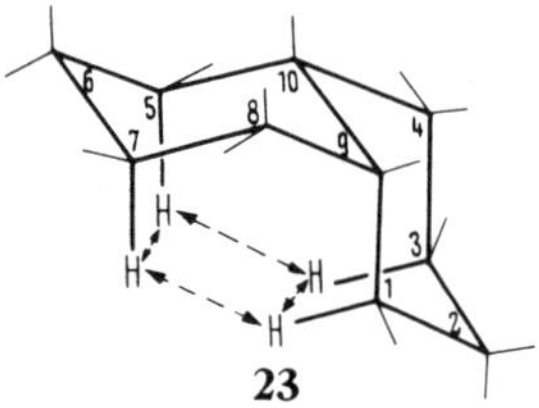

23

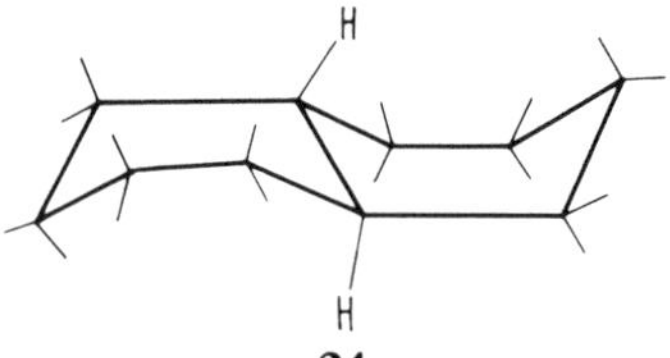

24

24 des *trans*-Decalins, bei der beide Cyclohexanringe die Wannenform annehmen würden, ist energetisch sehr ungünstig. *trans*-Decalin ist daher eine Verbindung mit fixierter Konformation (vgl. 4-*tert*.-Butylcyclohexanol, S. 78), jeder einmal in axialer oder äquatorialer Stellung eingeführte Substituent wird diese Position beibehalten.

Im Gegensatz dazu stehen dem *cis*-Decalin zwei Konformationen zur Verfügung. Beim Übergang **25a** ⇄ **25b** klappen beide Sechsringe um. Dabei wechseln neben den an den Verknüpfungsstellen 9 und 10 stehenden H-Atomen auch alle vorhandenen Substituenten ihre Stellung von axial in äquatorial und umgekehrt.

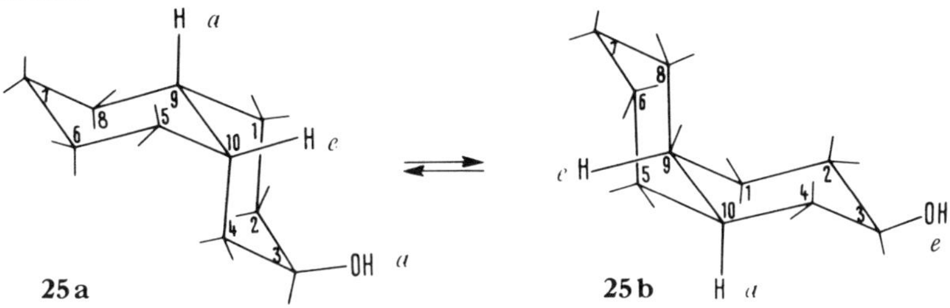

25a **25b**

Für Formeln von Naturstoffen, die Systeme aus mehreren Ringen enthalten können, wird eine vereinfachte Schreibweise verwendet: Cyclohexanringe werden als ebene Sechsecke dargestellt. Substituenten werden als α-ständig (β-ständig) bezeichnet und durch punktierte (fett ausgezogene) Bindungsstriche gekennzeichnet, wenn sie nach hinten (vorne) aus der Molekülebene herausragen:

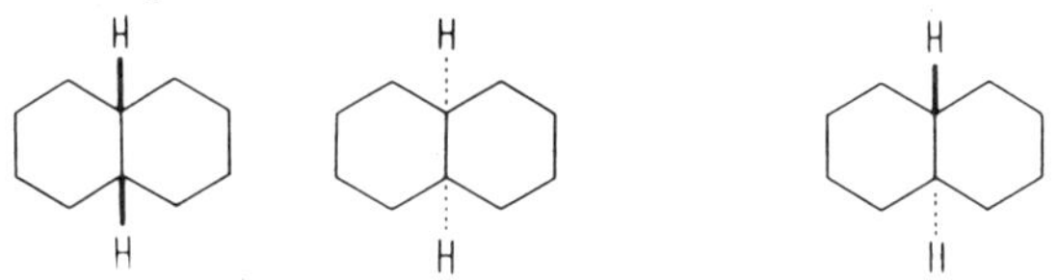

cis-Decalin *trans*-Decalin

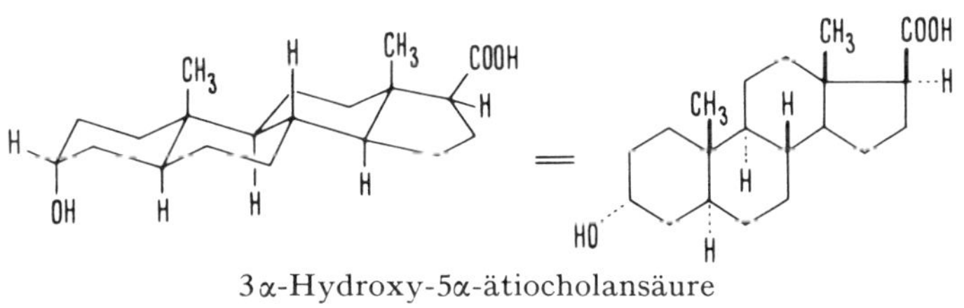

3α-Hydroxy-5α-ätiocholansäure

Übung 11. Formuliere sämtliche isomeren Cyclobutandicarbonsäuren. Welche Isomeren sind optisch aktiv?

Übung 12. Zeichne die stabilste Konformation für die folgenden Verbindungen und bezeichne die Stellung der Substituenten als axial oder äquatorial:
a) *trans*-1,3-Dibromcyclohexan; b) *cis*-1-Isopropyl-2-fluorcyclohexan; c) *cis*-1,4-Dihydroxycyclohexan.

Reaktionstypen

18. Einleitung

Bei jeder chemischen Reaktion müssen bestehende Bindungen gebrochen und neue Bindungen gebildet werden. Das kann auf mehrere Arten geschehen, womit sich eine erste Klassifizierung der organisch-chemischen Reaktionen ergibt.

18.1. Radikalreaktionen

Die Bindung in einem Molekül A–B kann *homolytisch* gespaltet werden: Die Elektronenpaarbindung wird so aufgelöst, daß je ein Elektron auf die Molekülteile A und B übergeht. Dabei entstehen zwei Teilchen mit je einem ungepaarten Elektron, zwei *Radikale* (S. 26).

Radikale sind sehr reaktionsfähig. Sie können in Umkehrung des Homolysevorgangs wieder zum Molekül A–B zusammentreten (*Kolligation*). Daneben werden durch Kombination gleicher Radikale auch die Verbindungen A–A und B–B gebildet. Schließlich kann man die entstandenen Radikale mit anderen im Reaktionsgemisch enthaltenen Verbindungen reagieren lassen (vgl. Kap. 27).

18.2. Polare Reaktionen

Bei der *heterolytischen* Spaltung einer Verbindung A–B geht das bindende Elektronenpaar ganz auf einen der beiden Molekülteile über, es entstehen Ionen:

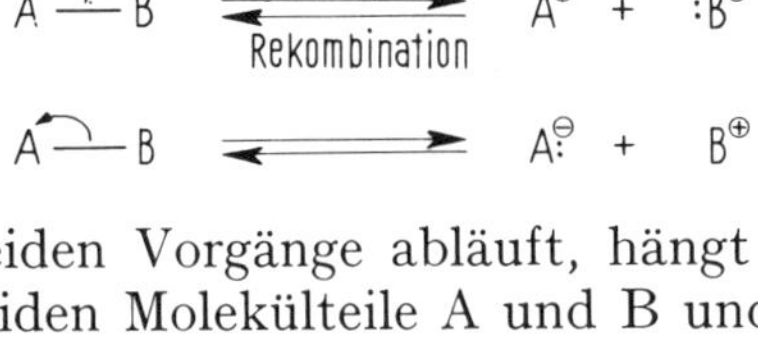

Welcher der beiden Vorgänge abläuft, hängt von den Eigenschaften der beiden Molekülteile A und B und von den Reaktionsbedingungen ab.

18.3. Molekulare Reaktionen

Bei einer molekularen Reaktion werden simultan mehrere Bindungen verschoben. Bei *intramolekularen* Reaktionen spielt sich dieser Vorgang innerhalb eines Moleküls ab. Ein Beispiel ist die Acetatpyrolyse: Beim Erhitzen von Essigsäureestern erhält man Essigsäure und ein Alken.

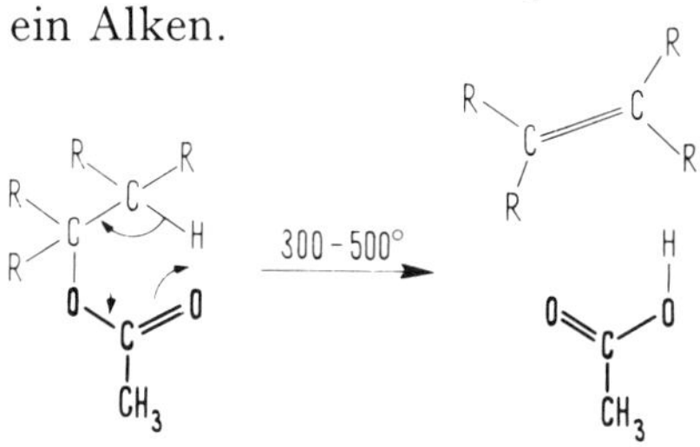

Es gibt auch Beispiele für derartige Reaktionen, die *intermolekular* verlaufen. Typisch sind die Diels-Alder-Reaktionen, bei denen ein konjugiertes Dien mit einer einfach ungesättigten Verbindung (*Dienophil*) umgesetzt wird:

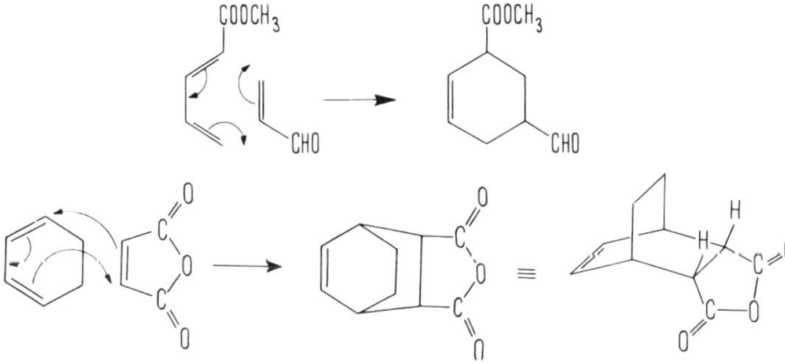

18.4. Reaktionsmechanismen

Bei der Durchführung einer chemischen Reaktion gilt das Interesse zunächst der Stöchiometrie, den erzielten Ausbeuten und allfälligen Nebenreaktionen. Daraus ergeben sich meist Fragen zum Ablauf der Reaktion, man möchte möglichst genau wissen, was mit den vorgelegten Verbindungen geschieht. Bei vielen Reaktionen erfolgt die Umsetzung der Edukte A und B zum Produkt C nicht direkt.

$$A + B \longrightarrow X \longrightarrow C$$

Existiert das intermediär gebildete Molekül X nur sehr kurzfristig, so spricht man von einem *Übergangszustand*. Hat X eine längere Lebensdauer, so handelt es sich um ein nachweisbares, manchmal sogar isolierbares *Zwischenprodukt*. Das Molekül X reagiert dann weiter zum Produkt C. Nebenreaktionen lassen sich meist damit erklären, daß das Zwischenprodukt X mehrere Folgereaktionen eingehen kann, die außer zum Produkt C zu Nebenprodukten D, E usw. führen:

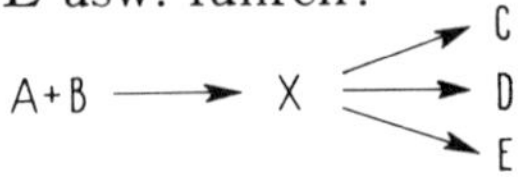

Für die Untersuchung des Ablaufs oder *Mechanismus* einer Reaktion sind eine Reihe von Faktoren zu berücksichtigen, so vor allem die Kinetik, die Stereochemie, das verwendete Lösungsmittel und die Anwesenheit von Substituenten in den reagierenden Molekülen.

18.5. Formelmässige Darstellung von Reaktionsmechanismen

Die homolytische Spaltung einer Bindung unter Bildung von Radikalen wird durch zwei kleine, gebogene Pfeile dargestellt:

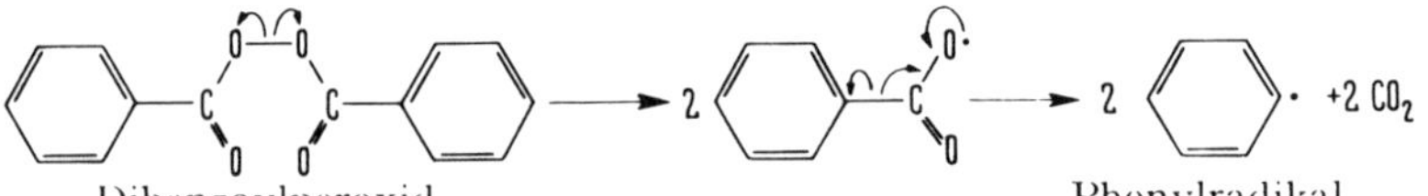

Dibenzoylperoxid — Phenylradikal

Bei polaren und molekularen Reaktionen werden immer ganze Elektronenpaare verschoben. Mit den Pfeilen kann man andeuten, ob ein Elektronenpaar auf ein Atom des Moleküls übergeht und dort eine negative Ladung verursacht oder zur Ausbildung einer neuen Bindung verwendet wird:

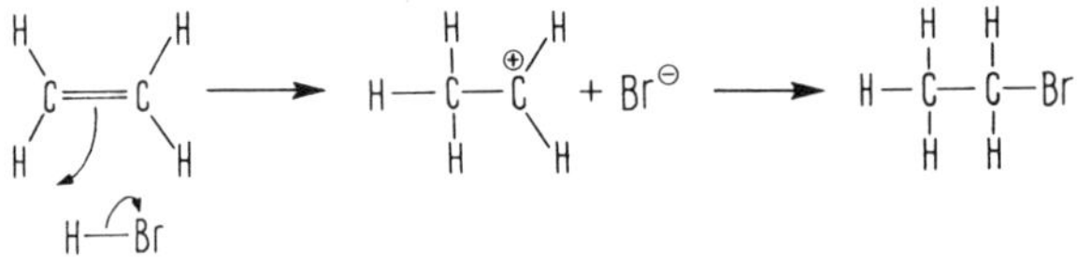

18.6. Nukleophile und elektrophile Reagenzien

Die für organisch-chemische Reaktionen verwendeten Reagenzien lassen sich in zwei Gruppen einteilen:

Nukleophile Reagenzien geben bei der Reaktion Elektronen ganz oder teilweise ab. Nukleophile müssen daher elektronenreiche Moleküle oder Anionen sein:

$H-\ddot{\underset{..}{O}}-H$	$R-\ddot{\underset{..}{O}}-H$	$R-\ddot{\underset{..}{O}}:^{\ominus}$	$R-\ddot{\underset{..}{O}}-R$	$R_3N:$
Wasser	Alkohole	Alkoholate	Ether	Amine

$:\ddot{\underset{..}{X}}:^{\ominus}$

Halogenidionen

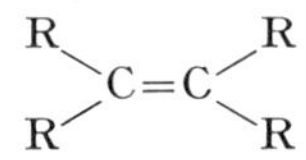

Alkene

Zu den Nukleophilen gehören auch alle Reduktionsmittel. Diese Reagenzien greifen immer an besonders elektronenarmen Stellen des Reaktionspartners an, also an einem Ort, wo sie möglichst nahe an einen Atomkern (daher der Name) herankommen.

Elektrophile Reagenzien nehmen bei Reaktionen Elektronen ganz oder teilweise auf. Zu diesen Reagenzien gehören Kationen und elektronenarme Moleküle (LEWIS-Säuren):

$H^{\oplus}$	$X^{\oplus}$	$NO^{\oplus}$
Proton (immer solvatisiert)	Halogen-kationen	Nitrosonium-ion
$NO_2^{\oplus}$	SO_3	$R_3C^{\oplus}$
Nitroniumion	Schwefeltrioxid	Carboniumionen

Hierher gehören neben den Oxidationsmitteln auch alle Verbindungen, in denen Kohlenstoff mit elektronegativeren Elementen verbunden ist, wie z. B.

Ketone Aldehyde Ester Säurechloride Nitrile

In diesen Verbindungen weist der Kohlenstoff wegen der Polarisierung der Bindungen ein Elektronendefizit auf (S. 23, 25).

18.7. Substituenteneinflüsse: Induktive und mesomere Effekte

Die Stärke von Carbonsäuren (Kap. 39) kann durch die Einführung von Substituenten verändert werden.

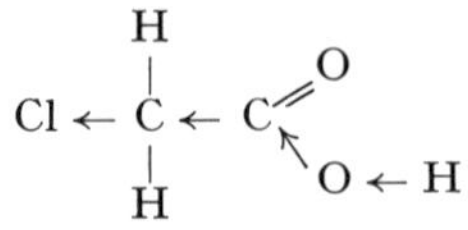

1

Chloressigsäure
$K_a = 1{,}4 \cdot 10^{-3}$

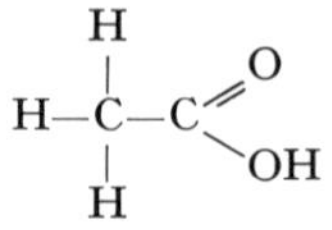

2

Essigsäure
$K_a = 1{,}8 \cdot 10^{-5}$

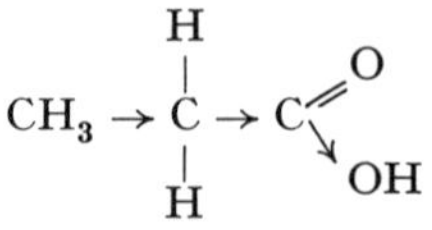

3

Propionsäure
$K_a = 1{,}3 \cdot 10^{-5}$

Das stark elektronegative Chlor zieht die Elektronen der C–Cl-Bindung in der Chloressigsäure (**1**) an. Diese polarisierte Bindung induziert auch in benachbarten, an sich symmetrischen Bindungen ein Dipol. So kann sich die elektronenanziehende Wirkung des Chlors durch alle weiteren Bindungen fortpflanzen, wodurch auch das Elektronenpaar der bereits in Richtung auf den Sauerstoff polarisierten O–H-Bindung noch mehr vom Wasserstoff weggezogen wird. Deshalb läßt sich nun das Proton leichter vom Molekül ablösen, die Verbindung ist eine stärkere Säure als Essigsäure. Das Carboxylation vom Typ **4** weist eine höhere Stabilität auf, als das unsubstituierte Acetation CH_3-$COO^{\ominus}$: Die negative Ladung der COO^--Gruppe wird stabilisiert,

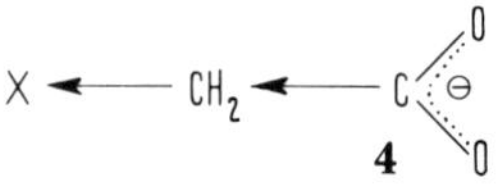

4

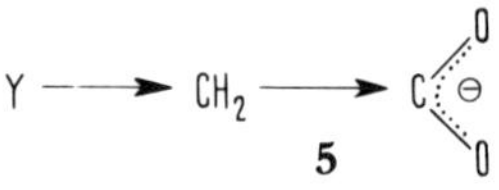

5

indem sie dank der elektronenanziehenden Wirkung des Substituenten X teilweise von der COO^--Gruppe abgezogen wird und sich damit über eine größere Zahl von Atomen ausbreiten kann.

Diese Erscheinung wird als *induktiver Effekt* bezeichnet. Substituenten, welche die Acidität von Carbonsäuren erhöhen, haben einen negativen induktiven Effekt (–I-Effekt). Beispiele:

Halogene, –OH, $-OCH_3$, $-NO_2$, $-\overset{\oplus}{N}R_3$, $-CH{=}CH_2$, ,

>C=O, $-C{\equiv}N$

Es gibt auch Gruppen Y, die entgegengesetzt wirken und so die Elektronendichte über der COO^--Gruppe eines Carboxylations vom Typ **5** noch steigern. Damit wird das Anion destabilisiert, die freie Säure Y–CH_2–$COOH$ die günstigere Form und die Säure somit schwächer. Positive induktive Effekte (+ I-Effekt) werden vor allem von Alkylsubstituenten ausgeübt, wobei die Stärke mit zunehmender Verzweigung am α-Kohlenstoffatom ansteigt:

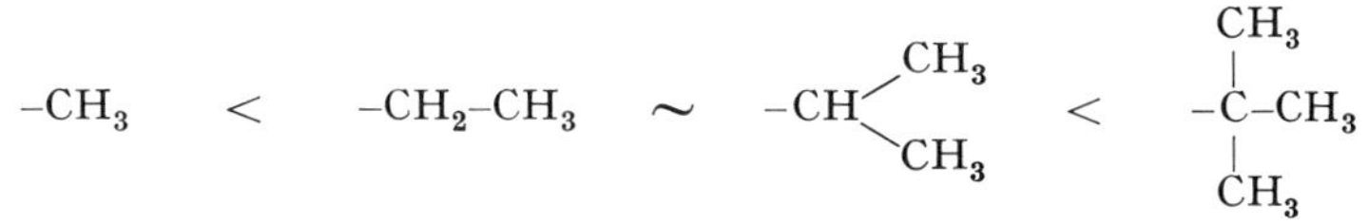

CH_3–COOH	CH_3–CH_2–COOH	$(CH_3)_2$CH–COOH	$(CH_3)_3$C–COOH
Essigsäure	Propionsäure	Isobuttersäure	Trimethyl-essigsäure
$K_a = 1{,}8 \cdot 10^{-5}$	$K_a = 1{,}3 \cdot 10^{-5}$	$K_a = 1{,}44 \cdot 10^{-5}$	$K_a = 9{,}4 \cdot 10^{-6}$

Führt man mehrere elektronenanziehende Substituenten in die α-Stellung einer Carbonsäure ein, so summieren sich die – I-Effekte bei gleichzeitiger Steigerung der Acidität:

CH_3COOH	$K_a = 1{,}8 \cdot 10^{-5}$	$Cl_2CHCOOH$	$K_a = 3{,}3 \cdot 10^{-2}$
$ClCH_2COOH$	$K_a = 1{,}5 \cdot 10^{-3}$	Cl_3CCOOH	$K_a = 2 \cdot 10^{-1}$

Der Einfluß von Substituenten mit – I-Effekt auf die Acidität von Carbonsäuren nimmt mit wachsendem Abstand von der COOH-Gruppe rasch ab:

α	β	γ
CH_3–CHCl–COOH	$ClCH_2$–CH_2–COOH	$ClCH_2$–CH_2–CH_2–COOH
$K_a = 1{,}47 \cdot 10^{-3}$	$K_a = 1{,}04 \cdot 10^{-4}$	$K_a = 3 \cdot 10^{-5}$

Bei Molekülen, die ein System von konjugierten Doppelbindungen enthalten oder aromatisch sind, kann das chemische Verhalten ebenfalls durch Substituenten beeinflußt werden. Dieser *mesomere Effekt*[1]) besteht darin, daß die Elektronendichte im π-Elektronensystem verändert wird. Substituenten mit einem positiven mesomeren Effekt (+M-Effekt) weisen immer freie Elektronenpaare auf, die mit dem π-Elektronensystem des Moleküls in Wechselwirkung treten können und dort die Elektronendichte erhöhen. Dazu gehören:

–Ẍ̤: (Halogene), –ŎH, –ŎCH$_3$, –N̈H$_2$, –S̈H

Einen negativen mesomeren Effekt (– M-Effekt) üben alle jene Substituenten aus, die eine polarisierte Doppelbindung ent-

[1]) Es werden auch die Bezeichnungen *Resonanzeffekt* und *elektromerer Effekt* verwendet.

halten, die mit dem π-Elektronensystem des Moleküls in Konjugation steht (S. 25, 32). Das dem Grundgerüst am nächsten stehende Atom, das ein Elektronendefizit aufweist, hat die Tendenz, dem π-Elektronensystem Elektronen zu entziehen:

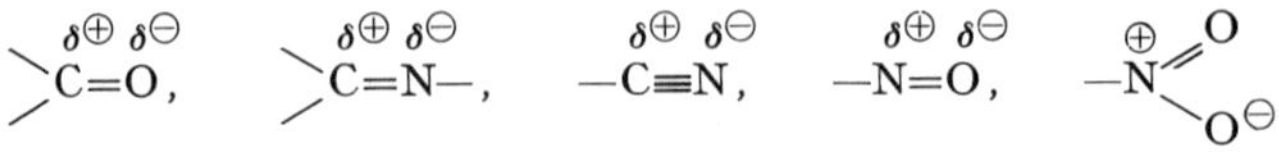

Die Auswirkungen des mesomeren Effekts können an folgenden Beispielen demonstriert werden: Die Basizität von substituierten

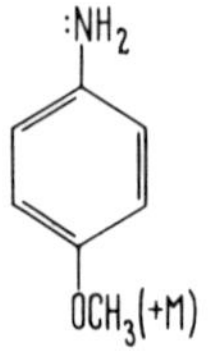

p-Anisidin
$K_b = 2{,}19 \cdot 10^{-9}$

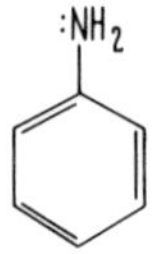

Anilin
$K_b = 4{,}27 \cdot 10^{-10}$

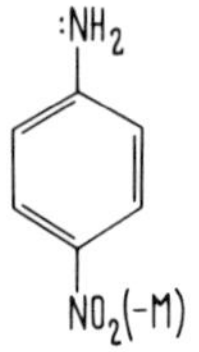

p-Nitroanilin
$K_b = 1{,}0 \cdot 10^{-13}$

Anilinen hängt davon ab, in welchem Maß die NH_2-Gruppe ihr freies Elektronenpaar für die Anlagerung eines Protons zur Verfügung stellen kann. Ein Substituent mit +M-Effekt in *para*-Stellung erhöht die Basizität: Die Extremformen von *p*-Anisidin (**6**) zeigen, daß eines der freien Elektronenpaare des Sauerstoffs mit dem 6π-Elektronensystem des Benzolrings in Wechselwirkung tritt. Damit entsteht in *ortho*- und *para*-Stellung zur OCH_3-Gruppe eine höhere Elektronendichte. Besonders **6 b** zeigt,

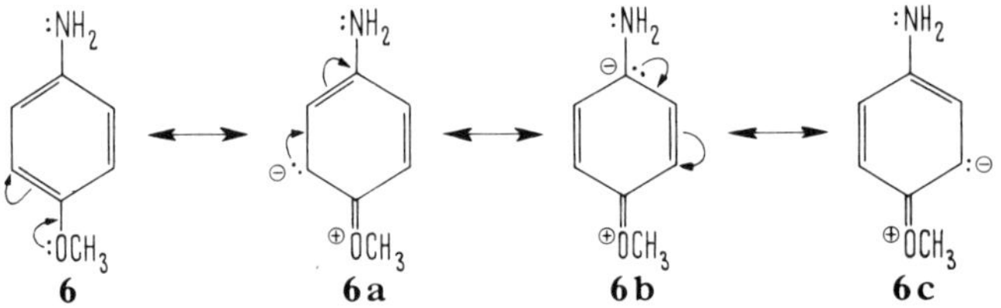

6 **6 a** **6 b** **6 c**

daß auf Grund dieser Elektronenverteilung das für die Basizität wichtige Elektronenpaar ganz beim Stickstoff bleibt und deshalb *p*-Anisidin stärker basisch ist als Anilin. Im Anilin (**7**) selbst wird nämlich das Elektronenpaar des Stickstoffs teilweise durch Mesomerie mit dem aromatischen Kern beansprucht:

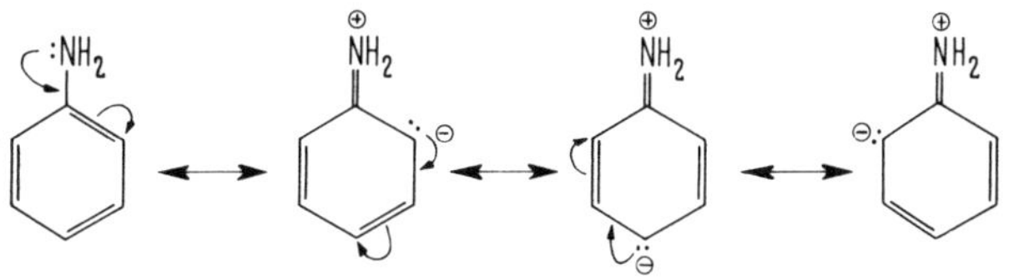

7 **7a** **7b** **7c**

Wesentlich stärker wird das Elektronenpaar der NH_2-Gruppe beansprucht, wenn ein Substituent mit −M-Effekt, z. B. die Nitrogruppe im *p*-Nitroanilin (**8**), dem Benzolkern Elektronen entzieht. Insbesondere die Grenzstruktur **8b** zeigt, daß das Elektronenpaar am Stickstoff nicht mehr vollständig für die Bindung von Protonen zur Verfügung steht und daher *p*-Nitroanilin eine schwächere Base ist als Anilin.

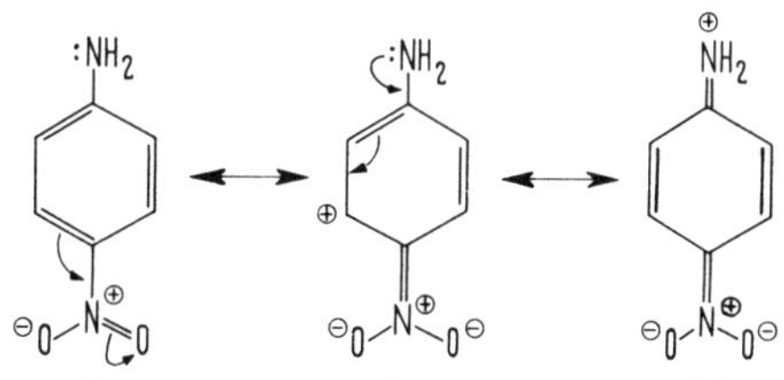

8 **8a** **8b**

Viele Substituenten haben sowohl einen induktiven als auch einen mesomeren Effekt, eventuell mit entgegengesetztem Vorzeichen (z. B. $-OCH_3$-Gruppe). Bei solchen Substituenten, aber auch bei mehrfach substituierten Verbindungen sind die verschiedenen Effekte gegeneinander abzuwägen. Bei mesomeren Effekten ist zudem zu überprüfen, ob sie sich überhaupt auswirken können. Im *p*-Anisidin (**6**) überwiegt der +M-Effekt der

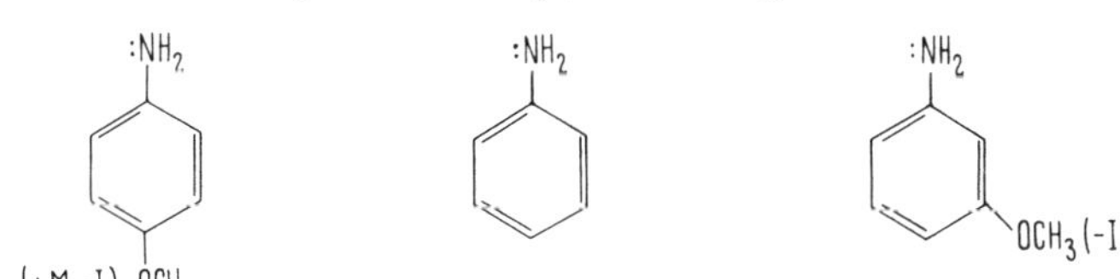

6 **7** **9**

$K_b = 2{,}19 \cdot 10^{-9}$ $K_b = 4{,}27 \cdot 10^{-10}$ $K_b = 1{,}70 \cdot 10^{-10}$

OCH_3-Gruppe. Vor allem auf Grund der mesomeren Grenzform **6b** ist *p*-Anisidin eine stärkere Base als Anilin. Beim *m*-Anisidin (**9**) weist keine der Grenzstrukturen eine negative Ladung an dem

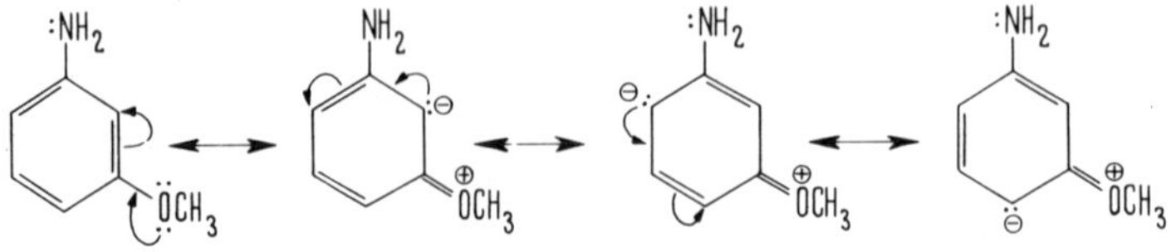

9 **9a** **9b** **9c**

der NH_2-Gruppe benachbarten C-Atom auf. Der +M-Effekt kann sich aus der *meta*-Stellung heraus nicht auf die NH_2-Gruppe auswirken. Dagegen macht sich der −I-Effekt, der ja durch die σ-Bindungen hindurch wirkt, hier bemerkbar: *m*-Anisidin ist eine etwas schwächere Base als Anilin.

Als weiteres Beispiel sollen die Phenole betrachtet werden. Diese Verbindungen sind im Gegensatz zu den aliphatischen Alkoholen schwache Säuren, weil das nach Ablösung des Protons entstehende Phenolation **10** durch Mesomerie stabilisiert werden kann. Eine Beeinflussung der Acidität durch mesomere

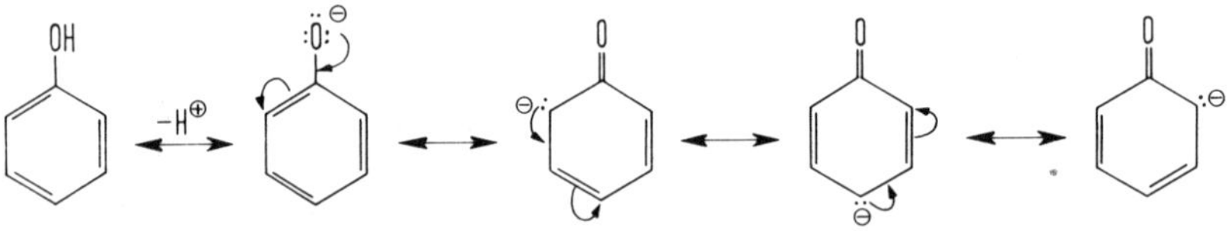

Phenol **10** **10a** **10b** **10c**

Effekte ist hier nur möglich, wenn *ortho*- oder *para*-ständige Substituenten eingeführt werden. Wie die mesomeren Grenzformen **10a**–**10c** zeigen, ist in diesen Stellungen die Elektronendichte erhöht. Substituenten mit −M-Effekt stabilisieren das Phenolation und erhöhen damit die Acidität. Phenole, die Substituenten mit +M-Effekt in *ortho*- oder *para*-Stellung tragen, sind dagegen schwächer sauer als Phenol; das Phenolation ist hier weniger stabil, da die Verteilung der negativen Ladung auf diese Stellungen durch den Substituenteneinfluß behindert ist.

Beispiele (die Zahlenwerte bedeuten K_a-Werte):

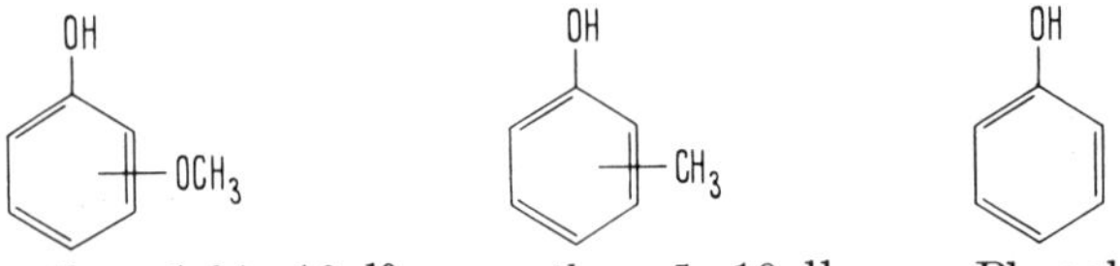

ortho- $1{,}04 \cdot 10^{-10}$ Methoxyphenol *para*- $6{,}3 \cdot 10^{-11}$ + M > − I	*ortho*- $5 \cdot 10^{-11}$ Kresol *para*- $6 \cdot 10^{-11}$ + I	Phenol $1{,}0 \cdot 10^{-10}$

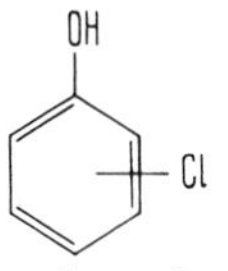

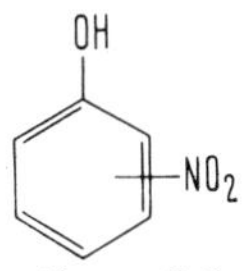

ortho- $3 \cdot 10^{-10}$	*ortho*- $6{,}8 \cdot 10^{-8}$
Chlorphenol	Nitrophenol
para- $4{,}3 \cdot 10^{-10}$	*para*- $7{,}1 \cdot 10^{-8}$
$-I > +M$	$-M, -I$

Substituenten mit induktivem Effekt haben dieselbe Wirkung, können die Acidität von Phenolen aber auch beeinflussen, wenn sie *meta*-ständig sind. Bei Substituenten, die M- und I-Effekte haben, gibt der stärkere Effekt den Ausschlag.

19. Additionsreaktionen

19.1. Die katalytische Hydrierung

Wasserstoff kann in Gegenwart eines Katalysators an Doppelbindungen addiert werden. Als Katalysatoren eignen sich Edel-

$$\underset{\text{Ethylen}}{H_2C{=}CH_2} + H_2 \xrightarrow{\text{Katalysator}} \underset{\text{Ethan}}{\underset{\;\;H\;\;\;H}{H_2C{-}CH_2}}$$

metalle, die zur Erreichung einer großen Oberfläche fein verteilt oder auf einen sehr feinkörnigen Träger (z. B. Aktivkohle, $CaCO_3$) niedergeschlagen werden, daneben aber auch Raney-Nickel (aus einer Al-Ni-Legierung durch Herauslösen des Aluminiums mit NaOH hergestelltes, fein verteiltes Nickel). Da diese festen Katalysatoren sowohl bei Gasreaktionen als auch bei Reaktionen in Lösung im Reaktionsmedium unlöslich sind, handelt es sich um eine *heterogene Katalyse.*

Sowohl Ethylen als auch H_2 werden auf der Metalloberfläche adsorbiert. Dabei werden die π-Bindung im Ethylen und die H–H-Bindung gelockert (**1 a**); das Ethylenmolekül hat nun Biradikalcharakter, und der Wasserstoff verhält sich wie freie, auf der Metalloberfläche festgehaltene H-Atome (**1 b**). Nun können neue Bindungen gebildet werden, es entsteht die gesättigte Verbindung Ethan (**1 c**), die an der Metalloberfläche nicht mehr festgehalten wird. Der Katalysator wird damit wieder frei für die Anlagerung weiterer Ethylen- und H_2-Moleküle. Diese Hydrierung kann auch als 4-Zentrenreaktion aufgefaßt und formuliert werden (**1 d**).

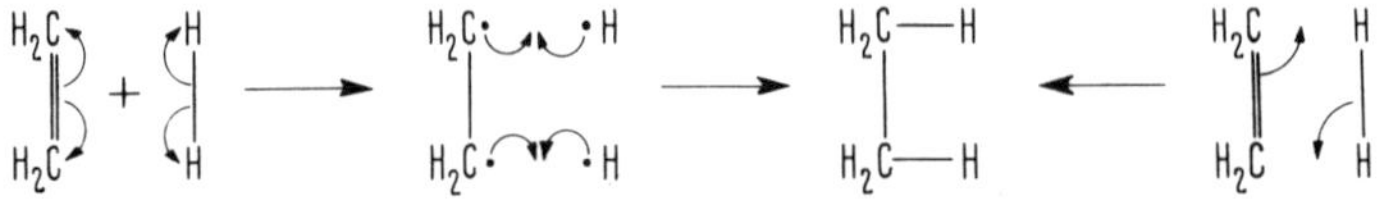

1a **1b** **1c** **1d**

Dieser Mechanismus erklärt auch, weshalb die beiden H-Atome immer von derselben Seite her an die Doppelbindung angelagert werden. Diese *cis*-Addition kann bei Verbindungen wie 1,2-Dimethyl-1-cyclohexen (**2**) demonstriert werden, man erhält ausschließlich das *cis*-1,2-Dimethylcyclohexan (**3**):

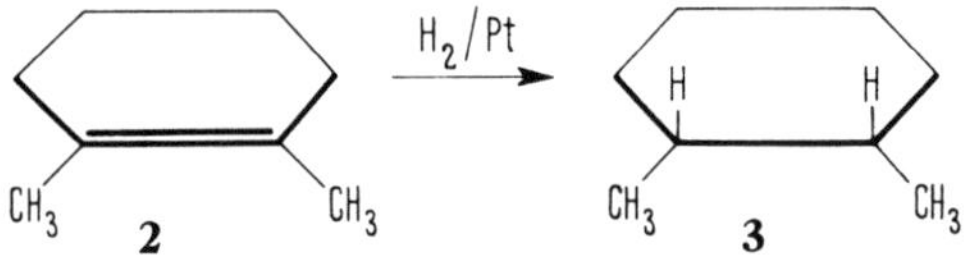

In derselben Weise verläuft die Hydrierung von Doppelbindungen zwischen verschiedenen Atomen und von Dreifachbindungen[2]:

$R_2C{=}CR_2$	$\xrightarrow{H_2}$	$R_2CH{-}CHR_2$	Alkene → Alkane
$R_2C{=}O$	$\xrightarrow{H_2}$	$R_2CH{-}OH$	Ketone → *sek.* Alkohole
$RHC{=}O$	$\xrightarrow{H_2}$	$RCH_2{-}OH$	Aldehyde → *prim.* Alkohole
$R_2C{=}N{-}R$	$\xrightarrow{H_2}$	$R_2CH{-}NHR$	Imine → Amine
$R{-}N{=}N{-}R$	$\xrightarrow{H_2}$	$RNH{-}NHR$	Diazoverbindungen → substituierte Hydrazine

[2]) R bedeutet einen beliebigen organischen Rest wie H–, Alkyl-, Aryl- usw.

$$R{-}C{\equiv}C{-}R \xrightarrow{H_2} R{-}CH_2{-}CH_2{-}R \quad \text{Alkine} \longrightarrow \text{Alkane}$$

$$R{-}C{\equiv}N \xrightarrow{H_2} R{-}CH_2{-}NH_2 \quad \text{Nitrile} \longrightarrow \textit{prim.}\ \text{Amine}$$

Die Verwendung von verschiedenen Edelmetallen sowie Variationen des Trägermaterials erlauben die Herstellung von Katalysatoren verschiedener Aktivität für selektive Hydrierungen:

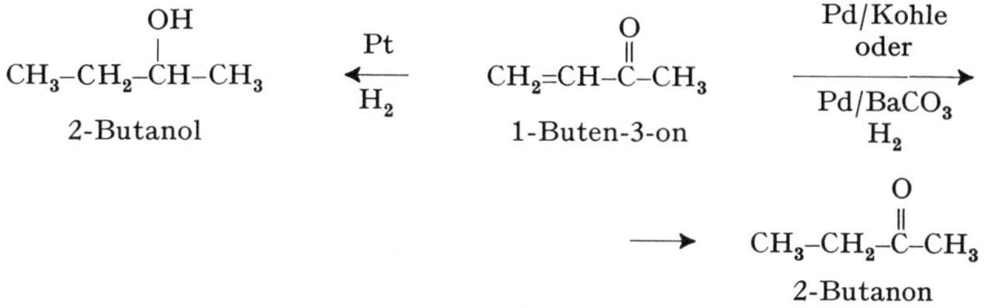

Edelmetallkatalysatoren sind sehr empfindlich gegen Verunreinigungen. Vor allem Schwefel, Schwermetallsalze und organische Stickstoffbasen vermindern die Aktivität. Ein mit genau dosierten Mengen von Blei(II)-acetat und Chinolin vergifteter Katalysator (LINDLAR-Katalysator) erlaubt es, Alkine selektiv zu Alkenen zu reduzieren. Auch hier erfolgt eine *cis*-Addition.

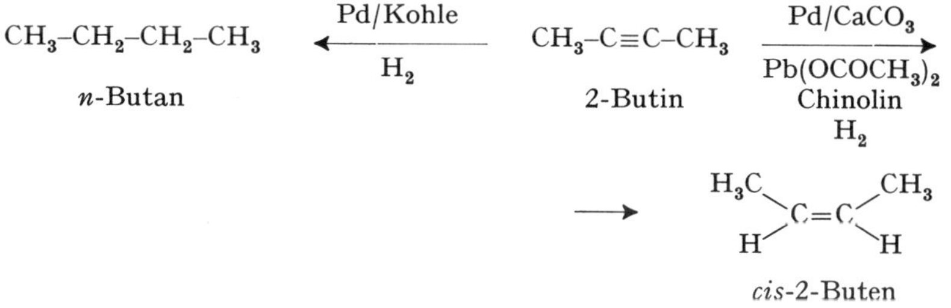

Ein Katalysator aus Pd auf $BaSO_4$, der mit einer Chinolin-Schwefel-Mischung vergiftet ist, wird bei der ROSENMUND-Reduktion verwendet:

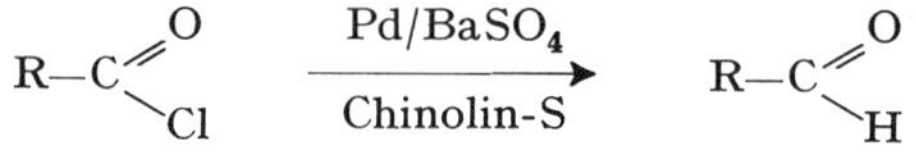

Mit normal aktiven Katalysatoren würde das Säurechlorid zum gesättigten Alkohol $R{-}CH_2OH$ reduziert.

In Doppelbindungen ist die π-Bindung schwächer als die σ-Bindung. Da die zugehörige Elektronenwolke relativ ausgedehnt ist (S. 24), sind diese Verbindungen wenig geeignet für Umsetzungen mit nukleophilen Reagenzien. Sie werden aber sehr leicht von Elektrophilen angegriffen.

19.2.1. *Die Addition von* Br_2 an Doppelbindungen führt in zwei Schritten zu vicinalen Dibromiden: Zuerst wird ein Elektrophil, hier ein durch Heterolyse des Brommoleküls gebildetes Br^+-Ion, an die Doppelbindung angelagert. Im zweiten Schritt koordiniert das Carboniumion das Br^--Ion zur Dibromverbindung.

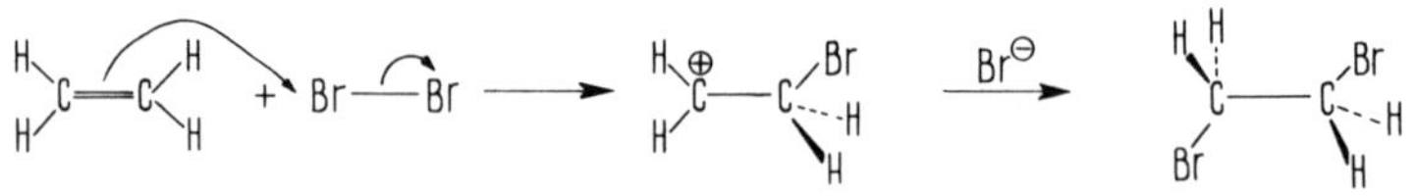

Das Br^+- und das Br^--Ion treten von entgegengesetzten Seiten in das eben gebaute Alkenmolekül ein, es findet eine *trans*-Addition statt.

Einen Beweis für diesen Zweischrittmechanismus liefern Versuche, bei denen der Reaktionslösung große Mengen von Anionen zugesetzt werden. In Gegenwart von $NaOCH_3$ findet man bei der Addition von Br_2 an Propen vorwiegend 1-Brom-2-methoxypropan. Nach dem ersten Schritt, der Addition von Br^+

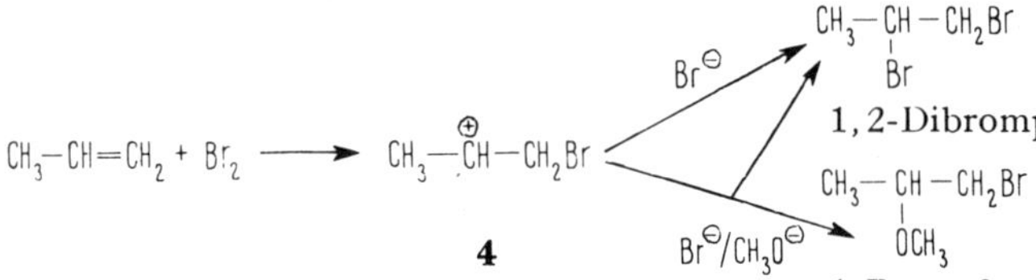

1,2-Dibrompropan

4

1-Brom-2-methoxy-propan

zum Carboniumion **4** kann an Stelle eines Br^--Ions auch eines der im Überschuß zugesetzten CH_3O^--Ionen koordiniert werden. Auf eine Br_2-Addition in einem Schritt hätten dagegen Fremdionen keinen Einfluß.

Das positiv geladene C-Atom im Carboniumion **5** ist eben gebaut. Falls nicht besonders große Substituenten den einen Vorgang behindern, sollte die Anlagerung von Br^- mit gleicher Wahrscheinlichkeit von oben oder unten erfolgen können (Pfeile in **5**). Zur Erklärung der ausschließlichen *trans*-Addition wurde postuliert, daß sich das Br^+-Ion im Übergangszustand mit beiden an der Doppelbindung beteiligten C-Atomen verbindet. An der cyclischen Struktur **6** wird der Angriff des Br^--Ions von

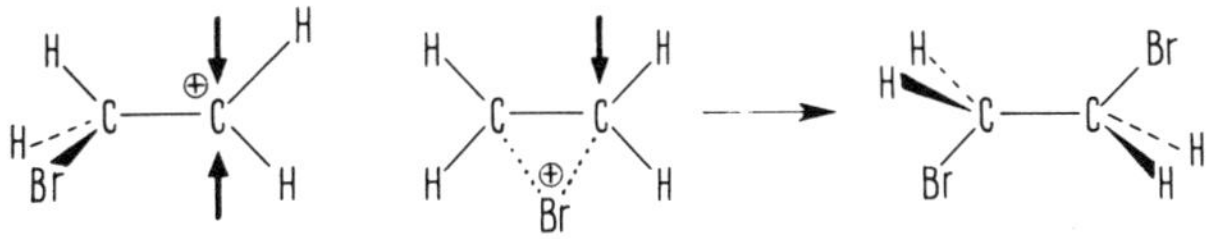

5 **6** **7**

der freieren, dem Dreiring gegenüberliegenden Seite erfolgen. Damit sind die beiden Brom-Ionen von verschiedenen Seiten her in das eben gebaute Molekül eingetreten. Besonders gut kann man die *trans*-Addition bei cyclischen Alkenen zeigen:

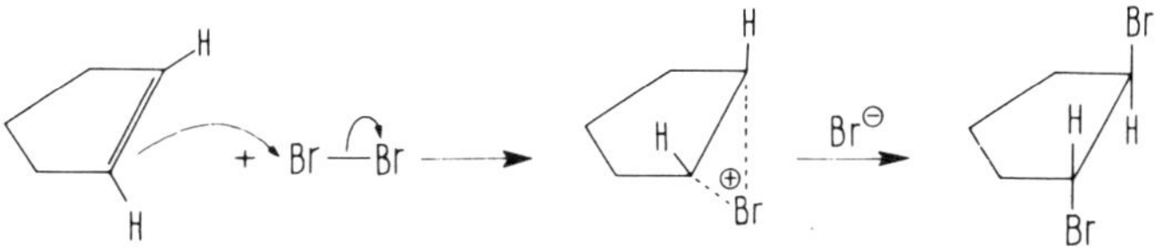

Cyclopenten *trans*-1,2-Dibrom-cyclopentan

19.2.2. *Die Addition von Verbindungen HX* erfolgt in gleicher Weise, wobei zunächst ein Proton an die ungesättigte Verbindung angelagert und im zweiten Schritt das Anion X^- durch das Carboniumion koordiniert wird. Als H–X kommen Halogenwasserstoffsäuren, H_2SO_4, H_2O und unterhalogenige Säuren (HOBr, HOCl) in Frage:

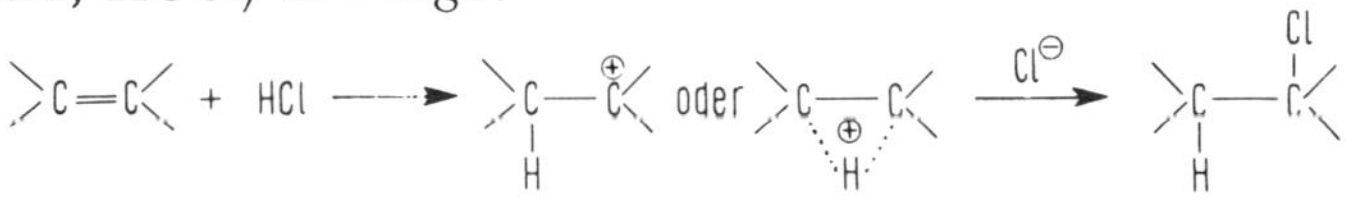

Die Addition von Wasser gelingt nur in Gegenwart einer Säure, welche die für den ersten Schritt notwendigen H^+-Ionen liefern kann. Das Carboniumion koordiniert nun ein Wassermolekül (Dipol!) zu einem zweiten Ion mit einer positiven Ladung auf dem Sauerstoff, das leicht unter Abspaltung eines Protons in

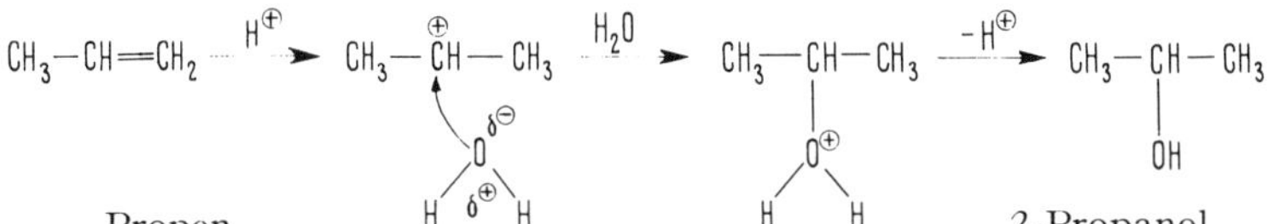

Propen 2-Propanol

das Endprodukt übergeht. Die Säure wirkt in dieser Reaktion als Katalysator: Das im ersten Teilschritt verbrauchte Proton wird im letzten Schritt wieder freigesetzt.

Da die Elektronegativitätsdifferenz zwischen O und Br eine Polarisierung der O–Br-Bindung im Sinn von $\overset{\delta+}{Br}–\overset{\delta-}{O}H$ bewirkt, wird HOBr (und HOCl) nicht als H–OBr, sondern als Br–OH an Doppelbindungen addiert. HOBr kann nach $Br_2 + H_2O \rightleftarrows HBr + HOBr$ aus Bromwasser erhalten werden.

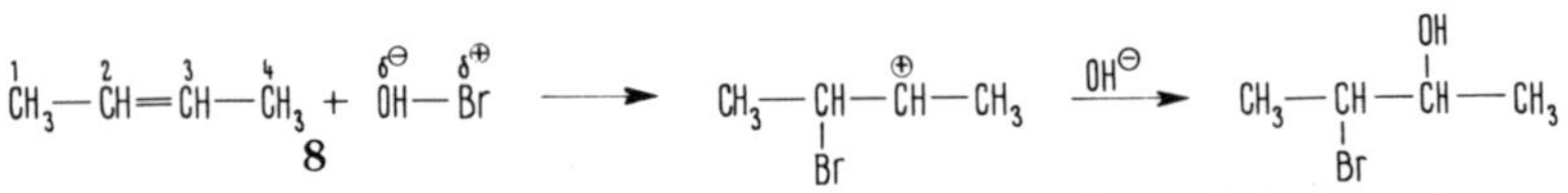

19.2.3. *Orientierung der HX-Addition. Die* MARKOWNIKOFF-*Regel.* Die Addition von HX an ein symmetrisches Alken wie **8** ergibt nur ein einziges Produkt, unabhängig davon, ob das Proton in der 2- oder 3-Stellung von 2-Buten (**8**) angreift. Bei unsymmetrisch substituierten Alkenen sind jedoch zwei Produkte denkbar: Die Addition von HCl an Propen könnte sowohl 1-Chlorpropan als auch 2-Chlorpropan liefern. Die Umsetzung führt aber praktisch ausschließlich zu 2-Chlorpropan. Dieser Befund ist allgemein gültig und wurde erstmals von MARKOWNIKOFF formuliert:

Bei Additionen von Verbindungen HX an unsymmetrisch substituierte Doppelbindungen greift der Wasserstoff am bereits wasserstoffreicheren Ende der Doppelbindung an.

Diese Regel erklärt sich mit der Stabilität der möglichen Zwischenprodukte: das sekundäre Carboniumion **b** ist stabiler als das primäre Carboniumion **a** (S. 27), so daß die Addition vollständig über das Zwischenprodukt **b** abläuft.

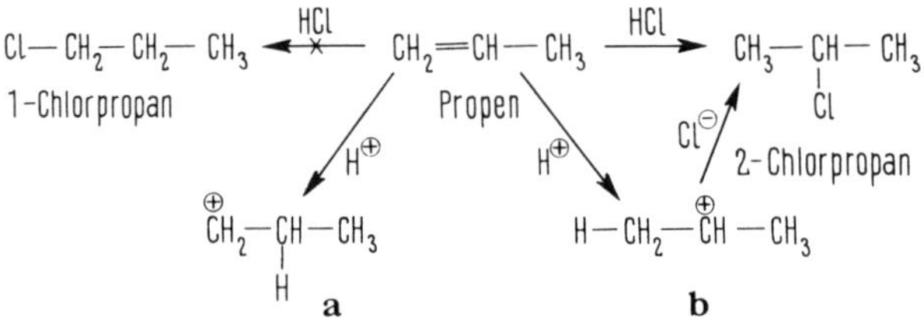

Die Addition einer Verbindung HX im der MARKOWNIKOFF-Regel entgegengesetzten Sinn (Anti-MARKOWNIKOFF-Addition)

ist möglich, wenn der Angriff an der Doppelbindung nicht durch ein Ion, sondern durch ein Radikal (S. 26) erfolgt. Die Addition von Br· an Propen führt zu einem Radikalzwischenprodukt:

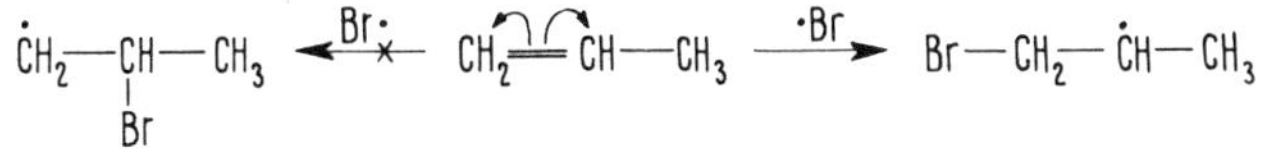

c Propen d

Da für C-Radikale und Carboniumionen dieselbe Stabilitätsreihe gilt, wird das stabilere sekundäre Radikal **d** gebildet. Im zweiten Schritt wird ein HBr-Molekül homolytisch gespaltet. Dabei entsteht wieder ein Bromradikal, das mit einem weiteren

d 1-Brompropan

Propenmolekül reagieren kann (Kettenreaktion, S. 166). Das Produkt ist 1-Brompropan, die normale MARKOWNIKOFF-Addition von HBr hätte 2-Brompropan ergeben.

19.3. ELEKTROPHILE ADDITIONEN AN DREIFACHBINDUNGEN

Elektrophile Additionsreaktionen sind auch bei Alkinen möglich. Es können zwei Moleküle Halogen oder Halogenwasserstoff addiert werden:

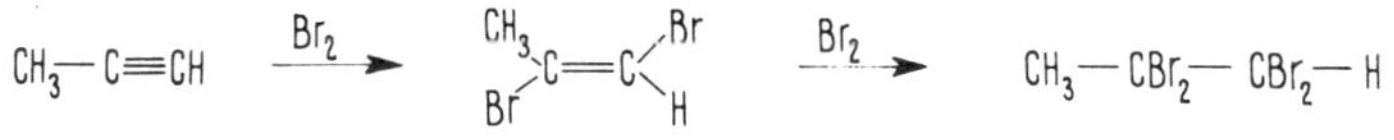

Propin *trans*-1,2-Dibrompropen 1,1,2,2-Tetrabrompropan

Erwartungsgemäß erfolgt die erste Addition unter Bildung eines *trans*-Produkts. Alkine sind in Additionsreaktionen weniger reaktionsfähig als Alkene. Deshalb gelingt die Addition von Wasser nur in Gegenwart von Katalysatoren:

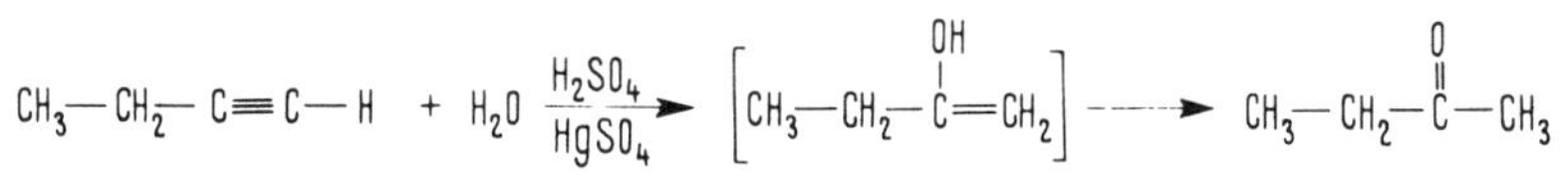

1-Butin Enolform 2-Butanon

Bei Alkinen vom Typ R–C≡C–H erfolgt die Addition von H_2O nach der MARKOWNIKOFF-Regel und liefert über ein instabiles

Enol ein Methylketon. Bei Alkinen vom Typ R–C≡C–R′ erhält man beide möglichen Ketone:

$$R{-}C{\equiv}C{-}R' + H_2O \xrightarrow[HgSO_4]{H_2SO_4} R{-}\overset{\overset{O}{\|}}{C}{-}CH_2{-}R' + R{-}CH_2{-}\overset{\overset{O}{\|}}{C}{-}R'$$

19.4. Additionen an die Carbonylgruppe

Der Verlauf von Additionsreaktionen an Carbonylverbindungen wird dadurch bestimmt, daß die C–O-Doppelbindung polarisiert ist (S. 25). Die Carbonylgruppe ist vor allem nukleophilen Reagenzien zugänglich, die gemäß der in **9** dargestellten Ladungsverteilung am Kohlenstoff angreifen. In Gegenwart von Säuren verlaufen diese Reaktionen rascher, da nach der Proto-

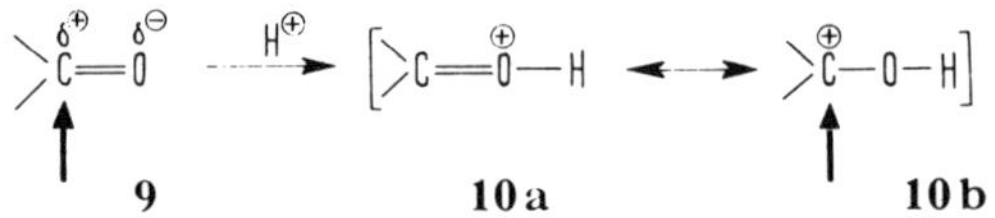

9 **10a** **10b**

nierung der Carbonylgruppe der Angriff durch ein Nukleophil an dem nun positiv geladenen Kohlenstoff noch leichter erfolgen kann (die Grenzform **10b** des mesomeren Ions **10** mit der positiven Ladung auf dem Kohlenstoff ist stabiler als **10a** und bestimmt deshalb den Verlauf der Reaktion, vgl. S. 42).

Blausäure HCN wird am besten in basischer Lösung addiert, da das Cyanidion CN^- das bessere Nukleophil ist als die freie Blausäure. Über die als *Cyanhydrine* bezeichneten Produkte kann das Kohlenstoffgerüst von Carbonylverbindungen um ein C-Atom verlängert werden. Durch weitere Additionsreaktionen an die CN-Gruppe (S. 102) kann man z. B. zu Aminen oder α-Hydroxysäuren gelangen:

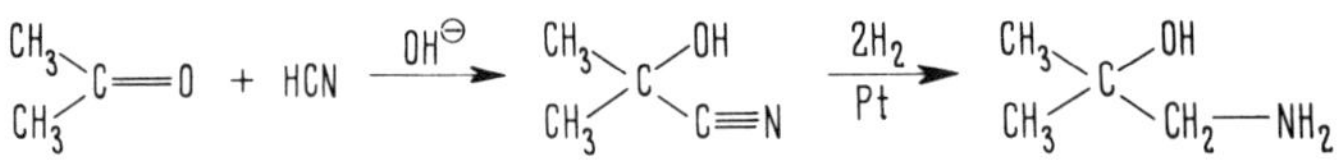

Aceton — Aceton-cyanhydrin — 1-Amino-2-hydroxy-isobutan

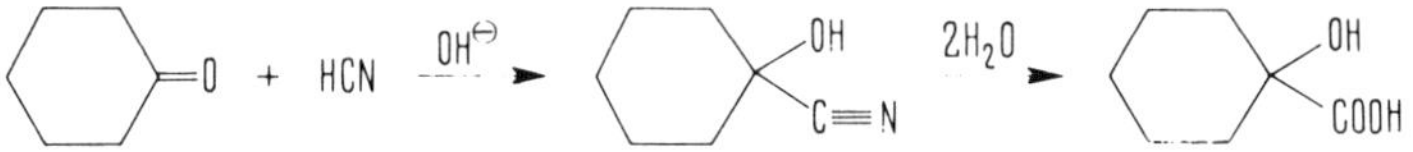

Cyclohexanon — Cyclohexanon-cyanhydrin — α-Hydroxy-cyclohexancarbonsäure

Aldehyde und Ketone mit kleinen Alkylsubstituenten bilden mit *Natriumhydrogensulfit* wasserlösliche Additionsverbindungen. Formal wird dabei H–SO_3^- an die C–O-Doppelbindung angelagert. Obschon es sich um eine Gleichgewichtsreaktion handelt, kann die Carbonylverbindung durch einen großen Überschuß an Hydrogensulfit praktisch vollständig in das Addukt übergeführt werden. Die Carbonylverbindung kann aus

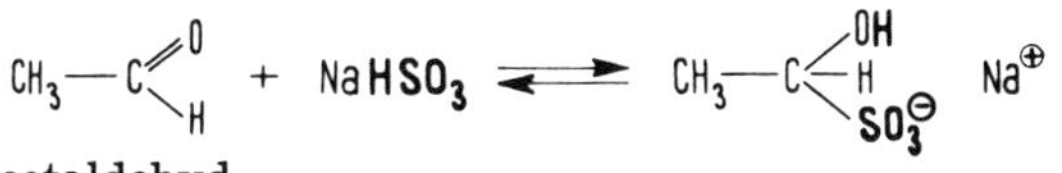

Acetaldehyd

dem isolierten Additionsprodukt wieder freigesetzt werden, indem man aus dem Gleichgewicht das Hydrogensulfit durch Zersetzen mit Säure oder Base entfernt ($NaHSO_3 + HCl \rightarrow SO_2 + NaCl + H_2O$ bzw. $2NaHSO_3 + Na_2CO_3 \rightarrow CO_2 + 2Na_2SO_3 + H_2O$).

Alkohole werden ebenfalls an die Carbonylgruppe addiert. Dabei entstehen Hemiacetale und Acetale. Beide Reaktionen sind

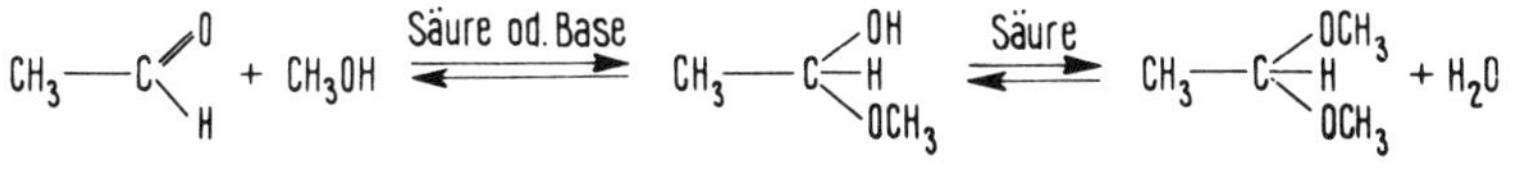

Acetaldehyd — 1-Methoxy-ethanol ein *Hemiacetal* — 1,1-Dimethoxy-ethan ein *Acetal*

Gleichgewichtsreaktionen. Gute Ausbeuten an Acetalen kann man erzielen, wenn man das im zweiten Reaktionsschritt gebildete Wasser fortlaufend aus dem Reaktionsgemisch entfernt. Die Hemiacetalbildung wird durch Säuren und Basen katalysiert, der zweite Schritt jedoch nur durch Säuren. Deshalb sind Acetale gegen Basen stabil: Durch Acetalbildung kann eine Carbonylgruppe geschützt werden. Am Acetal können jetzt weitere im Molekül vorhandene funktionelle Gruppen verändert werden, wobei aber nie unter sauren Bedingungen gearbeitet werden darf. Zum Schluß kann die Carbonylgruppe mit Säure wieder freigesetzt werden.

In stark alkalischer Lösung läßt sich *Acetylen* an Carbonylgruppen addieren. Die starke Base, z. B. Natrium in flüssigem

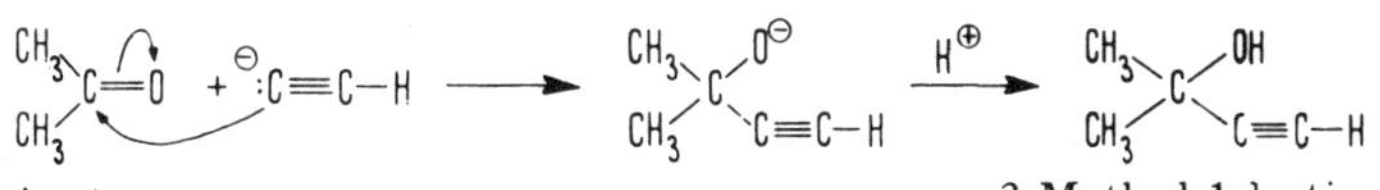

Aceton — 3-Methyl-1-butin-3-ol

Ammoniak, löst am Acetylen ein Proton ab, und das entstehende Nukleophil $HC{\equiv}C{:}^{\ominus}$ greift an der Carbonylgruppe an. Nach Anlagerung eines Protons entsteht ein Acetylenalkohol.
An viele Additionsreaktionen schließt sich sofort eine Abspaltungsreaktion an. Das gilt z. B. für Additionsprodukte wie

11 **12**

die sofort Wasser abspalten. Deshalb führt die Addition von *Wasser* an Carbonylgruppen meist nicht zu stabilen geminalen Diolen vom Typ **11**, das Wasser wird wieder abgespaltet. Ausnahmen sind Carbonylverbindungen mit stark elektronenanziehenden Substituenten in α-Stellung:

Trichloracetaldehyd (Chloral) Chloralhydrat

Die Addition von *Aminen* führt zu Verbindungen vom Typ **12**. Die Reaktion wird durch Säuren katalysiert. Das Amin greift die am Sauerstoff protonierte Carbonylverbindung an. Das Additionsprodukt spaltet Wasser ab und geht in ein Imin über (= SCHIFFsche Base).

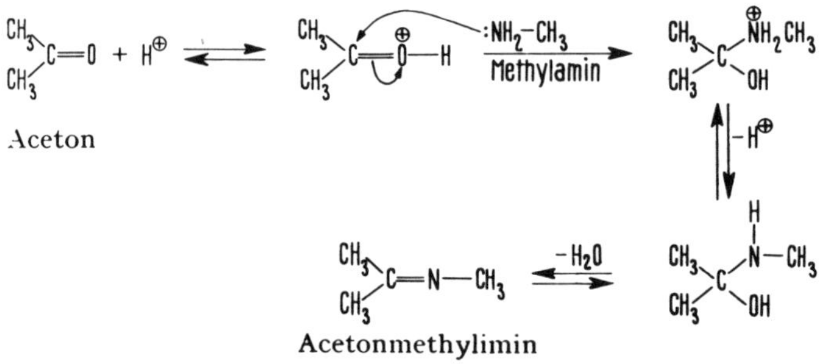

Aceton

Acetonmethylimin

In gleicher Weise werden andere Stickstoffverbindungen addiert. Da die entstehenden Produkte häufig gut kristallisierende Verbindungen sind und sich die Carbonylverbindungen daraus zurückgewinnen lassen, verwendet man sie zur Isolierung und Charakterisierung von Carbonylverbindungen.

Beispiele:

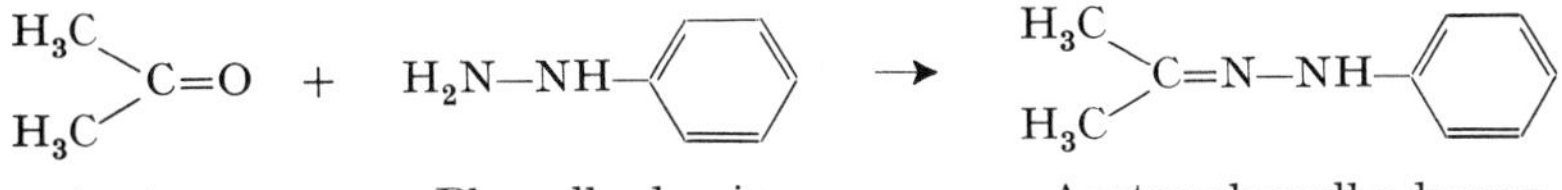

Aceton Phenylhydrazin Acetonphenylhydrazon

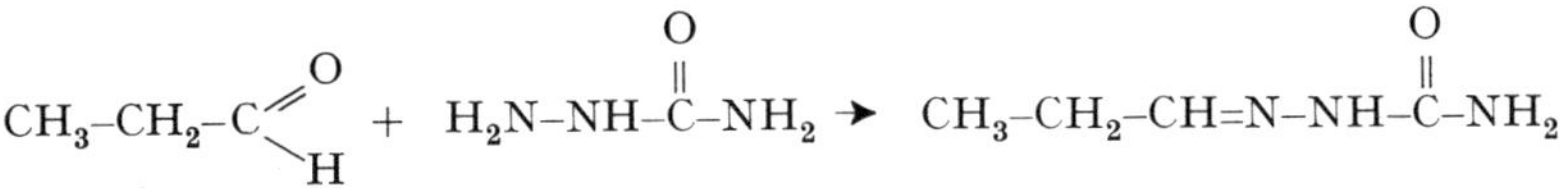

Propionaldehyd Semicarbazid Propionaldehyd-semicarbazon

Cyclohexanon Hydroxylamin Cyclohexanonoxim

Die Addition von *metallorganischen Verbindungen* an Carbonylgruppen wird in Kapitel 31 behandelt.

19.5. Additionen an die Enolform von Carbonylverbindungen

Carbonylverbindungen werden bei der Umsetzung mit Halogenen in α-Stellung halogeniert. Man kann zeigen, daß diese Reaktion über die Enolform (S. 209) der Carbonylverbindung verläuft und als elektrophile Addition von Br_2 an die C–C-Doppelbindung (S. 94) formuliert werden kann. Das intermediäre Carboniumion **13** könnte ein Br^--Ion koordinieren und in das instabile Molekül **14** mit einer OH-Gruppe und einem Br-Substituenten am gleichen C-Atom übergehen (Reaktions-

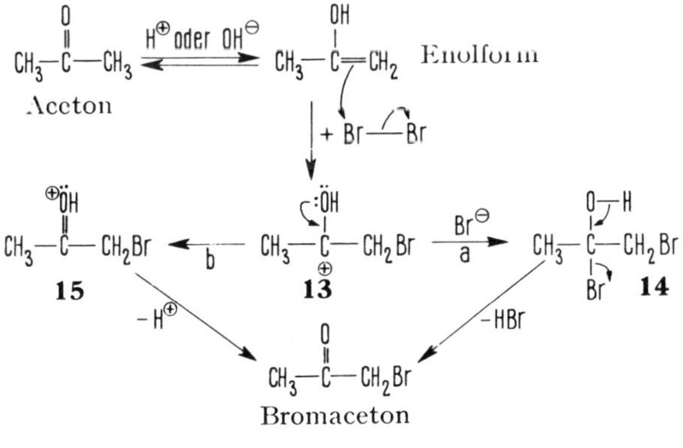

weg a). Abspaltung von HBr führt zum Endprodukt, einem α-Halogenketon. Wahrscheinlicher ist der Reaktionsweg b: Durch Beteiligung eines Elektronenpaars des Sauerstoffs entsteht das Ion **15**; Abspalten eines Protons führt zum Produkt. Die Enolisierung von Carbonylverbindungen ist eine langsame Reaktion, die Halogenaddition verläuft dagegen sehr rasch. Deshalb ist es verständlich, daß die Geschwindigkeit der Halogenierung von Carbonylverbindungen von der Art und der Konzentration des Halogens unabhängig ist. Das wäre bei einer direkten Umsetzung zwischen der Carbonylverbindung und dem Halogen nicht der Fall.
Die Einführung von Alkylgruppen in die α-Stellung von Carbonylverbindungen verläuft nach einem anderen Reaktionsschema (S. 106).

19.6. Additionen an C–N-Doppel- und Dreifachbindungen

Am wichtigsten ist die Addition von Wasser, die Hydrolyse von Iminen und Nitrilen:

$$(H_3C)_2C{=}N{-}CH_3 + H_2O \longrightarrow (H_3C)_2C{=}O + H_2N{-}CH_3$$

Acetonmethylimin — Aceton — Methylamin

$$CH_3{-}C{\equiv}N + H_2O \longrightarrow CH_3{-}\overset{\overset{\displaystyle O}{\|}}{C}{-}NH_2 \xrightarrow{H_2O} CH_3COOH + NH_3$$

Acetonitril — Acetamid — Essigsäure

Aus den Iminen erhält man die zugrundeliegenden Carbonylverbindungen (S. 208). Nitrile lagern zwei Moleküle Wasser an. Der erste Schritt führt zu Säureamiden, die vollständige Hydrolyse liefert Carbonsäuren. Alle diese Reaktionen lassen sich durch Säuren oder Basen katalysieren, z. B.

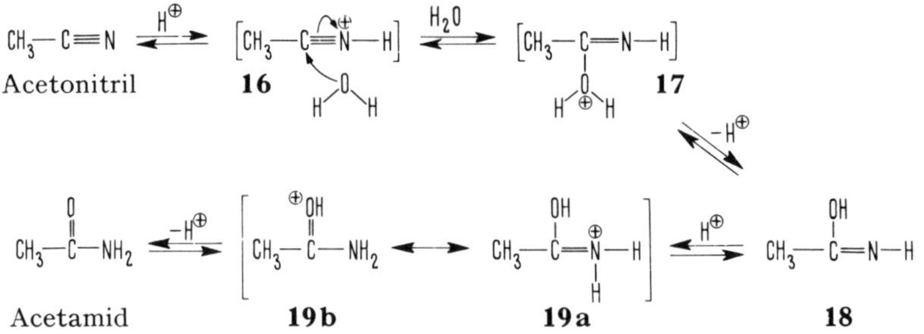

Die Protonierung des Nitrils zu **16** erleichtert den Angriff eines H_2O-Moleküls am Kohlenstoffatom. Das Addukt **17** verliert ein Proton, das dabei entstehende Zwischenprodukt **18** (Enolform des Endprodukts) wird erneut protoniert. Dieser Schritt liefert das mesomeriestabilisierte Ion **19**. Abspalten eines Protons (formal aus der Grenzstruktur **19b**) führt zum Säureamid.

19.7. 1,2- und 1,4-Additionen bei Verbindungen mit konjugierten Doppelbindungen

Die Addition von Br_2 an Butadien liefert zwei Produkte. Nach der Anlagerung von Br^+ entsteht ein mesomeriestabilisiertes Carboniumion. Dadurch wird die positive Ladung auf die C-Atome in 2- und 4-Stellung verteilt, die Koordination des Br^--Ions kann in diesen beiden Positionen erfolgen. Dasselbe gilt für die Addition anderer Reagenzien wie Cl_2, HCl, HBr, HOBr usw.

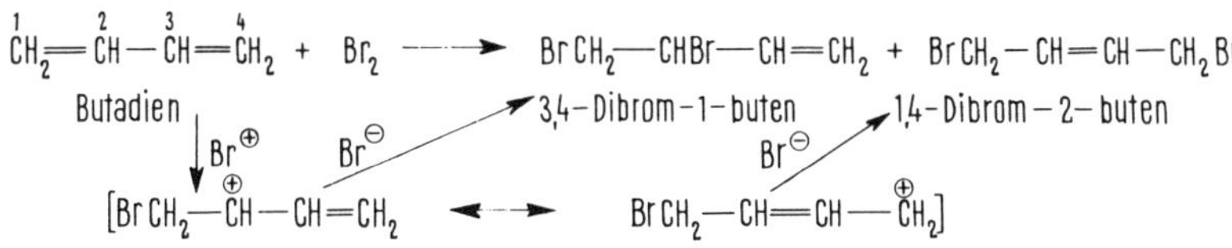

Bei α,β-ungesättigten Carbonylverbindungen wird die C–C-Doppelbindung unter dem Einfluß der CO-Gruppe polarisiert, so daß neben der 1,2-Addition an die Carbonylgruppe auch eine 1,4-Addition möglich ist:

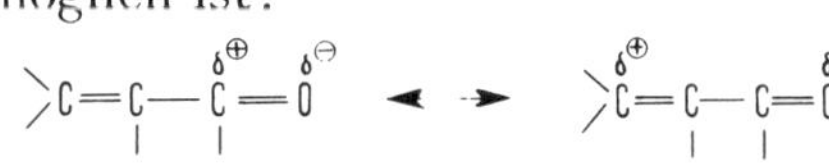

Welche der beiden Additionsreaktionen überwiegt, hängt von der Reaktionsfähigkeit der CO-Gruppe und von Substituenteneinflüssen ab. Die Addition von HCN an Carbonylgruppen verläuft bei Aldehyden rascher als bei Ketonen. Deshalb erfolgt bei Crotonaldehyd vor allem 1,2-Addition. Beim 1-Buten-3-on ist

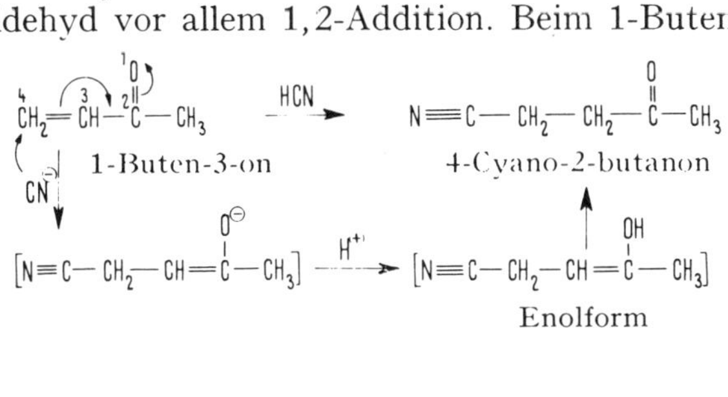

Enolform

dagegen die Cyanhydrinbildung weniger günstig, das Cyanidion greift bevorzugt am β-C-Atom an. Das primäre Produkt der 1,4-Addition ist ein Enol, das rasch in 4-Cyano-2-butanon übergeht.
Der Verlauf von Additionsreaktionen an Verbindungen mit konjugierten Doppelbindungen wird weitgehend durch Substituenteneinflüsse bestimmt. Allgemein kann erwartet werden, daß kleine Substituenten y und große Substituenten X die 1,2-Addition begünstigen (**20**), dagegen liefern Verbindungen mit kleinen Substituenten x und großen Substituenten Y (**21**) vor allem 1,4-Additionsprodukte. Es kommt also darauf an, an welchem der beiden eine positive Teilladung tragenden C-Atome das Nukleophil besser angreifen kann (vgl. auch S. 192).

20 **21**

Übung 13. Welche Produkte sind bei den folgenden Additionsreaktionen zu erwarten?

a) 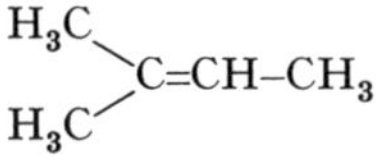 + HBr

b) 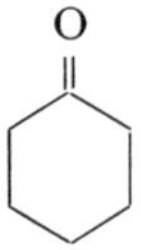 + Br_2

c) 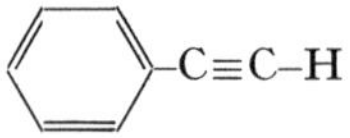 + H_2O + H_2SO_4 + $HgSO_4$

d)  + Br_2

e) 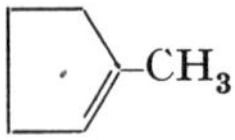 + H_2O + H_2SO_4

f)  + HOBr

g) 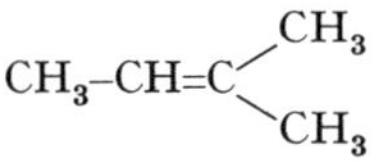 + HBr

\+ Dibenzoylperoxid (Mittel zur Herstellung von Radikalen)

h) 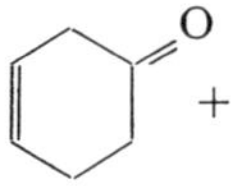 + NH_2–NH_2

i) 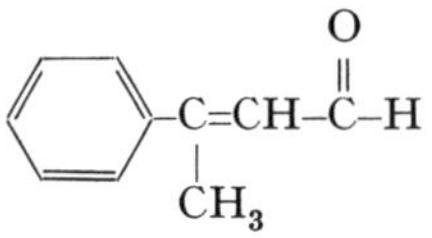 + HCN

Übung 14. Kann man durch eine Br_2-Addition zwischen Maleinsäure (**22**) und Fumarsäure (**23**) unterscheiden? Kann die Messung der optischen Drehung zur Unterscheidung zwischen den aus **22** und **23** erhaltenen Produkten von Nutzen sein?

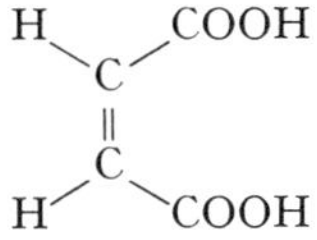

22

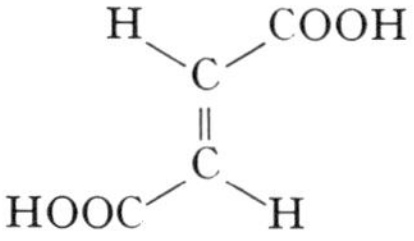

23

20. Nukleophile Substitutionsreaktionen

Nukleophile Substitutionsreaktionen verlaufen nach der allgemeinen Gleichung

$$X: \; + \; R\text{–}Y \longrightarrow R\text{–}X \; + \; :Y$$

Ein *Nukleophil* X (S. 84) greift eine Verbindung R–Y an und verdrängt daraus den Substituenten Y. Das Nukleophil muß ein einsames Elektronenpaar besitzen, das für die Bildung der neuen R–X-Bindung verwendet wird; das Elektronenpaar der R–Y-Bindung geht auf die *Abgangsgruppe* Y über. Dieser Reaktionstyp wird als Verdrängungsreaktion oder *nukleophile Substitution* S_N bezeichnet. Die folgende Übersicht zeigt einige Typen von S_N-Reaktionen:

X:$^{\ominus}$		**R–Y**		**R–X**		**Y:**$^{\ominus}$
$I^{\ominus}$	+	CH_3–CH_2–Cl **Ethylchlorid**	$\longrightarrow$	CH_3–CH_2–I **Ethyliodid**	+	$Cl^{\ominus}$
$OH^{\ominus}$	+	CH_3–Br Methylbromid	$\longrightarrow$	CH_3OH Methanol	+	$Br^{\ominus}$
$CH_3O^{\ominus}$	+	H_3C \>CH–CH_2–I H_3C Isobutyliodid	$\longrightarrow$	H_3C \>CH–CH_2–OCH_3 H_3C Methylisobutylether	+	$I^{\ominus}$
CH_3–CH_2–$O^{\ominus}$	+	CH_3O–SO_2–OCH_3 Dimethylsulfat	$\longrightarrow$	CH_3–CH_2–O–CH_3 **Methylethylether**	+	$CH_3OSO_3^{\ominus}$
$CN^{\ominus}$	+	CH_3–Br Methylbromid	$\longrightarrow$	CH_3–CN Acetonitril	+	$Br^{\ominus}$

Weitere Reagenzien vom X:$^{\ominus}$-Typ sind: CH_3COO^- (Acetat), NH_2^- (Amid), N_3^- (Azid), H–C≡C$^-$ (Acetylid), CH_3S^- (Thioalkoholat), SCN^- (Rhodanid) usw. Zu den Nukleophilen vom X^--Typ gehören auch die Enolationen. In diesen mesomerie-

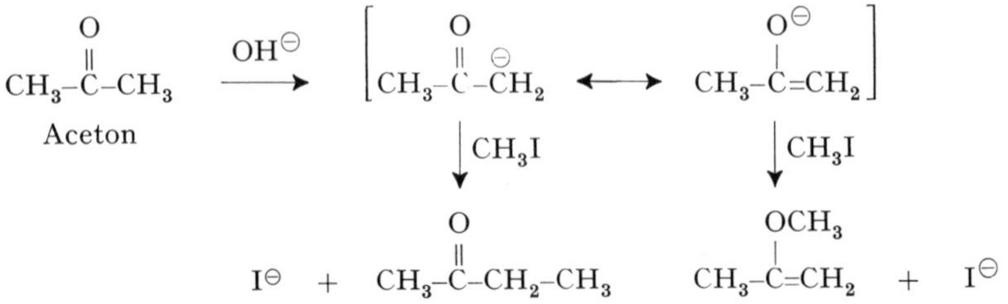

stabilisierten Anionen ist die negative Ladung über zwei Atome verteilt. Eine S_N-Reaktion, z. B. mit Methyliodid, führt zu zwei Produkten, einem Keton (*C-Alkylierung*) und einem Enolether (*O-Alkylierung*). Welche der beiden Reaktionen überwiegt, hängt von der Struktur des Ausgangsmaterials, der Reaktionsfähigkeit des Alkylhalogenids und den Reaktionsbedingungen ab.

X:	+	**R–Y**	⟶	**R–X$^{\oplus}$ Y$^{\ominus}$**
$(C_2H_5)_3N$:	+	CH_3I	⟶	$(C_2H_5)_3\overset{\oplus}{N}–CH_3\ I^{\ominus}$
Triethylamin		**Methyliodid**		Methyltriethylammoniumiodid
$(CH_3)_2S$:	+	CH_3Cl	⟶	$(CH_3)_2\overset{\oplus}{S}–CH_3\ Cl^{\ominus}$
Dimethylsulfid		Methylchlorid		Trimethylsulfoniumchlorid

H–X: + R–Y ⟶ R–$\overset{\oplus}{X}$–H + $\overset{\ominus}{Y}$: ⟶ R–X + H–Y						
H_2O	+	CH_3CH_2Cl	⟶	CH_3CH_2OH	+	HCl
		Ethylchlorid		**Ethanol**		
H_2O	+	$CH_3–CH_2–C(=O)–OCH_3$	⟶	CH_3OH	+	$CH_3CH_2–C(=O)OH$
		Propionsäuremethylester		Methanol		Propionsäure
HBr	+	$CH_3CH_2–O–CH_2CH_3$	⟶	CH_3CH_2Br	+	CH_3CH_2OH
		Diethylether		**Ethylbromid**		**Ethanol**
NH_3	+	CH_3CH_2Br	⟶	$CH_3CH_2NH_2$	+	HBr
		Ethylbromid		**Ethylamin**		

$$X{:}^{\ominus} + \mathbf{R{-}Y^{\oplus}} \longrightarrow \mathbf{R{-}X} + \mathbf{Y}$$

$$OH^{\ominus} + CH_3{-}\overset{\oplus}{N}(CH_3)_3 \longrightarrow CH_3OH + N(CH_3)_3$$

Tetramethylammoniumion — Methanol — Trimethylamin

20.1. Die Kinetik der S_N-Reaktionen. S_N1- und S_N2-Reaktionen

Für den Verlauf von nukleophilen Substitutionsreaktionen gibt es zwei Möglichkeiten. Nach dem *Einschrittmechanismus* erfolgen der Angriff von X und der Austritt von Y gleichzeitig. Im Übergangszustand sind X und Y mit R verbunden, wobei die negative Ladung über X und Y verteilt ist.

$$X{:}^{\ominus} + R{-}Y \longrightarrow [X\cdots R\cdots Y]^{\ominus} \longrightarrow R{-}X + Y{:}^{\ominus}$$

Übergangszustand

Die Geschwindigkeit v dieser Reaktion ist den Konzentrationen *beider* Edukte direkt proportional, es handelt sich also um eine *Reaktion zweiter Ordnung* (k = Reaktionsgeschwindigkeitskonstante):

$$v = k\,[R{-}Y]\,[X^{\ominus}]$$

Diese als *bimolekulare nukleophile Substitution* S_N2 bezeichnete Variante der Verdrängungsreaktion wird immer dann verwirklicht, wenn die Abgangsgruppe Y an einem primär oder sekundär substituierten C-Atom sitzt:

$$OH^{\ominus} + CH_3CH_2{-}Br \longrightarrow CH_3CH_2{-}OH + Br^{\ominus}$$

Ethylbromid (*prim.* **Alkylhalogenid**) — **Ethanol**

Isopropyliodid (*sek.* **Alkylhalogenid**) — **Methylisopropylether**

Bei vielen S_N2-Reaktionen wird das Lösungsmittel (z. B. Methanol) als Nukleophil verwendet:

$$R{-}OSO_2CH_3 + CH_3OH \longrightarrow R{-}OCH_3 + CH_3SO_2OH$$

Die Konzentration des Nukleophils ist dabei viel größer als diejenige des Ausgangsmaterials R–OSO_2CH_3 und ändert sich während des Reaktionsablaufs nur so wenig, daß [CH_3OH] als konstant angenommen und in die Geschwindigkeitskonstante einbezogen werden kann. Die Gleichung für die Geschwindigkeit dieser als *Solvolyse* bezeichneten Reaktion,

$$v = k\ [\mathrm{R{-}OSO_2CH_3}]\ [\mathrm{CH_3OH}] \quad \text{wird damit zu}$$

$$v = k'\ [\mathrm{R{-}OSO_2CH_3}]$$

und entspricht nun einer Reaktion erster Ordnung (siehe unten). Zur Unterscheidung dieser Spezialfälle von echten Reaktionen erster Ordnung bezeichnet man sie als *Reaktionen pseudo-erster Ordnung*. Auch andere S_N2-Reaktionen wie z. B.

$$\mathrm{CH_3CH_2{-}Br} \quad + \quad \mathrm{CH_3S^{\ominus}} \longrightarrow \mathrm{CH_3CH_2{-}S{-}CH_3} \quad + \quad \mathrm{Br^{\ominus}}$$

können als Reaktionen pseudo-erster Ordnung durchgeführt werden, wenn ein sehr großer Überschuß des Nukleophils eingesetzt wird, so daß [$CH_3S^{\ominus}$] während der ganzen Reaktion praktisch unverändert bleibt.

Nach dem *Zweischrittmechanismus* wird zuerst die Abgangsgruppe Y in einer langsamen, reversiblen Reaktion aus der Ausgangsverbindung R–Y abgespaltet. Die dabei entstehenden Carboniumionen koordinieren im zweiten, raschen Schritt das Nukleophil $X^{\ominus}$:

$$\mathrm{R{-}Y} \underset{}{\overset{\text{langsam}}{\rightleftharpoons}} \mathrm{R^{\oplus}} + \mathrm{Y{:}^{\ominus}}$$

$$\mathrm{R^{\oplus}} + \mathrm{X{:}^{\ominus}} \xrightarrow{\text{schnell}} \mathrm{R{-}X}$$

Die Reaktionsgeschwindigkeit des Gesamtvorgangs wird von der langsamsten Teilreaktion bestimmt. Deshalb ist sie hier nur von der Konzentration des Ausgangsmaterials R–Y abhängig:

$$v = k\ [\mathrm{R{-}Y}]$$

Diese Reaktionen sind *erster Ordnung* und treten bei Verbindungen auf, in denen Y an einem tertiär substituierten C-Atom sitzt; sie werden als *monomolekulare nukleophile Substitutionen* S_N1 bezeichnet:

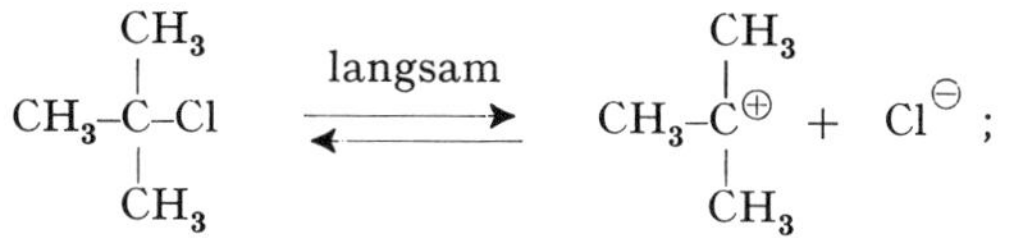

tert. Butylchlorid

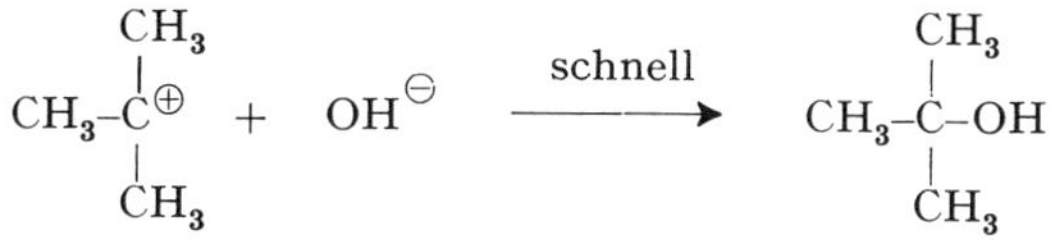

tert. Butanol

Reaktionen nach dem S_N1-Mechanismus sind nur bei Verbindungen zu erwarten, aus denen relativ stabile Carboniumionen entstehen können. Ein Zerfall von Ethylbromid oder Isopropyliodid (siehe oben) in $CH_3CH_2^+$- und Br^- bzw. $(CH_3)_2CH^+$- und I^--Ionen findet beispielsweise kaum statt.
Der Verlauf von chemischen Reaktionen kann in Energiediagrammen graphisch dargestellt werden. Auf der Ordinate wird die Energie aufgetragen, die Reaktionskoordinate symbolisiert das Fortschreiten des Reaktionsablaufs.

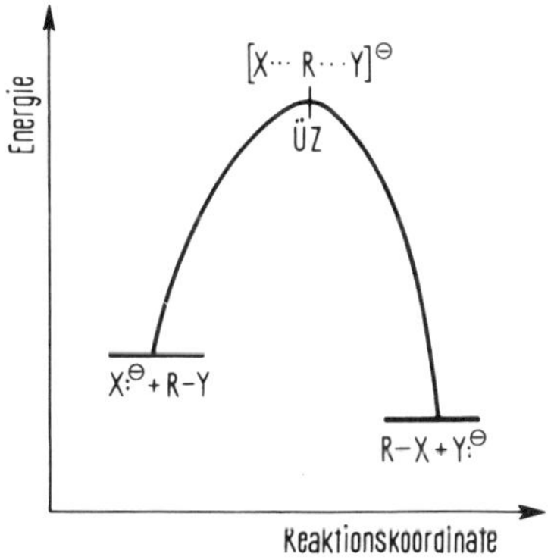

Fig. 23. Energiediagramm einer S_N2-Reaktion.

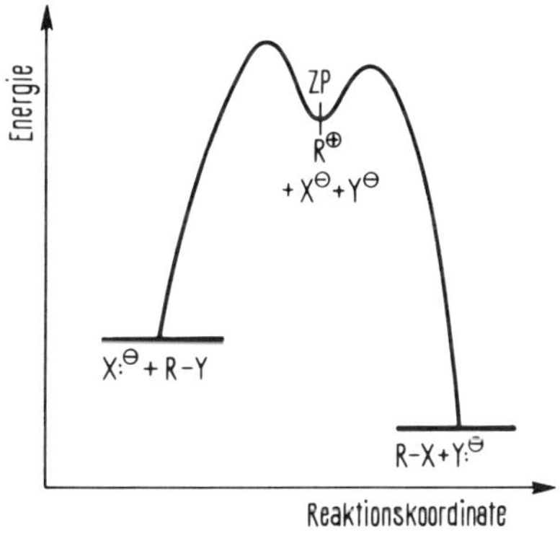

Fig. 24. Energiediagramm einer S_N1-Reaktion.

S_N2-Reaktionen verlaufen über einen energiereichen Übergangszustand (ÜZ), in dem sowohl das angreifende Nukleophil als auch die Abgangsgruppe an R gebunden sind. Bei den S_N1-Reaktionen tritt als Zwischenprodukt (ZP) ein Carboniumion auf. Wie tief das Tal zwischen den beiden Energiebergen ist,

hängt von der Stabilität des gebildeten Carboniumions ab. In vielen Fällen ist das ZP so stabil, daß es leicht nachgewiesen oder sogar isoliert werden kann.
Zur Unterscheidung zwischen nach dem S_N1- und S_N2-Mechanismus ablaufenden Reaktionen kann man den Einfluß verschieden starker Nukleophile (S. 114) auf die Reaktionsgeschwindigkeit untersuchen. Bei S_N2-Reaktionen ist der Angriff des Nukleophils der entscheidende Vorgang. Starke Nukleophile (z. B. CH_3S^-, I^-) ermöglichen eine raschere Umsetzung als schwache Nukleophile (z. B. H_2O, NO_3^-). Bei S_N1-Reaktionen spielt dagegen die Reaktionsfähigkeit des Nukleophils keine Rolle, weil die langsame Bildung des Carboniumion-ZP die Reaktionsgeschwindigkeit bestimmt.
Auch die Abhängigkeit der Reaktionsgeschwindigkeit einer nukleophilen Substitutionsreaktion von der Konzentration eines bestimmten Nukleophils kann zur Unterscheidung der beiden Mechanismen verwendet werden. Dabei ist allerdings immer sicherzustellen, daß die Versuche nicht unter Bedingungen ausgeführt werden, die Reaktionen pseudo-erster Ordnung erlauben.

20.2. Stereochemie der S_N2-Reaktion

Der Angriff eines Nukleophils X: auf das zentrale C-Atom einer Verbindung vom Typ **1** kann entweder von derselben Seite, auf der sich die Abgangsgruppe Y befindet (Pfeil a), oder von der «Rückseite» des Moleküls her (Pfeil b) erfolgen. Experimente zeigen, daß nur die zweite Möglichkeit realisiert wird. Dieses Resultat ist schon aus stereochemischen Gründen leicht zu verstehen: Das Nukleophil gelangt von der Rückseite her leichter an das zentrale C-Atom heran, besonders, wenn das Molekül

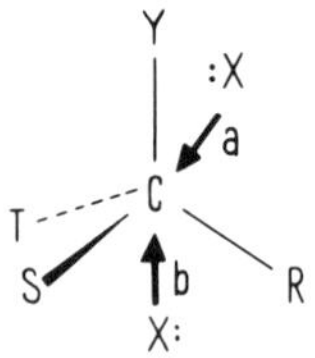

1

eine große Abgangsgruppe Y trägt. Zum Beweis kann man S_N2-Reaktionen bei optisch aktiven Verbindungen vom Typ **1** betrachten. Die Umsetzung von R-2-Brombutan (**2**) (S. 61) mit dem Nukleophil OH^- führt zu einem Übergangszustand **3**, in dem sowohl das Nukleophil OH^- als auch die Abgangsgruppe Br^- mit dem zentralen C-Atom verbunden sind. Diese partiellen

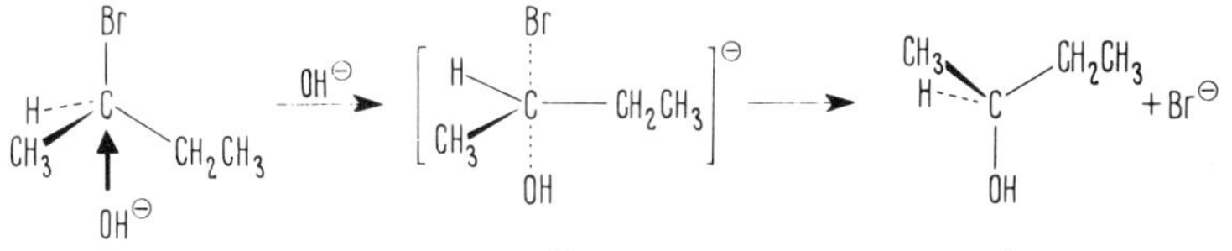

2 R-2-Brombutan — **3** — **4** S-2-Butanol

Bindungen liegen auf einer Geraden, die senkrecht auf der durch die übrigen drei Substituenten gebildeten Ebene steht. Die Form des Übergangszustandes **3** (Doppelpyramide) entspricht der günstigsten Anordnung mit möglichst großen Abständen für fünf Elektronenpaare in der Umgebung eines Zentralatoms. Nach dem Austritt von Br^- entsteht S-2-Butanol (**4**); die Reaktion ist unter Umkehrung oder *Inversion* der Konfiguration abgelaufen und wird nach ihrem Entdecker als WALDEN*sche Umkehrung* bezeichnet. Führt man an einer einheitlichen, optisch aktiven Verbindung eine S_N2-Reaktion durch, so erhält man ein Produkt, das wieder einheitlich und optisch aktiv ist, wegen der Inversion aber die entgegengesetzte Konfiguration aufweist.

20.3. Stereochemie der S_N1-Reaktion

Die Umsetzung von *tert.* Alkylhalogeniden mit starken Nukleophilen ist eine typische S_N1-Reaktion. Zur Untersuchung des sterischen Verlaufs wählt man am besten ein optisch aktives Ausgangsmaterial, z. B. R-2,3-Dimethyl-3-brompentan (**5**). Der erste Reaktionsschritt führt zum eben gebauten Carboniumion **6**

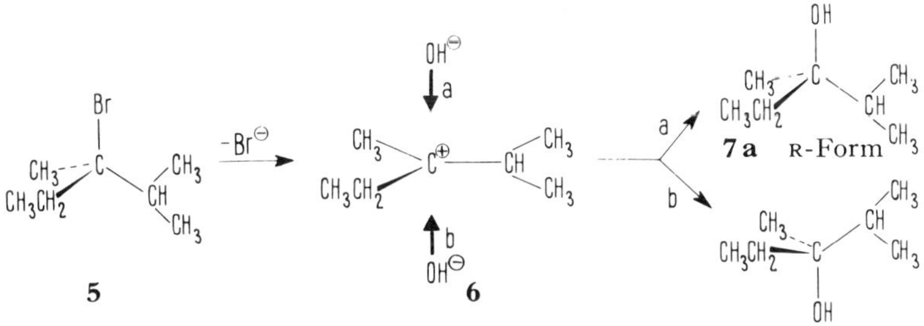

5 R-Form — **6** — **7a** R-Form — **7b** S-Form

(S. 26). Dieses kann vom Nukleophil OH^- ebensogut von oben wie von unten her angegriffen werden. Beide Vorgänge führen zu 2,3-Dimethyl-3-pentanol (**7**), je nach Angriffsrichtung entsteht jedoch die R- oder die S-Form. Die im Verhältnis 1:1 erhaltenen Verbindungen **7a** und **7b** sind optische Antipoden, das Produkt ist also ein Racemat. Reine S_N1-Reaktionen verlaufen immer unter vollständiger Racemisierung.

Eine *teilweise Racemisierung* tritt ein, wenn der Angriff des Nukleophils auf ein Carboniumion vom Typ **6** durch große Substituenten in der Umgebung des positiv geladenen C-Atoms einseitig behindert wird und deshalb im Produkt eine der Formen **7a** oder **7b** überwiegt. Auch die Stabilität des Carboniumions und die Stärke des Nukleophils beeinflussen den Grad der Racemisierung. Bei wenig stabilen Carboniumionen greifen vor allem starke Nukleophile bereits an, bevor die Abgangsgruppe restlos vom Molekül abgetrennt ist. Da dieser Angriff wie bei S_N2-Reaktionen von der Rückseite des Moleküls her erfolgt, wird diese Reaktion überwiegend unter Inversion verlaufen. Bei Reaktionen, die über relativ stabile Carboniumionen führen, kann vollständige Racemisierung erwartet werden, besonders, wenn ein schwaches Nukleophil eingesetzt wird.

20.4. Struktur und Reaktivität

Substituenteneinflüsse und sterische Hinderung können den Verlauf von S_N1- und S_N2-Reaktionen beeinflussen. Sowohl Ethylbromid (**8**) als auch Neopentylbromid (**9**) sind primäre Bromide. Während bei **8** dem Angriff des Nukleophils nichts im Weg steht, versperren die großen Methylgruppen in **9** den OH^--Ionen den Zugang und verunmöglichen die S_N2-Reaktion fast vollständig: **9** reagiert in S_N2-Reaktionen etwa 100000mal langsamer als **8**. Neben der Möglichkeit, stabile Carboniumionen auszubilden, ist diese Blockierung des nukleophilen Angriffs von der Rückseite des Moleküls her ein Grund dafür, daß *tert.* Alkylhalogenide (z. B. **5**) nur S_N1-Reaktionen eingehen.

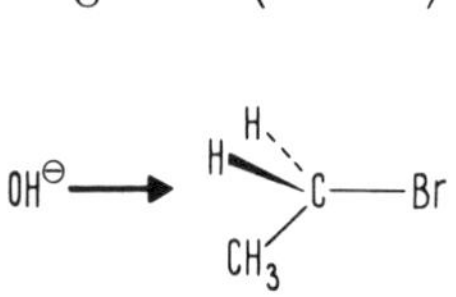

8

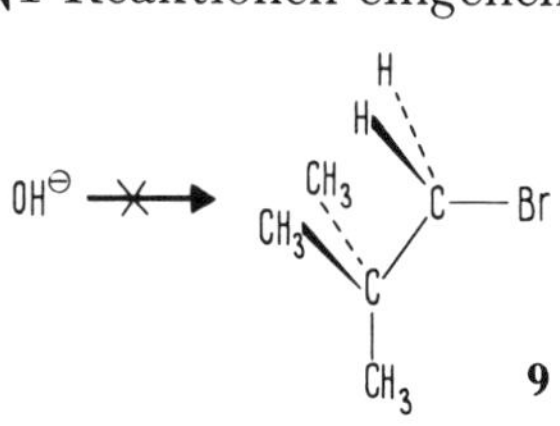

9

Die Verbindung **10** reagiert in S_N1-Reaktionen besonders rasch, weil beim Übergang zum Zwischenprodukt **11** die Wechselwirkungen zwischen den eng nebeneinander stehenden CH_3-Gruppen vermindert werden.

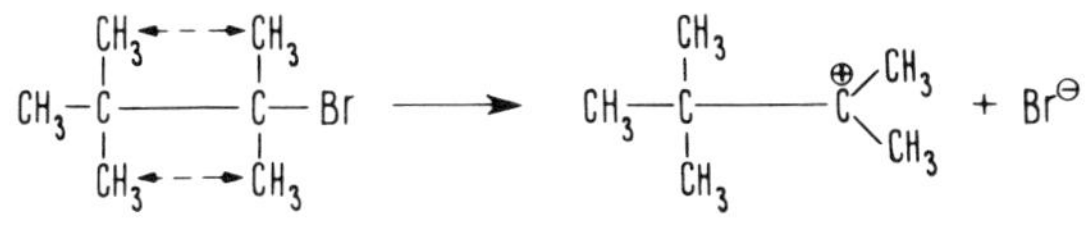

10 **11**

Cyclopropylbromid eignet sich weder für S_N1- noch für S_N2-Reaktionen. Die schon im Ausgangsmaterial **12** beträchtliche Ringspannung (S. 72) würde sich bei der Ausbildung des Übergangszustandes **13** (S_N2-Reaktion) oder des Zwischenproduktes **14** (S_N1-Reaktion) nochmals stark erhöhen: Der 60° messende Winkel α sollte in **13** und **14** 120° betragen.

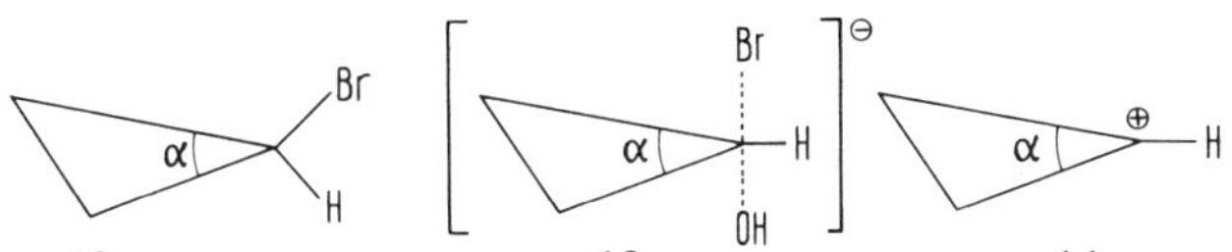

12 **13** **14**

20.5. Abgangsgruppen

Eine Abgangsgruppe $Y:^{\ominus}$ ist um so reaktionsfähiger, je stärker die zugehörige konjugierte Säure HY ist. Die folgenden Abgangsgruppen sind nach absteigender Leichtigkeit des Austritts aus einem Molekül R–Y geordnet:

 $-SO_3^{\ominus} > I^{\ominus} > Br^{\ominus} > Cl^{\ominus} > F^{\ominus} > CH_3COO^{\ominus} > \overset{\oplus}{N}(CH_3)_3$

Das OH^--Ion ist eine sehr schlechte Abgangsgruppe. S_N-Reaktionen gelingen dennoch, wenn sie in saurer Lösung ausgeführt werden. Die OH-Gruppe wird dabei protoniert und in die bessere Abgangsgruppe $-\overset{+}{O}H_2$ übergeführt:

$$CH_3OH + Br^{\ominus} \not\longrightarrow CH_3\text{–}Br + OH^{\ominus}$$

$$CH_3OH \underset{}{\overset{H^{\oplus}}{\rightleftharpoons}} CH_3\text{–}\overset{\oplus}{O}H_2 \xrightarrow{Br^{\ominus}} CH_3\text{–}Br + H_2O$$

Ist die Anwendung saurer Bedingungen ungünstig, so kann man OH-Gruppen in alkalischer Lösung mit Benzolsulfochlorid verestern (S. 214). Dank der außerordentlich guten Abgangsgruppe $C_6H_5{-}SO_3^-$ eignen sich die gebildeten Sulfonsäureester sehr gut für S_N-Reaktionen.

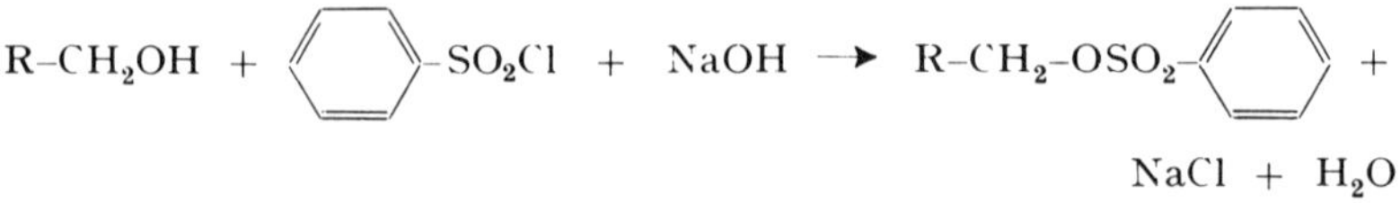

20.6. Nukleophile

Starke Nukleophile sind jene Partikel X:, die in S_N-Reaktionen für die neu zu bildende R–X-Bindung besonders leicht Elektronen zur Verfügung stellen können. Die folgende Reihe ist nach abfallender Nukleophilie geordnet:

$$SH^{\ominus},\ CN^{\ominus} > I^{\ominus} > OH^{\ominus} > N_3^{\ominus} > Br^{\ominus} > Cl^{\ominus} \gg CH_3COO^{\ominus} > H_2O$$

Bei den Halogenen nimmt die Nukleophilie vom Cl bis zum I zu, weil das für die Reaktion benötigte Elektronenpaar beim Iod auf einer weiter außen liegenden Schale sitzt und daher vom Kern weniger stark angezogen wird. Aus dem gleichen Grund ist SH^- ein stärkeres Nukleophil als OH^-.

20.7. Lösungsmittel

Ionen treten in Lösung nie als isolierte Partikel auf. Sie stabilisieren sich, indem sie sich mit einer Hülle von Lösungsmittelmolekülen umgeben. Ist das Lösungsmittel Wasser, so nennt man diesen Vorgang *Hydratisierung*, bei anderen Lösungsmitteln allgemein *Solvatisierung*.

Kationen werden von jenen Lösungsmitteln gut solvatisiert, deren Moleküle Dipolcharakter haben, z. B. H_2O, Alkohole, Carbonsäuren, Ammoniak, Dimethylsulfoxid $(CH_3)_2SO$.

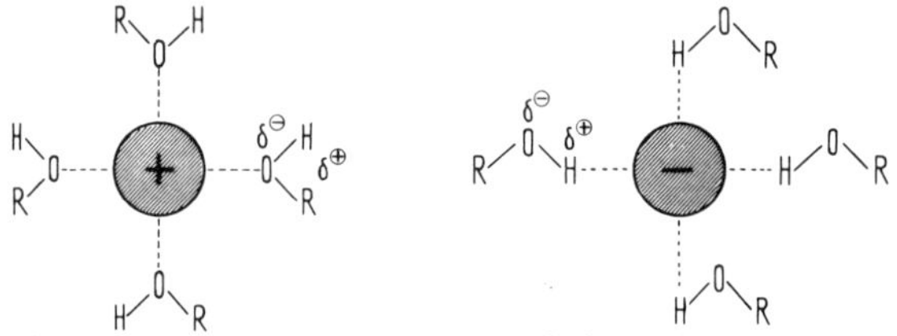

Solvatisiertes Kation   Solvatisiertes Anion

Anionen werden von denjenigen Lösungsmitteln solvatisiert, die H-Brücken bilden können. Wasser, Alkohole oder Ammoniak sind häufig sehr geeignete Lösungsmittel, da sie Anionen und Kationen gut zu solvatisieren vermögen.
Ionen, z. B. Halogenidionen, die sich als Nukleophile an einer S_N-Reaktion beteiligen sollen, müssen sich zuerst mindestens von einem Teil der Solvathülle trennen. Da in der Reihe F^-, Cl^-, Br^-, I^- bei gleicher Ladung der Ionenradius zunimmt, ist die Anziehungskraft zwischen Halogenidionen und Lösungsmittelmolekülen beim I^- am geringsten. Das I^--Ion kann deshalb am leichtesten desolvatisiert und damit für die Beteiligung als Nukleophil an einer S_N-Reaktion freigesetzt werden.
Die auf S. 105–107 erwähnten Typen von S_N-Reaktionen lassen sich in drei Gruppen einteilen:

$$X: + R\text{–}Y \longrightarrow R\text{–}X^{\oplus} + Y:^{\ominus} \quad (1)$$

$$X:^{\ominus} + R\text{–}Y^{\oplus} \longrightarrow R\text{–}X + Y: \quad (2)$$

$$X:^{\ominus} + R\text{–}Y \longrightarrow R\text{–}X + Y:^{\ominus} \quad (3)$$

Reaktionen wie (1), die zu Ionen führen, werden durch stark polare Lösungsmittel (z. B. Alkohole, NH_3, $(CH_3)_2SO$) erleichtert und beschleunigt, unpolare Lösungsmittel (z. B. Kohlenwasserstoffe, Benzol, Ether), welche die entstehenden Ionen nicht zu solvatisieren vermögen, sind dagegen ungeeignet. Das umgekehrte gilt für Reaktionen vom Typ (2): Unpolare Lösungsmittel solvatisieren die Ausgangsstoffe nicht und begünstigen die Reaktion, bei der die elektrischen Ladungen verschwinden. Reaktionen vom Typ (3) sind weniger lösungsmittelabhängig, da sich die Zahl der geladenen Teilchen während der Reaktion nicht ändert. Sehr stark polare Lösungsmittel reduzieren die Reaktionsgeschwindigkeit, weil die in diesem Fall sehr solide Solvathülle des angreifenden Nukleophils X: schwerer abzubauen ist.

Übung 15. Welche der folgenden Verbindungen reagieren bei der Umsetzung mit NaOH nach dem S_N1- bzw. S_N2-Mechanismus?

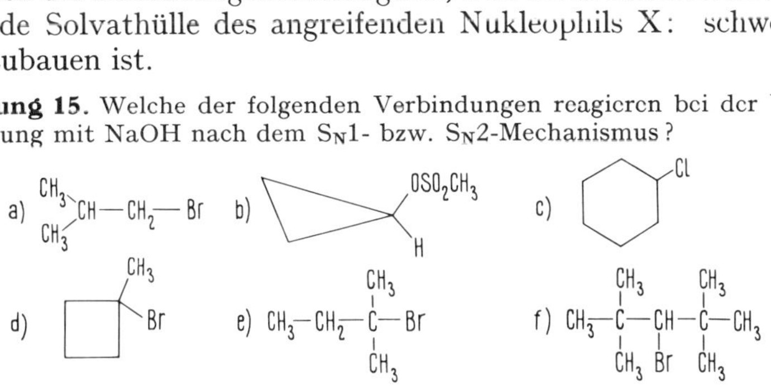

Übung 16. *cis*- und *trans*-1-Iod-2-methylcyclopentan werden mit $NaOCH_3$ umgesetzt. Welches sind die Produkte?

21. Eliminierungsreaktionen

Nukleophile Y:⁻ können eine Verbindung vom Typ **1** an zwei Stellen angreifen:

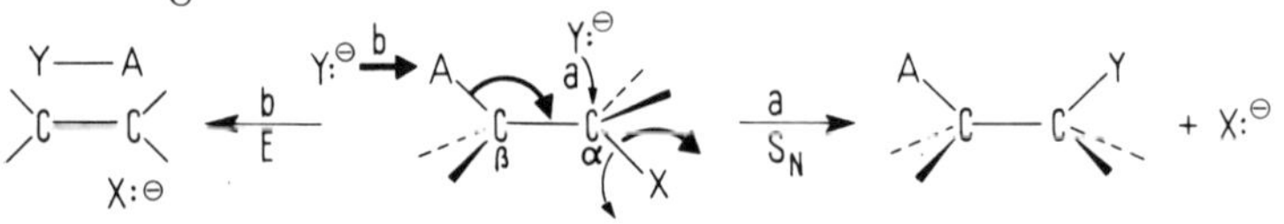

1

Der Reaktionsweg *a* entspricht einer S_N-Reaktion am α-C-Atom. Ist A ein Wasserstoff- oder Halogenatom, so kann der Angriff des Nukleophils auch dort erfolgen. Dabei kommt es zur Ausbildung einer Doppelbindung zwischen dem α-C- und dem β-C-Atom und zum Austritt der Abgangsgruppe X. Diese Reaktion (Reaktionsweg *b*) wird als *Eliminierung* (Abkürzung E) bezeichnet.
Wie das Reaktionsschema zeigt, sind die nukleophile Substitution und die Eliminierung Konkurrenzreaktionen. Welcher der beiden Vorgänge dominiert, wird durch die Eigenschaften von Y^- bestimmt. Stark basische Nukleophile (z. B. NH_2^-, OH^-, CH_3O^-) begünstigen die Eliminierung. Setzt man Nukleophile ein, die nur schwach basisch sind (z. B. CH_3COO^-), so überwiegt die nukleophile Substitution.

21.1. E1- und E2-Reaktionen

Die Eliminierung von HBr aus dem Alkylhalogenid **2** mit OH^- als Nukleophil kann in einem oder in zwei Reaktionsschritten erfolgen:

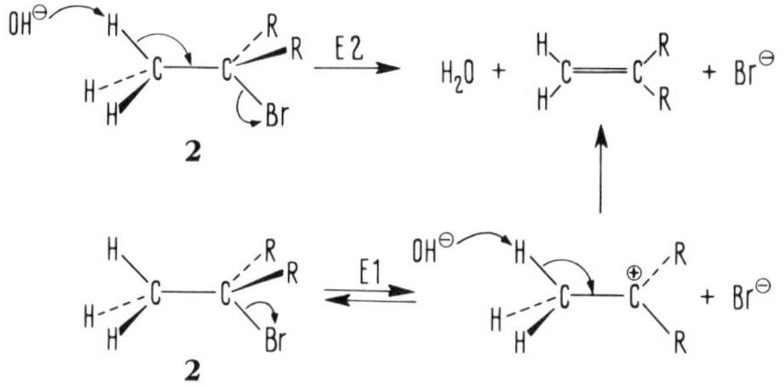

Im *Einschrittmechanismus* erfolgen die Abtrennung des Protons, die Bildung der Doppelbindung und der Austritt der Abgangsgruppe simultan. Diese Reaktion zweiter Ordnung (ihre Geschwindigkeit ist proportional zu den Konzentrationen von **2** und OH^-) wird als *bimolekulare Eliminierungsreaktion* bezeichnet (E2-Reaktion).
Beim *Zweischrittmechanismus* wird zuerst in einem langsamen, reversiblen Schritt die Abgangsgruppe Br^- abgespaltet. Das Zwischenprodukt ist dasselbe Carboniumion, das bei einer S_N1-Reaktion an **2** auftreten würde. Im zweiten, raschen Schritt erfolgt unter Abstraktion eines Protons die Bildung der Doppelbindung. Diese Reaktion erster Ordnung (ihre Geschwindigkeit ist nur von der Konzentration des Ausgangsmaterials **2** abhängig) wird als *monomolekulare Eliminierungsreaktion* (E1-Reaktion) bezeichnet.
E1-Reaktionen sind typisch für *tert.* Alkylhalogenide[3]) (beide Reste R in **2** bedeuten Alkylgruppen, das Zwischenprodukt ist ein relativ stabiles *tert.* Carboniumion), werden aber auch bei *sek.* Alkylhalogeniden gefunden. E2-Eliminierungen treten vor allem bei *prim.* und *sek.* Alkylhalogeniden auf. Sie sind aber auch bei *tert.* Alkylhalogeniden möglich, da im Gegensatz zu den nukleophilen Substitutionen die sterische Hinderung bei Eliminierungen eine weniger bedeutende Rolle spielt.

21.2. Beispiele für Eliminierungsreaktionen

Eliminierungsreaktionen führen zu Alkenen, und zwar durch
– Abspaltung von Halogenwasserstoff aus Alkylhalogeniden:

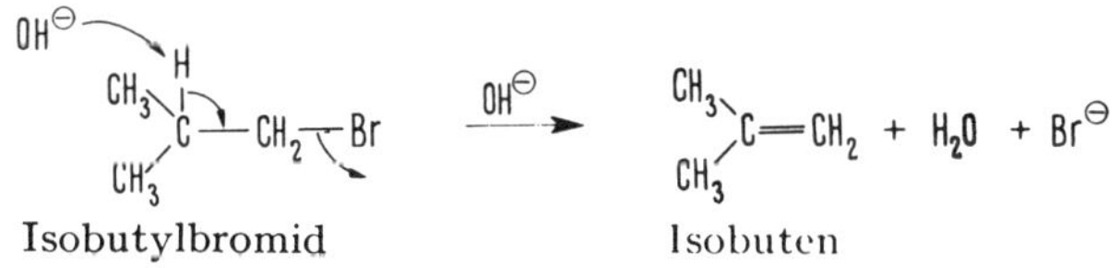

Isobutylbromid Isobuten

– Abspaltung von Wasser aus Alkoholen:

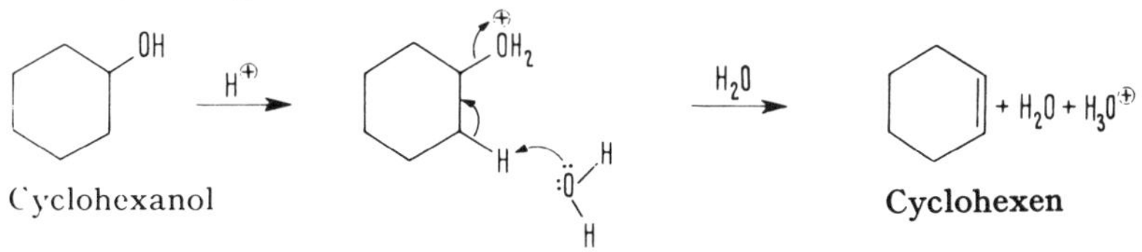

Cyclohexanol **Cyclohexen**

[3]) Für weitere geeignete Abgangsgruppen vgl. S. 113.

Die OH-Gruppe wird durch Säuren zur besseren Abgangsgruppe $-OH_2^+$ protoniert. Das Lösungsmittel, z. B. Wasser, übernimmt die Rolle der Base. Die Leichtigkeit der Wasserabspaltung nimmt in der Reihe *tert.*- > *sek.*- > *prim.* Alkohol stark ab.

– Abspaltung von Halogen aus vicinalen Dihalogeniden:

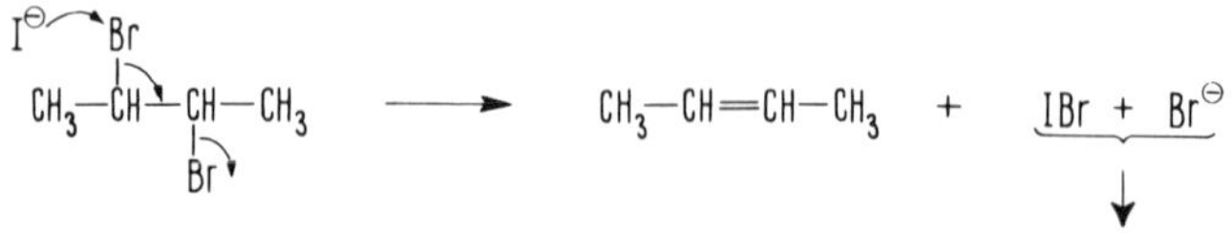

2,3-Dibrombutan — 2-Buten — $Br_2 + I^\ominus$

Diese Reaktion kann auch mit Zink ausgeführt werden, wobei das Zink, das leicht Elektronen abgeben kann, als «Nukleophil» wirkt:

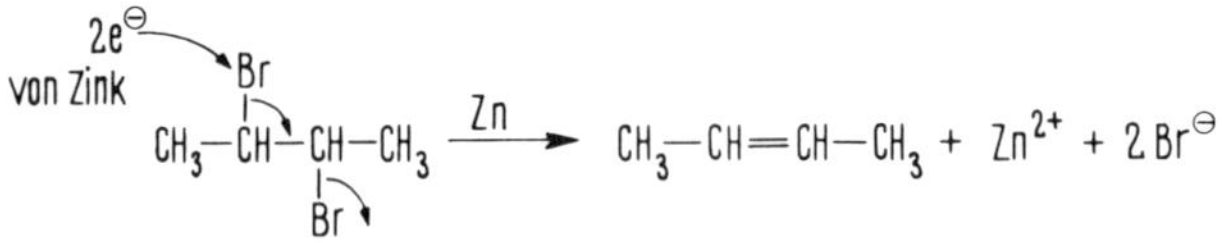

– Erhitzen von quartären Ammoniumhydroxiden in wäßriger Lösung (HOFMANN-Eliminierung, S. 119):

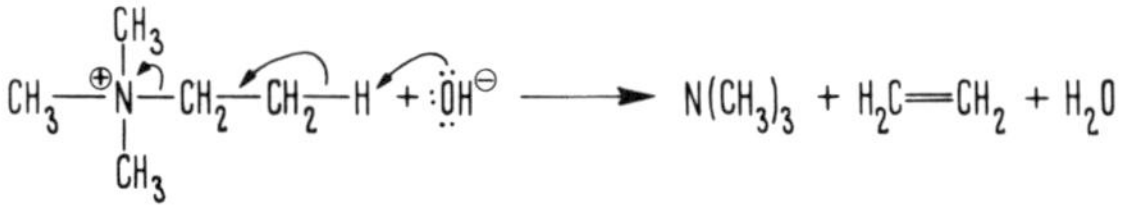

Trimethylethyl-ammoniumhydroxid — **Trimethyl-amin** — **Ethylen**

– Pyrolyse von Estern (S. 83, 121).

21.3. SAYTZEFF- UND HOFMANN-REGELN

Aus Carboniumionen wie **3** (z. B. entstanden aus *tert.* Amylbromid) können durch Abstraktion eines Protons, entweder von einer der am C^+ sitzenden Methylgruppen oder von der Methylengruppe, verschiedene Produkte entstehen:

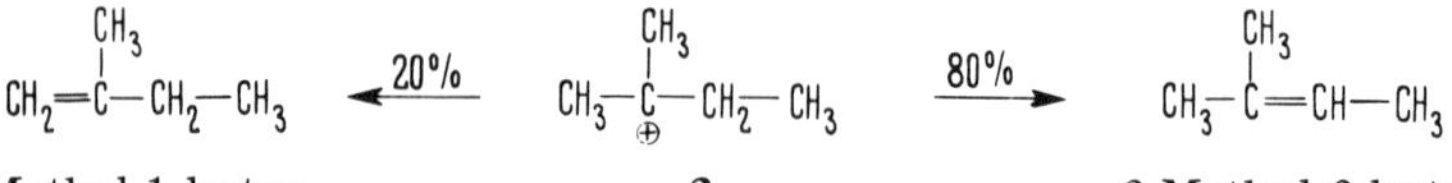

2-Methyl-1-buten — **3** — 2-Methyl-2-buten

Bei den meisten E1- und E2-Reaktionen entsteht bevorzugt das *stärker verzweigte Alken*, die Doppelbindung im Hauptprodukt

ist so angeordnet, daß sie möglichst viele Substituenten trägt (SAYTZEFF-*Regel*).
Es gibt jedoch auch Reaktionen, die vorwiegend zum weniger verzweigten Alken führen. Weil das beispielsweise bei der HOFMANN-Eliminierung der Fall ist, spricht man von der «HOFMANN-Orientierung» des Produkts.

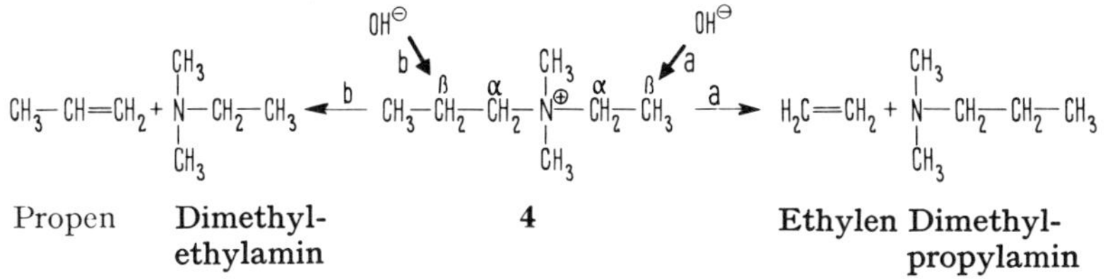

Bei der Verbindung **4** könnte der Angriff der Base OH^- bei *a* oder *b* erfolgen. Er findet jedoch aus sterischen Gründen überwiegend bei *a* statt, da an dieser endständigen CH_3-Gruppe die H-Atome leichter zugänglich sind als an der β-ständigen Methylengruppe im *n*-Propylsubstituenten.
Die Bildung des am wenigsten verzweigten Alkens ist auch immer dann bevorzugt, wenn die Abgangsgruppe oder die angreifende Base sehr große Partikel sind:

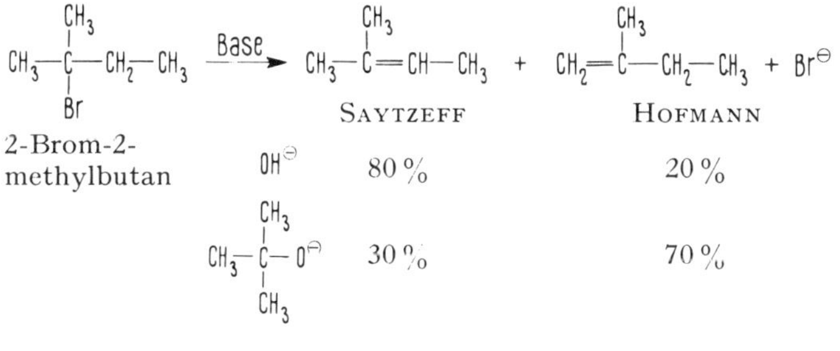

21.4. STEREOCHEMIE DER E2-REAKTION

E2-Reaktionen verlaufen am leichtesten, wenn die austretenden Gruppen H und X zueinander *trans*-ständig sind und H, C_α, C_β und X in einer Ebene liegen. Diese Konformation **5** mit *coplanar-antiparalleler* Anordnung des Wasserstoffs und der Abgangsgruppe X kann von allen offenkettigen, um die C_α-C_β-Bindung frei drehbaren Molekülen eingenommen werden. Da der ganze Vorgang simultan abläuft, kann ein Übergangszustand vom Typ **6** angenommen werden; daraus entstehen dann das Alken **7**,

Wasser und X^-. Die normale E2-Eliminierung ist also eine *trans*-Eliminierung.

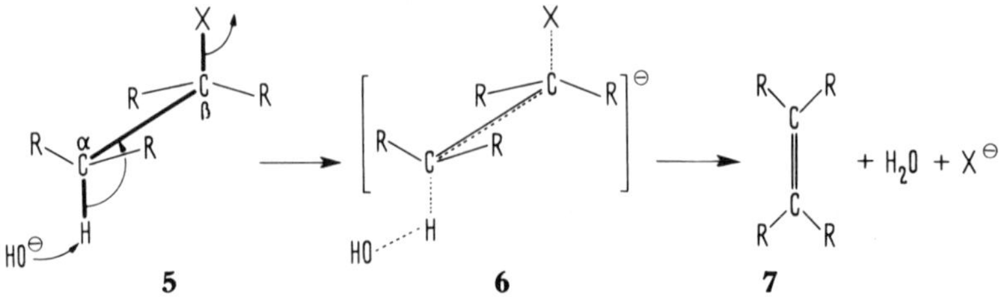

5 **6** **7**

Bei cyclischen Verbindungen kann die coplanar-antiparallele Anordnung nur erreicht werden, wenn H und X beide axial (S. 75) stehen. Beim *cis*-1-Chlor-2-methylcyclohexan **8** sind diese stereochemischen Voraussetzungen für eine *trans*-Eliminierung erfüllt.

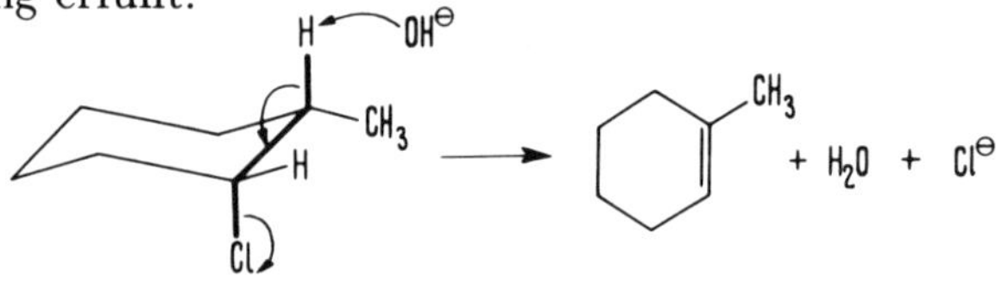

8 1-Methyl-1-cyclohexen

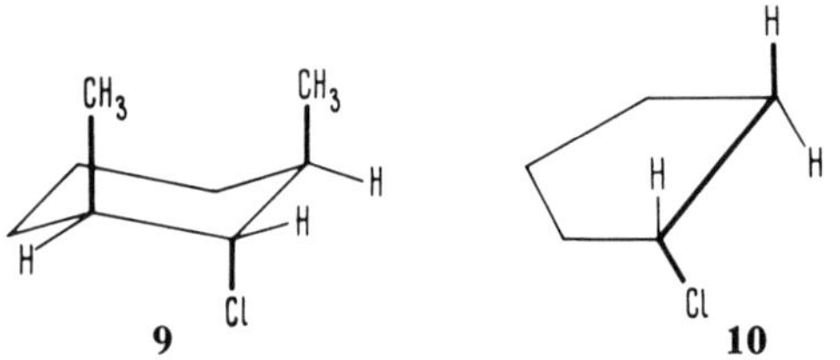

9 **10**

In Verbindung **9** steht kein zum Chloratom *trans*-ständiger Wasserstoff zur Verfügung. Hier wie auch beim Cyclopentylchlorid (**10**, H und Cl schief gestaffelt) kann die für E2-Eliminierungen notwendige Konformation nicht erreicht werden.

21.5. *cis*-Eliminierungen

Bei Verbindungen wie **9** und **10** kann die Eliminierung von HCl dennoch erreicht werden, und zwar als *cis*-Eliminierung.
Dabei muß sich die Base dem Molekül von derselben Seite nähern, auf der die Abgangsgruppe X^- austritt. Dieser Vorgang ist viel ungünstiger als die *trans*-Eliminierung und läuft nur

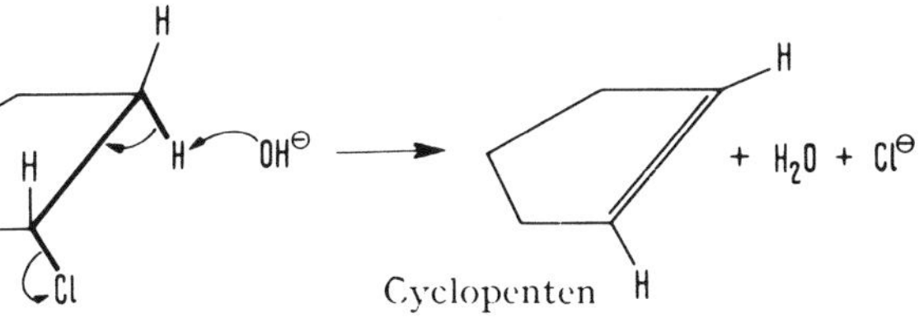

10 Cyclopenten

unter drastischeren Reaktionsbedingungen ab. Ein weiteres Beispiel einer *cis*-Eliminierung ist die Acetatpyrolyse:

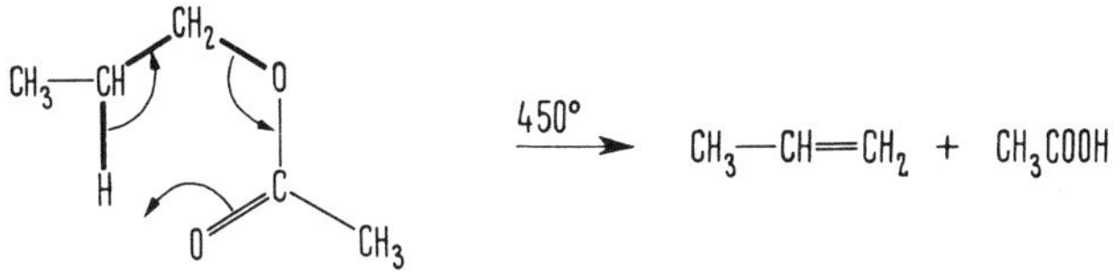

Essigsäurepropylester Propen Essigsäure

21.6. Additions-Eliminierungs-Reaktionen. Ester

Eliminierungsreaktionen folgen oft unmittelbar auf Additionsreaktionen (S. 91). Bei der Bildung von Estern aus Carbonsäuren und Alkoholen wird zuerst der Alkohol an die Carbonylgruppe der Säure addiert. Anschließend erfolgt eine Wasserabspaltung, die durch die Anwesenheit von Säure (Protonierung

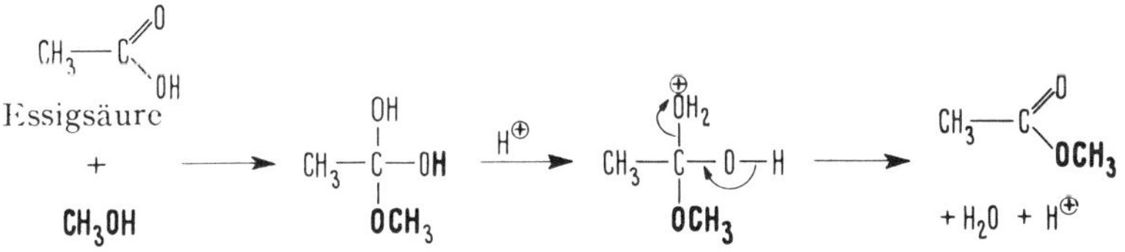

Essigsäure + CH_3OH Methanol — Essigsäuremethylester

einer OH-Gruppe zur besseren Abgangsgruppe $-OH_2^+$) katalysiert wird. Das Reaktionsschema zeigt auch, daß der Ester das zum Alkohol gehörende Sauerstoffatom enthält, die zur Carbonsäure gehörende OH-Gruppe dagegen im zweiten Reaktionsschritt verloren geht.

Ähnlich verläuft die Esterbildung aus einem Säurechlorid und einem Alkohol; hier wird jedoch im zweiten Reaktionsschritt HCl eliminiert:

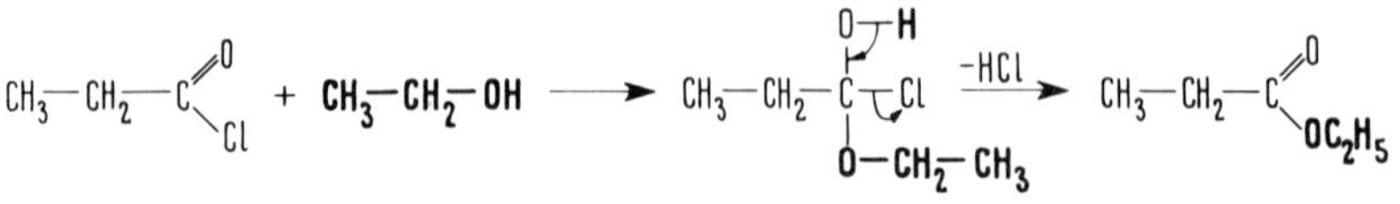

Propionyl-chlorid | Ethanol | Propionsäure-ethylester

Übung 17. Welche Produkte entstehen bei den folgenden Umsetzungen?

a) 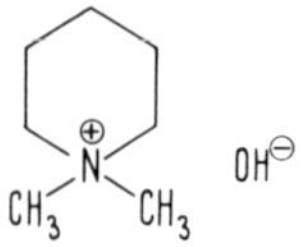
, erhitzen in wäßriger Lösung

b) 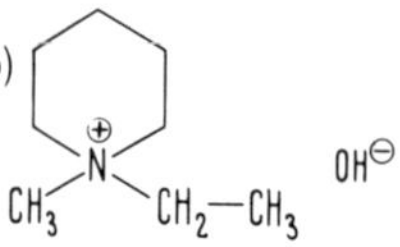
erhitzen in wäßriger Lösung

c) 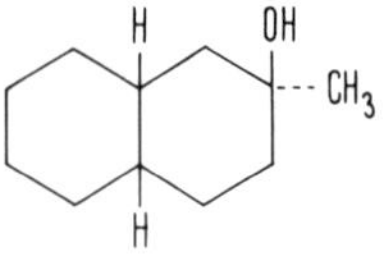
+ H_2SO_4 + H_2O

erwärmen

d) 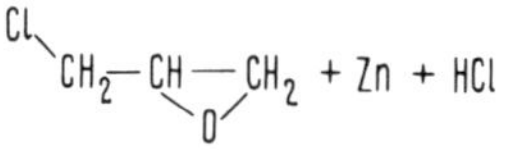

Übung 18. Wie verhalten sich *cis*- und *trans*-1,2-Dibromcyclohexan bei der Umsetzung mit I^-?

Übung 19. 2-Brom-3-methylpentan (**11**) wird mit NaOH umgesetzt. Kann aus dem erhaltenen Produkt abgeleitet werden, ob eine *cis*- oder eine *trans*-Eliminierung stattgefunden hat?

Übung 20. Die Abspaltung von HCl aus der Verbindung **12** liefert bevorzugt das weniger verzweigte Alken. Wie kann dieser Befund erklärt werden?

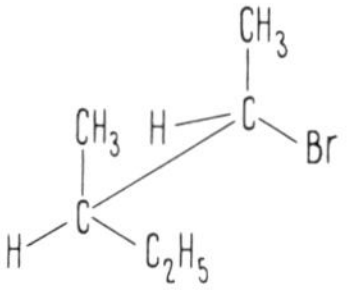

11

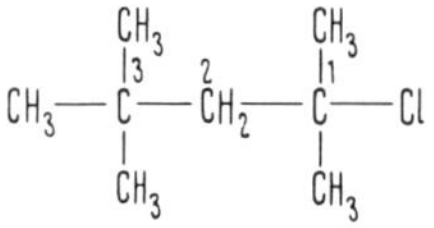

12

22. Die elektrophile aromatische Substitution

Benzol und andere aromatische Verbindungen besitzen ein eben gebautes Kohlenstoffskelett, das durch die über und unter der Molekülebene angeordneten Orbitale des π-Elektronensystems (S. 35, 49) fast vollständig von einer Elektronenwolke umgeben ist. Deshalb reagieren aromatische Verbindungen leicht mit elektrophilen Reagenzien X^+. Dabei entsteht zuerst ein positiv geladenes, mesomeriestabilisiertes Zwischenprodukt (Grenzformen

1a–1c). Dieses Ion könnte nun ein Teilchen Y^- koordinieren und in eine Verbindung wie z. B. **2** übergehen. Die Abspaltung eines Protons aus **1** ist aber energetisch viel günstiger, weil dabei der aromatische Zustand wiederhergestellt wird (**3**).

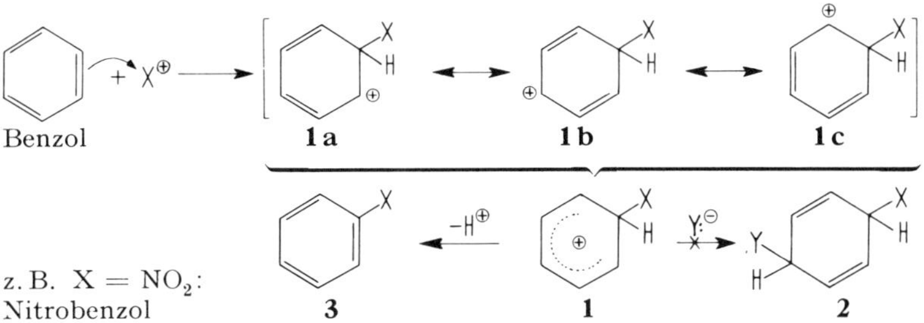

Benzol **1a** **1b** **1c**

z. B. $X = NO_2$: Nitrobenzol **3** **1** **2**

Das zur *Nitrierung* benötigte Elektrophil NO_2^+ (Nitroniumion) entsteht in geringer Konzentration durch Autoprotolyse der Salpetersäure:

$$2\,HNO_3 \rightleftharpoons NO_3^{\ominus} + H_2\overset{\oplus}{O}{-}NO_2 \rightleftharpoons NO_3^{\ominus} + H_2O + \underline{NO_2^{\oplus}} \qquad (1)$$

$$HNO_3 + H_2SO_4 \rightleftharpoons \underline{NO_2^+} + HSO_4^{\ominus} + H_2O \qquad (2)$$

Eine höhere NO_2^+-Konzentration wird erreicht, wenn man der Salpetersäure eine sehr starke Säure, z. B. Schwefelsäure, zusetzt. Am besten geeignet ist die Kombination HNO_3/Oleum, weil das Wasser durch die Reaktion mit SO_3 zu H_2SO_4 aus dem Gleichgewicht (2) entfernt wird.

Die *Sulfonierung* führt zu aromatischen Sulfonsäuren:

Benzolsulfonsäure

Als Elektrophil wirkt das SO_3H^+-Ion, das in konzentrierter Schwefelsäure durch Autoprotolyse, in Oleum durch die Reaktion zwischen SO_3 und H_2SO_4 entsteht:

$$2\,H_2SO_4 \rightleftharpoons HSO_4^{\ominus} + H_2\overset{\oplus}{O}{-}SO_3H \rightleftharpoons HSO_4^{\ominus} + SO_3H^{\oplus} + H_2O$$

$$SO_3 + H_2SO_4 \rightleftharpoons SO_3H^{\oplus} + HSO_4^{\ominus}$$

Als einzige der hier erwähnten elektrophilen Substitutionsreaktionen ist die Sulfonierung eine reversible Reaktion.

Das zur *Halogenierung*, z. B. Chlorierung, benötigte Elektrophil Cl^+ könnte durch Heterolyse eines Cl_2-Moleküls gebildet werden. Halogenierungen werden aber meist in Gegenwart von Katalysatoren wie $AlCl_3$, $FeBr_3$ oder $ZnCl_2$ durchgeführt, welche helfen, die Cl–Cl-Bindung zu polarisieren und so den elektrophilen Angriff auf das aromatische System zu erleichtern.

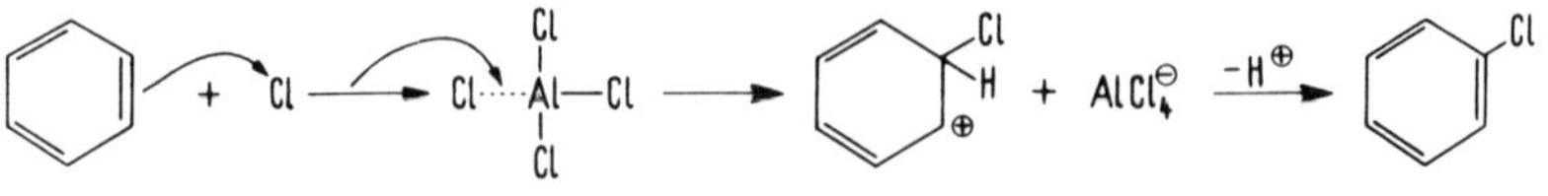

Chlorbenzol

Bei Friedel-Crafts-*Alkylierungen* wird das Elektrophil aus einem Alkylhalogenid und $AlCl_3$ gebildet:

$$CH_3{-}CH_2{-}Cl \;+\; AlCl_3 \;\rightleftharpoons\; CH_3{-}\overset{\oplus}{C}H_2\cdots Cl{-}\overset{\ominus}{Al}Cl_3$$

Dieses wie ein Alkylion wirkende Reagens reagiert nun mit dem aromatischen System:

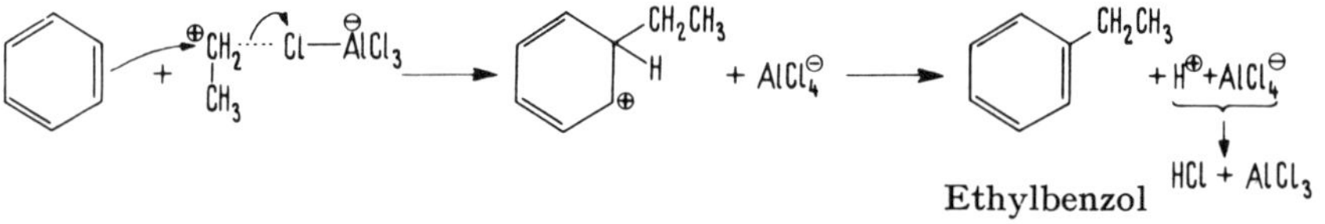

Ethylbenzol

Alkylierungen können auch mit Alkenen in Gegenwart von starken Säuren ausgeführt werden. Das Elektrophil entsteht dabei durch Protonierung des Alkens:

$$CH_3{-}CH{=}CH_2 \;+\; H_3PO_4 \;\rightleftharpoons\; CH_3{-}\overset{\oplus}{C}H{-}CH_3 \;+\; H_2PO_4^{\ominus}$$

Ähnlich verlaufen Friedel-Crafts-*Acylierungen*. Das elektrophile Reagens entsteht aus einem Säurechlorid und $AlCl_3$ und kann Acylionen auf aromatische Verbindungen übertragen.

$$CH_3{-}C({=}O){-}Cl \;+\; AlCl_3 \;\rightleftharpoons\; CH_3{-}\overset{\oplus}{C}({=}O)\cdots Cl{-}\overset{\ominus}{Al}Cl_3$$

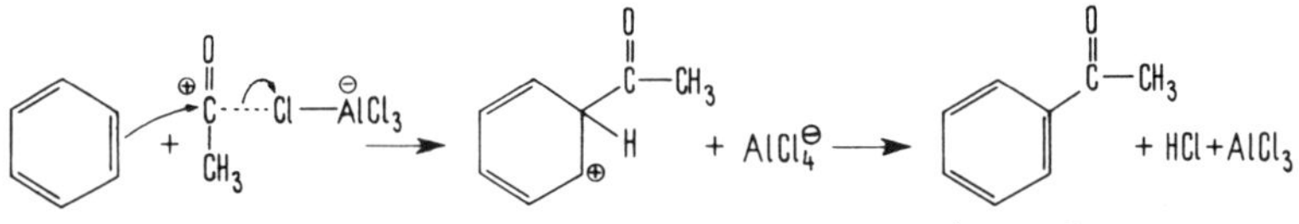

Acetophenon

22.1. Substitutionsregeln

Eine Substituenten tragende aromatische Verbindung kann weiteren elektrophilen Substitutionsreaktionen unterworfen werden. Die Art des bereits vorhandenen Substituenten bestimmt dabei den Gang dieser Reaktion, und zwar sowohl deren Geschwindigkeit als auch die Position, die der neu eintretende Substituent einnimmt. Nach diesen Einflüssen werden die Substituenten in drei Gruppen aufgeteilt:

1. Substituenten, die *ortho-para-dirigierend* und *aktivierend* wirken[4]: $-OH$, $-O^{\ominus}$, $-OCH_3$, $-NH_2$, $-NR_2$, Alkylgruppen (z. B. Methyl-, Äthyl- usw.), Arylgruppen (z. B. Phenyl-, Naphthyl- usw.).

Phenol beispielsweise wird in *ortho-* und *para*-Stellung (dirigierende Wirkung der OH-Gruppe) und viel rascher als Benzol (aktivierende Wirkung der OH-Gruppe) nitriert:

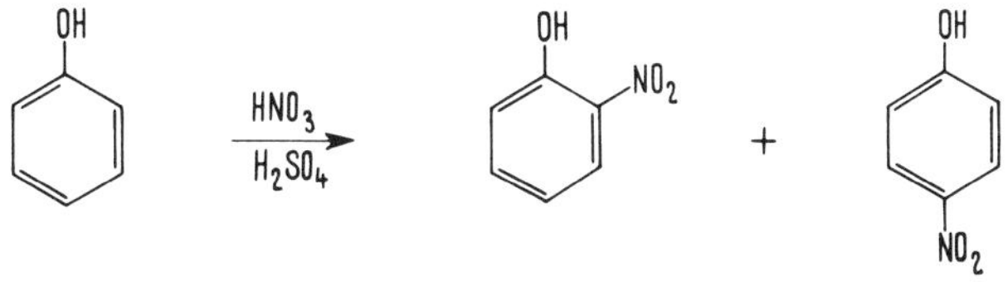

Phenol o-Nitrophenol p-Nitrophenol

2. Substituenten, die ebenfalls *ortho-para-dirigierend*, aber *desaktivierend* wirken[4]:

$$-F,\quad -Cl,\quad -Br,\quad -I,\quad -CH{=}CR_2$$

Chlorbenzol wird also in *ortho-* und *para*-Stellung nitriert, aber langsamer als Benzol.

3. Substituenten, die *meta-dirigierend* und *desaktivierend* wirken[4]:

$$-\overset{\oplus}{N}H_3,\quad -\overset{\oplus}{N}R_3,\quad -NO_2,\quad -C{\equiv}N,\quad -SO_3H,$$

$$-C{\scriptstyle\begin{matrix}{=}O\\ H\end{matrix}},\quad -C{\scriptstyle\begin{matrix}{=}O\\ R\end{matrix}},\quad -C{\scriptstyle\begin{matrix}{=}O\\ OH\end{matrix}},\quad -C{\scriptstyle\begin{matrix}{=}O\\ OR\end{matrix}},\quad -C{\scriptstyle\begin{matrix}{=}O\\ NH_2\end{matrix}}$$

[4] Die *ortho-para*-dirigierenden Substituenten (Gruppen 1 und 2) werden häufig als *Substituenten erster Ordnung*, die *meta*-dirigierenden Substituenten (Gruppe 3) als *Substituenten zweiter Ordnung* bezeichnet.

Das gemeinsame Merkmal dieser Gruppe ist eine ganze oder partielle positive Ladung auf dem direkt am Benzolring sitzenden Atom.
Diese dirigierenden und aktivierenden Einflüsse lassen sich anhand der induktiven und mesomeren Effekte der betreffenden Substituenten erklären (Kapitel 18.7). Substituenten mit −I-Effekt entziehen dem π-Elektronensystem von aromatischen Verbindungen Elektronen. Die Elektronendichte wird damit in allen Positionen des Rings kleiner; das Molekül reagiert daher weniger leicht mit Elektrophilen. Substituenten mit +I-Effekt wirken umgekehrt und erleichtern dadurch eine weitere elektrophile Substitution.
Bei den Substituenten der ersten Gruppe steht dem −I-Effekt ein starker +M-Effekt gegenüber. Beim Phenol (**4**) bewirkt dieser Effekt eine erhöhte Ladungsdichte in den *ortho-* und *para-*Stellungen (S. 90). Elektrophile greifen daher bevorzugt in diesen Positionen an.

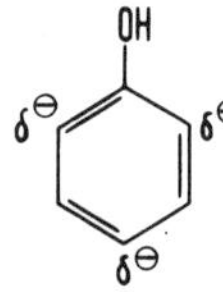

4

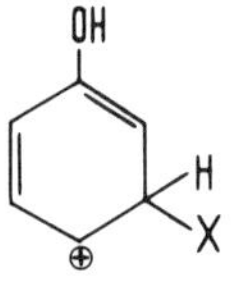

5

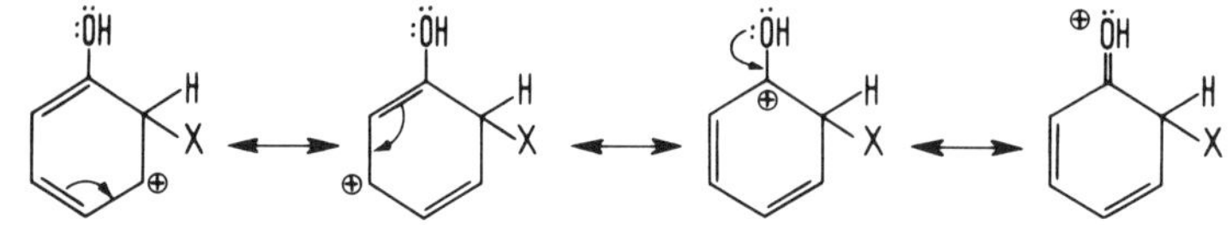

6a **6b** **6c** **6d**

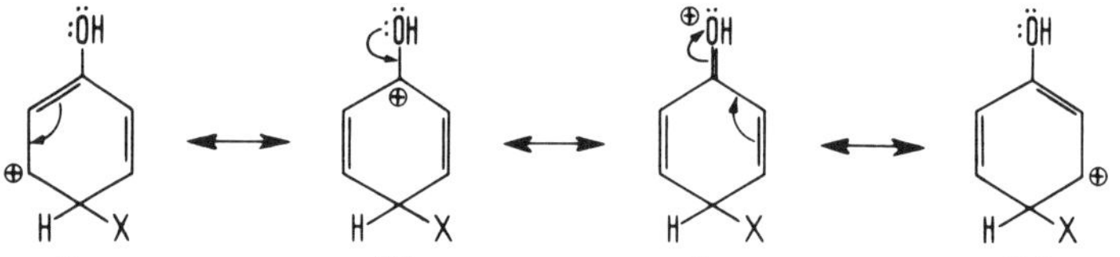

7a **7b** **7c** **7d**

Die positiv geladenen Zwischenprodukte bei *ortho-* und *para-*Substitution können zudem durch Beteiligung eines Elektronenpaars des Substituenten an der Mesomerie wirkungsvoller stabilisiert werden, im Gegensatz zum Zwischenprodukt **1** mit nur drei Grenzformen lassen sich hier vier Grenzstrukturen formulieren (**6a–d** und **7a–d**). Im Fall einer *meta-*Substitution ist diese Stabilisierung nicht möglich, zu Formel **5** gibt es keine den Strukturen **6d** oder **7c** entsprechende mesomere Grenzform. Daher ist die *meta*-Substitution viel ungünstiger als eine Substitution in *ortho*- oder *para*-Stellung.

Alkylgruppen können keinen +M-Effekt ausüben. Im Gegensatz zu den übrigen Substituenten der ersten Gruppe haben sie aber einen +I-Effekt, der ebenfalls eine Stabilisierung der positiven Ladung im Zwischenprodukt erlaubt, falls die zweite Substitution in *ortho*- oder *para*-Stellung zum Alkylsubstituenten stattfindet. Nur in diesen Fällen ist es möglich, daß die positive Ladung teilweise auf das die Alkylgruppe tragende Ring-C-Atom zu liegen kommt, so daß sich der +I-Effekt der Alkylgruppe auswirken kann (Grenzformen **8c** und **10b**).

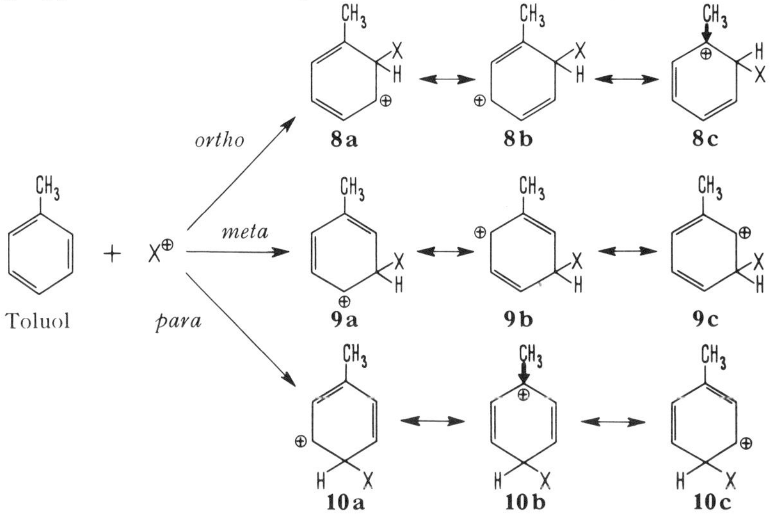

Auch die Substituenten der zweiten Gruppe weisen einsame Elektronenpaare und einen +M-Effekt auf, haben aber im Gegensatz zu denjenigen der ersten Gruppe einen viel stärkeren −I-Effekt. Dadurch werden alle Stellungen des Benzolrings desaktiviert, und die weitere Substitution ist wegen der geringeren Elektronendichte erschwert. Neueintretende Substituenten werden unter dem Einfluß des +M-Effekts auch hier in die *ortho*- und *para*-Stellungen dirigiert.

Die Substituenten der dritten Gruppe, von denen die meisten einen −M-Effekt und alle einen −I-Effekt aufweisen, wirken desaktivierend und erschweren eine weitere Substitution. Substituenten wie $-\overset{+}{N}R_3$ haben kein freies Elektronenpaar, das mit dem π-Elektronensystem des Benzolkerns in Wechselwirkung treten könnte; der −I-Effekt ist deshalb allein maßgebend. Beim elektrophilen Angriff von X^+ am Trimethylphenylammoniumion **11** kommt im Fall von *ortho-* oder *para*-Substitution die positive Ladung im Zwischenprodukt zum Teil auf dasjenige C-Atom zu liegen, an dem der quaternäre Stickstoff sitzt (mesomere Grenzformen **12c** und **14b**). Eine Struktur mit gleichen Ladungen auf benachbarten Atomen ist energetisch sehr ungünstig. Sie kann nur bei einem Angriff des Elektrophils in der *meta*-Stellung (**13a–c**) vermieden werden. Deshalb wird **11** in *meta*-Stellung substituiert, die Reaktion verläuft langsam.

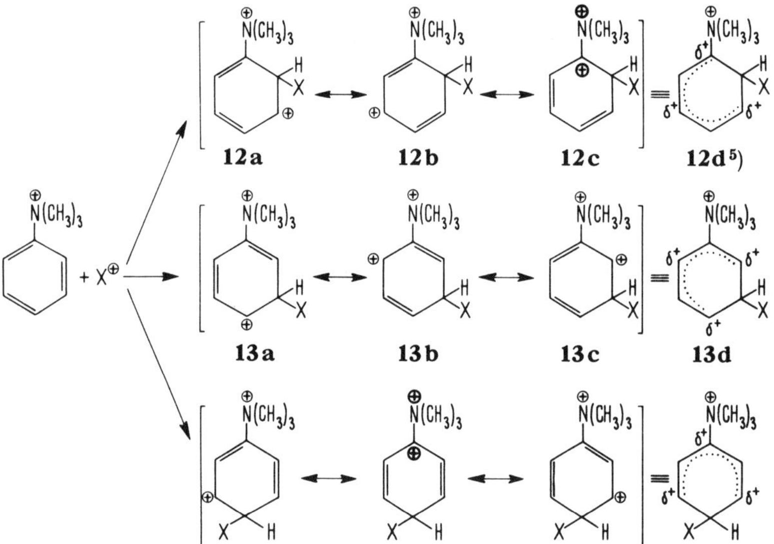

Bei den übrigen Substituenten der dritten Gruppe ist zusätzlich der −M-Effekt zu beachten. Aus den mesomeren Grenzformen von Nitrobenzol **15** ist ersichtlich, daß eine elektrophile Substitution in den partielle positive Ladungen tragenden *ortho-* und *para*-Stellungen ungünstig ist. Zudem treten, ähnlich wie bei Verbindung **11**, nur im Fall der *meta*-Substitution (**17**) keine direkt benachbarten positiven Ladungen auf. Die drei möglichen

[5]) Diese Formel stellt in abgekürzter Schreibweise alle drei Grenzformen **12a–c** dar.

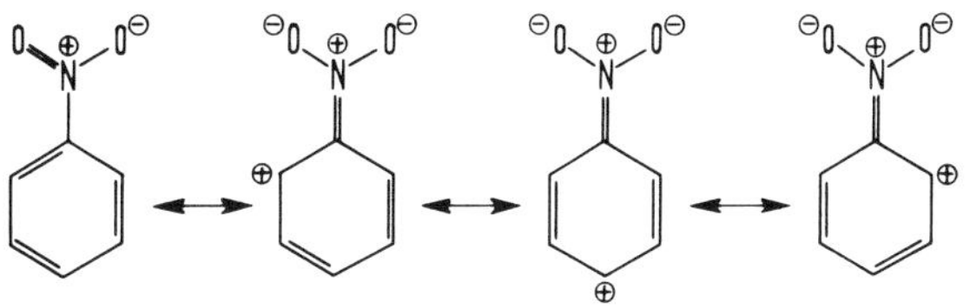

15a **15b** **15c** **15d**

Zwischenprodukte **16, 17** und **18** sind hier nur in der abgekürzten Schreibweise wiedergegeben (vgl. **12d**).

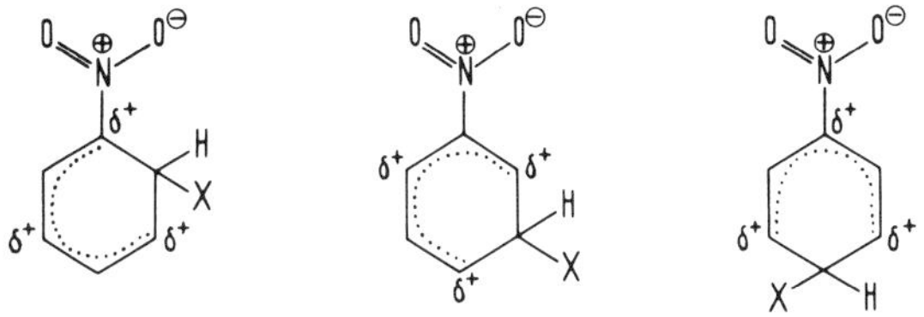

16 **17** **18**

Trägt eine aromatische Verbindung bereits zwei oder mehr Substituenten, so summieren sich ihre Einflüsse auf den Verlauf weiterer Substitutionsreaktionen. Im einfachsten Fall dirigieren alle schon vorhandenen Gruppen den neueintretenden Substituenten in die gleiche Stellung: Bei 4-Nitrotoluol dirigiert die CH_3-Gruppe in die *ortho*-Stellung (*para*-Stellung besetzt), die NO_2-Gruppe in die *meta*-Stellung. Meist ist der Verlauf derarti-

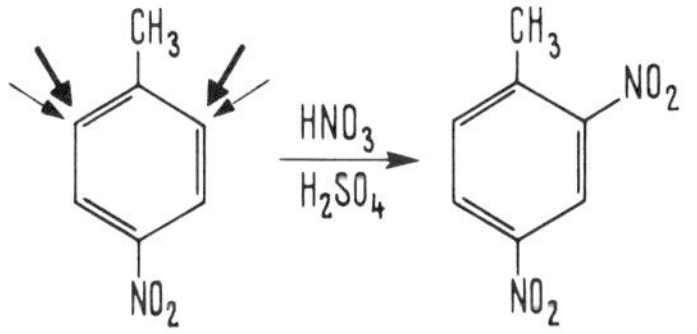

4-Nitrotoluol 2,4-Dinitrotoluol

ger Substitutionsreaktionen allerdings nicht so eindeutig vorauszusehen. Daß man bei der Nitrierung von 3-Nitrotoluol 2,3-, 3,4- und 3,6-Dinitrotoluol als Produkte erhält, bedeutet, daß der Einfluß der CH_3-Gruppe (aktivierend, *ortho-para*-dirigierend) denjenigen der NO_2-Gruppe (desaktivierend, *meta*-dirigierend) übertrifft (S. 130).

p-Kresol weist zwei *ortho-para*-dirigierende und aktivierende Substituenten auf. Die Chlorierung ergibt nur ein Produkt, d. h., die dirigierende Wirkung der OH-Gruppe (– I/+ M-Effekt) ist stärker als diejenige der CH_3-Gruppe (+ I-Effekt).

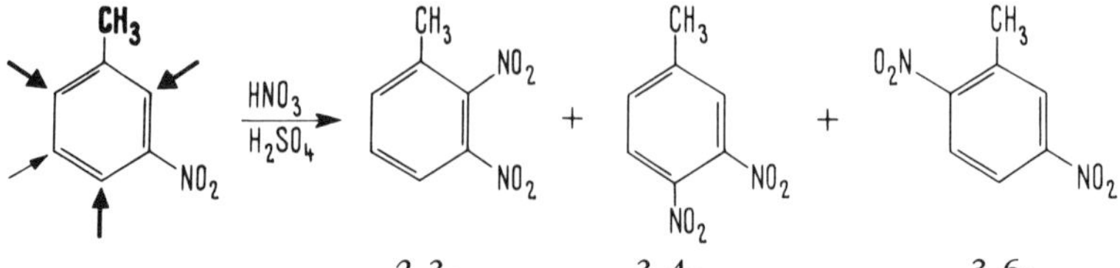

3-Nitrotoluol — 2,3-, 3,4-, 3,6-Dinitrotoluol

p-Kresol

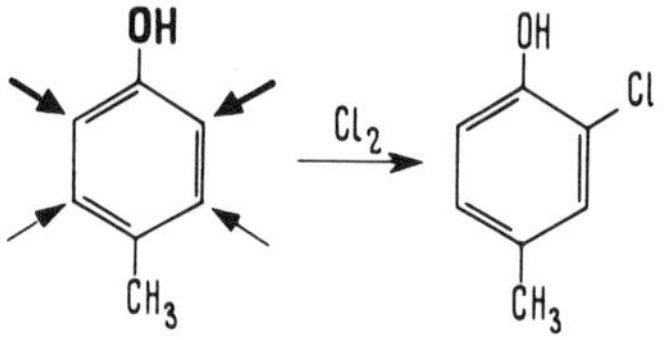

2-Chlor-4-methylphenol

22.2. Halogenierung von alkylsubstituierten aromatischen Verbindungen

Die Chlorierung von Toluol führt je nach den Reaktionsbedingungen zu einer *Kernsubstitution* oder einer *Seitenkettensubstitution*.

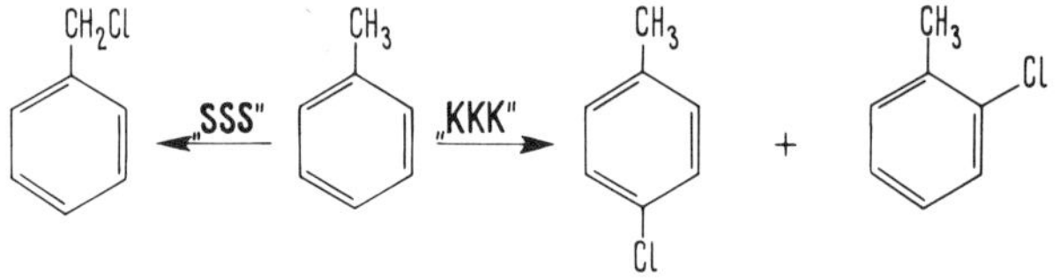

Benzylchlorid Toluol *p*-Chlortoluol *o*-Chlortoluol

Bei Sonnenlicht und Siedehitze findet die Substitution in der Seitenkette statt. Es handelt sich dabei um eine Radikalreaktion (Kapitel 27). Chloriert man jedoch in der Kälte in Gegenwart von Katalysatoren (z. B. $AlCl_3$), so erfolgt die Substitution im Kern.

Bei der Seitenkettenchlorierung können alle drei H-Atome des Toluols durch Chlor ersetzt werden, es ist schwer, auf diesem Weg reines Benzylchlorid herzustellen.

22.3. Verhältnis zwischen *ortho*- und *para*-Substitution

Bei einem monosubstituierten Benzol **19** (R = Substituent erster Ordnung) stehen einem neueintretenden Elektrophil X^+

zwei *ortho*- und eine *para*-Stellung offen. Man könnte also ein *ortho:para*-Produktverhältnis von 2:1 erwarten. Das ist jedoch meist nicht der Fall. Je größer der Substituent R ist, um so

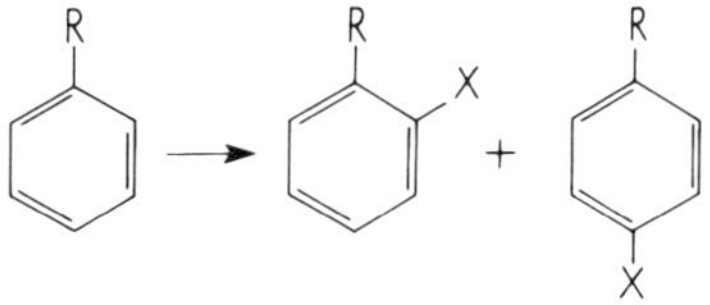

19 **20** **21**

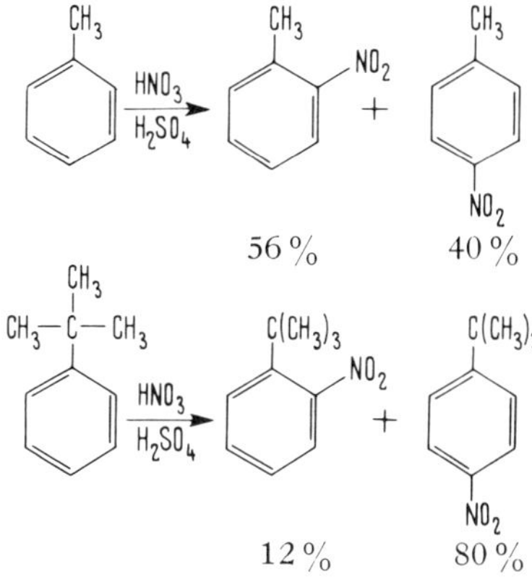

schlechter wird die *ortho*-Stellung für das Elektrophil X^+ zugänglich; es erfolgt vorwiegend *para*-Substitution (**21**). Ebenso ist es für große Partikeln X^+ leichter, in *para*-Stellung anzugreifen.

22.4. Substitutionsreaktionen an mehrkernigen aromatischen Kohlenwasserstoffen

Wie ein Vergleich der mesomeren Grenzformen von Naphthalin zeigt, hat die 1,2-Bindung (erscheint in **22a** und **b** als Doppelbindung) mehr Doppelbindungscharakter als die 2,3-Bindung (erscheint nur in **22c** als Doppelbindung). Daraus folgt, daß im Gegensatz zum Benzol bei den mehrkernigen aromatischen

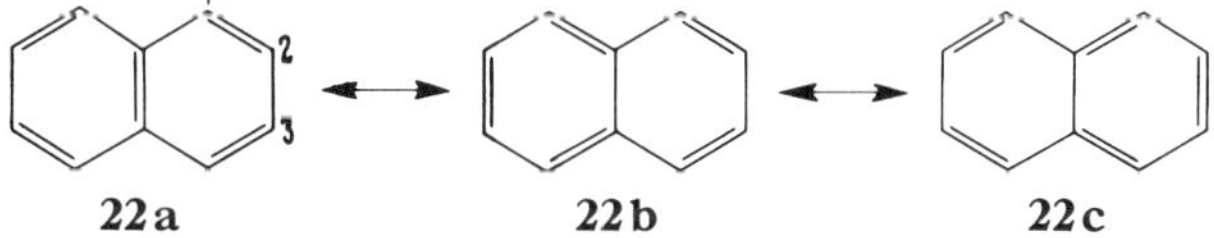

22a **22b** **22c**

Kohlenwasserstoffen nicht alle Stellungen gleichwertig sind. Der Verlauf von Substitutionsreaktionen ist oft nicht leicht zu überblicken und hängt stark von den Reaktionsbedingungen ab. Beim Naphthalin ist die 1-Stellung reaktionsfähiger und wird daher rascher substituiert. Die Umsetzung mit H_2SO_4 bei 120° ergibt 1-Naphthalinsulfonsäure (kinetisch kontrollierte Reaktion). Bei 160° entsteht jedoch das in 2-Stellung substituierte, stabilere Produkt (thermodynamisch kontrollierte Reaktion). Da zudem die Sulfonierung eine reversible Reaktion ist, kann auch 1-Naphthalinsulfonsäure durch Erhitzen auf 160° in das 2-Isomere umgewandelt werden.

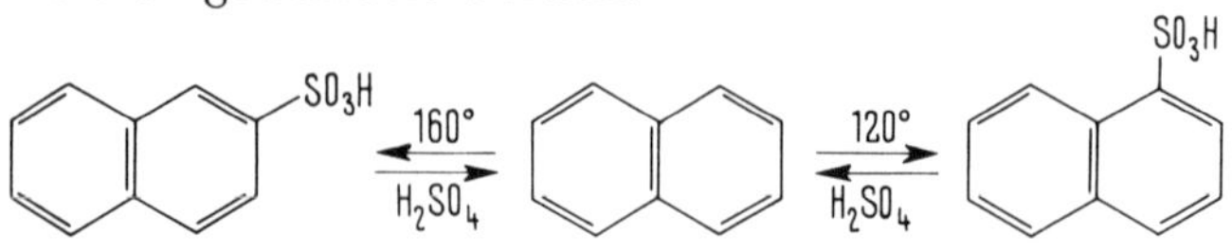

2-Naphthalinsulfonsäure   Naphthalin   1-Naphthalinsulfonsäure

22.5. Elektrophile Substitution an aromatischen Heterocyclen

Auch heterocyclische aromatische Verbindungen lassen sich mit elektrophilen Reagenzien substituieren. Zur Beurteilung des Reaktionsverlaufs ist der Einfluß des Heteroatoms, das wie ein bereits vorhandener Substituent wirkt, auf die Elektronenverteilung im Molekül zu berücksichtigen. Das Pyrrol (**23**) besitzt als aromatische Verbindung sechs π-Elektronen (S. 38). Denkt man sich diese gleichmäßig auf die fünf Ringglieder verteilt, so erhält jedes $^6/_5$ Elektronen. Wie auch aus den Grenzstrukturen **23**–**23d** hervorgeht, entsteht an den C-Atomen, die nur je ein Elektron an das 6π-Elektronensystem beigesteuert haben, eine leicht erhöhte Elektronendichte. Deshalb gehen elektrophile

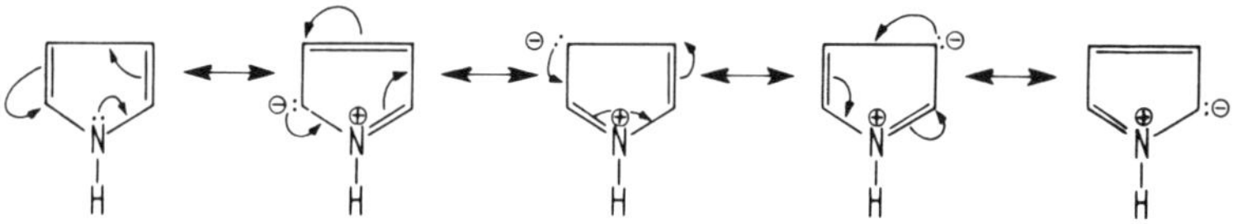

23   **23a**   **23b**   **23c**   **23d**

Substitutionsreaktionen hier besonders leicht. Die erste Substitution erfolgt immer in α-Stellung, denn das dabei gebildete Zwischenprodukt **24** ist stabiler (drei mesomere Grenzformen) als dasjenige bei β-Substitution (**25**, nur zwei mesomere Grenzformen). Die Substituenteneinflüsse sind dieselben wie beim Benzol. Bereits vorhandene Substituenten mit +I- oder +M-Effekt erleichtern, solche mit −I- oder −M-Effekt erschweren die weitere Substitution.

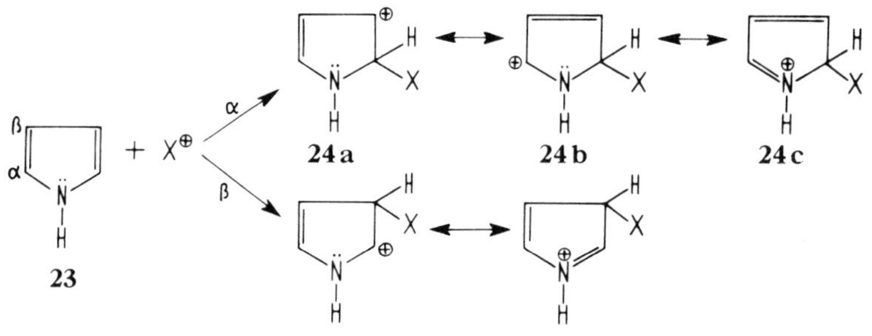

23 24a 24b 24c 25a 25b

In gleicher Weise reagieren Furan und Thiophen. Diese fünfgliedrigen aromatischen Heterocyclen sind reaktionsfähiger als Benzol, elektrophile Substitutionsreaktionen können dank der hohen Elektronendichte im Ring unter sehr milden Bedingungen ausgeführt werden.
Beim Pyridin (**26**) beansprucht der stark elektronegative Stickstoff etwas mehr als seinen Anteil von einem Elektron am 6π-Elektronensystem. Damit wirkt der Stickstoff auf das aromatische System desaktivierend, d. h. etwa wie ein NO_2-Substituent auf Benzol. Aus den mesomeren Grenzformen **26a–c** von

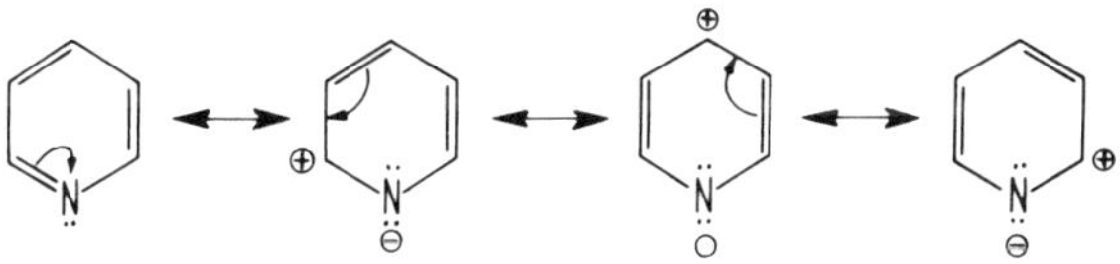

26 **26a** **26b** **26c**

Pyridin ist zudem ersichtlich, daß die Elektronendichte in den *ortho*- und *para*-Stellungen zum Stickstoff vermindert ist. Elektrophile Reagenzien werden also langsam und in *meta*-Stellung zum Stickstoff eintreten.

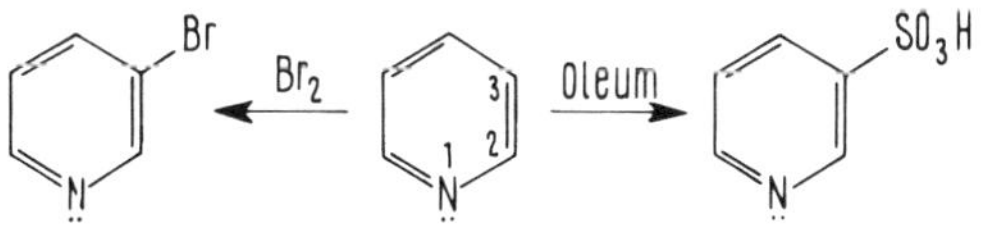

3-Brompyridin **26** Pyridin-3-sulfonsäure

Übung 21. Welche Hauptprodukte sind bei den folgenden elektrophilen Substitutionsreaktionen zu erwarten?

a) 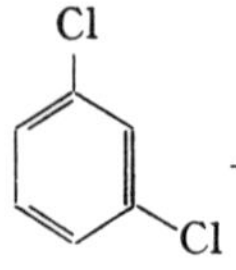 + HNO_3 + H_2SO_4

b) 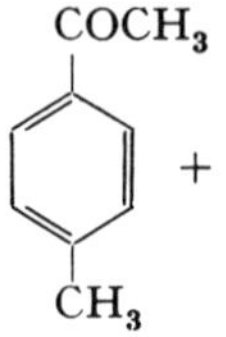 + H_2SO_4

c) 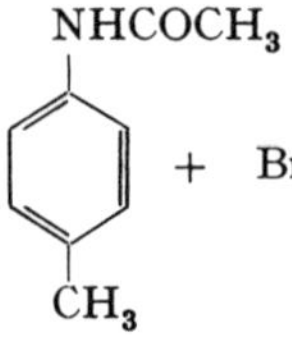 + Br_2 + $FeBr_3$

d) 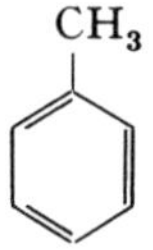 + Cl_2 + Licht

e) 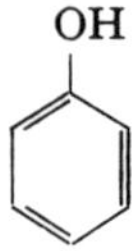 + H_2SO_4

f) 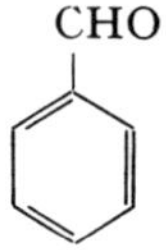 + HNO_3 + H_2SO_4

g) 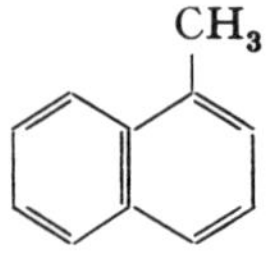 + Br_2

h) 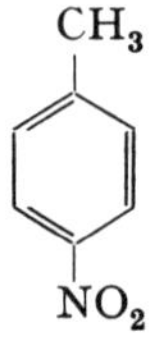 + HNO_3 + H_2SO_4

i) 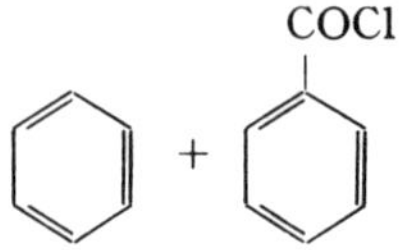 + $AlCl_3$

k) 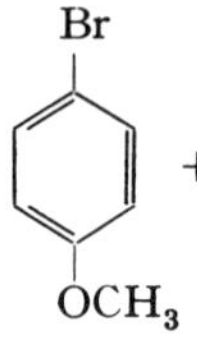 + HNO_3 + H_2SO_4

Übung 22. In *ortho-*, *meta-* und *para-*Dichlorbenzol wird ein dritter Substituent eingeführt. Wie viele isomere Produkte lassen sich in jedem Fall formulieren?

Übung 23. Erkläre den Verlauf der folgenden Substitutionsreaktionen an Anilin und Anilinderivaten:

a) 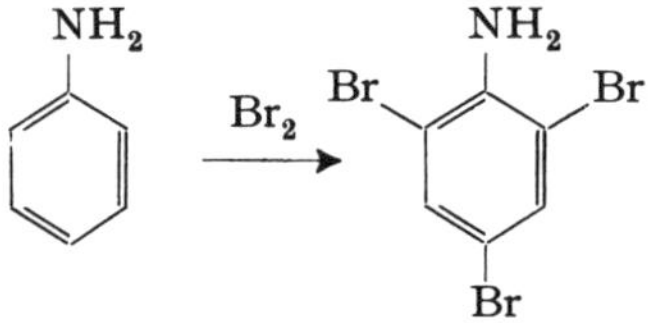

b) 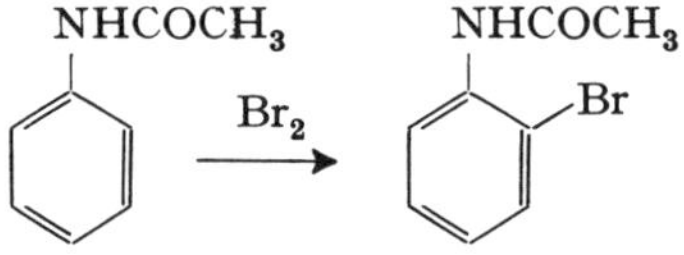

c) 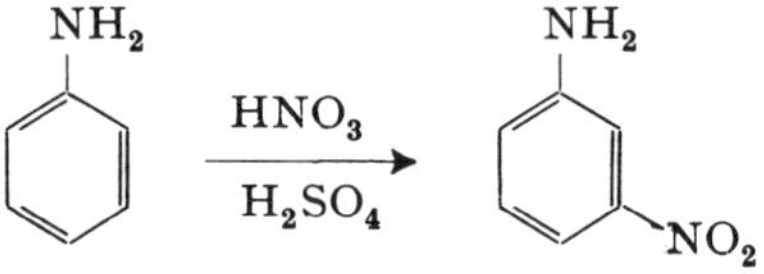

23. Die nukleophile aromatische Substitution

Soll ein Nukleophil Y^- an einem C-Atom angreifen, das Teil eines aromatischen Systems ist, so muß es zuerst die π-Elektronenwolke durchdringen, die das Grundgerüst von aromatischen Verbindungen umgibt. Nukleophile Substitutionsreaktionen an aromatischen Verbindungen verlaufen deshalb meist nur langsam und oft nur unter extremen Reaktionsbedingungen. Am leichtesten werden aromatische Verbindungen mit elektronenanziehenden Substituenten von Nukleophilen angegriffen, und zwar in den eine verminderte Elektronendichte aufweisenden *ortho*- und *para*-Stellungen (siehe z. B. Nitrobenzol, S. 129, **15**; Pyridin, S. 133, **26**).

Danach gilt für die Substituenteneinflüsse bei nukleophilen aromatischen Substitutionsreaktionen genau das Gegenteil von dem, was bei der elektrophilen Substitution abgeleitet wurde: Substituenten mit –M-Effekt erleichtern die nukleophile aromatische Substitution, sie dirigieren neueintretende Substituenten in die *ortho*- und *para*-Stellungen.

Das Nukleophil OH^- verdrängt bei der Reaktion mit Nitrobenzol **1** einen Substituenten, hier ein Hydridion. Dieser Vorgang hat eine gewisse Ähnlichkeit mit S_N2-Reaktionen, hier sind aber im Zwischenprodukt **2** die eintretende *und* die austretende Gruppe gleichzeitig durch vollständige Bindungen mit dem Reaktionszentrum verknüpft. Das negativ geladene Zwischenprodukt kann nur bei Anwesenheit von Substituenten mit –M-Effekt wirkungsvoll stabilisiert werden (Grenzformen **2** bis **2c**). Fehlen diese elektronenanziehenden Gruppen, so findet auch mit sehr starken Nukleophilen keine Reaktion statt. Der

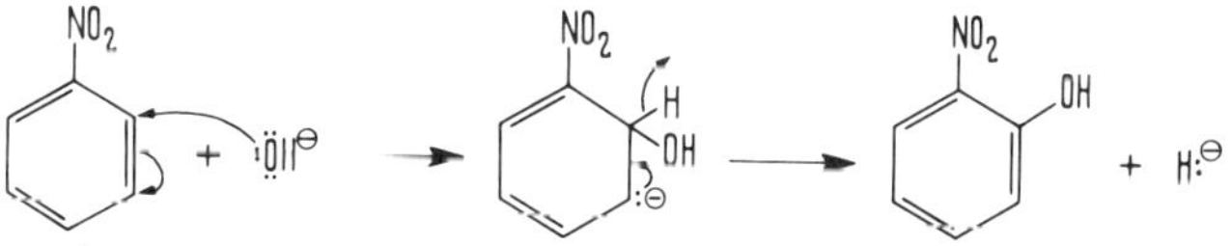

1 **2** **3**

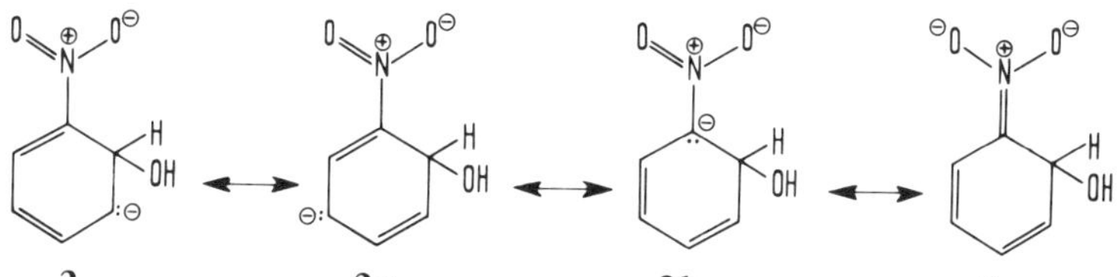

2 **2a** **2b** **2c**

im Zwischenprodukt aufgehobene aromatische Zustand kann durch Ausstoßen eines Hydridions im zweiten Reaktionsschritt wiederhergestellt werden (**3**).
In gleicher Weise kann das beim Angriff eines Nukleophils in *para*-Stellung zur Nitrogruppe entstehende Zwischenprodukt stabilisiert werden. Dagegen ist eine Verteilung der negativen Ladung nicht im gleichen Maße möglich, wenn das Nukleophil in der *meta*-Stellung eintritt: Im Zwischenprodukt **4** dieser Reaktion kann sich die Nitrogruppe nicht an der Mesomerie beteiligen, es können keine **2b** und **2c** entsprechenden Grenzformen formuliert werden.

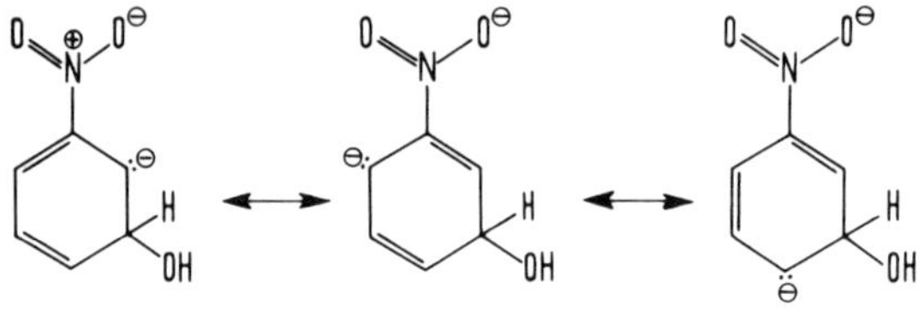

4a **4b** **4c**

Bei der TSCHITSCHIBABIN-Reaktion greift das Nukleophil NH_2^- am Pyridin (**5**) entsprechend der Elektronenverteilung in *ortho*- oder *para*-Stellung an. Im Zwischenprodukt **6** kann die negative Ladung durch Mesomerie stabilisiert werden. Nach dem Austritt von :H⁻ entsteht 2-Aminopyridin (**7**).

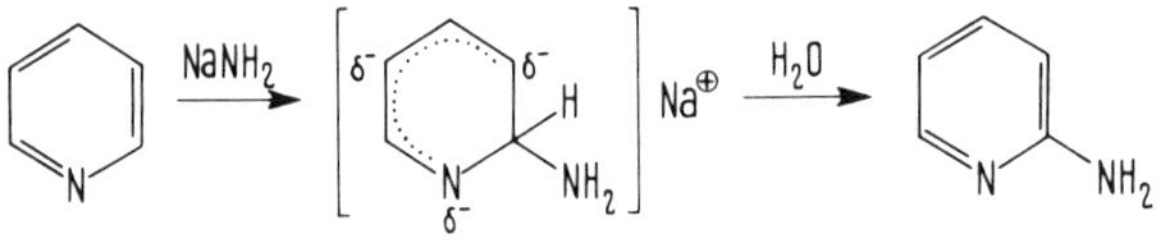

5 **6** **7**

Bei vielen Reaktionen dieses Typs wird nicht ein Hydridion, sondern ein Halogensubstituent verdrängt. Während der Austausch von Chlor im Chlorbenzol (**8**) zu Phenol (**9**) (Dow-Prozeß) nur bei sehr hohen Temperaturen durchführbar ist, verläuft der analoge Vorgang bei Anwesenheit elektronenanziehender Gruppen in *ortho*- oder *para*-Stellung zum Halogen sehr leicht.
Manche aromatischen Verbindungen, die keine Substituenten mit −M-Effekt aufweisen, können dennoch nukleophilen aromatischen Substitutionsreaktionen unterworfen werden. Für diese Fälle wurde aber ein anderer Reaktionsverlauf nachgewiesen: Als erster Schritt erfolgt eine Reaktion, die der *cis*-Elimi-

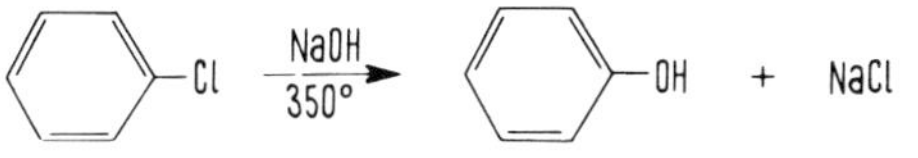

8 **9**

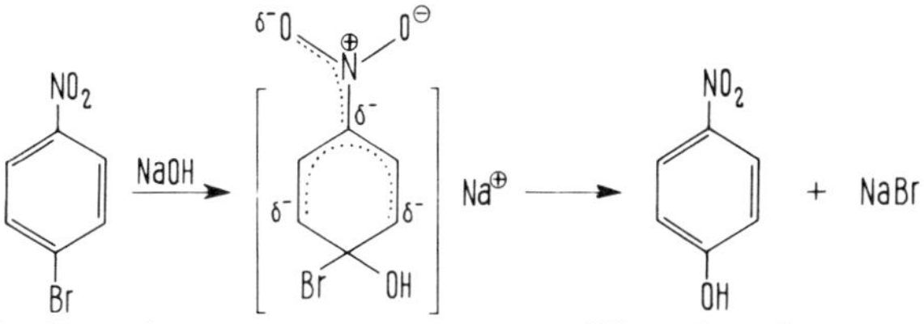

p-Bromnitrobenzol *p*-Nitrophenol

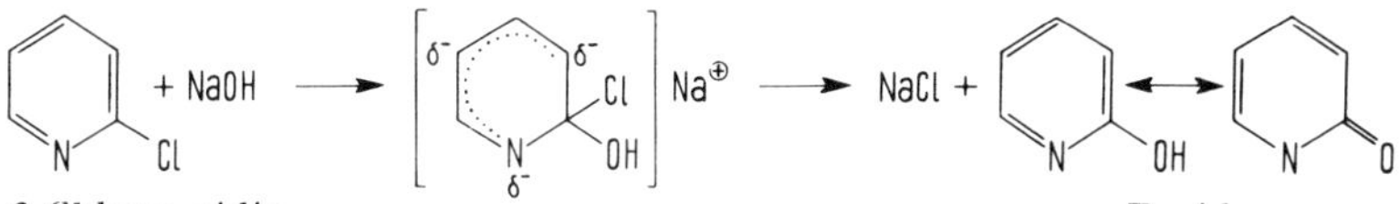

2-Chlorpyridin α-Pyridon

nierung (S. 120) sehr ähnlich ist und zu einem Dehydrobenzol- oder *Benzin*-Derivat (**10**) führt. Dieses außerordentlich reaktionsfähige Zwischenprodukt addiert anschließend sehr rasch und unspezifisch jedes verfügbare Nukleophil:

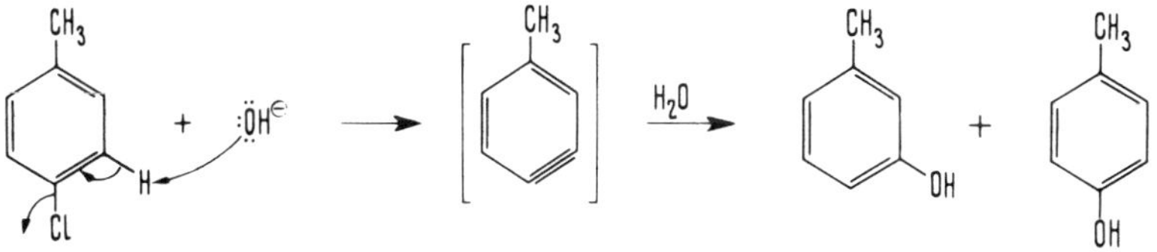

p-Chlortoluol **10** *m*-Kresol *p*-Kresol

Die Bildung von Produkten, in denen das eingesetzte Nukleophil einen anderen Platz einnimmt als die verdrängte Gruppe, ist typisch für nach dem *Eliminierungs-Additions-Mechanismus* ablaufende nukleophile aromatische Substitutionsreaktionen. Der Beweis dafür, daß auch Halogenbenzole nach diesem Mechanismus über Benzin reagieren können (z. B. **8** → **9**), gelingt durch Tracermethoden. Als Ausgangsmaterial wählt man z. B. das in 1-Stellung mit ^{14}C markierte Chlorbenzol **11**. Als Produkt der Umsetzung mit Natriumamid erhält man Anilin, wobei die

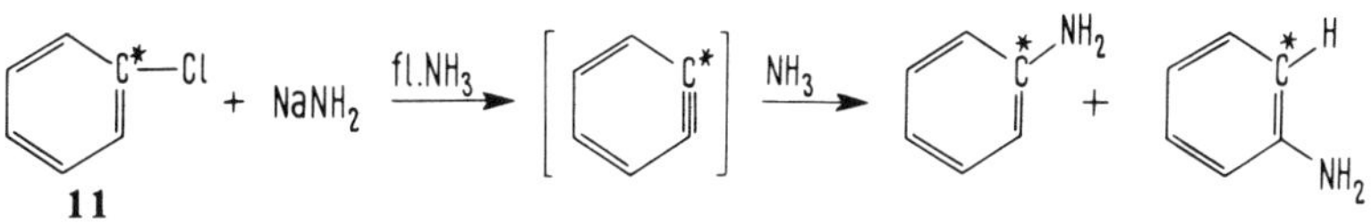

11

Aminogruppe zur Hälfte am ^{14}C-Atom, zur Hälfte am dazu *ortho*-ständigen C-Atom sitzt.

24. Oxidation und Reduktion

24.1. Oxidationszahlen

Bei Oxidations-Reduktions-Reaktionen werden Elektronen übertragen. Die beiden Vorgänge sind immer miteinander gekoppelt: Der eine Reaktionspartner erreicht unter Elektronenabgabe eine höhere Oxidationsstufe (Oxidation), der andere nimmt diese Elektronen auf und geht dabei auf eine tiefere Oxidationsstufe über (Reduktion).

Zur Erstellung der Elektronenbilanz und damit einer vollständigen Reaktionsgleichung muß bekannt sein, welche der in den beteiligten Verbindungen enthaltenen Atome ihre Oxidationsstufe geändert haben. Bei einatomigen Ionen ist die Oxidationsstufe leicht ersichtlich, sie entspricht der Wertigkeit. Bei komplexen Molekülen kann man jedem darin enthaltenen Atom eine *Oxidationszahl* zuordnen. Man stellt sich dabei vor, ein Molekül (z. B. CH_4) bestehe aus einatomigen Ionen. Die bindenden Elektronenpaare werden auf Grund der Elektronegativität der Bindungspartner aufgeteilt, wobei folgende Regeln zu beachten sind:

- Elektronenpaarbindungen zwischen gleichen Atomen werden aufgeteilt.
- Die Elektronen von polarisierten Elektronenpaarbindungen werden ganz zum stärker elektronegativen Atom gezählt.
- Doppel- und Dreifachbindungen werden wie zwei bzw. drei Einfachbindungen behandelt.
- Die Oxidationszahl von Atomen im elementaren Zustand ist null.
- Die Oxidationszahl von einatomigen Ionen entspricht der elektrischen Ladung.
- In jedem Molekül muß die Summe der Oxidationszahlen aller darin enthaltenen Atome null sein; bei Ionen muß sie der elektrischen Ladung des Ions entsprechen.

Auf Grund dieser Regeln hat der Wasserstoff praktisch immer die Oxidationszahl $+1$ (Ausnahme: In Metallhydriden, z. B. LiH, AlH_3, ist die Oxidationszahl von Wasserstoff -1). Der Sauerstoff tritt meist mit der Oxidationszahl -2 auf (Ausnahme: In Verbindungen, die eine O–O-Gruppierung enthalten, z. B. H_2O_2, Peroxide, Persäuren, hat der Sauerstoff die Oxidationszahl – 1). Mit Hilfe dieser Angaben können nun bei organischen Verbindungen die Oxidationszahlen von C- und N-Atomen ermittelt werden. Beispiele (es werden die Oxidationszahlen der fettgedruckten Atome bestimmt): Im Methan sind alle

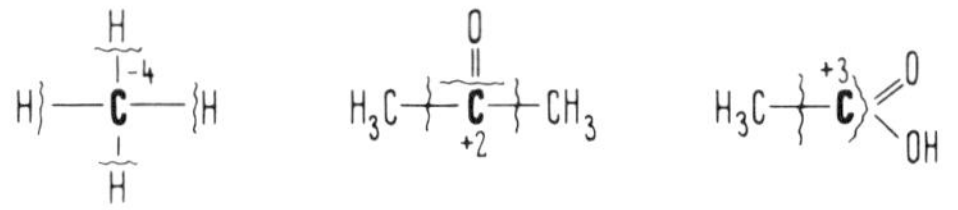

Methan Aceton Essigsäure

bindenden Elektronenpaare dem elektronegativeren Kohlenstoff zuzuschreiben, der damit von acht Elektronen oder vier Elektronen mehr als elementarer Kohlenstoff umgeben ist. Die Oxidationszahl von C im Methan ist also – 4. Beim Aceton sind die beiden C–C-Bindungen aufzuteilen. Die Elektronen der C–O-Doppelbindung werden ganz dem Sauerstoff zugeteilt. Zum Carbonyl-C gehören damit nur noch zwei Elektronen oder zwei weniger als beim elementaren Kohlenstoff; seine Oxidationszahl beträgt + 2. Für das Carboxyl-C der Essigsäure ergibt sich die Oxidationszahl + 3.

Wie aus der folgenden Zusammenstellung hervorgeht, werden alle für den Kohlenstoff möglichen Oxidationszahlen zwischen – 4 und + 4 verwirklicht:

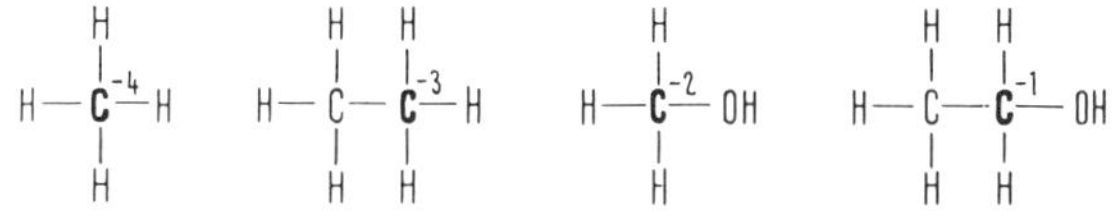

Methan **Ethan** Methanol **Ethanol**

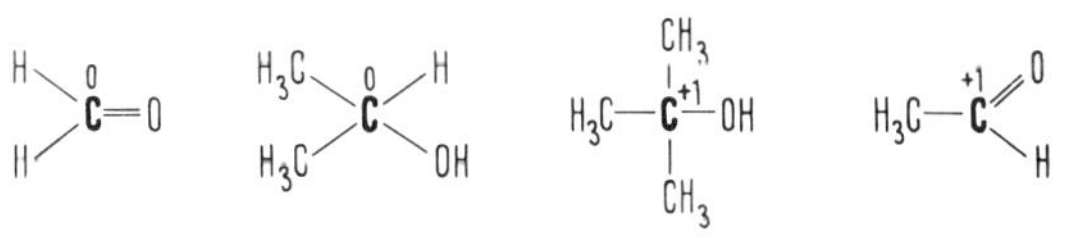

Formaldehyd Isopropanol *tert.* Butanol Acetaldehyd

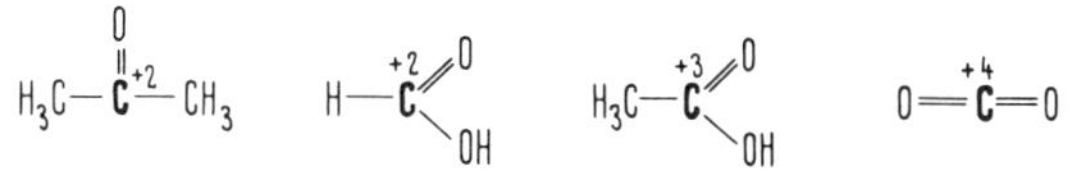

Aceton Ameisensäure Essigsäure Kohlendioxid

Diese Beispiele zeigen, daß die Oxidationszahl im Gegensatz zur Wertigkeit keine reelle Größe ist: das die OH-Gruppe tra-

gende C-Atom hat bei *prim.*, *sek.* und *tert.* Alkoholen nicht dieselbe Oxidationszahl. Konstant ist jedoch die Änderung der Oxidationszahl für eine bestimmte chemische Reaktion. Der Übergang von einem Alkohol zur entsprechenden Carbonylverbindung läßt die Oxidationszahl jeweils um zwei Einheiten ansteigen (Methanol → Formaldehyd, Ethanol → Acetaldehyd, Isopropanol → Aceton), die Oxidation eines *prim.* Alkohols zu einer Carbonsäure erhöht die Oxidationszahl um vier Einheiten (Methanol → Ameisensäure, Ethanol → Essigsäure).
Auch der Stickstoff tritt in organischen Verbindungen mit verschiedenen Oxidationszahlen auf:

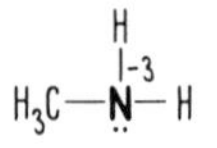
Methylamin

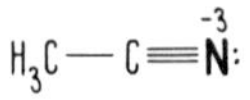
Acetonitril

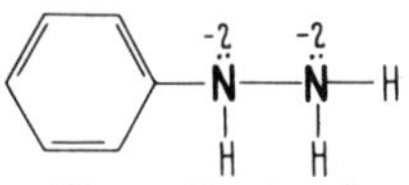
Phenylhydrazin

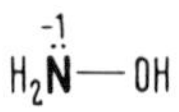
Hydroxylamin

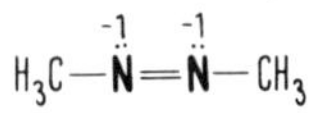
Azomethan

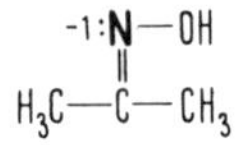
Acetonoxim

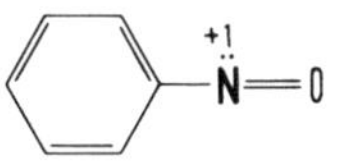
Nitrosobenzol

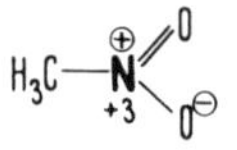
Nitromethan

Durch Anwendung geeigneter Oxidations- und Reduktionsmittel können die meisten der hier angeführten Kohlenstoff- bzw. Stickstoffverbindungen verschiedener Oxidationszahl ineinander übergeführt werden.

24.2. Reaktionsgleichungen

Jeder Oxidationsvorgang ist mit einer gleichzeitig ablaufenden Reduktionsreaktion gekoppelt: Alle bei der Oxidation freiwerdenden Elektronen müssen durch die Reduktion wieder verbraucht werden. Zur Aufstellung einer vollständigen Reaktionsgleichung formuliert man zunächst die beiden Teilreaktionen, z. B. für die Oxidation von Methanol zu Ameisensäure mit Chrom(VI)-oxid:

$$\times 3 \quad \overset{-2}{\mathbf{C}}H_3OH + H_2O \rightarrow H\overset{+2}{\mathbf{C}}OOH + 4H^+ + 4e^- \qquad (a)$$

$$\times 4 \quad \overset{+6}{\mathbf{Cr}}O_3 + 6H^+ + 3e^- \rightarrow Cr^{3+} + 3H_2O \qquad (b)$$

$$3\,CH_3OH + 4\,CrO_3 + 12\,H^+ \rightarrow 3\,HCOOH + 4\,Cr^{3+} + 9\,H_2O \qquad (c)$$

$$3\,CH_3OH + 4\,CrO_3 + 6\,H_2SO_4 \rightarrow 3\,HCOOH + 2\,Cr_2(SO_4)_3 + 9\,H_2O \qquad (d)$$

Dabei stellt man folgende Veränderungen von Oxidationszahlen fest: Kohlenstoff $-2 \rightarrow +2$, der Vorgang (a) setzt 4 Elektronen frei. Chrom $+6 \rightarrow +3$, der Vorgang (b) verbraucht 3 Elektronen. In (a) bezieht man den nötigen Sauerstoff formal aus H_2O, dabei bleiben 4 H^+ übrig. In (b) werden formal 3 O^{2-}-Ionen frei. Durch Addition von 6 H^+ entsteht daraus H_2O. Multiplikation von (a) mit 3 und (b) mit 4 sowie Addition der beiden Gleichungen führt zu (c). Soll als Säure H_2SO_4 verwendet werden, so findet man (d) als vollständige Reaktionsgleichung.

24.3. Oxidationen

24.3.1. *Oxidationen mit Chromsäure* erlauben vor allem die Herstellung von Carbonylverbindungen und Carbonsäuren aus Alkoholen. Der Vorgang läuft in mehreren Schritten ab. Zuerst wird, z. B. aus Isopropanol **1** ein instabiler Chromsäureester **2** gebildet, indem das nach $CrO_3 + H_2SO_4 \rightleftarrows CrO_3H^+ + HSO_4^-$ gebildete CrO_3H^+-Ion an einem freien Elektronenpaar des Alkohol-Sauerstoffs angreift. Das Zwischenprodukt **2** zerfällt anschließend in einer E2-artigen Reaktion, wobei H_2O als Base wirkt und an einem α-ständigen H-Atom angreift. Das Produkt ist Aceton (**3**). Die aus dem Oxidationsmittel entstandene

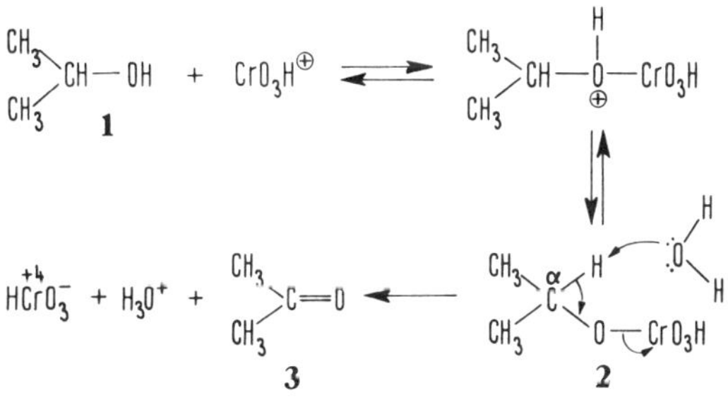

chromige Säure disproportioniert nach

$$3\overset{+4}{H_2CrO_3} + 6H^+ \rightarrow \overset{+6}{CrO_3} + 2Cr^{3+} + 6H_2O.$$

In gleicher Weise werden *prim.* Alkohole zu Aldehyden oxidiert. Um eine weitere Oxidation zu Carbonsäuren zu verhindern, muß man die gebildeten Aldehyde schützen, z. B. indem man sie fortlaufend durch Destillation aus dem Reaktionsgemisch entfernt. *tert.* Alkohole werden nicht oxidiert, da kein α-ständiger Wasserstoff verfügbar ist.

Ausgangsmaterial	Produkt	Oxidationsmittel	Bemerkungen
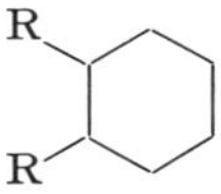 Alicyclische Verbindung	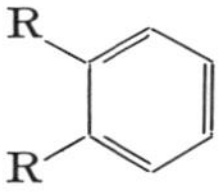 Aromatische Verbindung	Pd/C oder S oder Se bei ca. 300°	–OH- oder Ketogruppen verschwinden oder erscheinen im Produkt als phenolische OH-Gruppen Kann zur Ermittlung des Grundgerüsts von Naturstoffen dienen
R–CH=CH–CH(OH)–R Allylalkohole	R–CH=CH–C(=O)–R α,β-ungesättigte Ketone	MnO_2/Chloroform	**Möglichkeit zur selektiven Oxidation von allylischen OH-Gruppen**
R–CHO Aldehyde	R–COOH Säuren	$KMnO_4$, CrO_3	
$R{-}CH_2{-}C({=}O){-}CH_2{-}R'$ Ketone	RCOOH, RCH_2COOH R'COOH, $R'CH_2COOH$ Säuren	CrO_3, HNO_3	Säurespaltung von Ketonen, nur unter drastischen Reaktionsbedingungen möglich
R–CH=N–OH Oxime	$R{-}CH_2{-}NO_2$ Nitroverbindungen	$CF_3{-}C({=}O){-}OOH$	
R_3N *tert.* Amin	$R_3\overset{\oplus}{N}{-}\overset{\ominus}{O}$ Aminoxid	H_2O_2, Persäuren	Bei *prim.* und *sek.* Aminen entstehen komplizierte Gemische

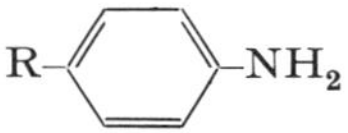 Aromatische Amine	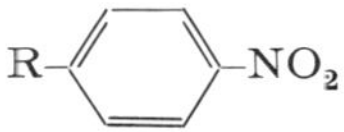 Aromatische Nitroverb.	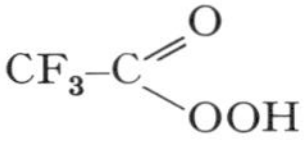	
R–SH Thiole	R–S–S–R Disulfide	O_2, H_2O_2 Halogene	**Mit starken Oxidationsmitteln erfolgt weitere Oxidation, z. B. zu RSO_3H (Sulfonsäure)**
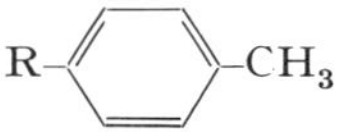 Alkylbenzol	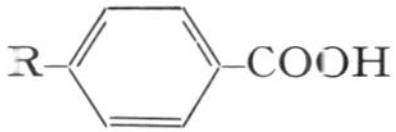 Aromatische Carbonsäure	$Na_2Cr_2O_7/H^+$ $KMnO_4$	«Seitenkettenoxydation», auch längere Seitenketten können zu COOH-Gruppen abgebaut werden
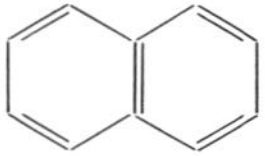 Aromat. Kohlenwasserstoff	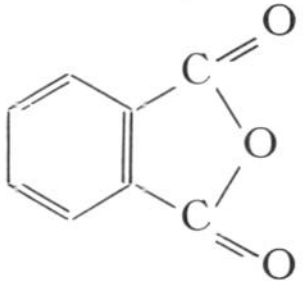 Säureanhydrid	O_2, V_2O_5 als Katalysator, 300 °C	
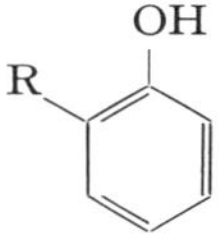 Phenole 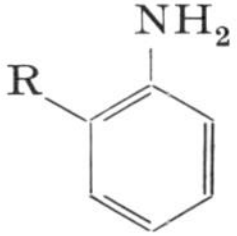 Aromat. Amine	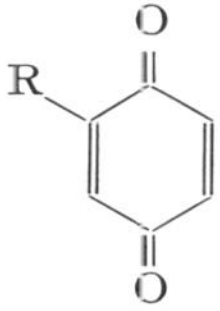 Chinone	**O_2, sämtliche Oxidationsmittel**	**Phenole und aromatische Amine müssen vor Luftsauerstoff geschützt werden, da sie sehr leicht oxidiert werden**
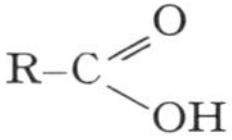 Säuren	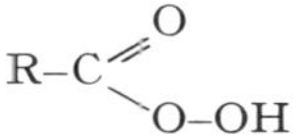 Persäuren	H_2O_2/H_2SO_4 Na_2O_2	

Fast alle Oxidationen mit CrO_3 werden in saurer Lösung ausgeführt. **Mit CrO_3 in Pyridin können säureempfindliche Alkohole oxidiert werden.**

24.3.2. *Die Epoxidierung von Alkenen* erfolgt mit organischen Persäuren (z. B. mit Peressigsäure CH_3–COOOH, Perbenzoesäure). Die gebildeten Epoxide (Oxirane), z. B. **4** aus Cyclopenten, die auch in einer E2-Reaktion aus Halogenhydrinen wie **5** entstehen können, sind Zwischenprodukte für die Herstellung von *trans*-1,2-Diolen. Die Öffnung des Epoxidrings kann dabei in saurer (**6**) oder alkalischer (**7**) Lösung erfolgen.

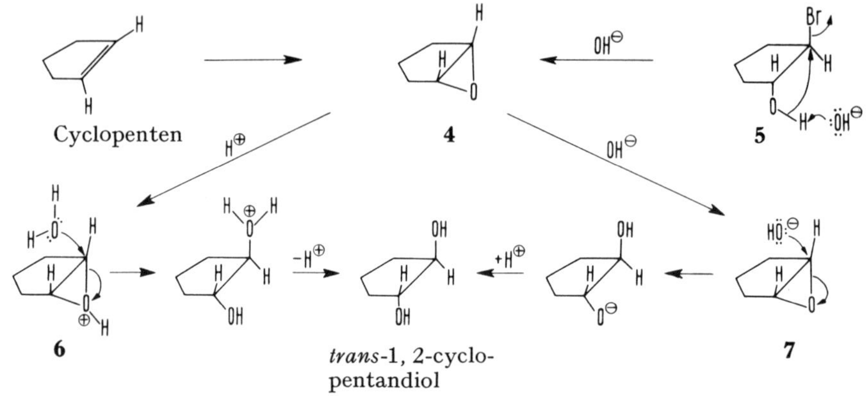

24.3.3. *Die Hydroxylierung von Alkenen* kann mit OsO_4 oder $KMnO_4$ durchgeführt werden und führt zu *cis*-1,2-Diolen. Der als Zwischenprodukt auftretende stabile Osmatester **8** muß dabei reduktiv mit Natriumsulfit gespaltet werden.

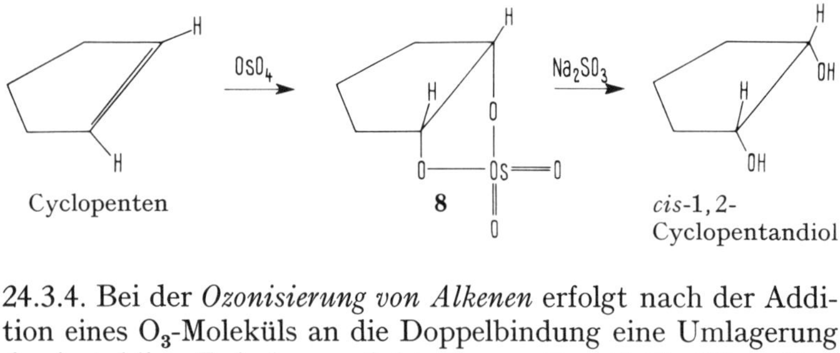

24.3.4. Bei der *Ozonisierung von Alkenen* erfolgt nach der Addition eines O_3-Moleküls an die Doppelbindung eine Umlagerung des instabilen Zwischenprodukts **9** zum Ozonid **10**. Diese Verbindungen können leicht gespaltet werden, und zwar oxidativ (mit H_2O_2, $KMnO_4$, CrO_3) zu zwei Molekülen Säure, oder reduk-

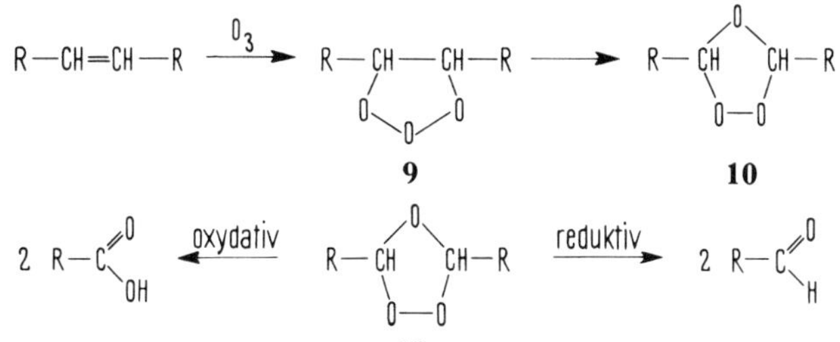

9 **10** **10**

tiv (mit Zn/Essigsäure, H_2/Pt) zu zwei Molekülen Aldehyd. Aus an der Doppelbindung höher substituierten Alkenen entstehen bei der Spaltung der Ozonide Ketone. Mit Hilfe der Ozonisierung kann man die Position von Doppelbindungen in Alkenen anhand der gebildeten Bruchstücke ermitteln:

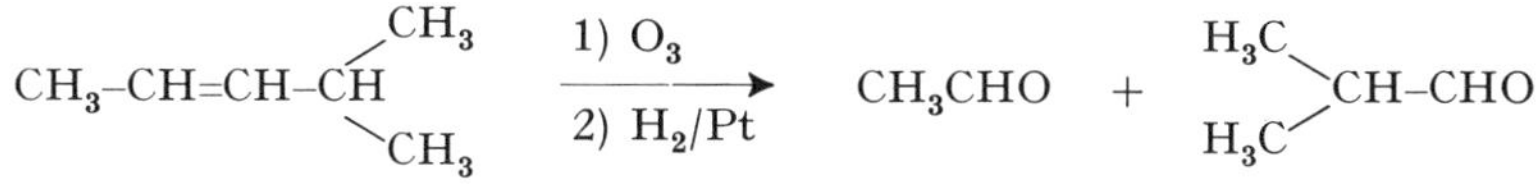

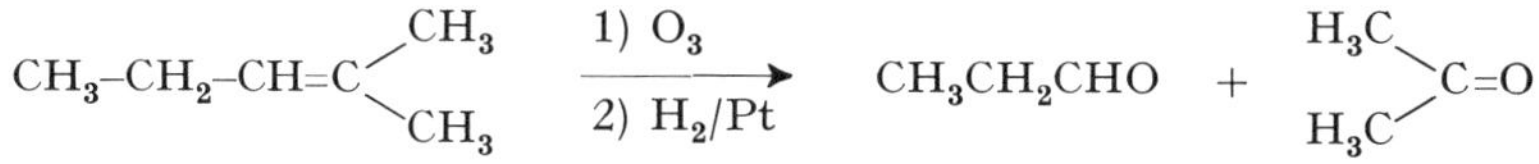

24.3.5. *Glykolspaltung.* 1,2-Diole werden durch Bleitetraacetat oder Natriumperiodat oxydativ in zwei Carbonylverbindungen gespaltet. Auch diese Reaktion kann zur Strukturaufklärung verwendet werden:

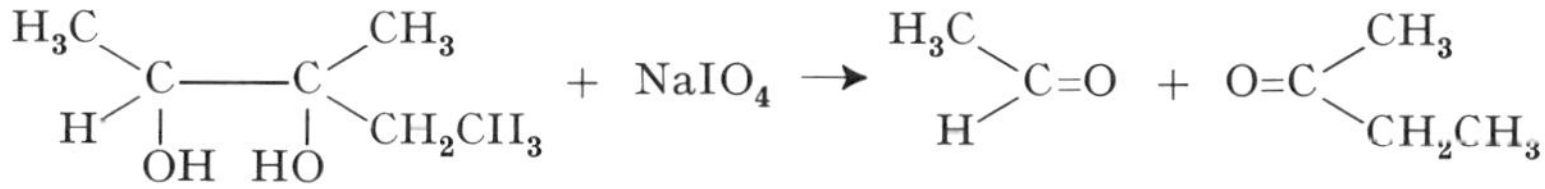

Weitere Oxidationsreaktionen sind in einer Tabelle auf S. 142 zusammengestellt.

24.4. Reduktionen

24.4.1. *Die katalytische Hydrierung,* eine der wichtigsten Reduktionsmethoden, wurde bereits in Kapitel 19.1. behandelt.

24.4.2. Zur *metallischen Reduktion* können folgende Reagenzien verwendet werden: Na/Alkohol, Na/flüssiger Ammoniak, Na- oder Al-Amalgam in Alkohol, Sn/HCl, Zn/HCl, Zn/CH_3COOH. Diese Reaktionen, bei denen das Metall Elektronen auf die zu reduzierende Verbindung überträgt, müssen in Lösungsmitteln ausgeführt werden, welche die benötigten Protonen leicht abgeben können:

$$\begin{matrix}R\\ \ \ \ \diagdown\\ \ \ \ \ \ C{=}O\\ \ \ \ \diagup\\ R\end{matrix} + 2\,Na \xrightarrow{C_2H_5OH} \left[\begin{matrix}R\\ \ \ \ \diagdown\\ \ \ \ \ \ CH{-}O^{\ominus}\\ \ \ \ \diagup\\ R\end{matrix}\right] \begin{matrix}+\ 2\,Na^{\oplus}\\ \\ +\ C_2H_5O^{\ominus}\end{matrix} \xrightarrow{C_2H_5OH}$$

$$\begin{matrix}R\\ \ \ \ \diagdown\\ \ \ \ \ \ CH{-}OH\\ \ \ \ \diagup\\ R\end{matrix} \begin{matrix}+\ 2\,Na^{\oplus}\\ \\ +\ 2\,C_2H_5O^{\ominus}\end{matrix}$$

Isolierte C–C-Doppelbindungen werden unter diesen Reaktionsbedingungen nicht angegriffen. Dreifachbindungen werden zu Doppelbindungen reduziert, es entstehen dabei *trans*-Alkene. Für weitere Anwendungsbeispiele vgl. Tabelle S. 148.

24.4.3. *Reduktionen mit komplexen Metallhydriden* sind sehr vielseitig anwendbar. Die wichtigsten Reagenzien sind $LiAlH_4$ und $NaBH_4$. Diese Verbindungen übertragen Hydridionen, z. B. auf das Carbonyl-C-Atom von Carbonylverbindungen. Das Zwischenprodukt liefert beim Zersetzen mit Wasser, am besten in Gegenwart einer Säure, den entsprechenden Alkohol.

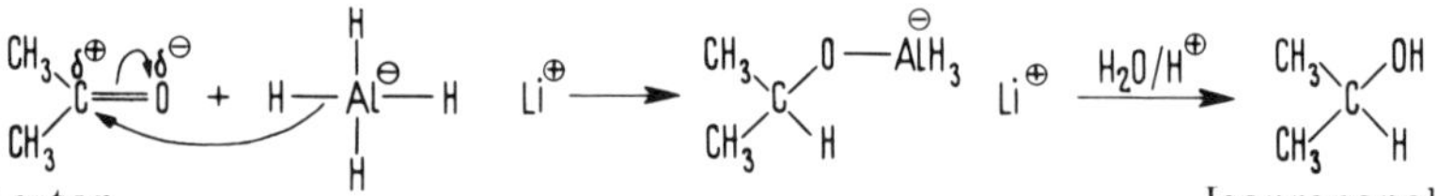

Aceton Isopropanol

Jedes Molekül $LiAlH_4$ kann vier Moleküle einer Carbonylverbindung reduzieren:

$$8\ R_2C{=}O\ +\ 2\ LiAlH_4 \rightarrow 2\ R_2CHO{-}\overset{\displaystyle OCHR_2}{\underset{\displaystyle OCHR_2}{\overset{|}{\underset{|}{Al^{\ominus}}}}}{-}OCHR_2\ +\ 2\ Li^{\oplus} \xrightarrow{H_2SO_4}$$

$$8\ R_2CHOH\ +\ Al_2(SO_4)_3\ +\ 2\ Li_2SO_4\ +\ 8\ H_2O$$

$LiAlH_4$ ist eines der stärksten Reduktionsmittel in dieser Gruppe. Es ist sehr empfindlich gegen Wasser (Zersetzung nach $LiAlH_4 + 4\,H_2O \rightarrow LiOH + Al(OH)_3 + 4\,H_2$) und andere Lösungsmittel mit OH-Gruppen und wird daher stets in Ether oder Tetrahydrofuran angewendet. Das etwas schwächere Reduktionsmittel $NaBH_4$ kann dagegen auch in Alkohol und Alkohol-Wasser-Gemischen angewendet werden.

Die Unterschiede in der Reaktionsfähigkeit verschiedener komplexer Metallhydride kann man für selektive Reduktionen an Verbindungen mit mehreren reduzierbaren Gruppen ausnützen, z. B.

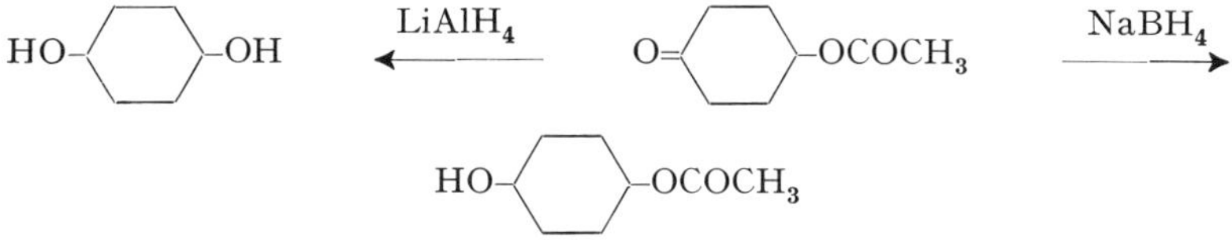

24.4.4. *Methoden zur Reduktion von Carbonylgruppen zu Methylgruppen.* Für Verbindungen, die gegen Säuren beständig sind, eignet sich die CLEMMENSEN-Reduktion mit amalgamiertem Zink und HCl:

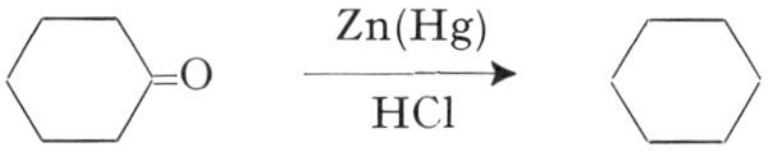

Cyclohexanon Cyclohexan

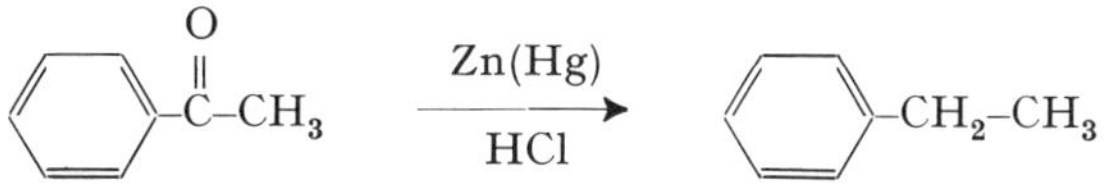

Acetophenon **Ethylbenzol**

Verbindungen, die gegen Säuren empfindlich, gegen Basen aber beständig sind, können nach WOLFF-KISHNER reduziert werden: **Das Hydrazon der Carbonylverbindung wird in Ethylenglykol mit viel KOH auf 150–200° erhitzt (Modifikation der Reaktion nach HUANG-MINLON):**

$$R_2C{=}O + H_2N{-}NH_2 \xrightarrow{H_2O} R_2C{=}N{-}NH_2 \xrightarrow[\text{Ethylenglykol}]{\text{KOH, } 200^\circ} R_2CH_2 + N_2 + H_2O$$

Carbonylverbindungen, die weder Säuren noch Basen ertragen, können nach der Überführung in Thioacetale mit RANEY-Nickel reduziert werden. Dabei genügt der von der Herstellung her am RANEY-Nickel adsorbierte Wasserstoff für die Durchführung der Reduktion:

Ausgangsmaterial	Produkt	Reduktionsmittel	Bemerkungen
$R{-}CHO$ (R–C(=O)–H) Aldehyde	$R{-}CH_2OH$ *prim.* Alkohole	H_2/Pt Na/Alkohol* Zn/CH_3COOH** $LiAlH_4$, $NaBH_4$	* für Ketone besser geeignet ** für Aldehyde besser geeignet
$R_2C{=}O$ Ketone	$R_2CH{-}OH$ *sek.* Alkohole		
$R_2C{=}CH{-}CH{=}CR_2$ 1,3-Diene	$R_2CH{-}CH{=}CH{-}CHR_2$ Alkene	Na/Alkohol Na/fl. NH_3	
$R_2C{=}CR_2$ Alkene	$R_2CH{-}CHR_2$ Alkane	H_2/Pt H_2/Pd H_2/Raney-Nickel	
$R_2C{=}CH{-}C(=O){-}R$ α,β-ungesättigte Carbonylverbindung	$R_2CH{-}CH_2{-}CH(OH){-}R$ Gesättigter Alkohol	Na/Alkohol H_2/Pt	
	$R_2CH{-}CH_2{-}C(=O){-}R$ Gesättigtes Keton	H_2/Pd auf $CaCO_3$ Na(Hg) in Ether/H_2O	
	$R_2C{=}CH{-}CH(OH){-}R$ Ungesättigter Alkohol	$NaBH_4$ $LiAlH_4$	

R–C≡C–R Alkine	R–CH_2–CH_2–R Alkane	H_2/Pt H_2/Pd	
	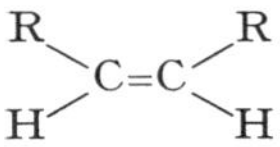 *cis*-Alkene	H_2/Pd auf $CaCO_3$ mit Pb^{2+}, Chinolin	Lindlar-Katalysator
	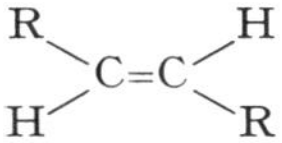 *trans*-Alkene	Na/fl. NH_3 $LiAlH_4$	
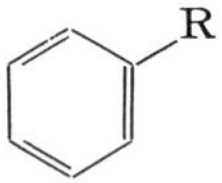 Aromat. Verbindung	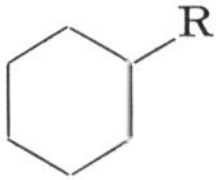 Cycloaliphat. Verbindung	H_2/Ni 100–300 Atm. 150–200 °C	Druckhydrierung
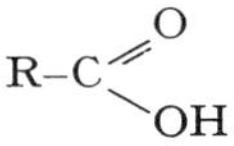 Carbonsäure	R–CH_2OH *prim*. Alkohol	$LiAlH_4$	Ebenso bei Säureanhydriden
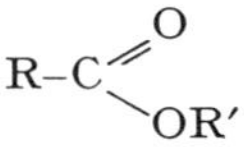 Carbonsäureester	R–CH_2OH, R′OH Alkohole	$LiAlH_4$ Na/Alkohol	Mit $NaBH_4$ keine Reaktion
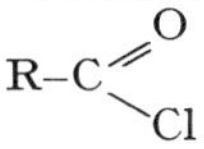 Säurechloride	R–CH_2OH *prim*. Alkohole	$LiAlH_4$ $NaBH_4$	
	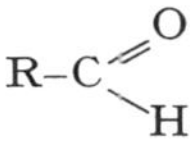 Aldehyde	H_2/Pd auf $BaSO_4$, S	Rosenmund-Reduktion

Ausgangsmaterial	Produkt	Reduktionsmittel	Bemerkungen
$R{-}C{\equiv}N$ Nitrile	$R{-}C(=O){-}H$ Aldehyde	$SnCl_2/HCl$ $LiAlH_4$*	STEPHEN-Reaktion * Nitril vorgelegt, $LiAlH_4$-Lösung zugeben → Aldehyd, bei umgekehrtem Vorgehen → *prim*. Amin
	$R{-}CH_2{-}NH_2$ *prim*. Amine	$LiAlH_4$* Na/Alkohol H_2/Pt in saurer oder alkalischer Lösung	
$R{-}C(=O){-}NR'_2$ Amide	$R{-}C(=O){-}H$ Aldehyde	$LiAlH_2(OC_2H_5)_2$	Nur bei *tert*. Amiden
	$R{-}CH_2{-}NR'_2$ Amine	$LiAlH_4$	Für alle Amide
$R{-}CH{=}N{-}OH$ Oxime	$R{-}CH_2{-}NH_2$ *prim*. Amine	$LiAlH_4$ H_2/Kat* Na/Alkohol $Na(Hg)/CH_3COOH + H_2O$	* In saurer oder alkalischer Lösung
$R{-}CH_2{-}NO_2$ Aliphat. Nitroverbindung	$R{-}CH_2{-}NH_2$ *prim*. Amin	H_2/RANEY-Ni, Druck $LiAlH_4$	
	$R{-}CH{=}N{-}OH$ Oxim	Zn/CH_3COOH	
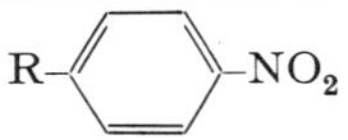 Aromat. Nitroverbindung	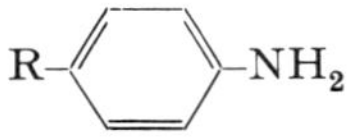 Aromatisches Amin	H_2/RANEY-Ni, Druck Sn/HCl, Zn/HCl	Mit $LiAlH_4$ oder Zn/KOH erhält man 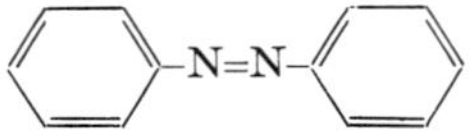
	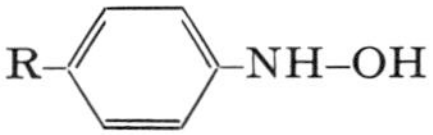 Aromat. Hydroxylamin	Zn/NH_4Cl in H_2O	

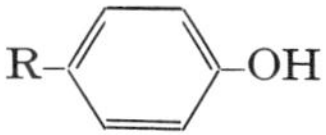 Phenole	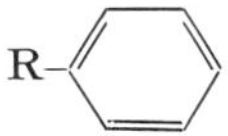 Aromatische Kohlen-wasserstoffe	Zn-Staub	Zn-Staub-Destillation. Schlechte Ausbeuten. Nützlich zur Ermittlung des Grundgerüsts phenolischer Verbindungen (Naturstoffe)
	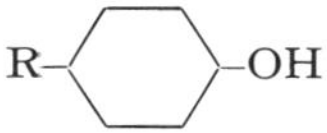 Cycloaliphat. Alkohol	H_2/Ni, Druck 170 °C	
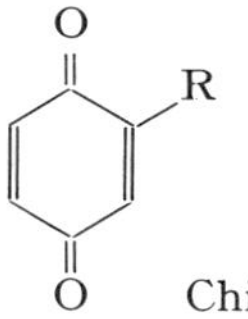 Chinone	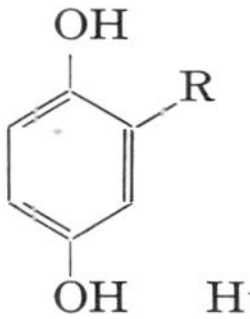 Hydrochinone	H_2/Kat.	
R–S–S–R Disulfide	R–SH Thiole	Zn/Säure	
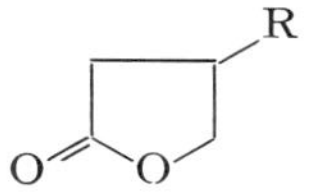 Lactone	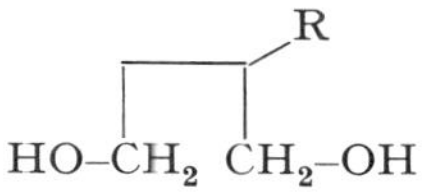 Diole	Na/Alkohol $LiAlH_4$ Na(Hg)/Säure	
R–CH_2–I Alkyliodide	R–CH_3 Alkane	H_2/RANEY-Nickel Zn/HCl	Zur reduktiven Eliminierung von OH-Gruppen, die zuerst über *p*-Toluolsulfonsäureester gegen I ausgetauscht werden
R–CH(Br)–CH(Br)–R *vic.* Dihalogenverbindung	R–CH=CH–R Alkene	Zn/CH_3COOH	Rückbildung von durch Bromaddition geschützten Doppelbindungen

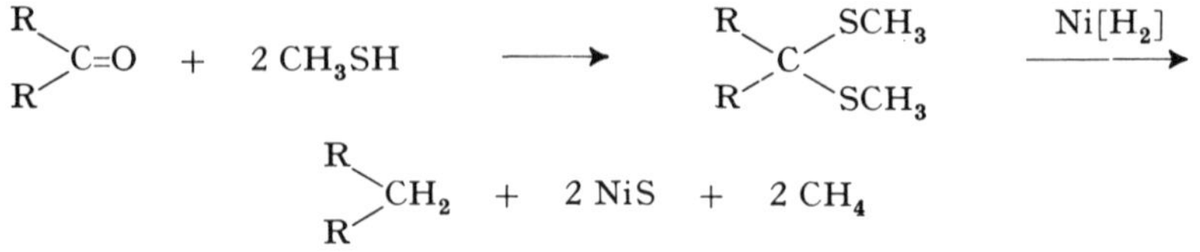

Weitere Reduktionsreaktionen sind in der Tabelle auf den Seiten 148–151 zusammengefaßt.

Übung 24. Wie kann man zwischen den folgenden Verbindungspaaren mit Hilfe von Oxidations- und Reduktionsreaktionen unterscheiden?

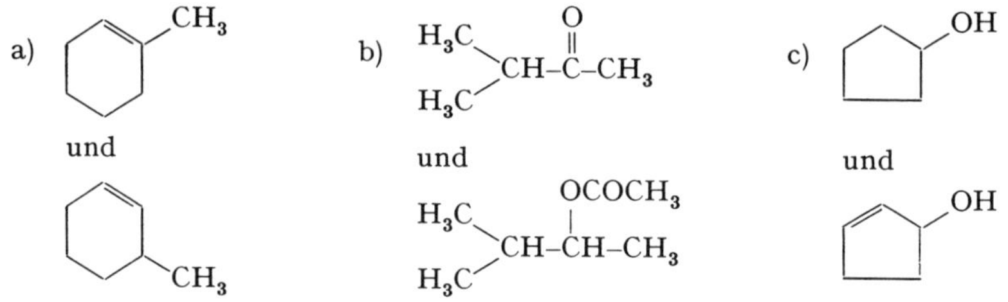

Übung 25. Mit welchen Reagenzien können die folgenden Reaktionen durchgeführt werden?

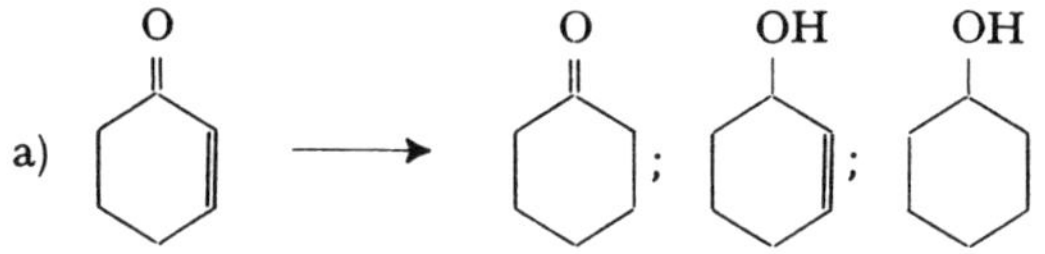

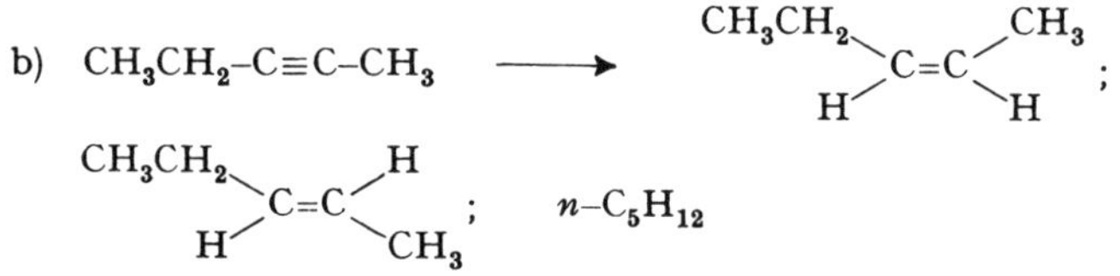

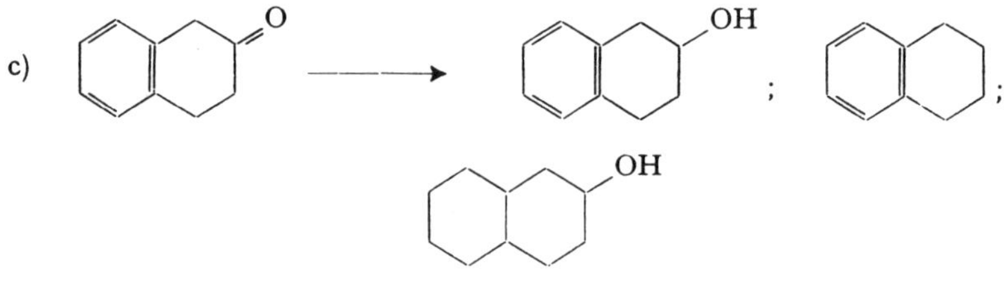

Übung 26. Die Verbindung **11** kann nach den beiden folgenden Methoden in vicinale Diole übergeführt werden:

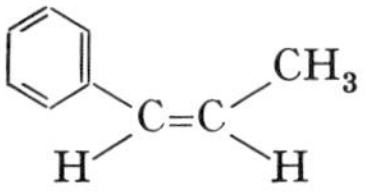

11

a) Persäure, dann Säure.
b) OsO_4, dann Na_2SO_3.

Können die nach a) und b) erhaltenen Produkte voneinander unterschieden werden? Eignet sich die Messung der spezifischen Drehung für diese Untersuchung?

25. Kondensationen

Als Kondensationen bezeichnet man Reaktionen, bei denen zwei Moleküle unter Ausbildung einer neuen C–C-Bindung und gleichzeitiger Abspaltung eines kleinen Moleküls wie H_2O oder Alkohol zusammengefügt werden. Geeignete Reaktionspartner für Kondensationsreaktionen sind vor allem Carbonylverbindungen und Ester, daneben aber auch Säurechloride, Anhydride und Nitrile.

25.1. Aldolkondensation[6])

Bei der Aldolkondensation werden zwei Carbonylverbindungen (Aldehyde, Ketone) kombiniert. Wenigstens eine davon muß ein α-Wasserstoffatom besitzen. Aus dieser *Methylenkomponente* (z. B. Acetaldehyd) wird durch basische *Kondensationsmittel* ($NaOH$, $NaOC_2H_5$, $NaNH_2$, $KOC(CH_3)_3$) ein α-Wasserstoffatom als Proton abgelöst; es entsteht das durch Mesomerie stabilisierte Enolation:

$$\overset{\alpha}{C}H_3-\overset{\overset{O}{\|}}{C}-H \;+\; C_2H_5O^{\ominus}Na^{\oplus} \;\rightleftharpoons$$

$$\left[:\overset{\ominus}{C}H_2-\overset{\overset{O}{\|}}{C}-H \;\longleftrightarrow\; CH_2{=}\overset{\overset{O^{\ominus}}{|}}{C}-H\right] Na^{\oplus} \;+\; C_2H_5OH$$

Die Methylenkomponente in der Carbanionform greift am Carbonyl-Kohlenstoff der *Carbonylkomponente* (wobei es sich

[6]) Diese Reaktion sollte eigentlich als *Aldoladdition* bezeichnet werden, da die definitionsgemäße Abspaltung eines kleinen Moleküls fehlt oder erst in einem zweiten Reaktionsschritt erfolgt.

ebenfalls um Acetaldehyd handeln kann) an. Das Endprodukt der Reaktion entsteht durch Aufnahme eines Protons aus dem Lösungsmittel. Das basische Kondensationsmittel $C_2H_5O^-$ wird dabei wieder zurückgebildet und hat somit als Katalysator gewirkt.

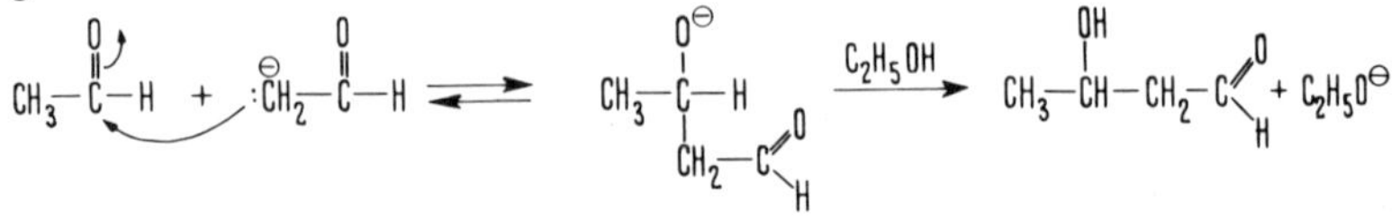

Diese Reaktion kann auch durch Säuren katalysiert werden. Dabei geht die Methylenkomponente durch Protonierung am Carbonyl-Sauerstoff in die Enolform über:

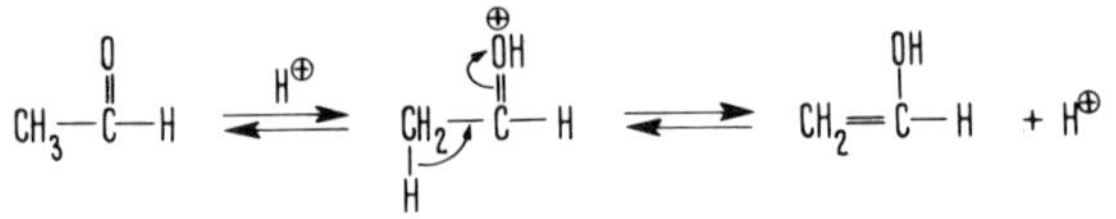

Die Reaktion mit einem zweiten, protonierten Molekül Acetaldehyd erfolgt dann nach

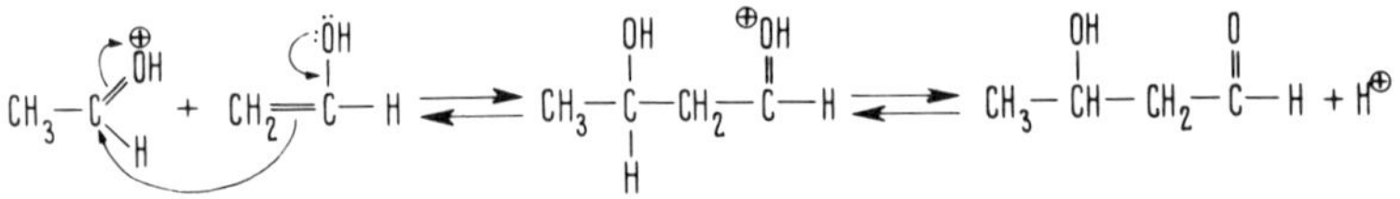

und liefert dasselbe Produkt wie der unter basischen Bedingungen ablaufende Prozeß. Die Produkte dieser Reaktionen sind β-Hydroxycarbonylverbindungen, die leicht Wasser abspalten und dabei in α,β-ungesättigte Carbonylverbindungen übergehen. Die Wasserabspaltung findet häufig schon unter den Bedingungen der Aldolkondensation statt oder kann durch Erwärmen in Gegenwart von etwas Säure durchgeführt werden.

$$2\ CH_3\text{-}CHO \longrightarrow CH_3\text{-}CH(OH)\text{-}CH_2\text{-}C(=O)\text{-}H \xrightarrow{H^{\oplus}}$$

Acetaldehyd — β-Hydroxyaldehyd

$$CH_3\text{-}CH{=}CH\text{-}C(=O)\text{-}H \quad + \quad H_2O$$

Crotonaldehyd

Ketone können in gleicher Weise umgesetzt werden, wenn besonders starke Basen, z. B. $NaNH_2$, oder starke Säuren als Kondensationsmittel verwendet werden.

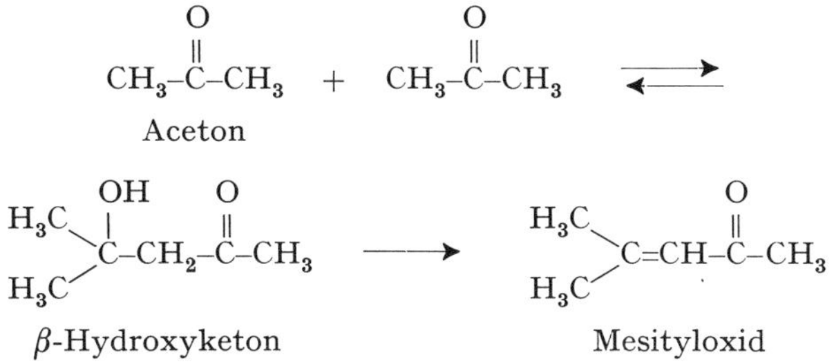

Die Aldolkondensation ist eine umkehrbare Reaktion. β-Hydroxycarbonylverbindungen können unter sauren oder basischen Bedingungen in zwei Carbonylverbindungen zerlegt werden (*Retroaldolreaktion*, S. 187).
Aldolkondensationen zwischen zwei verschiedenen Carbonylverbindungen führen meist nicht zu einheitlichen Produkten. Weist die eine Komponente keine α-Wasserstoffatome auf, so kann sie sich nur als Carbonylkomponente an der Reaktion beteiligen:

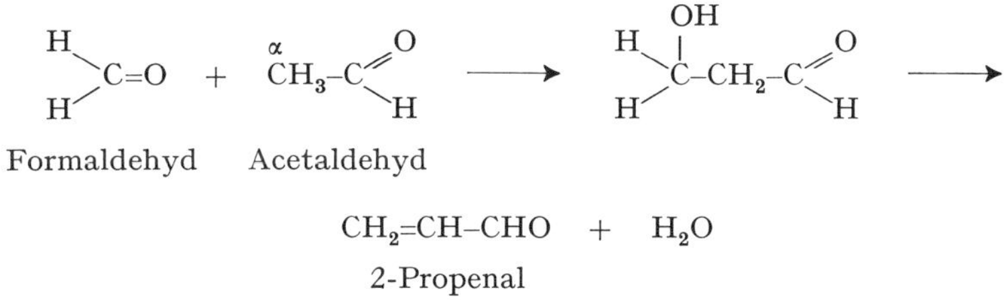

Als Nebenprodukt ist hier aber auch Crotonaldehyd zu erwarten, der aus Acetaldehyd allein entstehen kann.
Weisen beide an der Reaktion beteiligten Carbonylverbindungen α-Wasserstoffatome auf, so wird sich diejenige als Carbonylkomponente verhalten, die eine aktivere Carbonylgruppe (durch elektronenanziehende Substituenten in α-Stellung stärker polarisierte C–O-Doppelbindung, vgl. Esterkondensation) aufweist oder weniger sterisch gehindert ist. Deshalb wirkt Acetaldehyd

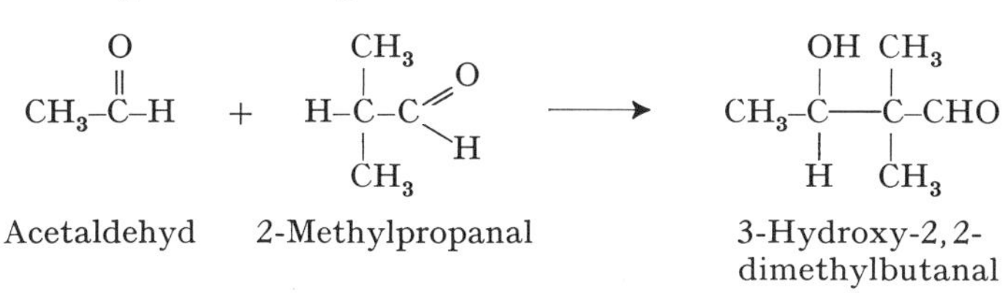

Carbonyl-komponente	Methylen-komponente	Kondensations-mittel	Produkte	Bemerkungen
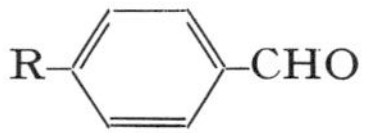 Aromatische Aldehyde	$CH_3-C(=O)-O-C(=O)-CH_3$ Acetanhydrid	$CH_3-C(=O)-O^{\ominus}\ Na^{\oplus}$	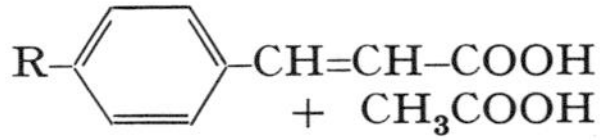 α,β-ungesättigte Säure	PERKIN-Reaktion, nur für aromatische Aldehyde (am besten solche mit elektronenanziehenden Substituenten). Auch mit anderen Anhydriden möglich
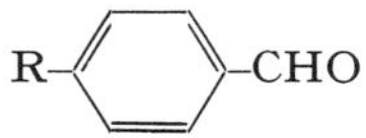 Aromatische Aldehyde	$CH_3-C(=O)-OC_2H_5$ Essigester	$C_2H_5O^{\ominus}\ Na^{\oplus}$	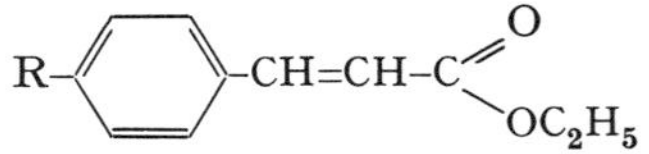 α,β-ungesättigter Ester	CLAISEN-Kondensation für aromatische Aldehyde mit Alkyl-, Alkoxy- oder Dialkylamino-Substituenten
$(H_3C)_2C=O$ Aldehyde oder Ketone	$H_2C(COOC_2H_5)_2$ Malonsäure-diethylester	*sek.* Amin	$(H_3C)_2C=C(COOC_2H_5)_2$ β-Dicarbonsäureester	KNOEVENAGEL-Reaktion. Das zur freien β-Dicarbonsäure hydrolysierte Produkt verliert beim Erwärmen leicht CO_2 zu $(H_3C)_2C=CH-COOH$ α,β-ungesättigte Säure

$(H_3C)_2C{=}O$ Ketone	$CH_2{-}COOC_2H_5$ $\vert$ $CH_2{-}COOC_2H_5$ Bernsteinsäurediethylester	K-*tert.* butylat	$(H_3C)_2C{=}C(COOC_2H_5){-}CH_2{-}COOC_2H_5$	Stobbe-Kondensation
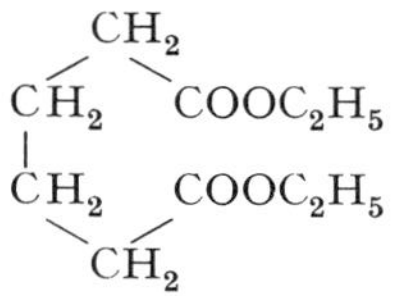 Dicarbonsäureester		Na-Metall in Toluol	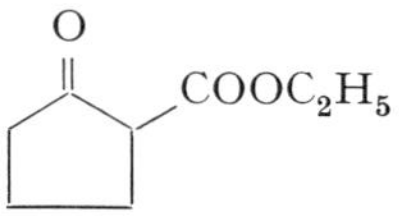 *β*-Ketoester	Dieckmann-Kondensation (= Intramolekulare Esterkondensation), nur möglich, wenn 5- oder 6-Ringe entstehen
$CH_3{-}C({=}O){-}OC_2H_5$ Ester	$(CH_3{-}CH_2)_2C{=}O$ Keton	$C_2H_5O^{\ominus}\ Na^{\oplus}$	$CH_3{-}C({=}O){-}CH(CH_3){-}C({=}O){-}CH_2{-}CH_3$ *β*-Diketon	Mit asymmetrischen Ketonen entstehen zwei verschiedene Produkte
$CH_3{-}C({=}O){-}OC_2H_5$ Ester	$CH_3{-}C{\equiv}N$ Nitrile	$C_2H_5O^{\ominus}\ Na^{\oplus}$	$CH_3{-}C({=}O){-}CH_2{-}C{\equiv}N$ *β*-Ketonitrile	Das Nitril muß wenigstens ein αH-Atom aufweisen

bei der Reaktion mit 2-Methylpropanal als Carbonylkomponente; der Angriff eines aus Acetaldehyd gebildeten $^{-}CH_2{-}CHO$-Ions an der Carbonylgruppe von 2-Methylpropanal ist wegen der sterischen Hinderung durch die Methylgruppen ungünstig. Wieder ist Crotonaldehyd als Nebenprodukt zu erwarten.
Bei der Reaktion von Acetaldehyd mit 2-Butanon wird Acetaldehyd mit der leichter zugänglichen Carbonylgruppe auf jeden Fall die Rolle der Carbonvlkomponente spielen. Da 2-Butanon zwei Enolformen bildet, kann die Reaktion jedoch über die 1- oder 3-Stellung verlaufen:

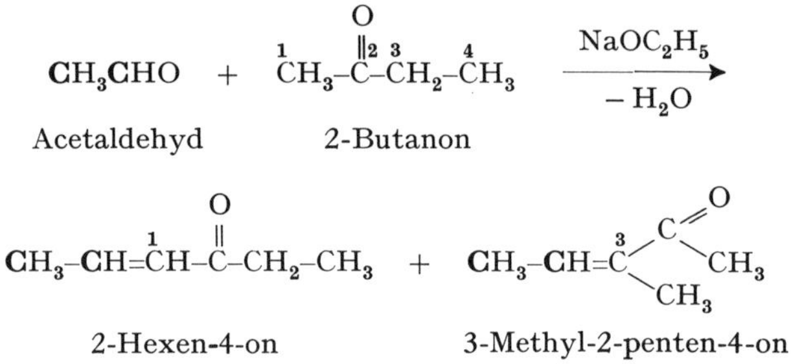

Weitere Varianten dieser Reaktion sind in der Tabelle S. 156 aufgeführt.

25.2. Esterkondensation

Die Kondensation von zwei Molekülen Essigester mit Natriumethylat als Kondensationsmittel (Claisenscher Esterkondensation) verläuft unter Abspaltung von Ethanol nach

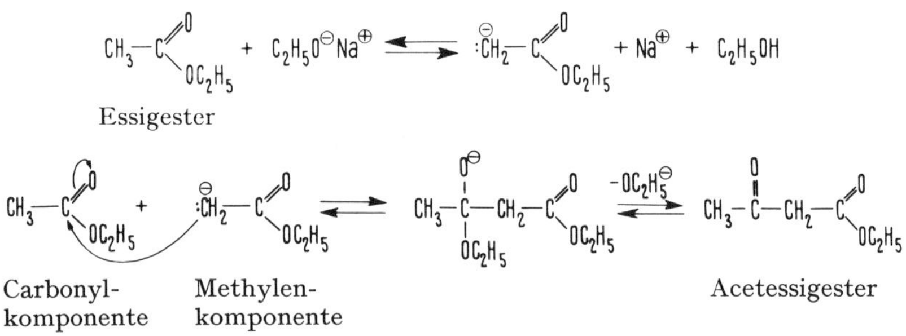

Um eine gute Ausbeute an Kondensationsprodukt zu erhalten, ist es nötig, dieses System von Gleichgewichtsreaktionen so zu

beeinflussen, daß die Bildung des Acetessigesters begünstigt wird. Die Rückreaktion zu Essigester in Gegenwart von Ethanol kann durch Anwendung eines großen Überschusses an $NaOC_2H_5$ verhindert werden. Dadurch wird das Kondensationsprodukt als Enolat-Anion aus dem Gleichgewichtssystem entfernt und am Schluß der Reaktion durch Zugabe von Säure wieder freigesetzt:

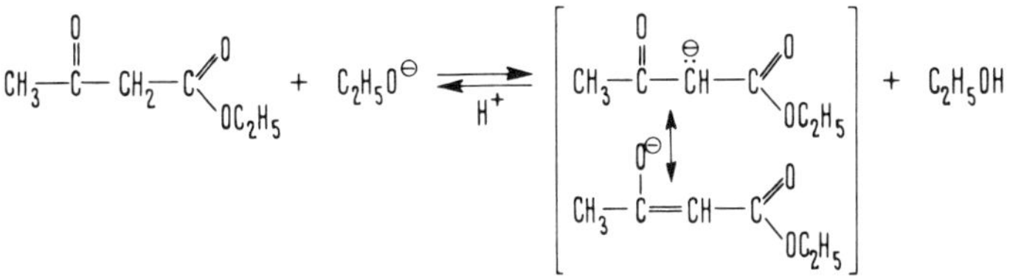

Reaktionen zwischen zwei verschiedenen Estern können zu einem Gemisch von vier verschiedenen Kondensationsprodukten führen, falls beide Komponenten α-H-Atome aufweisen. Diejenige Komponente, deren Carbonylgruppe leichter zugänglich ist, wird sich hauptsächlich als Carbonylkomponente betätigen.

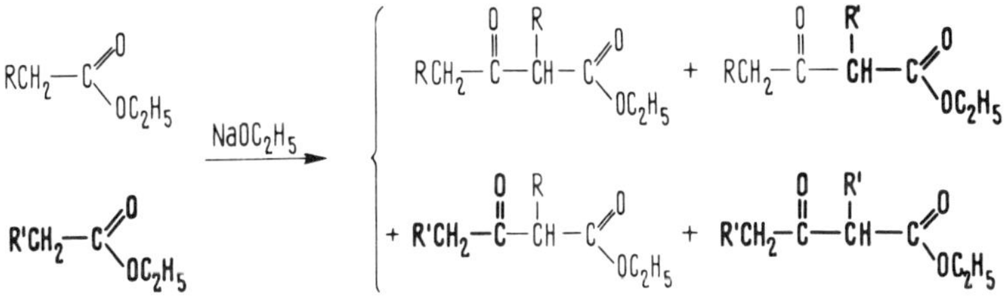

Weitere Anwendungen und Varianten dieses Reaktionstyps sind in der Tabelle auf S. 156 zusammengestellt.

Übung 27. Wie können die folgenden Verbindungen durch Kondensationsreaktionen hergestellt werden? Untersuche jedesmal, ob Nebenprodukte zu erwarten sind.

a) 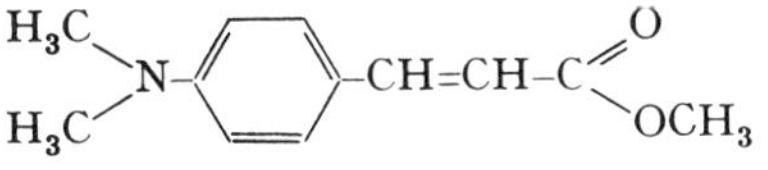

b) 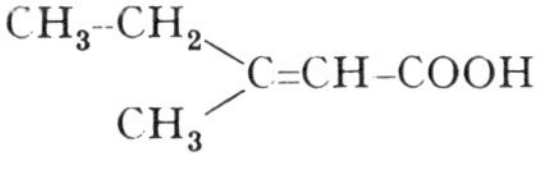

c) 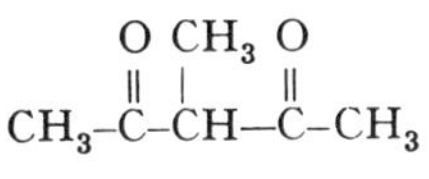

d) 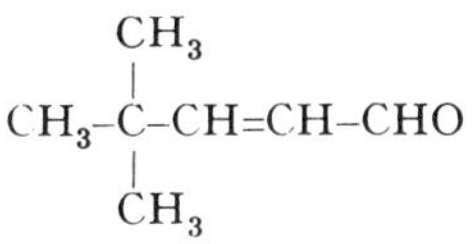

e) 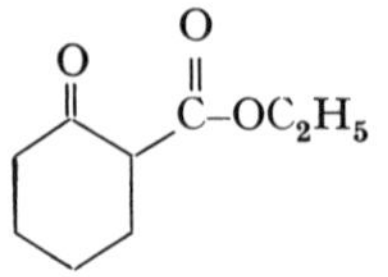

f) 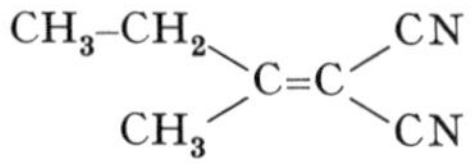

g) 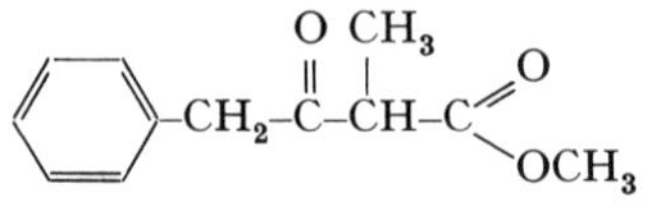

h) 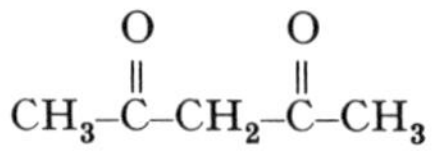

26. Polymerisationen

Polymere sind Verbindungen, die aus einer großen Zahl von gleichen Strukturelementen aufgebaut sind. Der Grundbaustein, das *Monomere*, kann dabei auf verschiedene Weise zu langen Ketten kombiniert werden.

$$2\,CH_2{=}CH_2 \longrightarrow CH_3{-}CH_2{-}CH{=}CH_2 \xrightarrow{CH_2=CH_2}$$

Ethylen *Monomeres* — 1-Buten *Dimeres*

$$CH_3{-}CH_2{-}CH_2{-}CH_2{-}CH{=}CH_2 \xrightarrow{\text{usw.}}$$

1-Hexen *Trimeres*

$$CH_3{-}CH_2{-}(CH_2{-}CH_2)_n{-}CH{=}CH_2$$

Polyethylen *Polymeres*

Der *Polymerisationsgrad*, die Zahl der Monomeren, die zu einer Kette zusammengefügt sind, ist stark von den Reaktionsbedingungen abhängig und kann für ein bestimmtes Polymeres innerhalb weiter Grenzen variieren. Polymere sind daher keine einheitlichen Verbindungen. Polyethylen, das nur aus einer Sorte von Monomeren aufgebaut wird, ist ein Beispiel für ein *Homopolymeres*. *Copolymere* oder *Mischpolymere* entstehen dagegen durch Kombination von zwei oder mehreren Sorten von Monomeren (Beispiele siehe Kapitel 26.5.).

26.1. Kationische Polymerisation

Die Polymerisation von Isobuten zu Polyisobuten kann durch Säuren katalysiert werden. Dabei wird zuerst ein Isobutenmolekül protoniert. Das Carboniumion **1** (= Kation, daher die Bezeichnung «kationische Polymerisation») reagiert mit einem weiteren Isobutenmolekül, wobei unter Verlängerung der Kette ein neues Carboniumion **2** entsteht. Diese Reaktion, bei der es sich um eine elektrophile Addition an eine Doppelbindung handelt, kann sich wiederholen. Der Abbruch einer Kette erfolgt durch Abspalten eines Protons aus der letzten in der Kette eingebauten Isobuteneinheit. Von den beiden Möglichkeiten wird hier diejenige bevorzugt, die zu einer endständigen Doppelbindung führt (vgl. Übung 20).

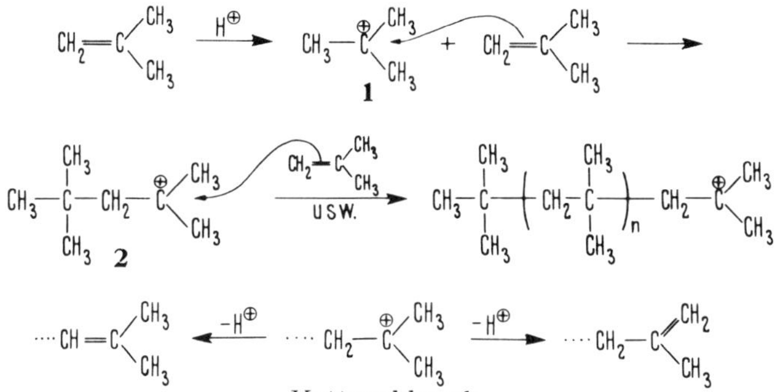

Kettenabbruch

26.2. Anionische Polymerisation

Diese Polymerisationsmethode eignet sich nur für Ethylenderivate mit stark elektronenanziehenden Substituenten. Diese werden benötigt, um bei allen Zwischenstufen die negative Ladung am endständigen C-Atom zu stabilisieren. Die Polymerisation wird durch den Angriff eines OH^--Ions auf ein geeignetes Ethylenderivat eingeleitet. Zum Kettenabbruch führt hier die Koordination eines Protons durch das endständige Carbanion.

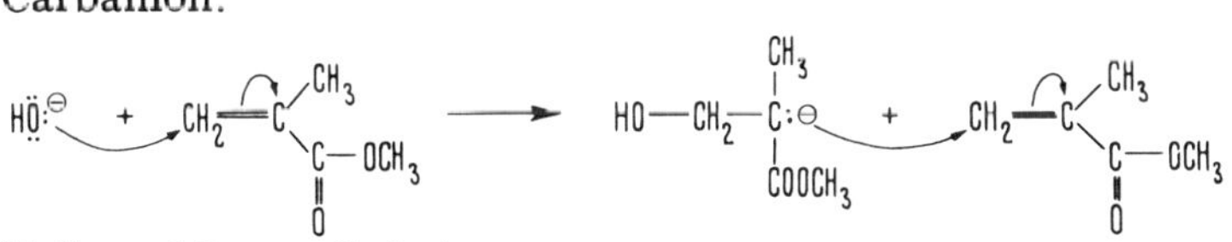

Methacrylsäuremethylester

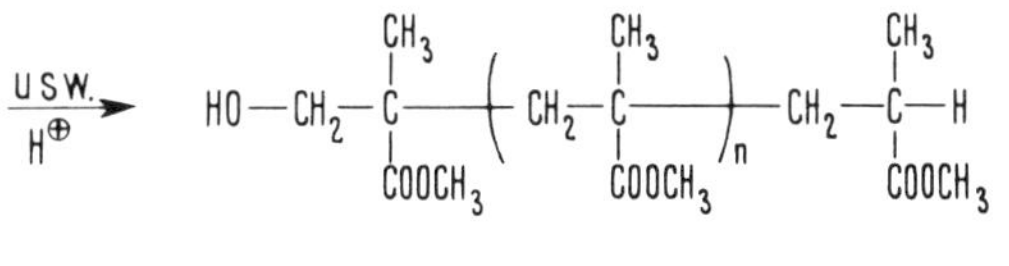

Polymethacrylsäure-
methylester
(Plexiglas)

Ebenfalls anionisch läßt sich Formaldehyd polymerisieren:

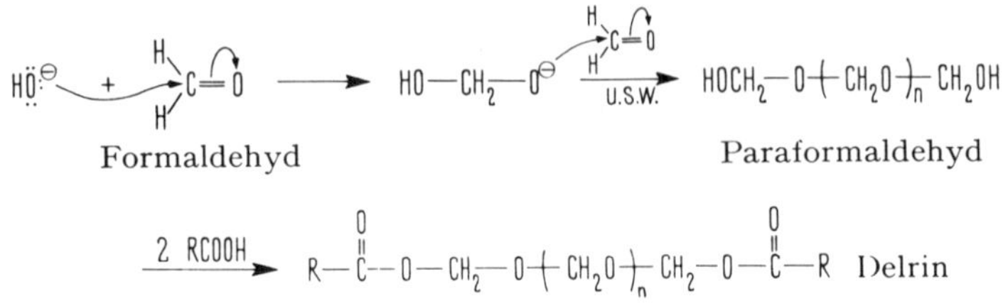

Paraformaldehyd zerfällt beim Erhitzen wieder in einzelne Formaldehydmoleküle. Durch Verestern der endständigen OH-Gruppen mit Carbonsäuren kann das weitgehend verhindert werden.

26.3. Radikalische Polymerisationen

Bei dieser wichtigsten Polymerisationsmethode werden als Starter Radikale (S. 26, 165) verwendet, die z. B. aus Peroxiden entstehen. Beim Angriff des Radikals auf das Monomere wird die Ethylen-π-Bindung homolytisch gespaltet. Die Reaktionskette kann abbrechen a) durch die Kombination zweier Radikale und b) durch Disproportionierung. Die Radikal-katalysierte

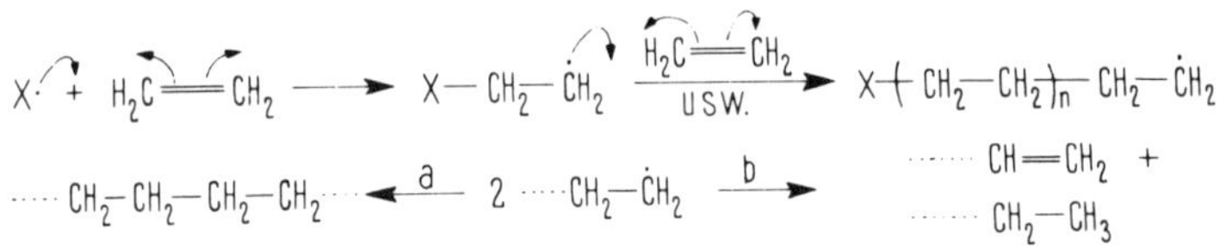

Polymerisation von Ethylen gelingt nur bei 100° und unter einem Druck von 1000 Atm. Leichter erfolgt die Polymerisation von Vinylchlorid zu Polyvinylchlorid (PVC) oder von Chloropren zu Neopren:

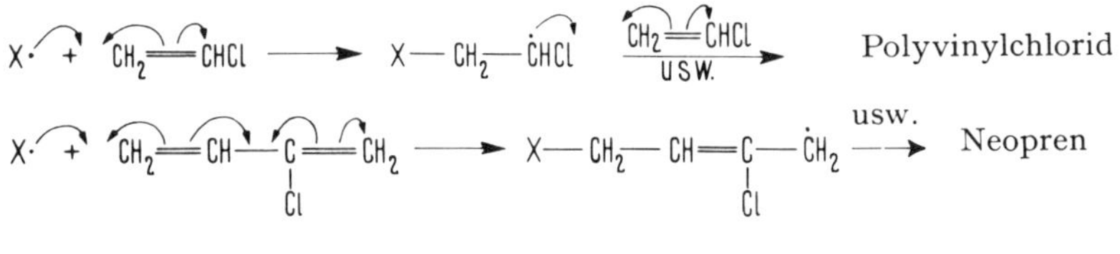

26.4. Polymerisationen mit Ziegler-Katalysatoren

Die von Ziegler entwickelten, aus Trialkylaluminium AlR_3 und Titantetrachlorid $TiCl_4$ bestehenden Katalysatoren erlauben die Polymerisation von Ethylen unter milden Bedingungen. Der

Mechanismus dieser Reaktion ist noch nicht restlos aufgeklärt. Eine wichtige Anwendung ist die Polymerisation von Isopren zu einem Produkt mit *cis*-Konfiguration an allen Doppelbindungen, das mit natürlichem Kautschuk identisch ist.

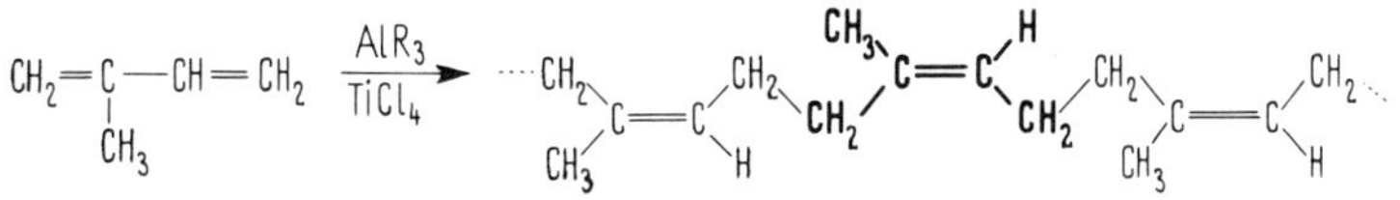

Isopren

26.5. Kondensationspolymerisation

Die Kondensation von Formaldehyd mit Phenol in alkalischer Lösung ist mit der Bildung von **3** nicht beendet. Es kann über jede der *ortho*-Stellungen eine weitere Kondensationsreaktion mit Formaldehyd stattfinden (**4**). Außerdem kann **3** nach Abspaltung von OH^- als **5** mit einem weiteren Phenolation zu

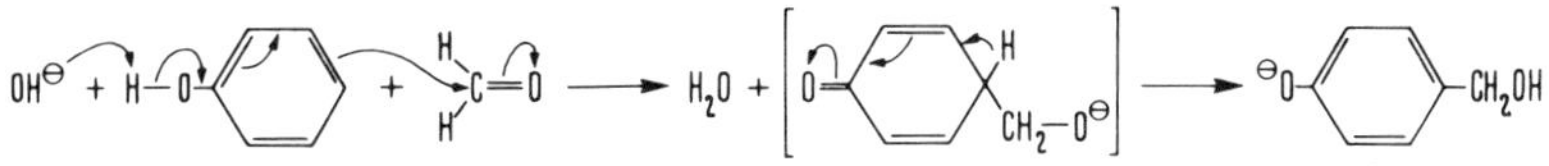

Phenol Formaldehyd **3**

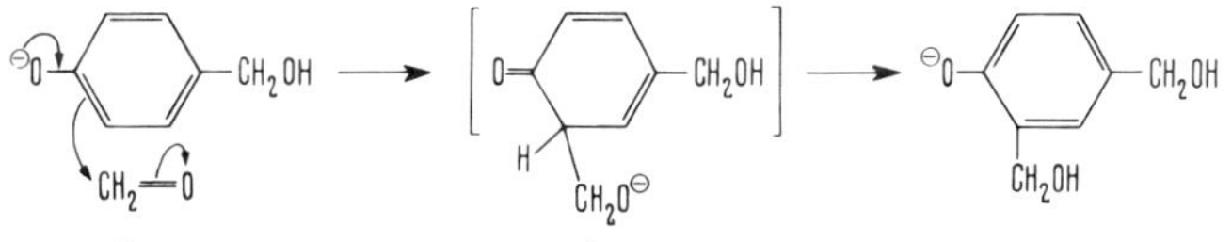

3 **4**

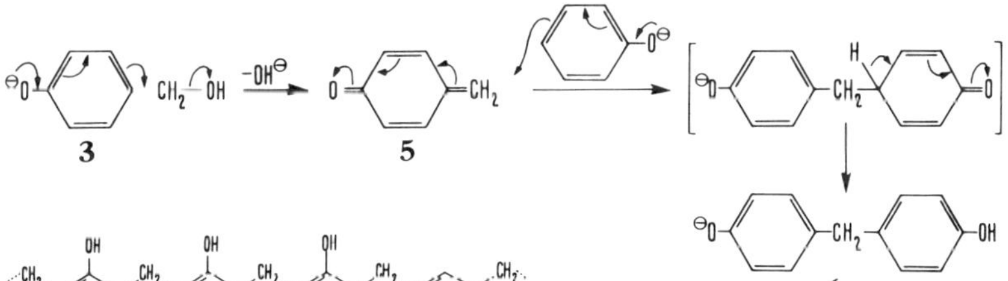

3 **5** **6**

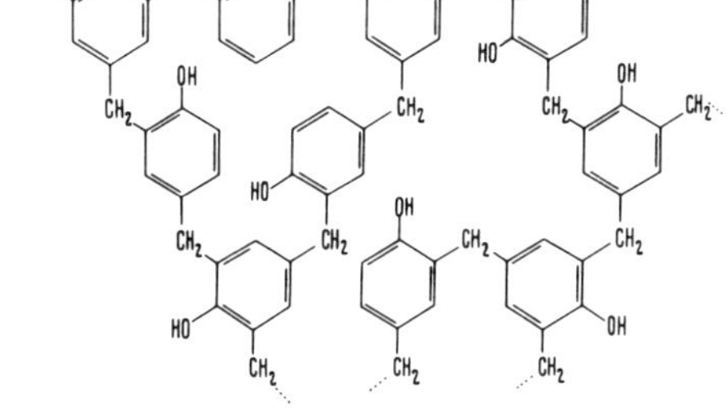

Bakelit

einer Verbindung **6** reagieren. Die Kombination beider Reaktionsmöglichkeiten erlaubt den Aufbau eines stark vernetzten, dreidimensionalen Polymerisats. Diese Phenol-Formaldehyd-Harze (Bakelit) sind Mischpolymere.
Zu dieser Gruppe gehören auch die Polyester und die Polyamide. Terylene (Dacron) ist ein aus Terephthalsäure und Ethylenglykol aufgebauter Polyester. Nylon ist ein Polyamid, die Bau-

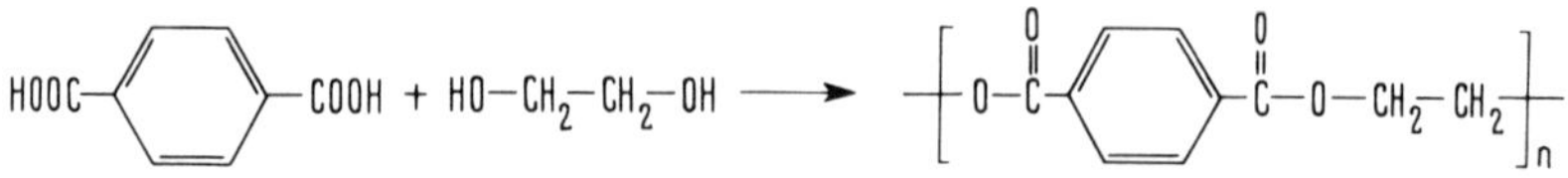

Terephthalsäure Ethylenglykol Terylene

steine sind Adipinsäure $HOOC(CH_2)_4COOH$ und Hexamethylendiamin $H_2N(CH_2)_6NH_2$, die durch Amidbindungen verknüpft sind:

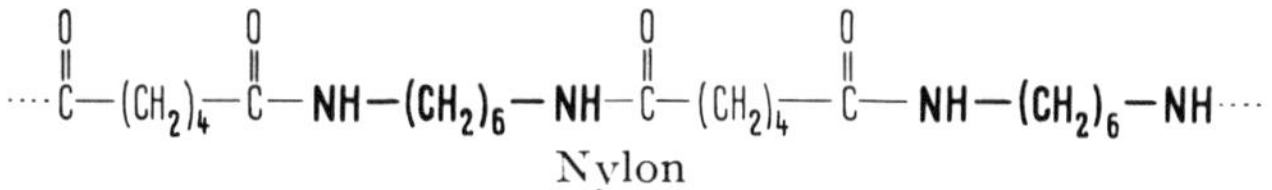

Nylon

26.6. Zusammenhänge zwischen Struktur und Eigenschaften von Polymeren

Für die Herstellung von brauchbaren Polymeren sind die Reaktionsbedingungen sehr wichtig. Es müssen sehr reine Ausgangsmaterialien verwendet werden, da Verunreinigungen den Kettenaufbau stören können. Der Polymerisationsgrad ist von den Reaktionsbedingungen abhängig: Zu hohe Temperaturen oder zu hohe Konzentrationen der Radikalstarter führen dazu, daß zu viele Ketten angefangen werden und man ein Polymerisat mit einem niedrigen Polymerisationsgrad erhält.
Einen großen Einfluß auf die Eigenschaften von Polymeren hat die Zahl der Querverbindungen zwischen den Kettenmolekülen. Diese können häufig nach der Polymerisation noch eingeführt werden. Beim Kautschuk (Polyisopren) geschieht das beim Vulkanisieren. Dabei wird der Kautschuk mit Schwefel in Gegenwart von Katalysatoren erhitzt, wobei zwischen den Ketten –S– - und –S–S– -Brücken gebildet werden. Die Polypeptidketten (S. 229), aus denen das natürliche Polymere Wolle besteht, enthalten Cystein (**a**). Bei milder Oxidation, z. B. durch Luftsauerstoff, werden nach $2RSH \xrightarrow{O} R{-}S{-}S{-}R + H_2O$ die für Wolle typischen Disulfidbrücken gebildet.

Besonders viele Querverbindungen enthalten die Phenol-Formaldehyd-Harze (S. 164).

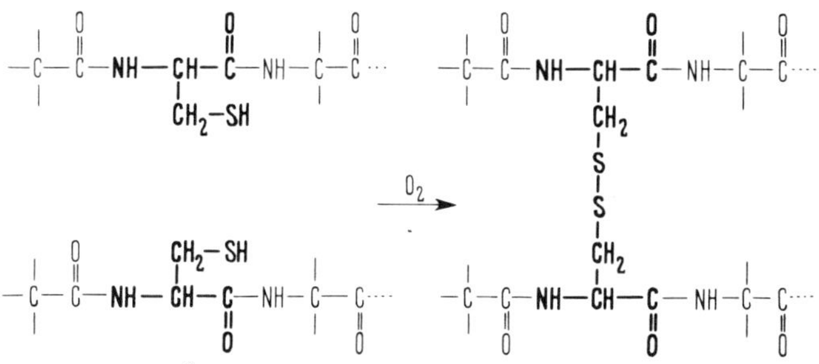

a

Kunststoffe, die aus kettenförmigen Molekülen ohne Querverbindungen bestehen, sind sehr elastisch. Bei mechanischer Beanspruchung, z. B. Zug, richten sich die im Ruhezustand stark geknäuelten Ketten annähernd parallel aus. Hört der Zug auf, so geht das Material wieder in den Ausgangszustand mit den geknäuelten Polymerenketten zurück.
Die Einführung von Querverbindungen (Vernetzung) zwischen den Polymerenketten verbessert die Eigenschaften von Kunststoffen. Solange deren Zahl klein ist, bleibt die Elastizität erhalten. Kunststoffe dieser Art werden beim Erwärmen weich und lassen sich dann leicht verarbeiten. Da auch die Löslichkeit in organischen Lösungsmitteln erhalten bleibt, eignen sich Kunststoffe mit einem geringen Vernetzungsgrad auch zur Herstellung von Kunstfasern: Eine Lösung des Polymeren wird durch feine Düsen ausgepreßt und das Lösungsmittel gleichzeitig verdampft.
Kunststoffe mit sehr zahlreichen Querverbindungen wie z. B. Bakelit (S. 164) sind nicht mehr elastisch, schmelzen nicht bei höherer Temperatur und sind in organischen Lösungsmitteln unlöslich. Hier wird die Masse bereits während der Polymerisation in Formen gegossen und der Prozeß anschließend bei erhöhter Temperatur zu Ende geführt.

27. Radikalreaktionen

27.1. Bildung von Radikalen

Radikale sind Atome, Moleküle oder Ionen, die ungepaarte Elektronen aufweisen (S. 26). Sie entstehen durch homolytische

Spaltung von Elektronenpaarbindungen unter dem Einfluß von UV-Licht (Kapitel 28) oder Wärme:

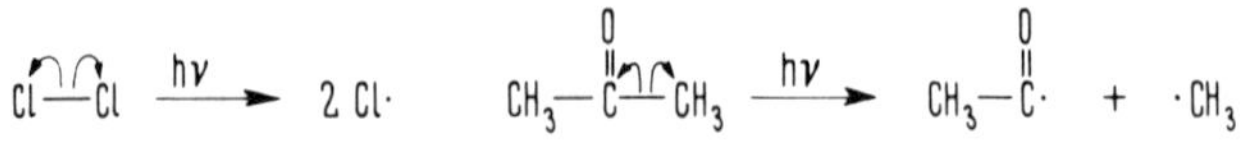

Aceton Acetylradikal Methylradikal

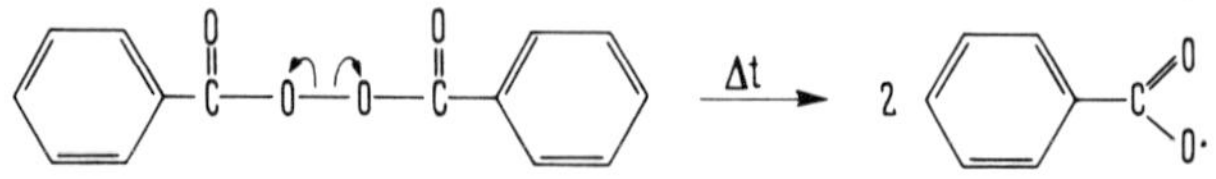

Dibenzoylperoxid Benzoylradikal

Radikale können auch bei Redox-Vorgängen entstehen, wenn dabei Ein-Elektronenübergänge stattfinden.

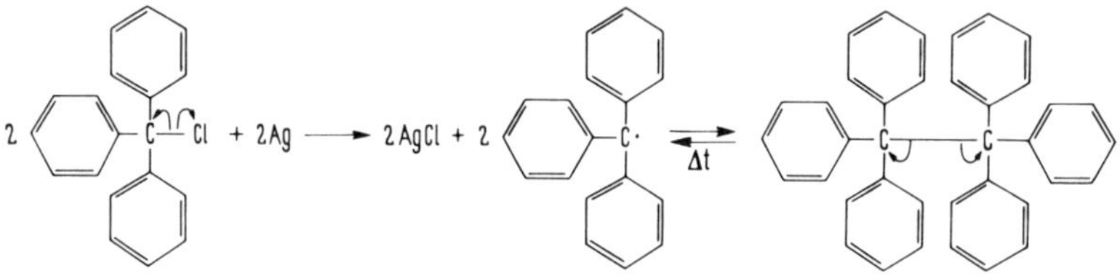

Triphenylmethylchlorid Triphenylmethylradikal Hexaphenylethan

ein Hydroperoxid ein Alkoxyradikal

27.2. Kettenreaktionen

Radikale sind sehr reaktionsfähig. Ein durch UV-Bestrahlung entstandenes Cl•-Radikal (= Cl-Atom) kann durch homolytische Abspaltung eines H-Atoms aus einem Alkan in HCl übergehen. Dabei bleibt ein Alkylradikal übrig:

 (a)

Das Ethylradikal ist reaktionsfähig genug, um ein Cl_2-Molekül homolytisch zu spalten.

 (b)

Diese Reaktion liefert neben dem Produkt (Chloräthan) ein Cl•-Radikal, das wieder nach (a) weiterreagieren kann. Ist einmal in einer *Startreaktion* ein Cl-Radikal gebildet worden, so können die Reaktionen (a) und (b) sehr oft hintereinander ablaufen. Diese *Kettenreaktion* wird erst unterbrochen, wenn Vorgänge eintreten, die keine Radikale mehr als Produkte liefern. Solche *Kettenabbruchreaktionen* sind z. B. Kombinationen von zwei Radikalen. Auch die Bildung von relativ stabilen, wenig reaktionsfähigen Radikalen kann zum Kettenabbruch führen (vgl. Abschnitt 27.4.). Die Chlorierung von Alkanen verläuft also nach folgendem Schema:

$Cl_2 \rightarrow 2\,Cl\cdot$	Startreaktion
$Cl\cdot + CH_3{-}CH_3 \rightarrow HCl + CH_3{-}CH_2\cdot$	Kettenreaktionen
$CH_3{-}CH_2\cdot + Cl_2 \rightarrow CH_3{-}CH_2{-}Cl + Cl\cdot$	
$2\,Cl\cdot \rightarrow Cl_2$	Kettenabbruchreaktionen
$CH_3{-}CH_2\cdot + Cl\cdot \rightarrow CH_3{-}CH_2{-}Cl$	
$2\,CH_3{-}CH_2\cdot \rightarrow CH_3{-}CH_2{-}CH_2{-}CH_3$	

Gute Resultate erhält man, wenn die Kettenreaktionen (a) und (b) schnelle Reaktionen sind und die Konzentration der freien Radikale klein gehalten werden kann. Dadurch wird die Wahrscheinlichkeit von Kettenabbruchreaktionen vermindert. Unter optimalen Bedingungen können nach obigem Schema pro gebildetes Cl-Radikal bis zu 10000 Alkan-Moleküle chloriert werden, bevor die Kette abbricht.

27.3. Stabilität von Radikalen

Eine Homolyse verläuft um so leichter, je kleiner die Bindungsenergie der zu brechenden Bindung ist. Da dieser Energiebetrag in der Reihe

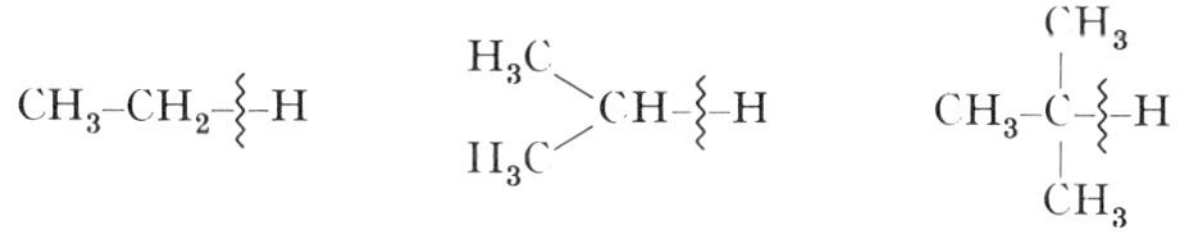

97 kcal/Mol 95 kcal/Mol 90 kcal/Mol

abnimmt, entsteht das tertiäre Radikal am leichtesten und ist auch am stabilsten. Noch wesentlich stabiler sind Radikale, bei denen das ungepaarte Elektron delokalisiert werden kann. Beispiele für diese mesomeren Radikale sind das Allylradikal, das Benzylradikal und vor allem das Triphenylmethylradikal (S. 166).

$\dot{C}H_2{-}CH{=}CH_2 \longleftrightarrow CH_2{=}CH{-}\dot{C}H_2$ Allylradikal

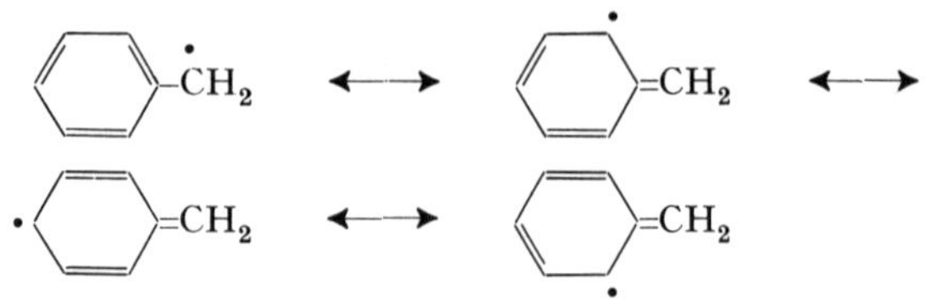

Benzylradikal

Für Radikalreaktionen sind sehr unstabile Radikale häufig ungeeignet. Da sie wahllos mit allen im Reaktionsgemisch vorhandenen Verbindungen reagieren, ist keine selektive Reaktion möglich, man erhält ein Gemisch von Produkten.

27.4. Nachweis von Radikalreaktionen, Radikalfänger

Radikale können durch relativ komplizierte physikalische Messungen direkt nachgewiesen werden. Da Radikale farbig sind, können wenigstens relativ stabile Radikale (z. B. das gelbe Triphenylmethylradikal) am Auftreten der Farbe erkannt werden. Typisch für Radikalreaktionen ist auch, daß sie durch Licht oder leicht in Radikale zerfallende Verbindungen (z. B. Peroxide) katalysiert werden. Andrerseits kann man diese Reaktionen durch *Radikalfänger* bremsen oder vollständig unterbinden. Dafür eignen sich Verbindungen, die sich mit den an der Kettenreaktion beteiligten Radikalen zu relativ stabilen, weniger reaktionsfähigen Radikalen umsetzen. Dadurch wird die Reaktionskette unterbrochen. Als Radikalfänger können z. B. Iod, Hydrochinon oder Sauerstoff verwendet werden. Setzt man der in Abschnitt 27.2. beschriebenen Chlorierungsreaktion I_2 zu, so entstehen Iodradikale. Die Reaktionskette bricht ab, da die I•-Radikale zu wenig reaktionsfähig sind, um analog zu den Cl•-Radikalen weiter mit Ethan zu reagieren.

$$CH_3\text{–}CH_2\bullet \quad + \quad I\text{–}I \longrightarrow CH_3\text{–}CH_2\text{–}I \quad + \quad I\bullet$$

$$I\bullet \quad + \quad CH_3\text{–}CH_3 \not\longrightarrow CH_3\text{–}CH_2\bullet \quad + \quad HI$$

Die Chlorierung von Alkanen wird mit Vorteil unter Luftabschluß durchgeführt, da sonst die Bildung von relativ reaktionsträgen Peroxyalkylradikalen $CH_3\text{–}CH_2\text{–}O\text{–}O\cdot$ zu einem Kettenabbruch führt.

27.5. Beispiele

Die *Chlorierung von Alkanen* läßt sich auch mit Sulfurylchlorid

SO_2Cl_2 in Gegenwart von Peroxiden durchführen. Diese Reaktion dürfte nach folgendem Schema ablaufen:

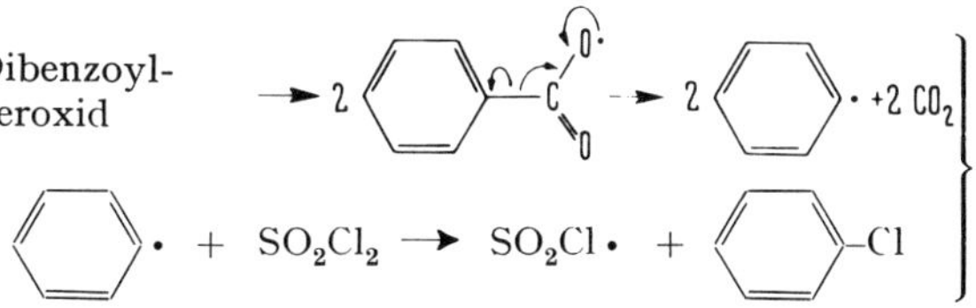

$$\left.\begin{array}{l} SO_2Cl\cdot \rightarrow SO_2 + Cl\cdot \\ Cl\cdot + CH_3{-}CH_3 \rightarrow CH_3{-}CH_2\cdot + HCl \\ CH_3{-}CH_2\cdot + SO_2Cl_2 \rightarrow CH_3{-}CH_2{-}Cl + SO_2Cl\cdot \end{array}\right\} \text{Kettenreaktionen}$$

Die *Sulfochlorierung von Alkanen* ist eine durch Licht katalysierte Radikalreaktion zwischen Alkanen R–H, SO_2 und Cl_2:

$$Cl_2 \xrightarrow{h\nu} 2\,Cl\cdot \qquad \text{Startreaktion}$$

$$\left.\begin{array}{l} Cl\cdot + R{-}H \longrightarrow HCl + R\cdot \\ R\cdot + SO_2 \longrightarrow R{-}SO_2\cdot \\ R{-}SO_2\cdot + Cl_2 \longrightarrow R{-}SO_2Cl + Cl\cdot \end{array}\right\} \text{Kettenreaktionen}$$

Anti-MARKOWNIKOFF-*Additionen von Halogenwasserstoffen* an C–C-Doppelbindungen (S. 96) können in Gegenwart von Peroxiden durchgeführt werden.

Radikal-Polymerisationen wurden bereits auf S. 162 beschrieben. Viele Verbindungen (Ether, Aldehyde, aromatische Amine) wer-

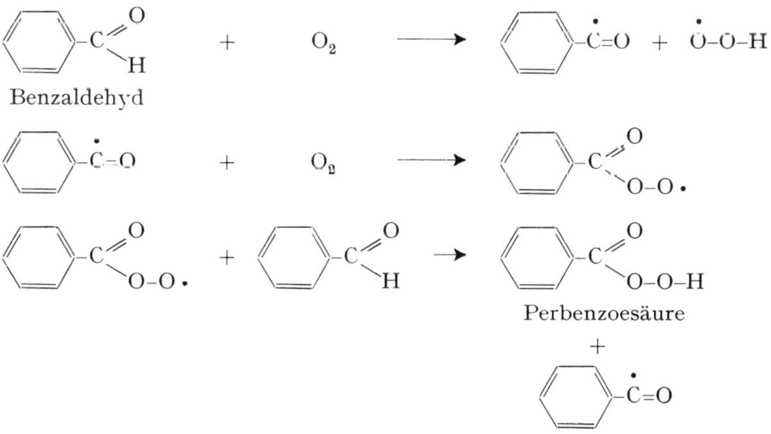

den durch Luftsauerstoff oxidiert. Bei diesen als *Autoxidation* bezeichneten Vorgängen handelt es sich um Radikalreaktionen. Das Endprodukt der Autoxidation von Benzaldehyd ist Benzoesäure: Die zuerst entstandene Perbenzoesäure oxidiert Benzaldehyd:

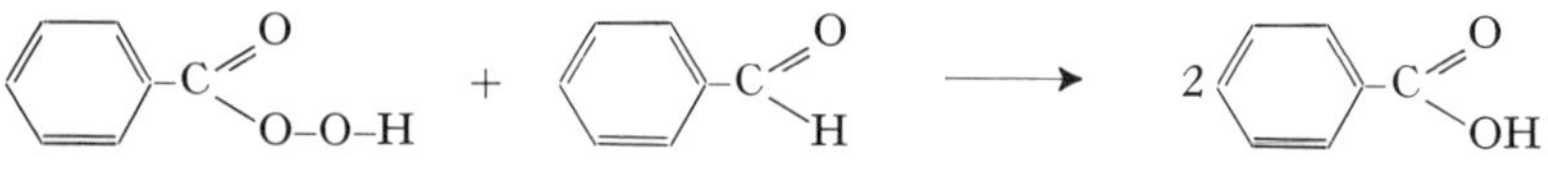

Autoxidationsgefährdete Chemikalien werden zur Lagerung häufig durch Zusatz von Radikalfängern stabilisiert.
Radikale können auch durch Elektrolyse gebildet werden. Carboxylationen, z. B. dem Propionation wird an der Anode ein Elektron entzogen; dabei entsteht ein elektrisch ungeladenes Radikal. Nach Abspaltung von CO_2 bilden sich durch Kombination der Alkylradikale Kohlenwasserstoffe (KOLBE-Synthese).

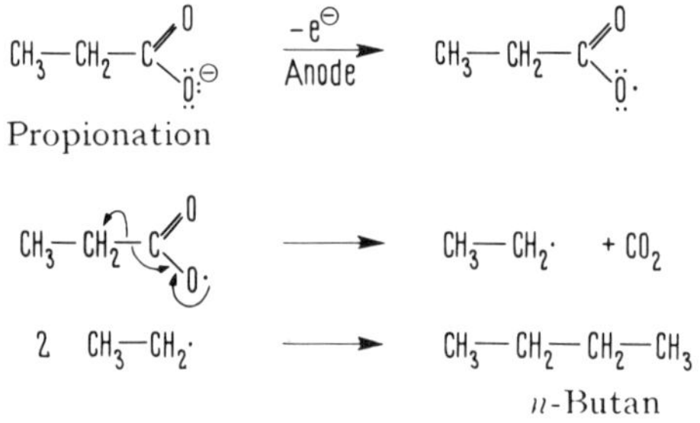

Übung 28. a) Alkane R–H können mit Phosgen $COCl_2$ unter Bestrahlung mit ultraviolettem Licht in Säurechloride übergeführt werden. Formuliere ein Reaktionsschema für diesen als Kettenreaktion ablaufenden Vorgang.
b) Welche Hauptprodukte sind bei der Umsetzung von Propan CH_3–CH_2–CH_3 und Isopentan $(CH_3)_2CH$–CH_2–CH_3 mit $COCl_2$ zu erwarten?

28. Photochemie

Die Photochemie beschäftigt sich mit Reaktionen, die durch Licht ausgelöst werden. Beispiele sind die CO_2-Assimilation in grünen Pflanzen oder das Ausbleichen von Farbstoffen.

28.1. Durch Licht angeregte Moleküle

Damit eine Verbindung photochemische Reaktionen eingehen kann, muß sie Licht absorbieren können. Farbige Verbindungen absorbieren im sichtbaren Bereich des Spektrums. Für photochemische Reaktionen wird oft das energiereichere ultraviolette Licht verwendet, das von vielen Verbindungen absorbiert wird, die π-Bindungen oder einsame Elektronenpaare (z. B. an Sauerstoff) aufweisen.

Licht (= Energie!) ist nach PLANCK gequantelt. Die Energie eines *Lichtquants* oder *Photons* ist durch den Ausdruck

$$E = h\nu = h \frac{c}{\lambda}$$

bestimmt (h = PLANCKsche Konstante = 6,624 · 10^{-27} erg/sec, ν = Frequenz, λ = Wellenlänge des Lichts, c = Lichtgeschwindigkeit = 3 · 10^{10} cm/sec); sie ist umgekehrt proportional zur Wellenlänge des verwendeten Lichts.

Führt man Atomen Energie zu, so werden Elektronen der äußersten Schale auf höhere Energieniveaus gehoben. Kehren diese Elektronen auf ihre ursprüngliche Schale zurück, so wird die vorher aufgenommene thermische Energie in Form von Licht wieder abgegeben. Auf diese Weise kommen die typischen Flammenfärbungen der Alkali- und Erdalkalimetalle zustande. In ähnlicher Weise können auch die Elektronen in organischen Verbindungen angeregt werden. Durch die Zufuhr von Lichtenergie werden Elektronen von bindenden und nichtbindenden Elektronenpaaren in antibindende Orbitale (S. 45) promoviert. In der Carbonylgruppe von Formaldehyd ist das σ-Orbital der C–O-Doppelbindung das energieärmste Orbital. Eine Über-

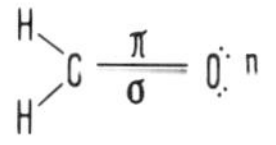

Formaldehyd

führung von σ-Elektronen in ein antibindendes σ^*- oder π^*-Orbital, die sehr viel Energie erfordern würde, findet nicht statt. Etwas weniger Energie erfordert die Promotion eines π-Elektrons aus der C–O-Doppelbindung. Für diesen $\pi \rightarrow \pi^*$-*Übergang* wird sehr energiereiches ultraviolettes Licht mit einer Wellenlänge von ca. 160 nm benötigt. Auch die Elektronen in den beiden einsamen Elektronenpaaren am Sauerstoff lassen sich durch Licht anregen, sie werden ebenfalls in das antibindende π^*-Orbital befördert. Entsprechend der geringeren Energiedifferenz zwischen den n-[7]) und π-Niveaus erfordert ein $n \rightarrow \pi^*$-*Übergang* weniger Energie als ein $\pi \rightarrow \pi^*$-Übergang und kann mit ultraviolettem Licht der Wellenlänge 280 nm ausgelöst werden.

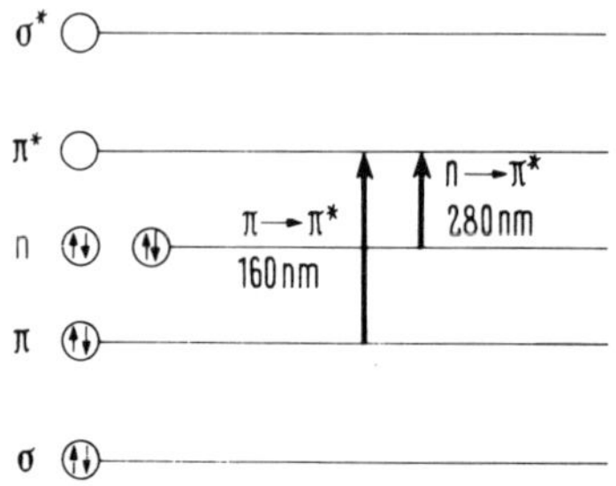

Fig. 25. Energieniveauschema für die Orbitale der Carbonylgruppe.

Bei $n \rightarrow \pi^*$- und $\pi \rightarrow \pi^*$-Übergängen erfolgt die Promotion eines π- oder n-Elektrons auf das energiereichere π^*-Niveau zunächst unter Beibehaltung der Spinrichtung. Dieser angeregte Zustand des Moleküls mit der Multiplizität 1[8]) wird als

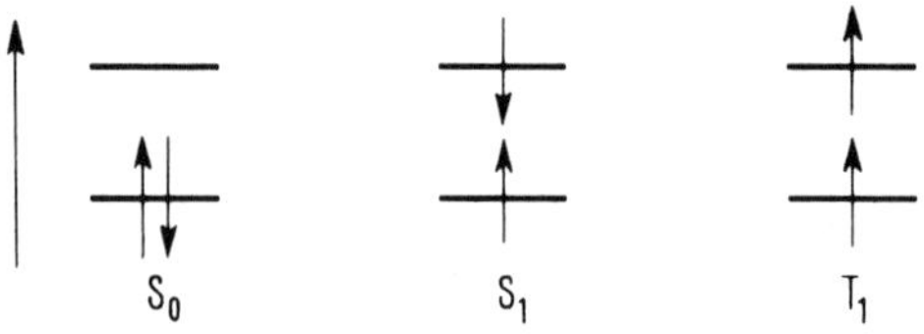

Singlettzustand bezeichnet. Anschließend kann das Molekül unter Spinumkehr des promovierten Elektrons in einen *Triplettzustand* mit der Multiplizität 3[8]) übergehen. Gemäß der HUND-schen Regel ist der Triplettzustand mit der höheren Multiplizität energieärmer und stabiler als der Singlettzustand.

[7]) Die Bezeichnung n deutet an, daß sich diese Elektronen in einem nicht bindenden Orbital befinden.

[8]) Der Gesamtspin S aller Elektronen in einem Molekül, das nur Elektronen mit paarweise antiparallelem Spin enthält (Grundzustand S_0 oder Singlettzustand S_1) ist null, da jeder Einzelspin den Wert $+{}^1/_2$ oder $-{}^1/_2$ hat. Die Multiplizität wird durch den Ausdruck $2S+1$ bestimmt. Für den Singlettzustand ist die Multiplizität 1. Haben zwei Elektronen gleichgerichteten Spin (Triplettzustand T_1), so wird $S = 1$ und die Multiplizität 3.

28.2. Primärprozesse

Zum Verständnis photochemischer Reaktionen ist es nötig, alle Vorgänge zu untersuchen, die sich an die Absorption eines Photons durch ein Molekül anschließen (Fig. 26). Der erste

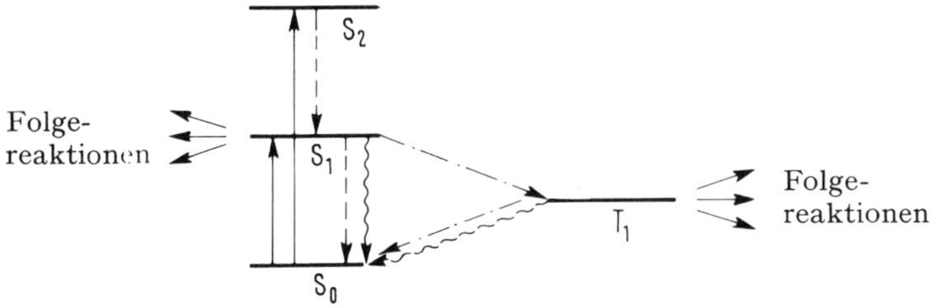

Fig. 26. Photochemische Primärprozesse. ➝ Lichtabsorption, ---➝ Interne Konversion, -·-·➝ intersystem crossing, ∿∿➝ Fluoreszenz, ~~➝ Phosphoreszenz.

Schritt ist die Überführung eines Moleküls aus dem Grundzustand S_0 in den Singlettzustand S_1. Ist die aufgenommene Energiemenge sehr groß, so kann zunächst ein energiereicherer Singlettzustand (S_2, S_3) erreicht werden. Von dort aus gehen diese stark angeregten Moleküle jedoch rasch auf den S_1-Zustand zurück. Die Energiedifferenz wird bei Kollisionen auf andere Moleküle übertragen. Dieser Übergang, der strahlungslos abläuft, wird als *interne Konversion* bezeichnet.

Vom Singlettzustand S_1 aus sind folgende Übergänge möglich:

$S_1 \rightarrow S_0$ als interne Konversion, genau wie $S_2 \rightarrow S_1$.

– $S_1 \rightarrow S_0$ durch Abgabe eines Lichtquants (Fluoreszenz).

– $S_1 \rightarrow T_1$. Unter Spinumkehr des angeregten Elektrons kann das Molekül in den energieärmeren Triplettzustand T_1 übergehen. Dieser Vorgang wird als *intersystem crossing* bezeichnet.

– S_1 kann chemische Reaktionen (Zerfall, Umlagerung, Kettenreaktion) eingehen, die zu den Produkten führen. Da die Lebensdauer des S_1-Zustandes kleiner als 10^{-5}–10^{-7} sec ist, kommen nur sehr schnelle Reaktionen in Frage. Deshalb überwiegen meist die drei oben angeführten Übergänge.

Viele Folgereaktionen gehen vom Triplettzustand aus, der viel stabiler ist und eine längere Lebensdauer (meist größer als 10^{-4} sec) hat. Außerdem können folgende Übergänge in den Grundzustand erfolgen:

– $T_1 \rightarrow S_0$, strahlungslos und unter Spinumkehr als intersystem crossing.

– $T_1 \rightarrow S_0$ unter Abstrahlung von Energie als Licht (Phosphoreszenz). Außerdem kann die Triplettenergie auch auf ein anderes Molekül übertragen werden, das dabei vom Grundzustand direkt in den Triplettzustand promoviert wird (vgl. Abschnitt 28.4.).

28.3. Sensibilisatoren

Viele Verbindungen, die selbst kein ultraviolettes Licht absorbieren, können dennoch in photochemischen Reaktionen umgesetzt werden. Da die Energie nicht direkt übertragen werden kann, setzt man einen Hilfsstoff ein. Dieser *Sensibilisator* soll eine Verbindung sein, die durch Lichtabsorption über den $S_{1,sens}$-Zustand leicht in den Triplettzustand $T_{1,sens}$ übergeht (z. B. Farbstoff, Benzophenon). Durch direkte Energieübertragung bei einer Kollision kann dieses angeregte Sensibilisatormolekül Energie auf das nichtabsorbierende Molekül X übertragen (Fig. 27), wobei dieses seinerseits direkt in den Triplettzustand $T_{1,x}$ promoviert wird. Diese Energieübertragung ist nur dann möglich, wenn $T_{1,x}$ energieärmer ist als $T_{1,sens}$.

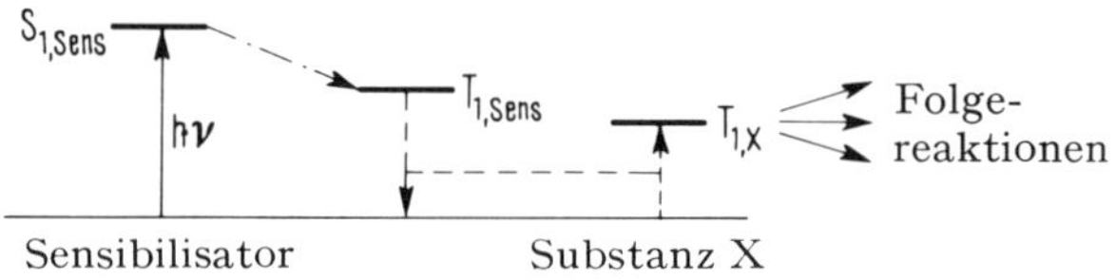

Fig. 27. Schema der Energieübertragung durch Sensibilisatoren.

28.4. Triplettlöscher

Photoreaktionen, die über einen Triplettzustand ablaufen, können durch Triplettlöscher teilweise oder ganz unterbunden werden. Auf diese Substanzen (z. B. Naphthalin) übertragen die sich im T_1-Zustand befindenden angeregten Moleküle ihre Energie besonders leicht. Die Löscher verhalten sich also wie die Substanz X in Fig. 27, reagieren aber nach ihrer Überführung in den T_1-Zustand nicht weiter. Damit ist die photochemische Reaktion unterbrochen.

Experimente dieser Art kann man zur Untersuchung von Photoreaktionen verwenden: Werden die Reaktionsprodukte vom Singlettzustand S_1 aus gebildet (Fig. 26), so hat ein Triplettlöscher keinen Einfluß. Photoreaktionen, die über den T_1-Zustand verlaufen, werden dagegen nach Zugabe eines Triplettlöschers teilweise oder ganz unterbunden.

28.5. Quantenausbeuten

Das Verhältnis von $\frac{\text{Anzahl umgesetzter Moleküle}}{\text{Anzahl absorbierter Photonen}} = \Phi$ wird als Quantenausbeute einer photochemischen Reaktion bezeichnet. Gehen die meisten angeregten Moleküle durch interne Konversion oder Fluoreszenz wieder in den Grundzustand über, so ist $\Phi < 1$. Der Fall $\Phi = 1$ tritt ein, wenn jedes angeregte Molekül vom S_1- oder T_1-Zustand aus eine Folgereaktion eingeht. Es sind aber auch Werte von $\Phi > 1$ (bis ca. 10^6) möglich, wenn durch die photochemische Reaktion ein Radikal gebildet wird, das eine Kettenreaktion (S. 166) auslösen kann. Ein Beispiel ist die photochemische Auslösung der Chlorknallgasreaktion (Gemisch von $H_2 + Cl_2$):

$$\text{Cl–Cl} \xrightarrow{h\nu} 2\,\text{Cl}\bullet$$

$$\text{Cl}\bullet + \text{H–H} \longrightarrow \text{HCl} + \text{H}\bullet$$

$$\text{H}\bullet + \text{Cl–Cl} \longrightarrow \text{HCl} + \text{Cl}\bullet \ldots$$

28.6. Beispiele

Folgereaktionen treten ein, wenn die bei der photochemischen Anregung aufgenommene Energie von der gleichen Größenordnung ist wie Bindungsenergien. In diesem Fall kann es im angeregten Molekül zur homolytischen Spaltung einer Bindung kommen. Dabei entstehen aus Halogenmolekülen X_2 Halogenatome:

$$\text{X–X} \xrightarrow{h\nu} \underset{\text{angeregtes Halogenmolekül}}{[\text{X–X}]^*} \longrightarrow 2\,\text{X}\bullet$$

Bei komplexeren Molekülen wird immer bevorzugt die schwächste Bindung gebrochen. Im Aceton ist das die C–C-Bindung:

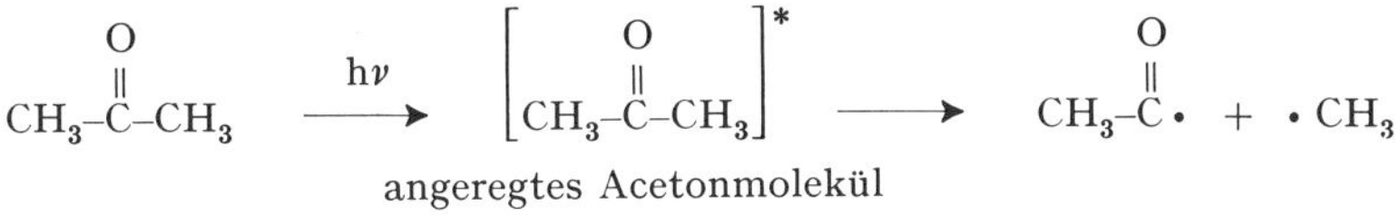

angeregtes Acetonmolekül

Diese Reaktion, bei der die Bindung zwischen dem Carbonyl-C-atom und dem α-C-Atom gebrochen wird, ist typisch für Carbonylverbindungen und wird als *α-Spaltung* bezeichnet. Im Menthon sind die beiden für die α-Spaltung in Frage kommenden Bindungen nicht gleichwertig. Die schwächere Bindung ist diejenige, deren Auflösung zum stabileren Biradikal führt (vgl. S. 28):

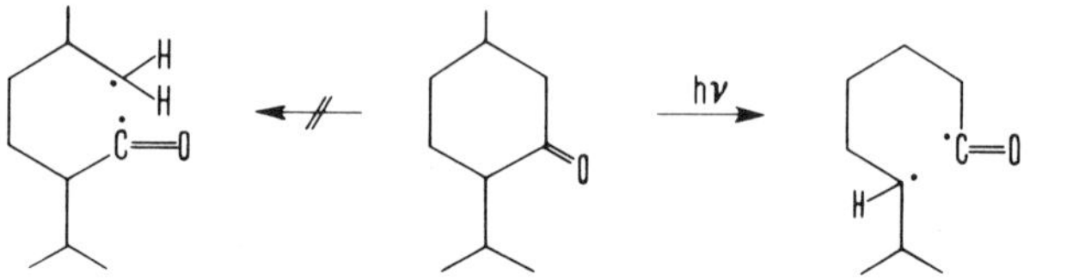

prim. C-Radikal Menthon *sek.* C-Radikal

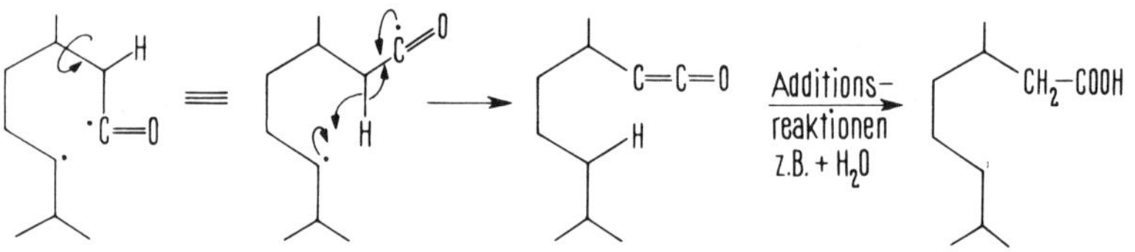

ein Keten

Eine der möglichen Folgereaktionen ist hier eine intramolekulare Abstraktion eines H-Atoms, die zu einem Keten führt. Als weitere Folgereaktion kommt die Abspaltung von CO aus den bei der α-Spaltung gebildeten Acylradikalen in Frage:

Die *Photoreduktion* von Ketonen kann in Gegenwart von Alkoholen durchgeführt werden. Benzophenon geht bei der Bestrahlung durch einen $n \rightarrow \pi^*$-Übergang in einen angeregten Zustand über. Man nimmt auf Grund von experimentellen Befunden an, daß es sich dabei um den T_1-Zustand handelt. Das angeregte Benzophenonmolekül, das zwei ungepaarte Elektronen und damit die Eigenschaften eines Biradikals hat, abstrahiert ein H-Atom vom zugesetzten Alkohol R–CH_2OH. Dabei entstehen zwei Radikale **1** und **2**, deren Kombination zu drei verschiedenen Pinakolen führen kann. Es kann aber auch zwischen dem Radikal **2** und einem weiteren angeregten Benzophenonmolekül nochmals eine H-Übertragung stattfinden. Dabei entsteht aus **2** ein Aldehyd, und man erhält durch Kombination von Radikalen **1** Benzpinakol (**3**) als Produkt.

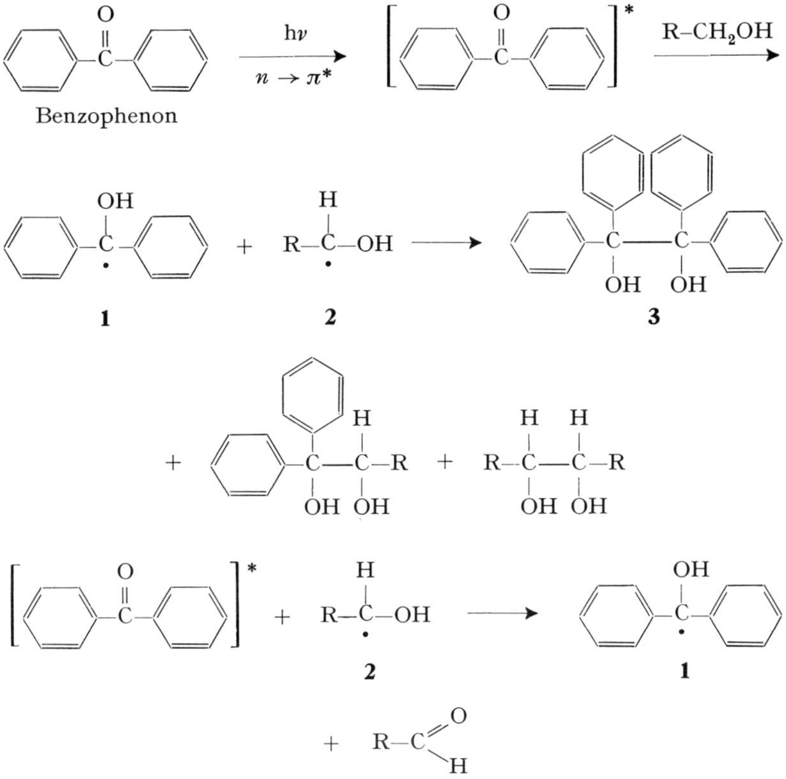

Die *cis-trans-Isomerisierung von Alkenen* kann photochemisch durchgeführt werden. Die Reaktion benötigt Sensibilisatoren und dürfte über den T_1-Zustand führen. In diesem angeregten Zustand hat das Molekül Biradikalcharakter und ist, da die π-Bindung aufgelöst ist, um die C–C-Bindung drehbar. Diese Isomerisierungen sind stark von den Reaktionsbedingungen abhängig. Die Lage des Gleichgewichts kann deshalb durch Variieren der Bedingungen (Temperatur, Lösungsmittel, Sensibilisator) verschoben werden. Damit ist es möglich, ein *cis*-Alken photochemisch mehr oder weniger vollständig in ein *trans*-Alken überzuführen und umgekehrt.

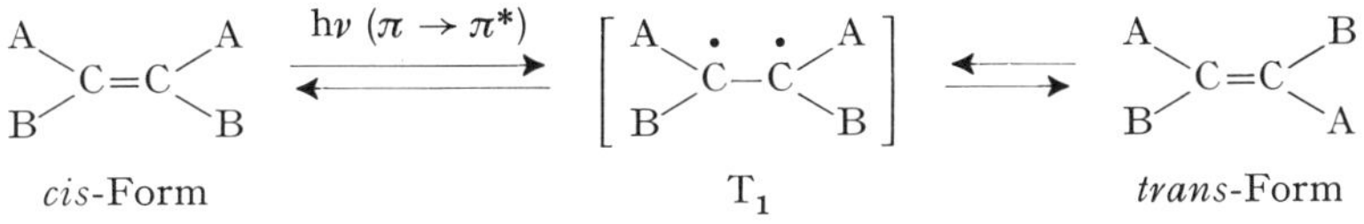

29. Umlagerungen

Umlagerungen sind Reaktionen, bei denen nicht nur funktionelle Gruppen umgewandelt, eingeführt oder abgespaltet werden, sondern auch das Grundgerüst des Moleküls verändert wird. Moleküle, die Umlagerungsreaktionen eingehen, weisen die allgemeine Struktur **1** auf. Darin bedeuten X eine Abgangsgruppe (S. 113) und A die wandernde Gruppe (Alkyl- oder Arylgruppe). Y und Z sind meist Kohlenstoffatome, Y kann aber auch ein Stickstoffatom (z. B. HOFMANN-Abbau) oder ein Sauerstoffatom (z. B. CRIEGEE-Umlagerung) sein. Damit während oder nach dem Austritt der Abgangsgruppe X die Gruppe A nach Y wandern kann, müssen A und X *trans*ständig und antiparallel angeordnet sein, A, X, Y und Z liegen dabei in einer Ebene (**1**).

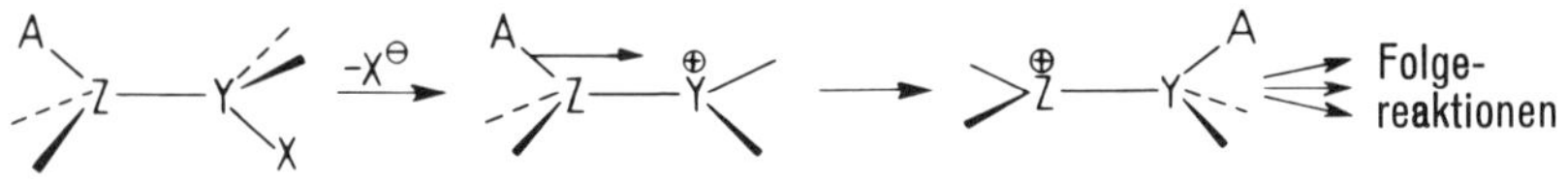

1 **2** **3**

Jede Umlagerungsreaktion läßt sich als Folge von Teilschritten auffassen. Die Abspaltung der Abgangsgruppe X führt zu einem Carboniumion (1. Ion, **2**). Die anschließende oder gleichzeitige Wanderung der Gruppe A von Z nach Y, die zum 2. Ion mit der positiven Ladung auf dem Zentrum Z (**3**) führt, erfolgt nur, wenn dadurch ein stabileres Ion entsteht. Andernfalls kommt es nur zu einer normalen S_N- oder E-Reaktion am Zentrum Y. Das umgelagerte Ion **3** geht je nach den Reaktionsbedingungen verschiedene Folgereaktionen ein.
Die Gruppe A wandert mit dem zugehörigen Bindungselektronenpaar. Man nimmt an, daß sie sich nie vollständig vom Molekül löst, die Reaktion also über einen Übergangszustand **4** intra-

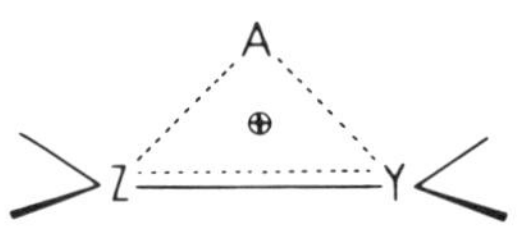

4

molekular verläuft. Dafür sprechen zwei experimentelle Befunde: Externe Reagenzien konkurrenzieren die wandernde Gruppe A nicht. Ist A eine Gruppe mit asymmetrischem C-Atom, so ändert sich ihre Konfiguration während der Umlagerung nicht.

Aus der protonierten Form von 3,3-Dimethyl-2-butanol (**5**) entsteht nach Abspaltung von Wasser das *sek.* Carboniumion **6** (1. Ion). Die Wanderung einer Methylgruppe von der 3- in die 2-Stellung führt zum stabileren *tert.* Carboniumion **7** (2. Ion).

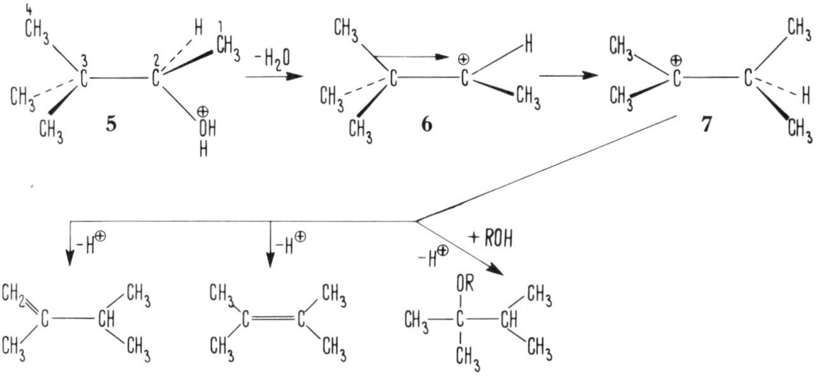

8 **9** **10**

In unpolaren Lösungsmitteln ist die Abspaltung eines Protons die bevorzugte Folgereaktion. Von den zwei möglichen Produkten **8** und **9** ist normalerweise das verzweigtere Alken **9** stabiler und wird daher als Hauptprodukt gebildet (S. 118). In polaren Lösungsmitteln können die Lösungsmittelmoleküle selbst (z. B. ROH) oder darin enthaltene Nukleophile (z. B. CH_3O^-, CH_3COO^-, Cl^-) unter Bildung von Verbindungen wie **10** koordiniert werden.

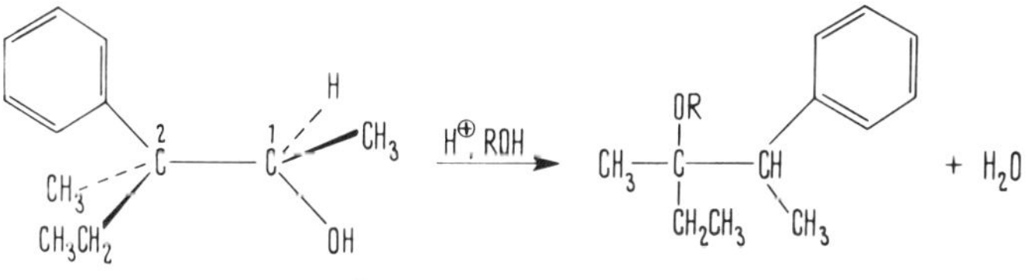

11 **12**

Wegen der freien Drehbarkeit um die C1-C2-Bindung könnte jede der drei Gruppen am C2-Atom von **11** die für die Umlagerung günstige Lage einnehmen. Im Experiment beobachtet man aber, daß bevorzugt nur die nukleophilste der Gruppen wandert.

Da die Nukleophilie in der Reihe

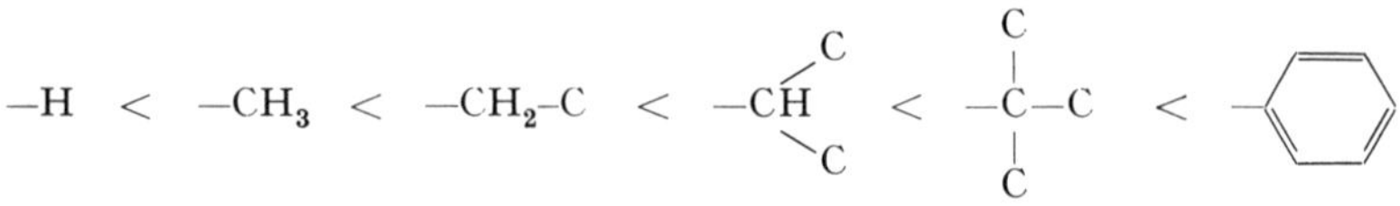

zunimmt, ist bei der Umlagerung von **11** als Hauptprodukt **12** zu erwarten.
Diese nach WAGNER und MEERWEIN benannten Umlagerungen treten häufig bei der Abspaltung von Wasser oder Halogenwasserstoff aus Alkoholen oder Alkylhalogeniden auf.
Wie die Umsetzung von Tetrahydrofurfurylalkohol (**13**) zu Dihydropyran (**14**) zeigt, kann die Rolle der wandernden Gruppe bei cyclischen Verbindungen auch von einer der Bindungen im Ring übernommen werden. Die Umlagerung erlaubt hier den Übergang von einem sehr instabilen *prim.* Carboniumion in ein *sek.* Carboniumion.

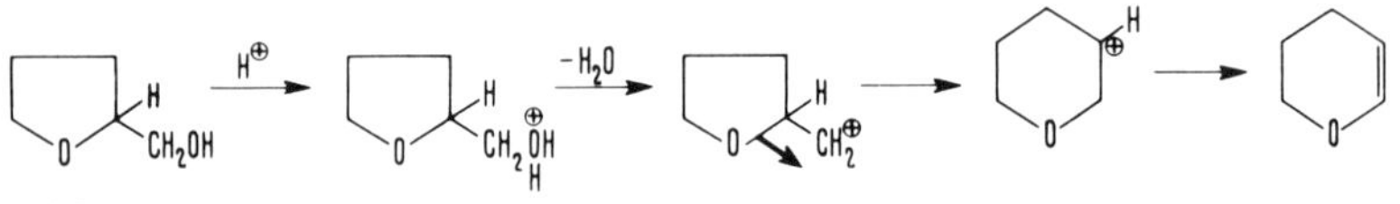

13 **14**

Die Zusammenhänge zwischen der Stereochemie und dem Verlauf von WAGNER-MEERWEIN-Umlagerungen können am Beispiel der Wasserabspaltung aus *cis-* und *trans-*2-Methylcyclohexanol (**15**) veranschaulicht werden. Es wandert immer die zur Abgangsgruppe *trans*ständige Gruppe. Diese Umlagerungen verlaufen wie die oben erwähnten in mehreren Schritten. Es wird jeweils nur das aus dem 2. Ion durch H⁺-Abspaltung entstehende stabilste Alken angegeben.

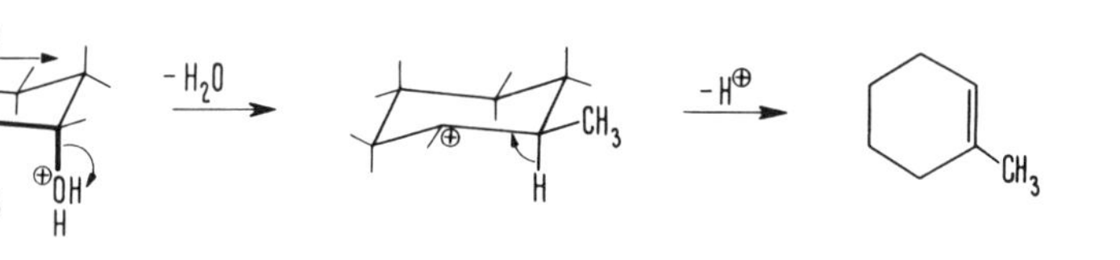

trans-**15**

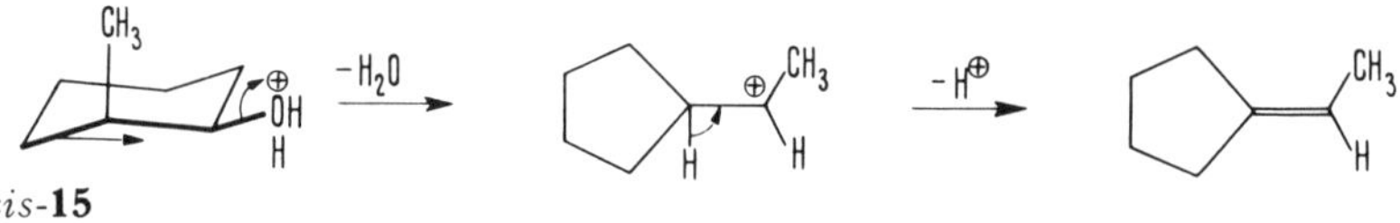

cis-**15**

29.2. Die Pinakol-Pinakolon-Umlagerung

Versucht man an 1,2-Glykolen eine säurekatalysierte Wasserabspaltung durchzuführen, so erhält man unter Umlagerung ein Keton. Für Pinakol (**16**) verläuft diese Reaktion über folgende Stufen:

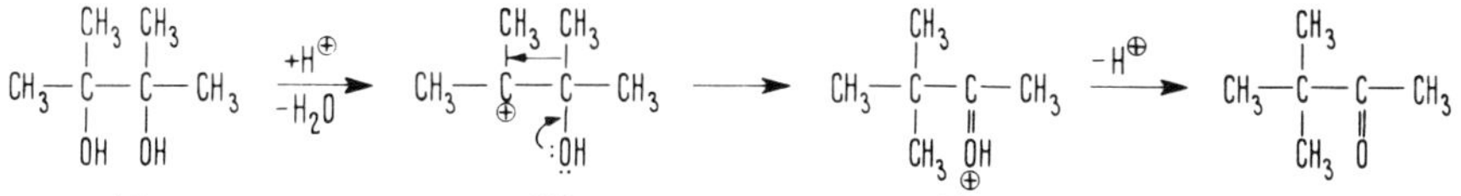

16 **17** **18** **19**

Das durch die Wanderung einer Methylgruppe entstehende protonierte Keton **18** (2. Ion) ist stabiler als das primär gebildete Carboniumion **17**. Als Endprodukt erhält man Pinakolon (**19**). Bei unsymmetrisch substituierten 1,2-Glykolen kann die Wasserabspaltung zu verschiedenen Produkten führen. Im ersten Schritt wird bevorzugt diejenige OH-Gruppe protoniert, die in der folgenden Reihe weiter rechts steht (R = Alkylgruppe, Ar = Arylgruppe):

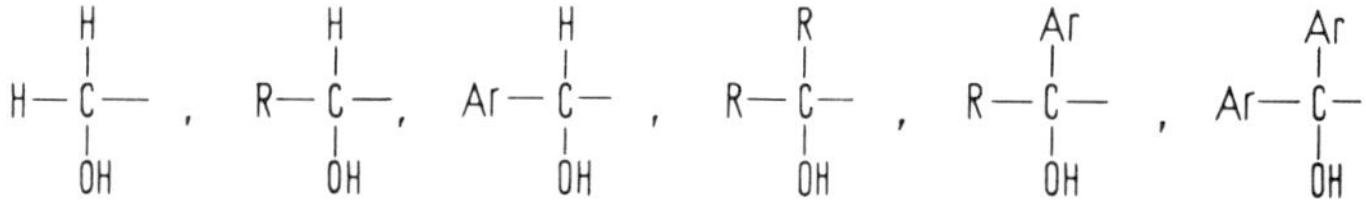

29.3. Die Allylumlagerung

Die Allylumlagerung entspricht nicht der in der Einleitung gegebenen allgemeinen Formulierung. Sie wird häufig bei Substitutionsreaktionen an Allylverbindungen beobachtet. Unter gleichzeitiger Verschiebung der Doppelbindung können allylständige Substituenten eine 1,3-Wanderung erfahren; das Grundgerüst der Verbindung bleibt dabei unverändert. Als Zwischenprodukt treten mesomeriestabilisierte Allylcarboniumionen (z. B. **22**) auf, die Lösungsmittelmoleküle oder Anionen

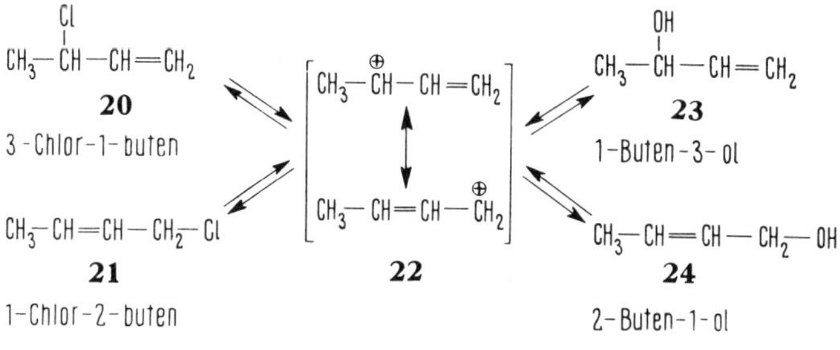

20 3-Chlor-1-buten

21 1-Chlor-2-buten

22

23 1-Buten-3-ol

24 2-Buten-1-ol

in beiden positiv geladenen Stellungen koordinieren können. Deshalb liefern beide Allylchloride **20** und **21** bei der Hydrolyse ein Gemisch der isomeren Butenole **23** und **24**. In saurer Lösung entsteht auch aus jeder der reinen Verbindungen **23** und **24** nach Protonierung der OH-Gruppe und Abspaltung von Wasser zum Allylcarboniumion **22** ein Gemisch der beiden Allylalkohole. Sind die beiden Grenzformen des Allylcarboniumions gleichwertig, so ist ein 1:1-Gemisch der beiden möglichen Produkte zu erwarten. Andernfalls wird dasjenige Produkt bevorzugt entstehen, das sich von der Grenzstruktur mit dem stabileren Carboniumion ableitet. Deshalb liefert die Hydrolyse der Allylchloride **20** und **21** immer 1-Buten-3-ol (**23**) als Hauptprodukt.

29.4. Die Wolff-Umlagerung

Diazoketone **25**[9]) spalten beim Erhitzen oder Bestrahlen mit ultraviolettem Licht Stickstoff ab. Dabei entsteht ein *Carben*, ein Molekül mit einem Kohlenstoff, der nur ein Elektronensextett aufweist. Die sehr reaktionsfähigen Carbene können sich durch Wanderung eines Alkylrests stabilisieren. Diese Umlagerung führt zu einem *Keten*. Eine der möglichen Folgereaktionen ist die Addition von Wasser, die zu einer Carbonsäure führt. Reaktionen, die unter Abspaltung von molekularem Stickstoff verlaufen, sind energetisch immer sehr günstig, da bei der Bildung des N_2-Moleküls viel Energie frei wird.

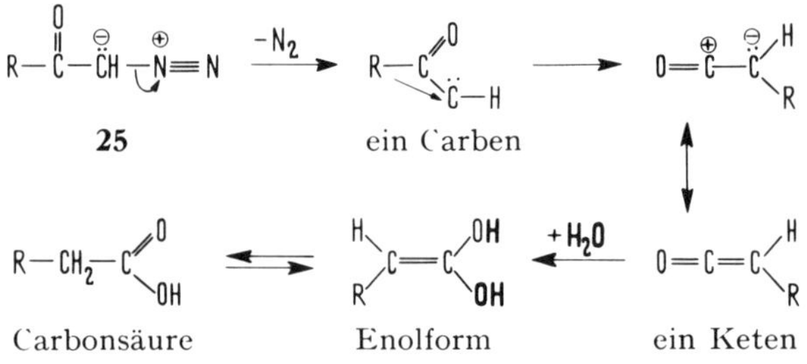

[9]) Diazoketone entstehen bei der Reaktion von Säurechloriden mit Diazomethan:

$$R{-}C(=O){-}Cl \;+\; :\overset{\ominus}{C}H_2{-}\overset{\oplus}{N}{\equiv}N \;\longrightarrow\; R{-}\overset{O}{\overset{\|}{C}}{-}\overset{\ominus}{\ddot{C}}H{-}\overset{\oplus}{N}{\equiv}N \;+\; HCl$$

29.5. Die Acylnitren-Isocyanat-Umlagerung

Eine ganze Gruppe von Abbaureaktionen, die alle von Carbonsäurederivaten zu Aminen oder Aminderivaten mit einer um ein C-Atom verkürzten Kohlenstoffkette führen, verläuft über Zwischenprodukte vom Typ **26**. Weil darin der Stickstoff nur ein Elektronensextett aufweist, werden diese Verbindungen in Analogie zu den Carbenen als *Nitrene* bezeichnet. Die sehr reaktionsfähigen Acylnitrene **26** stabilisieren sich durch eine Umlagerung unter Wanderung der Alkylgruppe R mit dem Bindungselektronenpaar zu Isocyanaten **27**. Die Folgereaktionen sind meist Additionen von Lösungsmittelmolekülen an die CO-Doppelbindung des Isocyanats **27**.

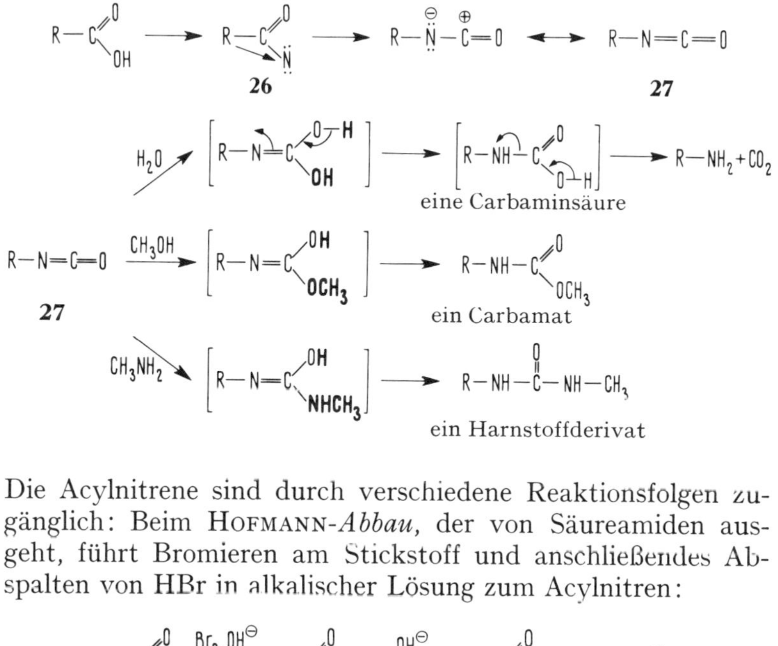

Die Acylnitrene sind durch verschiedene Reaktionsfolgen zugänglich: Beim Hofmann-*Abbau*, der von Säureamiden ausgeht, führt Bromieren am Stickstoff und anschließendes Abspalten von HBr in alkalischer Lösung zum Acylnitren:

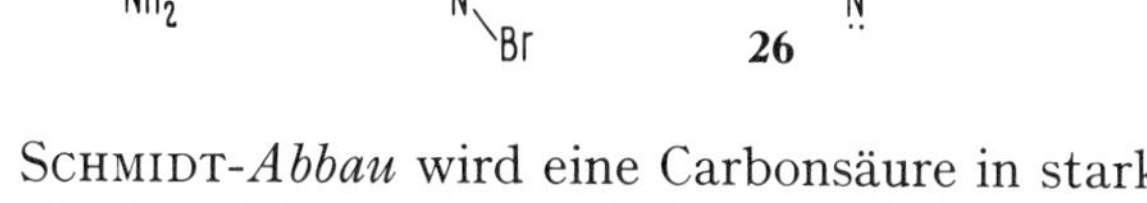

Für den Schmidt-*Abbau* wird eine Carbonsäure in stark saurer Lösung mit Stickstoffwasserstoff-Säure (*in situ* hergestellt nach $2NaN_3 + H_2SO_4 \rightarrow 2HN_3 + Na_2SO_4$) zu einem Säureazid umgesetzt. Die Abspaltung von N_2 führt zu Acylnitrenen:

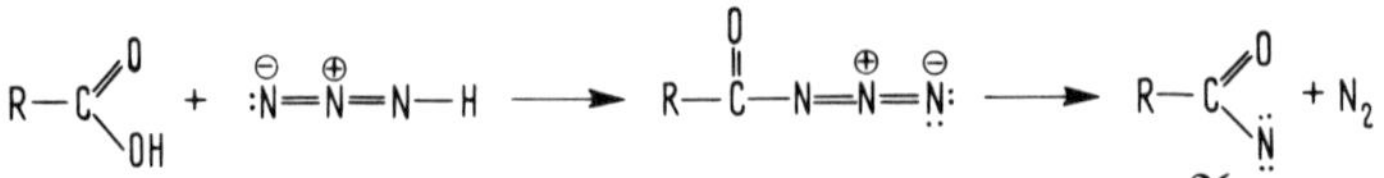

26

Auch der CURTIUS-*Abbau* verläuft über ein Säureazid, das aber nach

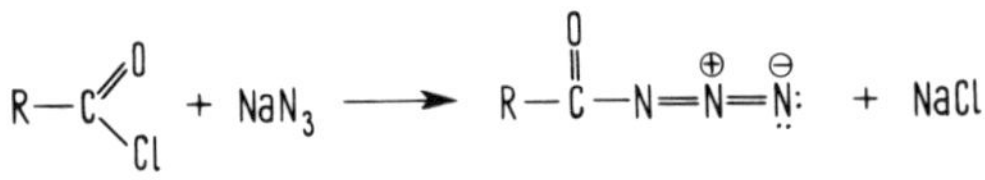

aus einem Säurechlorid mit Natriumazid hergestellt wird.

29.6. DIE BECKMANN-UMLAGERUNG

Diese Reaktion erlaubt die Umwandlung von Oximen in Säureamide. Dazu muß die OH-Gruppe der Oxime in eine bessere Abgangsgruppe umgewandelt werden. Am besten eignen sich Tosylester (–Tos = $-SO_2-$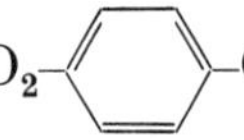$-CH_3$). Es wandert immer die zur Tosylestergruppe *trans*ständige Alkylgruppe. Die von einem unsymmetrischen Keton abgeleiteten isomeren *syn*- und *anti*-Oxime (S. 218), die man in vielen Fällen voneinander trennen kann, liefern also bei der BECKMANN-Umlagerung verschiedene Produkte:

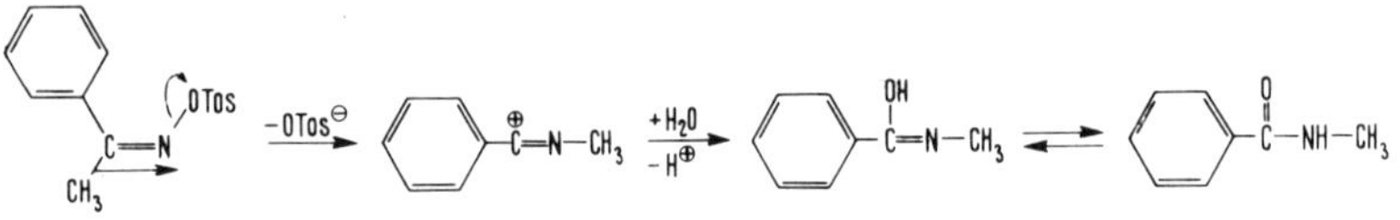

syn-Phenyl-methylketoxim

N-Methyl-benzoesäureamid

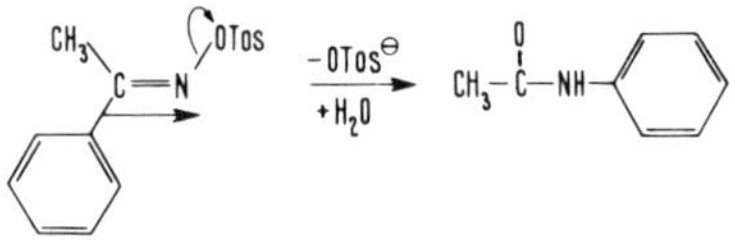

anti-Phenyl methylketoxim

N-Phenylacetamid

29.7. DIE CRIEGEE-UMLAGERUNG VON HYDROPEROXIDEN

Hydroperoxide erhält man durch Luftoxydation von Kohlenwasserstoffen (Angriff an tertiär gebundenen H-Atomen) oder durch Addition von H_2O_2 an Alkene. Die Reaktion hat große Ähnlichkeit mit der WAGNER-MEERWEIN-Umlagerung. Im Umlagerungsschritt **28** → **29** geht ein Sauerstoffion mit Elektronensextett in ein stabileres Carboniumion über. Auch hier wandert wieder die am stärksten nukleophile Gruppe.

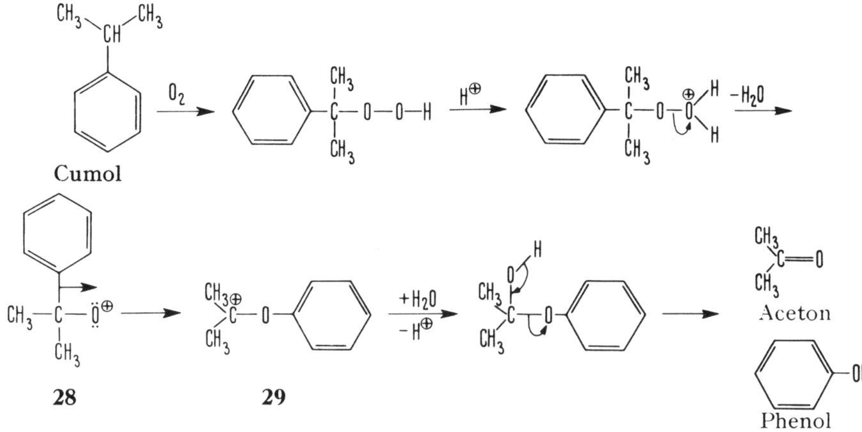

Eine ähnliche Umlagerung erfolgt nach der Addition von Persäuren an Carbonylgruppen, sie führt zu Estern oder Lactonen.

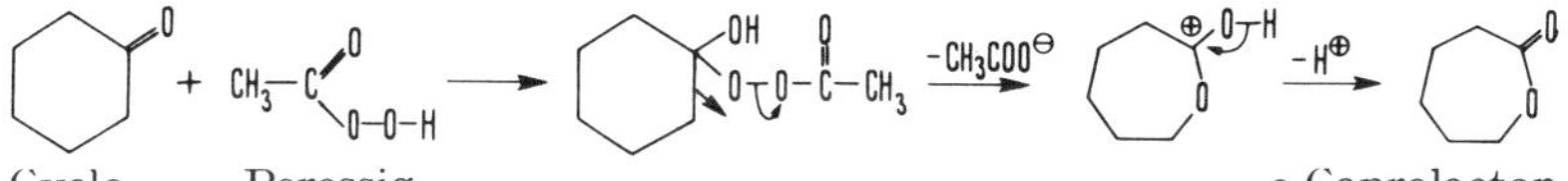

Cyclohexanon Peressigsäure ε-Caprolacton

Übung 29. Welche Produkte erhalt man bei der Umlagerung der folgenden 1,2-Diole in saurer Lösung?

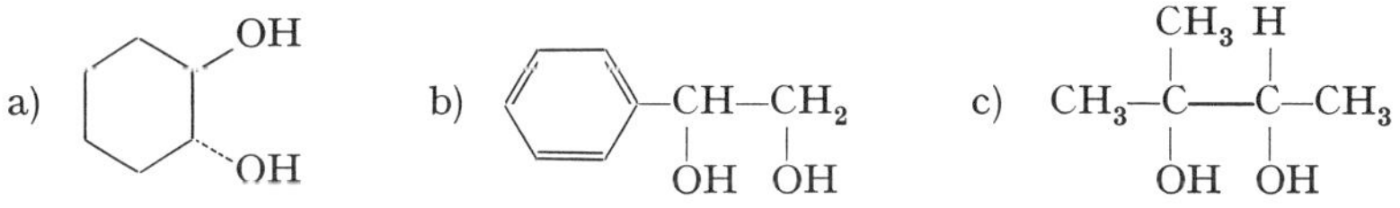

Übung 30. Durch welche Reaktionsfolge könnte Dimethylacetaldehyd aus Isobuten hergestellt werden?

Übung 31. Welche Produkte sind beim HOFMANN-Abbau von a) Benzoesäureamid; b) Adipinsäureamid $H_2NCO-(CH_2)_4-CONH_2$ zu erwarten?

Übung 32. Formuliere die BECKMANN-Umlagerung von Cyclohexanon-Oxim.

30. Fragmentierungen

Als Fragmentierungen bezeichnet man chemische Reaktionen,

bei denen ein Molekül in mehrere Teile (Fragmente) zerfällt. Dieser Reaktionstyp kann bei Verbindungen der allgemeinen Formel **1** auftreten. Dabei bedeuten X eine Abgangsgruppe

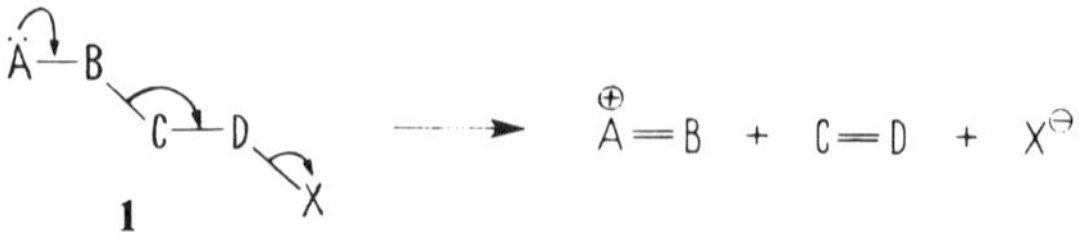

1

(S. 113) und A eine funktionelle Gruppe, die leicht Elektronen zur Verfügung stellen kann (z. B. $-\ddot{N}R_2$, $-\ddot{O}H$, $-\ddot{O}{:}^{\ominus}$, $-\ddot{S}R$). Die Stellungen B, C und D können von Kohlenstoff-, Sauerstoff- oder Stickstoffatomen eingenommen werden. Aus dem Formelbild **1** ist die Ähnlichkeit zwischen Fragmentierungs- und Eliminierungsreaktionen ersichtlich. Während die Eliminierung von HBr aus einem Alkylhalogenid **2** durch eine von außen angreifende Base ausgelöst wird, ist diese elektronenliefernde Gruppe

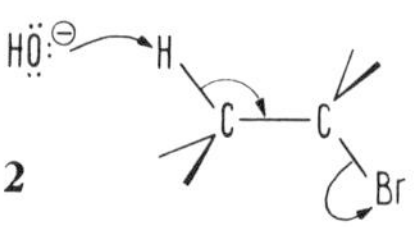

2

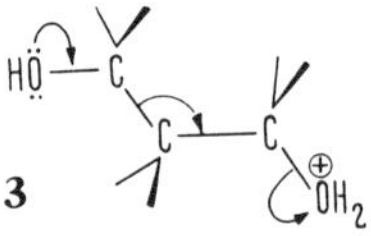

3

bei unter Fragmentierung reagierenden Strukturen wie **3** Teil des Moleküls. Für den Teil B–C–D–X der Struktur **1** gelten daher die in Kapitel 21 dargestellten Überlegungen.

30.1. Spaltung von 1,3-Diolen

In einem 1,3-Diol kann die eine OH-Gruppe durch Protonierung in eine bessere Abgangsgruppe umgewandelt werden (**4**, R = Alkylgruppen). Da die Protonierung im ersten Reaktionsschritt in 1- oder 3-Stellung erfolgen kann, erhält man aus unsymme-

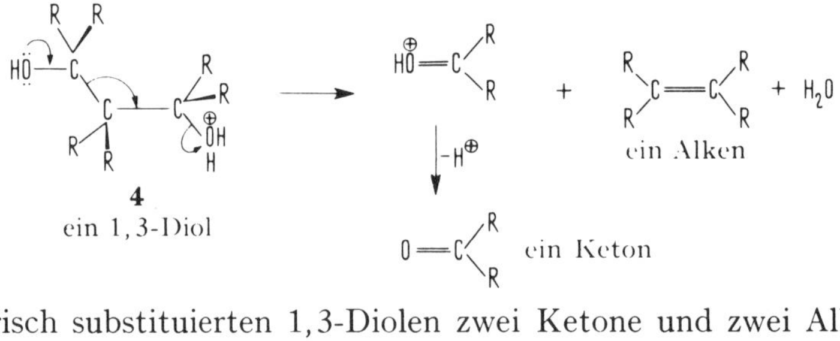

trisch substituierten 1,3-Diolen zwei Ketone und zwei Alkene als Produkte.

30.2. Die Retro-Aldolreaktion

Die Retro-Aldolreaktion ist die Umkehrung der Aldolkondensation (S. 153). Unter sauren oder basischen Bedingungen können β-Hydroxyketone (**5**) wieder in die zwei Carbonylverbindungen zerlegt werden, aus denen sie durch die Aldolkondensation entstanden sind. Durch Säure wird in Verbindung **5** die

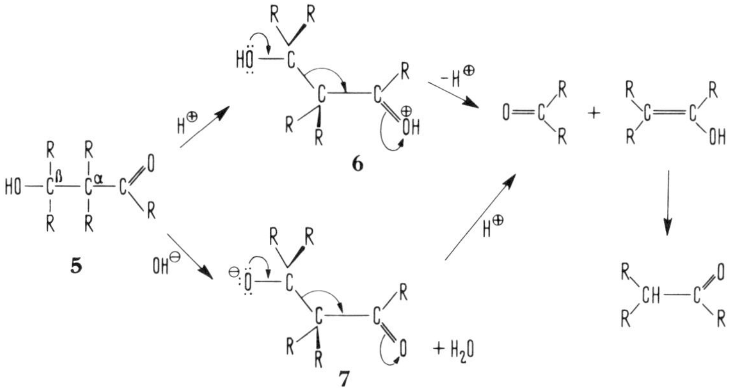

5 **6** **7**

Carbonylgruppe protoniert und damit stärker elektronenanziehend gemacht. Die Fragmentierung von **6** führt zuerst zu einem am Sauerstoff protonierten Keton und zu einem zweiten Keton in der Enolform. Basen hingegen lösen das Proton von der OH-Gruppe in **5** ab. Die Verbindung **7** fragmentiert nun leicht zu zwei Carbonylverbindungen, von denen die eine zuerst in der Enolform vorliegt.

30.3. Fragmentierung von β-Halogenketonen

β-Halogenketone fragmentieren in alkalischer Lösung sehr leicht. Im ersten Reaktionsschritt greift die Base am Carbonyl-C-Atom

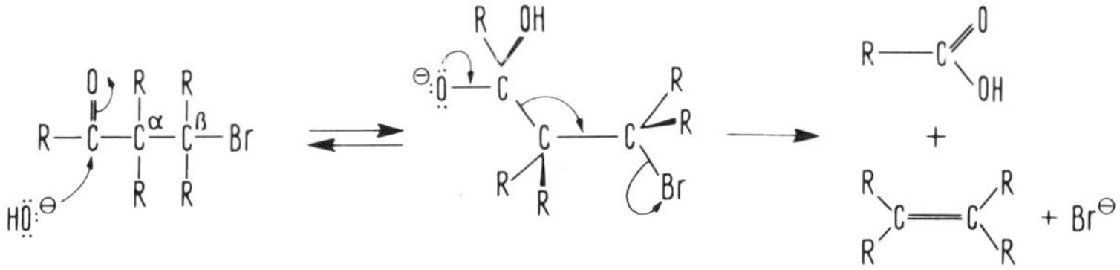

an. Bei β-Halogenketonen vom Typ **8** kann die Base außer am Carbonyl-C-Atom auch am α-Wasserstoffatom angreifen. Neben der Fragmentierung (Reaktionsweg a) wird in diesem Fall auch die normale Eliminierung von HBr (Reaktionsweg b) ablaufen.

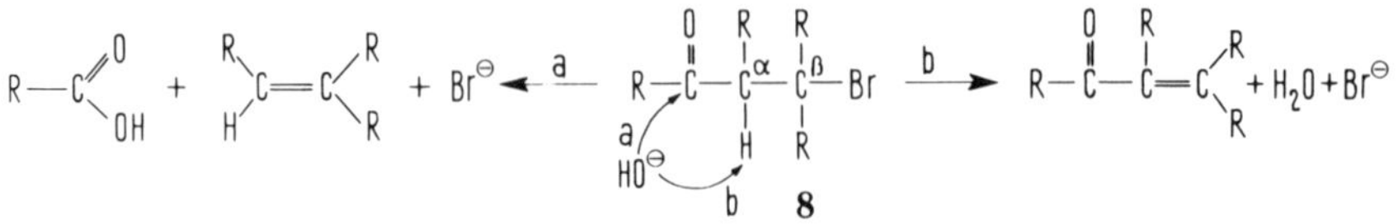

30.4. Die Säurespaltung von β-Diketonen

In ähnlicher Weise reagieren β-Diketone in alkalischer Lösung. Als Produkte erhält man eine Carbonylverbindung und eine Säure (daher die Bezeichnung Säurespaltung).

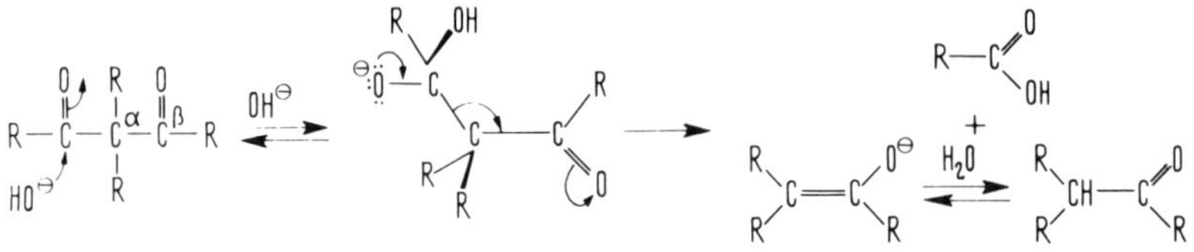

30.5. Synchrone und schrittweise Fragmentierung

Fragmentierungsreaktionen können synchron (Reaktionsweg a) oder schrittweise (Reaktionsweg b) ablaufen. Die synchrone Fragmentierung, bei der alle in Formel **9** angedeuteten Elektronenverschiebungen gleichzeitig stattfinden, kann vor allem bei

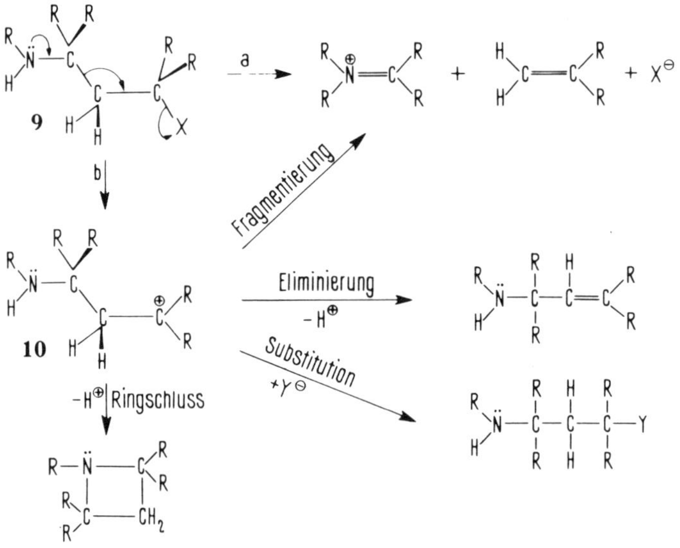

starren Molekülen beobachtet werden. Im 4-Bromchinuclidin (**11**) sind alle am Fragmentierungsvorgang beteiligten Atome und Bindungen in einer günstigen Stellung zueinander festgehalten. Das Primärprodukt **12** ist nicht stabil und hydrolysiert rasch zu 4-Methylpiperidin (**13**) und Formaldehyd.

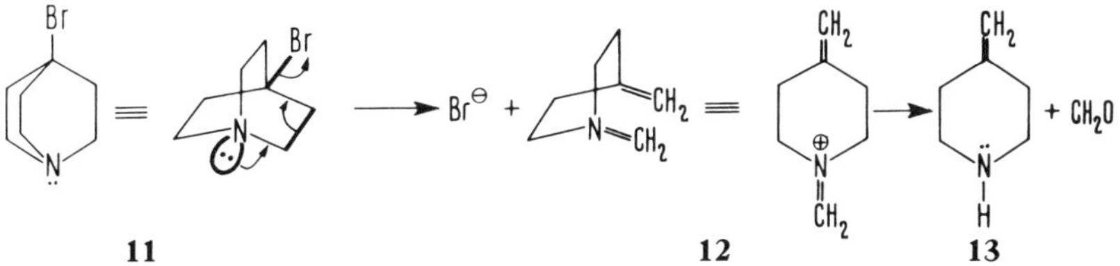

11 **12** **13**

Bei weniger starren Strukturen überwiegt normalerweise der Reaktionsweg b: Durch Austritt der Abgangsgruppe X^- entsteht ein Zwischenprodukt **10**, das die verschiedenen im Schema angedeuteten Folgereaktionen eingehen kann. Fragmentierungsreaktionen, die schrittweise verlaufen, sind also daran zu erkennen, daß außer den Fragmentierungsprodukten Nebenprodukte gefunden werden, die sich vom Zwischenprodukt **10** durch Eliminierung, Substitution oder Ringschluß ableiten lassen.

Übung 33. 2,4-Dihydroxyhexan $CH_3–CH(OH)–CH_2–CH(OH)–CH_2–CH_3$ fragmentiert in Gegenwart von starken Säuren. Formuliere den Reaktionsablauf und die möglichen Produkte.

Übung 34. Wie *β*-Diketone können auch *β*-Ketoester in alkalischer Lösung fragmentiert werden. Welche Produkte entstehen bei dieser Reaktion aus der untenstehenden Verbindung?

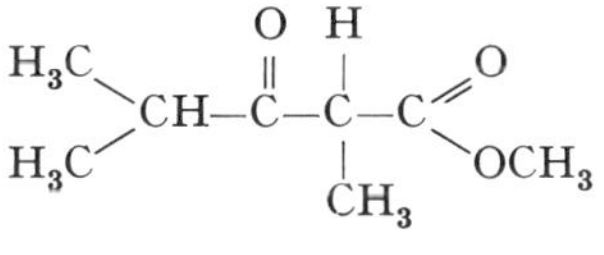

31. Reaktionen mit metallorganischen Verbindungen

Von den meisten Metallen und Halbmetallen sind Verbindungen bekannt, in denen Alkyl- oder Arylgruppen direkt an ein Metallatom gebunden sind. Viele dieser metallorganischen Verbindungen sind sehr instabil und nur von theoretischem Interesse. Andere haben große praktische Bedeutung (z. B. das Antiklopfmittel Bleitetraethyl $Pb(C_2H_5)_4$ im Benzin), oder sie sind wichtige Reagenzien für organische Synthesen.

Bindungen zwischen Kohlenstoff und einem Metall M sind immer polarisiert, wobei der Kohlenstoff eine partielle negative Ladung trägt (**1**). Das Ausmaß der Polarisierung hängt von der

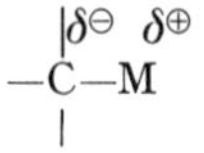

1

Elektronegativität des Metalls ab. Bindungen zwischen Alkalimetallen und Kohlenstoff haben weitgehend den Charakter von Ionenbindungen, während diejenigen zwischen Zinn, Blei oder Quecksilber und Kohlenstoff fast reine Elektronenpaarbindungen sind. Die Reaktivität metallorganischer Verbindungen nimmt mit steigender Polarisierung der Kohlenstoff-Metall-Bindung zu.

31.1. Grignard-Reaktionen

Die Bildung von magnesiumorganischen Verbindungen **2** aus Magnesium und Alkylhalogeniden RX wurde 1900 von Grignard entdeckt. Als Lösungsmittel für diese Reaktion sind Ether geeignet. Das Magnesiumatom kann Ethermoleküle über die einsamen Elektronenpaare am Sauerstoff koordinieren. Die Bildung von Komplexen, für die man die Struktur **3** annimmt,

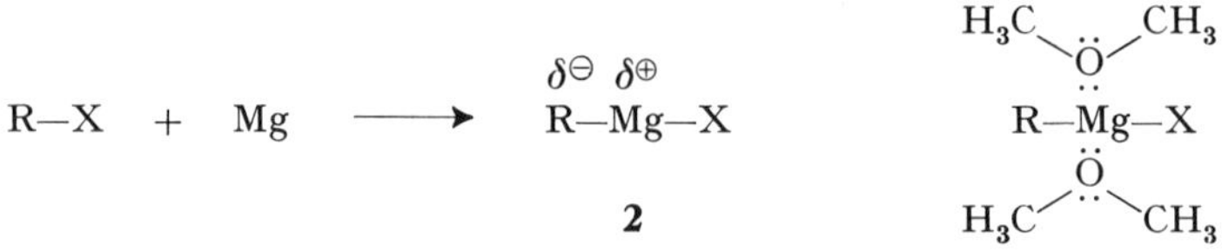

2 **3**

stabilisiert die Mg-organische Verbindung und ist auch für die Etherlöslichkeit der Grignard-Verbindungen verantwortlich. Unter Ausschluß von Feuchtigkeit und Sauerstoff sind Lösungen von Grignard-Reagenzien lange beständig. Für die thylhalogenide R–X nimmt die Reaktivität in der Reihenfolge I > Br > Cl ab. Fluoride reagieren nicht.

31.1.1. *Die* Zerewitinoff-*Reaktion.* Grignard-Reagenzien werden leicht durch alle Verbindungen zersetzt, die aktiven Wasserstoff enthalten. Dazu gehören Wasser, Alkohole, Amine, Säuren, Alkine sowie leicht enolisierbare Carbonylverbindungen. Als

Produkte entstehen der dem GRIGNARD-Reagens entsprechende Kohlenwasserstoff und ein Magnesiumsalz:

$$CH_3{-}CH_2{-}MgBr \quad + \quad R{-}OH \longrightarrow CH_3{-}CH_3 \quad + \quad RO{-}MgBr$$

$$CH_3{-}MgBr \quad + \quad CH_3{-}\overset{\displaystyle OH}{\overset{|}{C}}{=}CH{-}\overset{\displaystyle O}{\overset{\|}{C}}{-}CH_3 \longrightarrow$$

Enolform von Acetylaceton

$$CH_4 \quad + \quad CH_3{-}\overset{\displaystyle OMgBr}{\overset{|}{C}}{=}CH{-}\overset{\displaystyle O}{\overset{\|}{C}}{-}CH_3$$

Man kann diese Reaktionen zur analytischen Bestimmung der Anzahl aktiver Wasserstoffe in einer Verbindung benützen, indem man diese mit viel CH_3MgBr umsetzt und das gebildete Methan mißt. Oft ermöglicht sie auch die Eliminierung von Halogensubstituenten aus einer Verbindung, wenn andere Methoden versagen: nach Überführung des Alkylhalogenids in eine GRIGNARD-Verbindung wird diese mit Wasser zersetzt. Meist ist jedoch die ZEREWITINOFF-Reaktion unerwünscht. Man kann sie verhindern, indem man aktiven Wasserstoff aufweisende funktionelle Gruppen vorübergehend schützt (OH-Gruppen z. B. durch Verestern). In anderen Fällen nimmt man sie in Kauf und setzt dem Reaktionsgemisch eine entsprechend größere Menge der GRIGNARD-Verbindung zu.

31.1.2. *Die Umsetzung von* GRIGNARD-*Verbindungen mit Alkylhalogeniden* führt nach

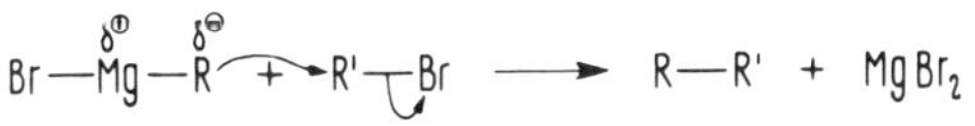

zu einer Kupplung der beiden Alkylgruppen R und R′. Die Reaktion entspricht einer nukleophilen Substitutionsreaktion an R′-Br mit R^- als Nukleophil.

31.1.3. *Die Addition an polarisierte Doppelbindungen* ist die wichtigste Reaktion der GRIGNARD-Verbindungen.

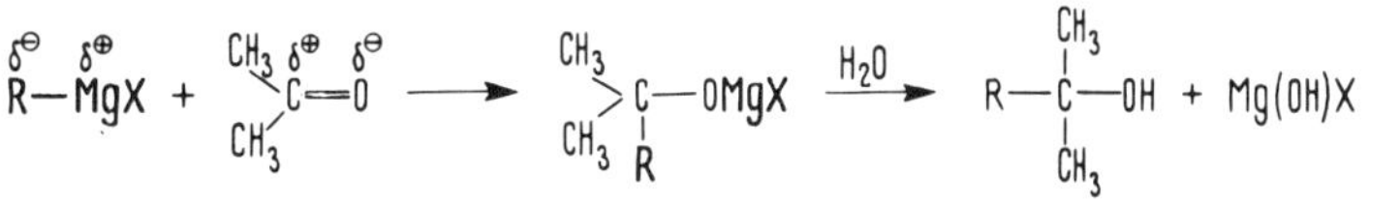

Aceton **4** ein *tert.* Alkohol Mg-Salz

Sie führt, entsprechend der Polarisierung der beiden Reaktionspartner zu einem Magnesiumsalz vom Typ **4**. Die meist mit verdünnter Salzsäure ausgeführte Hydrolyse liefert als Produkt einen *tert.* Alkohol. In gleicher Weise erhält man *sek.* Alkohole durch Addition einer GRIGNARD-Verbindung an einen Aldehyd und *prim.* Alkohole, falls Formaldehyd als Carbonylverbindung eingesetzt wird.

Bei der Addition von GRIGNARD-Verbindungen an α,β-ungesättigte Carbonylverbindungen konkurrenzieren sich die 1,2- und die 1,4-Addition (S. 103).

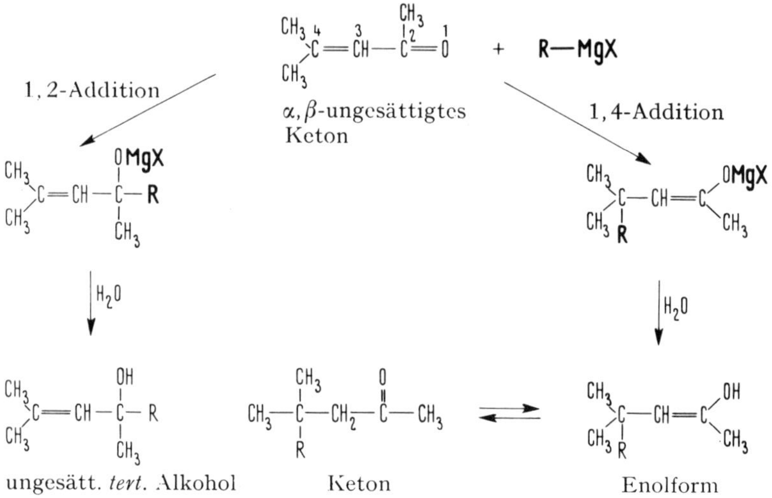

Bei *Estern* führt die Addition eines GRIGNARD-Reagens zu einem Keton. Es kann sofort ein zweites Mol der Mg-organischen Verbindung addiert werden. Diese Reaktionsfolge eignet sich zur Herstellung von *tert.* Alkoholen mit zwei gleichen Alkylgruppen. Symmetrische *sek.* Alkohole entstehen, wenn ein Ester der Ameisensäure als Ausgangsmaterial verwendet wird.

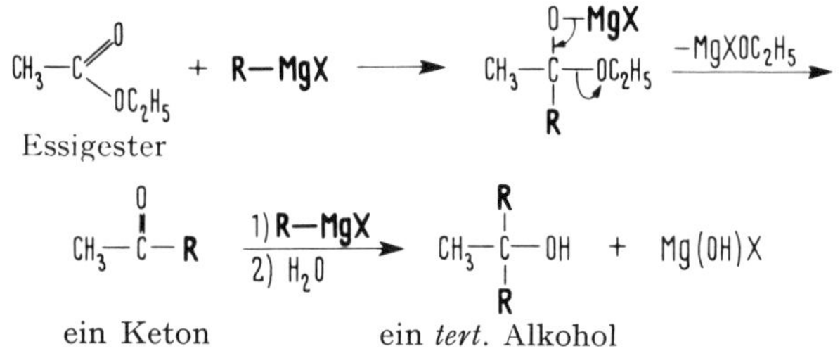

Säurechloride reagieren so schnell mit GRIGNARD-Verbindungen, daß sich das entstehende Keton isolieren läßt, bevor die Reaktion mit einem zweiten Mol R–MgX eintritt. Am besten ist es, ein Äquivalent des GRIGNARD-Reagens zu einer Lösung des Säurechlorids zuzutropfen und so die Konzentration von R-MgX immer klein zu halten.

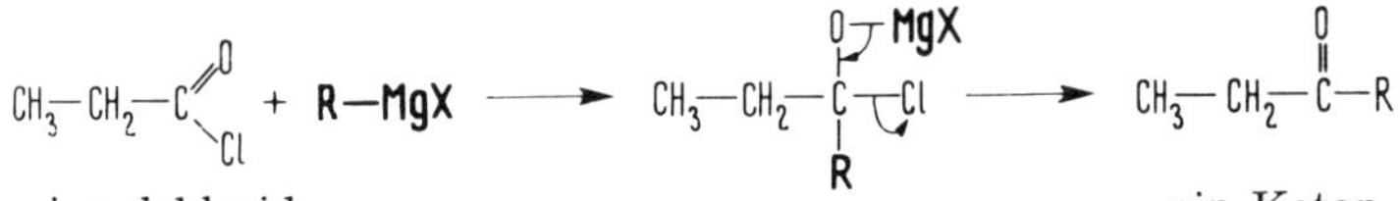

Propionylchlorid — ein Keton

Die Umsetzung von GRIGNARD-Reagenzien mit CO_2 (am besten in der Form von Trockeneis) führt zu Carbonsäuren. Das Zwischenprodukt **5** reagiert nur langsam mit einem weiteren Mol

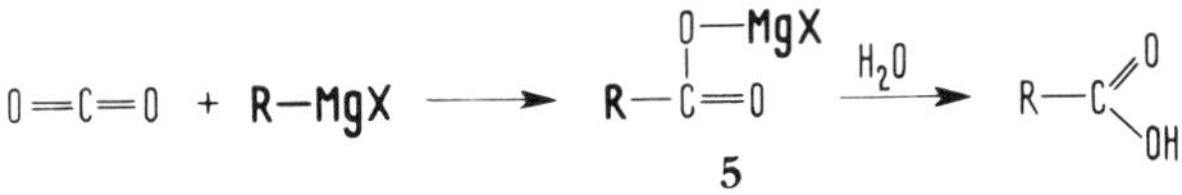

5

R–MgX. Dieselbe Reaktion kann auch mit CS_2 ausgeführt werden, sie liefert Dithiosäuren $R{-}C(=S){-}SH$.

GRIGNARD-Reagenzien können in gleicher Weise auch an C–N-Doppel- und Dreifachbindungen addiert werden:

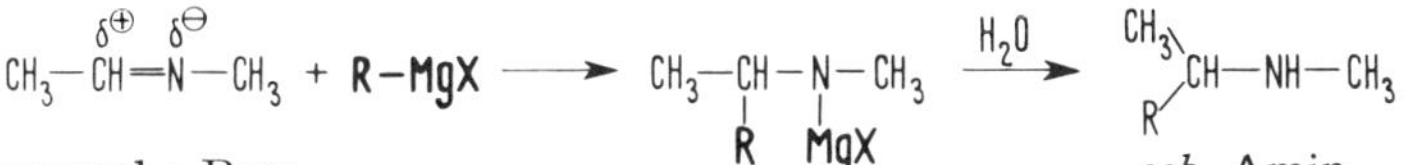

SCHIFFsche Base — *sek*. Amin

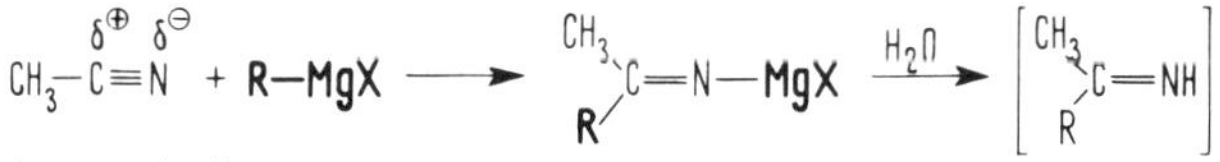

Acetonitril — ein Ketimin

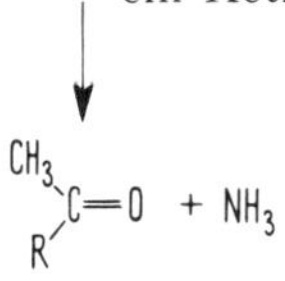

ein Keton

31.2. REFORMATZKY-REAKTIONEN

α-Bromester reagieren mit Zink zu zinkorganischen Verbindungen. Diese können wie GRIGNARD-Verbindungen an Carbonylgruppen addiert werden. Hydrolyse des Zwischenprodukts liefert einen β-Hydroxyester, aus dem mit H_2SO_4 leicht Wasser abgespaltet werden kann.

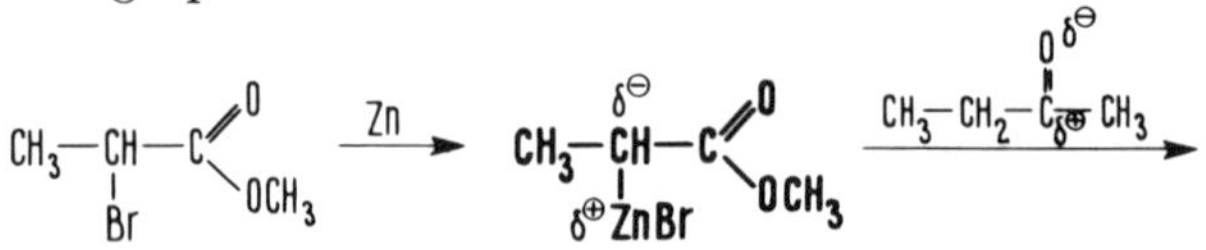

α-Brompropion säuremethylester **6**

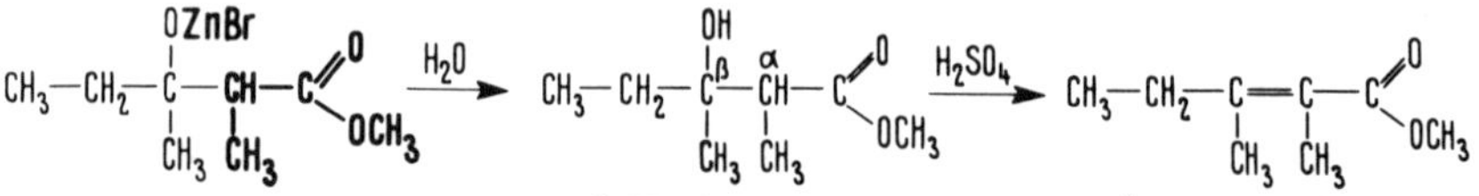

β-Hydroxyester α,β-ungesättigter Ester

Zinkorganische Verbindungen sind weniger reaktionsfähig als GRIGNARD-Verbindungen. Deshalb reagiert **6** nicht mit der Estergruppe des α-Bromesters, sondern nur mit Carbonylgruppen von Aldehyden und Ketonen.

31.3. Cadmiumorganische Verbindungen

Cadmiumorganische Verbindungen werden aus GRIGNARD-Verbindungen und $CdCl_2$ erhalten. Sie eignen sich vor allem für die Synthese von Ketonen aus Säurechloriden. Die geringe Reaktivität der Cd-Alkylverbindungen erlaubt keine weitere Addition von CdR_2 an das im ersten Schritt gebildete Keton.

$$2\,R\text{—}MgX \;+\; CdCl_2 \;\longrightarrow\; CdR_2 \;+\; MgX_2 \;+\; MgCl_2$$

$$2\,CH_3\text{—}CH_2\text{—}C(=O)Cl \;+\; CdR_2 \;\longrightarrow\; 2\,CH_3\text{—}CH_2\text{—}C(=O)\text{—}R \;+\; CdCl_2$$

31.4. Lithiumorganische Verbindungen

Von Li, Na und K sind Alkylverbindungen bekannt. Sie werden aus Alkylhalogeniden und dem Metall hergestellt:

$$R\text{—}X \;+\; 2\,Li \;\longrightarrow\; R\text{—}Li \;+\; Li^{\oplus}X^{\ominus}$$

Praktische Verwendung finden vor allem die leicht zugänglichen Verbindungen Phenyl-Lithium und *n*-Butyl-Lithium. Entsprechend der starken Polarisierung der Li–C-Bindung sind lithiumorganische Verbindungen sehr reaktionsfähig. Durch *Austauschreaktionen* (Metallierung) wie z. B.

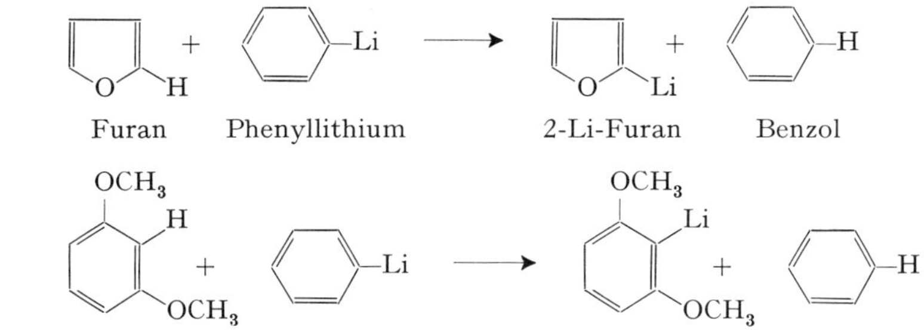

Furan Phenyllithium 2-Li-Furan Benzol

Resorcin-dimethylether 2-Li-Resorcin-dimethylether

können metallorganische Verbindungen erhalten werden, die nach anderen Methoden nicht zugänglich sind. Derartige Austauschreaktionen können auch bei Alkylchloriden durchgeführt werden:

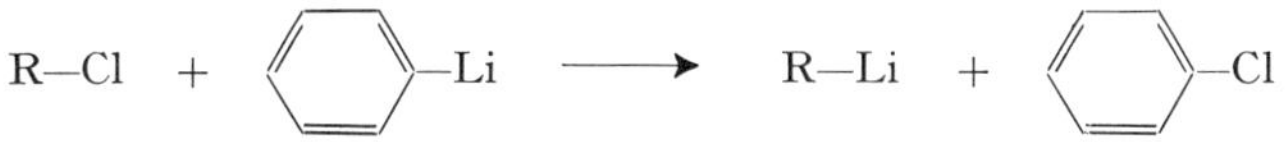

Lithiumorganische Verbindungen lassen sich an Doppelbindungen addieren. Da die entsprechende Reaktion mit GRIGNARD-Verbindungen einfacher ist, verwendet man R–Li nur für Additionen an sterisch gehinderte Carbonylverbindungen, wo mit dem voluminöseren Reagens R–MgX keine Umsetzung erreicht werden kann:

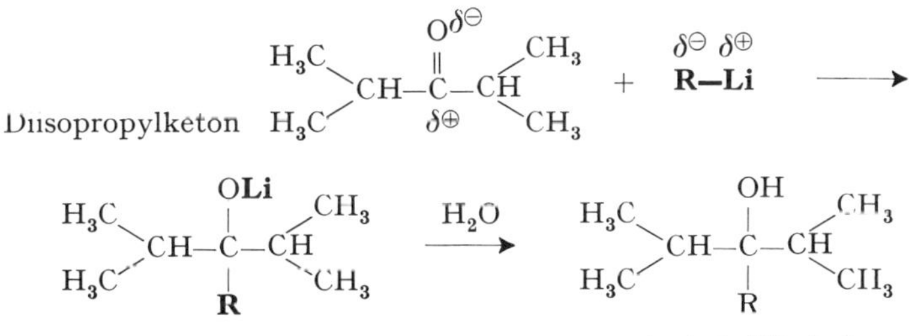

ein *tert.* Alkohol

CO_2 addiert nur 1 Mol R–MgX (S. 193), setzt sich aber mit zwei Mol der reaktionsfähigeren lithiumorganischen Verbindung zu Ketonen um:

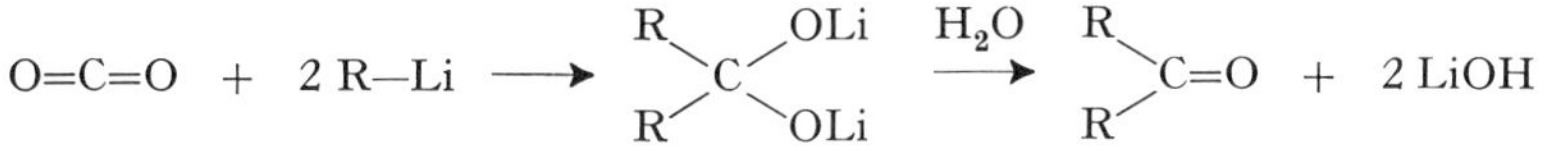

Systematik und Nomenklatur

Das Grundgerüst jeder organischen Verbindung besteht aus zu Ketten oder Ringen zusammengefügten Kohlenstoffatomen, wobei auch Heteroatome (O, N, S usw.) eingebaut sein können. Eine erste Unterteilung der organischen Verbindungen, die sich daraus ergibt, ist in der Tabelle wiedergegeben. Fast alle dieser Grundstrukturen besitzen Trivialnamen. Dabei kann es sich z. B. um lateinische Zahlwörter handeln oder um Bezeichnungen, die sich von den Namen der Pflanzen, Tiere oder Organe ableiten, in denen die betreffenden Verbindungen erstmals gefunden wurden.
Chemische Verbindungen, deren Grundgerüst nur H-Atome trägt, sind meist wenig reaktionsfähige Substanzen, besonders, wenn das Grundgerüst nur aus C-Atomen aufgebaut ist (z. B. Kohlenwasserstoffe, Kapitel 32). Werden einzelne dieser H-Atome durch andere Atome oder Atomgruppen (z. B. –Cl, –OH, $-NH_2$, –COOH) ersetzt, so sind es diese *Substituenten* oder *funktionellen Gruppen*, welche weitgehend die Eigenschaften und das chemische Verhalten der nun vorliegenden Verbindungen bestimmen. Anhand der funktionellen Gruppen, zu denen auch Doppel- und Dreifachbindungen zu zählen sind, erfolgt die weitere Klassifizierung der organischen Verbindungen. Verbindungen, die alle dieselbe funktionelle Gruppe an verschiedenen Grundgerüsten tragen, bilden eine Verbindungsklasse:

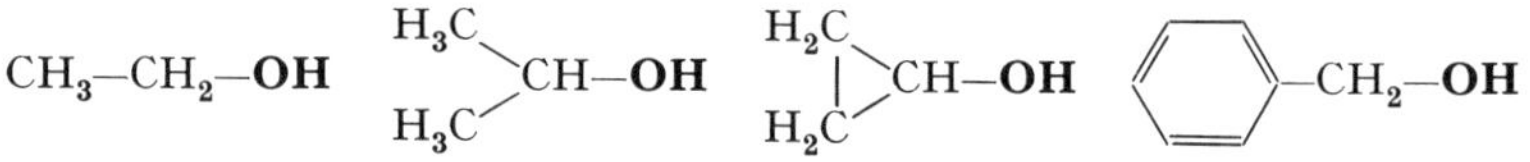

Für die Benennung der organischen Verbindungen wurde ein als *Genfer Nomenklatur* bekanntes System von Regeln entwickelt. Obschon in den folgenden Kapiteln vor allem diese Nomenklatur angewendet wird, ist es doch nötig, auch ältere, immer noch gebräuchliche Benennungsmethoden zu erwähnen.
Von den zur Charakterisierung organischer Verbindungen verwendeten Formeln sind die *Bruttoformeln* die einfachsten. Sie geben Art und Zahl der in einem Molekül einer Verbindung enthaltenen Atome an (der Index 1 wird nicht geschrieben). Will

Aliphatische Verbindungen

bestehen aus geraden oder verzweigten Kohlenstoffketten, die Heteroatome enthalten können.

$CH_3{-}CH_2{-}CH_2{-}OH$ 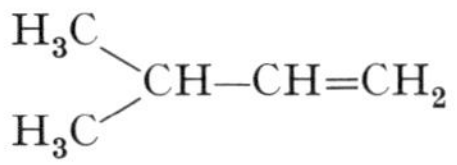 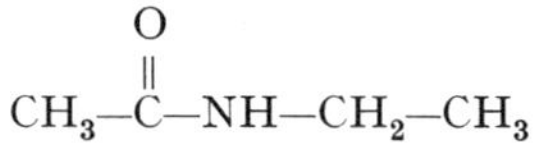

Cyclische Verbindungen

Alicyclische Verbindungen
Die Ringe sind nur aus C-Atomen aufgebaut.

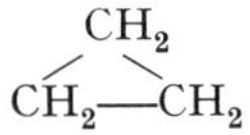 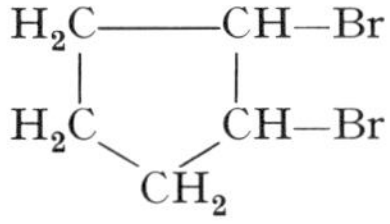 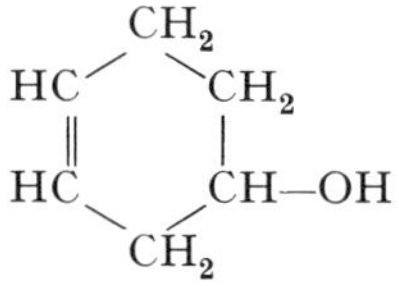

Heterocyclische Verbindungen
Die Ringe enthalten neben C-Atomen auch Heteroatome.

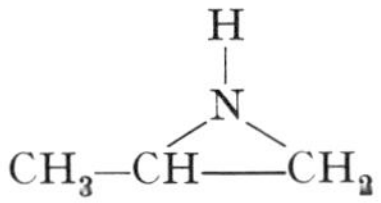 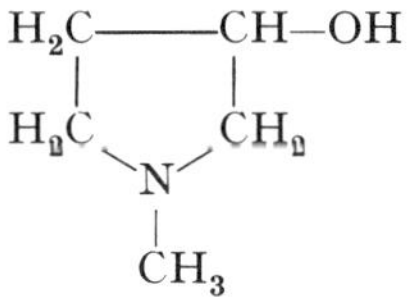 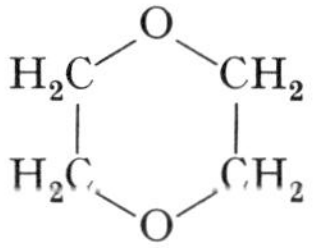

Aromatische Verbindungen
enthalten nur C-Atome im aromatischen System.

 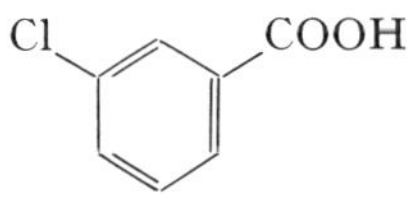 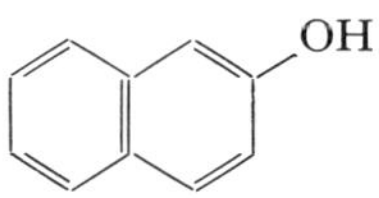

Aromatische Heterocyclen

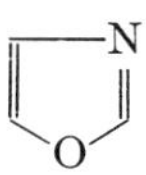  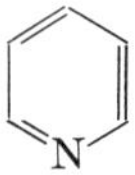 

man auf die Anwesenheit bestimmter funktioneller Gruppen hinweisen, so können diese separat aufgeführt werden:

$$C_4H_{10}O \quad \text{oder} \quad C_4H_9OH$$

$$C_6H_{12}O_2 \quad \text{oder} \quad C_5H_{11}COOH$$

Strukturformeln zeigen, wie die einzelnen Atome miteinander verbunden sind. So lassen sich zur Bruttoformel C_3H_6O neun verschiedene Strukturformeln aufzeichnen:

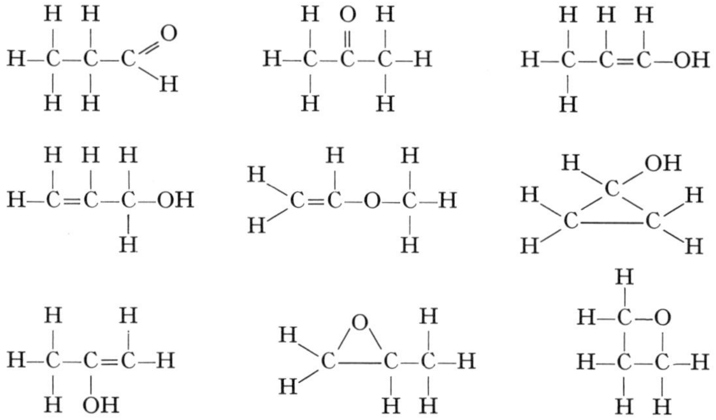

In den Strukturformeln muß jedes Atom die richtige Anzahl Bindungen aufweisen (Kohlenstoff vier, Stickstoff drei, Sauerstoff und Schwefel zwei, Wasserstoff und Halogene eine). Die oben verwendete ausführliche Schreibweise darf wie folgt vereinfacht werden:

– Bei offenkettigen Verbindungen ist es üblich, die Wasserstoffe direkt hinter das zugehörige C-Atom zu setzen, z. B.

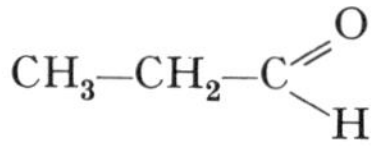 oder $CH_3–CH_2–CHO$,

$$CH_2{=}CH–O–CH_3 , \quad CH_3–CO–CH_3$$

– Enthält eine Verbindung mehrere gleiche Atomgruppierungen, so kann man diese in Klammern setzen und die Anzahl mit einem Index angeben:

$$CH_3–CH_2–CH_2–CH_2–CH_2–COOH = CH_3–(CH_2)_4–COOH$$

– Bei cyclischen Verbindungen werden die C- und H-Atome meist nicht ausgeschrieben. Jede Ecke im Formelbild stellt ein C-Atom dar. Die Anzahl der H-Atome erhält man, wenn man überall mit H-Atomen ergänzt, bis alle C-Atome vierbindig sind:

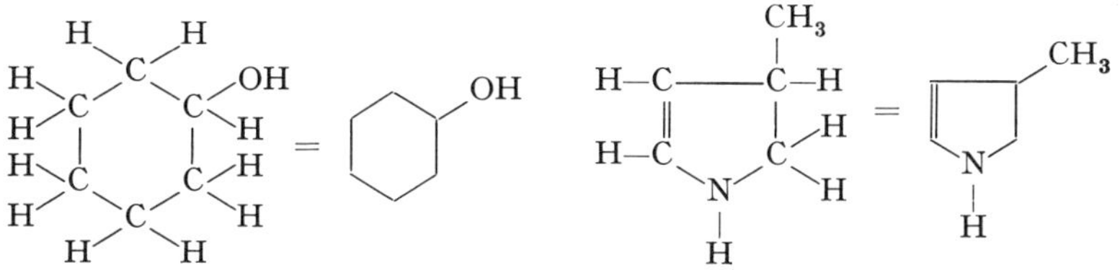

– Dieses Verfahren darf auch auf offenkettige Verbindungen angewendet werden. Kohlenstoffketten werden dabei gewinkelt dargestellt (S. 21).

32. Alkane

Alkane sind Verbindungen, die nur aus Kohlenstoff und Wasserstoff bestehen und keine Mehrfachbindungen oder Ringe enthalten. Sie werden auch *gesättigte Kohlenwasserstoffe* oder *Paraffin-Kohlenwasserstoffe* genannt. Die allgemeine Formel der Alkane ist C_nH_{2n+2}. In den Namen werden die Alkane durch die Endsilbe **-an** charakterisiert. Die einfachsten Vertreter haben Trivialnamen, für Kohlenwasserstoffe mit fünf und mehr Kohlenstoffatomen werden die Namen aus lateinischen Zahlwörtern gebildet:

CH_4	Methan	C_5H_{12}	Pentan	C_9H_{20}	Nonan
C_2H_6	Ethan	C_6H_{14}	Hexan	$C_{10}H_{22}$	Decan
C_3H_8	Propan	C_7H_{16}	Heptan	$C_{12}H_{26}$	Dodecan
C_4H_{10}	Butan	C_8H_{18}	Octan	$C_{15}H_{32}$	Pentadecan

Nach Wegnahme eines H-Atoms können diese Kohlenwasserstoffketten auch als Substituenten auftreten. Sie erhalten dann die Endsilbe **-yl** und werden gesamthaft als *Alkyl*-Gruppen bezeichnet:

CH_3– Methylgruppe C_2H_5– Ethylgruppe usw.

Die Gruppe $-CH_2-$ wird als *Methylen*-Gruppe bezeichnet. Deshalb kann $Cl-CH_2-Cl$ als Methylenchlorid benannt werden.
Die Benennung der Alkane erfolgt am einfachsten und eindeutigsten nach den Regeln der Genfer Nomenklatur:
– Die *längste Kette* von C-Atomen im Molekül bestimmt den Namen der Verbindung. Sie wird von einem Ende her fortlaufend durchnumeriert, und zwar so, daß die Verzweigungsstellen möglichst niedrige Nummern erhalten. Sind mehrere solche Hauptketten gleicher Länge möglich, so wählt man diejenige, die am meisten Verzweigungen aufweist.
– Die Positionszahlen und Namen der Seitenketten werden vor den Namen der Hauptkette gesetzt. Stehen an einem C-Atom der Hauptkette zwei Substituenten, so wird die Zahl wiederholt. Gleiche Substituenten in verschiedenen Positionen werden zusammengefaßt.
– Ist eine der Seitenketten selbst wieder verzweigt, so wird sie vom an der Hauptkette sitzenden C-Atom her nach außen ebenfalls durchnumeriert. Die Bezeichnung einer solchen Seitenkette wird in Klammern gesetzt.

Beispiele:

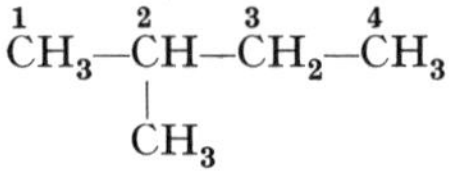

2-Methylbutan
(Isopentan)

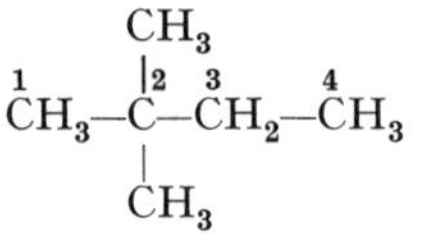

2,2-Dimethylbutan
(Neohexan)

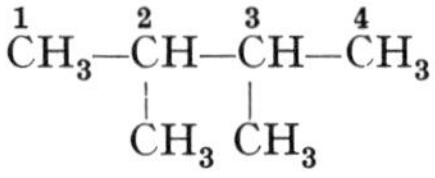

2,3-Dimethylbutan

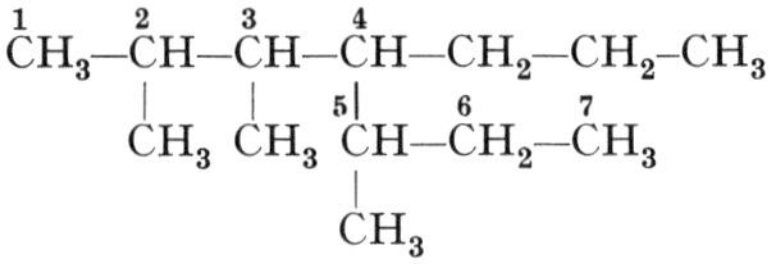

2,3,5-Trimethyl-4-propyl-heptan

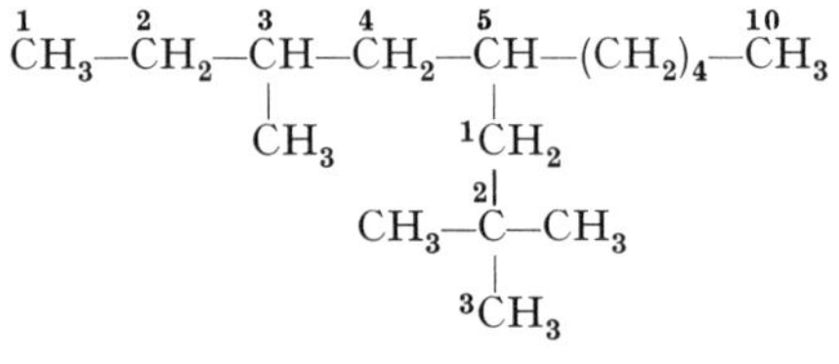

3-Methyl-5-(2,2-Dimethylpropyl)-decan

Neben der Genfer Nomenklatur sind vor allem zur Benennung einfach gebauter Alkane einige ältere Bezeichnungen immer noch gebräuchlich. Zur Kennzeichnung unverzweigter Alkane wird dem Namen ein *n*- (für normal) vorangestellt:

CH_3–CH_2–CH_2–CH_3 *n*-Butan CH_3–$(CH_2)_8$–CH_3 *n*-Decan

Die Vorsilbe **Iso**- bezeichnet eine Verzweigungsstelle $(CH_3)_2CH$– am Ende einer Kette

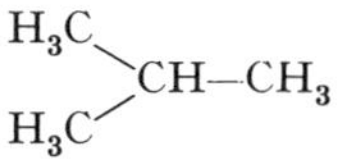
Isobutan

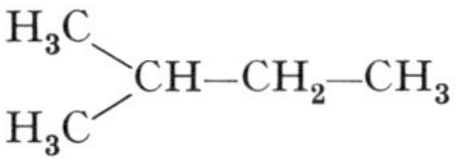
Isopentan

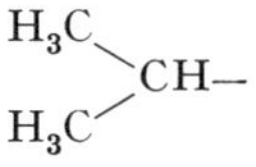
Isopropylgruppe[1]

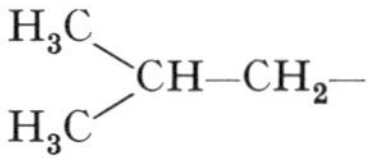
Isobutylgruppe

Die Vorsilbe **Neo**- charakterisiert die Gruppierung $(CH_3)_3C$–CH_2–

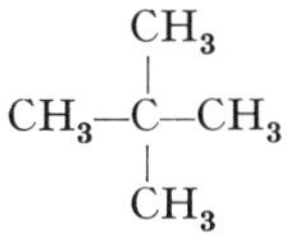
Neopentan

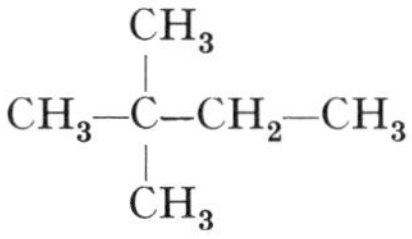
Neohexan

33. Alkene

Alkene sind Kohlenwasserstoffe, die C–C-Doppelbindungen enthalten. Diese Verbindungen werden auch Olefine[2]) oder *ungesättigte Kohlenwasserstoffe* genannt, weil sie Additionsreaktionen (Kapitel 19) eingehen können, wobei die Doppelbindung abgesättigt wird. Die allgemeine Formel lautet $C_n H_{2n+2-2y}$, wobei n die Zahl der Kohlenstoffatome und y die Zahl der Doppelbindungen bedeuten.

Nach der Genfer Nomenklatur erhalten die ungesättigten Kohlenwasserstoffe den Namen der entsprechenden gesättigten Verbindung, jedoch mit der Endung -**en**. Die Hauptkette muß die Doppelbindung enthalten und von dem der Doppelbindung näher liegenden Kettenende her durchnumeriert werden. Die Stellung der Doppelbindung wird angegeben, indem man von den Nummern der beteiligten C-Atome die kleinere vor den Namen der Verbindung setzt.

[1]) Isopropan gibt es dagegen nicht (= *n*-Propan!).

[2]) Von *gaz oléfiant,* alte Bezeichnung für Ethylen.

Beispiele:

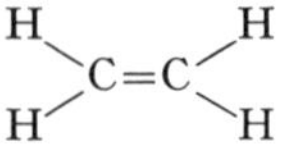

Ethen
(Ethylen)

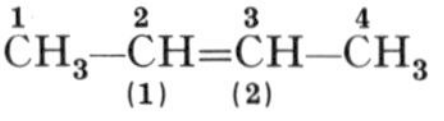

2-Buten
(1, 2-Dimethylethylen)

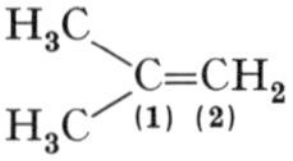

Methylpropen
(1, 1-Dimethylethylen)

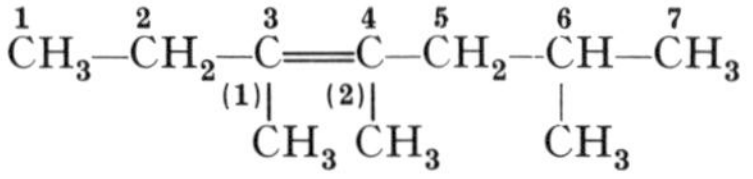

3, 4, 6-Trimethyl-3-hepten
(1, 2-Dimethyl-1- thyl-2-isobutyl-ethylen)

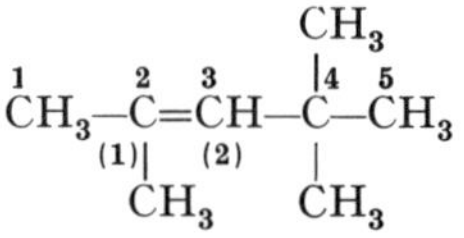

2, 4, 4-Trimethyl-2-penten
(1, 1-Dimethyl-2-*tert.* butyl-ethylen)

Die Namen in Klammern zeigen die Anwendung der Ethylen-Nomenklatur, bei der man die ungesättigten Kohlenwasserstoffe als substituierte Ethylene auffaßt. Längerkettige Alkene können in Analogie zu Ethylen ebenfalls durch die Endung -ylen gekennzeichnet werden:

CH_3–CH=CH_2 Propylen

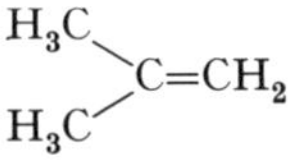

Isobutylen

Verbindungen mit zwei Doppelbindungen werden als *Di*ene, solche mit drei Doppelbindungen als *Tri*ene bezeichnet:

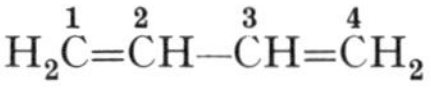

1, 3-Butadien

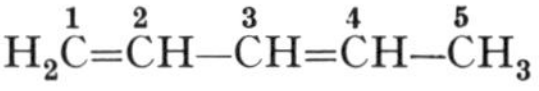

1, 3-Pentadien

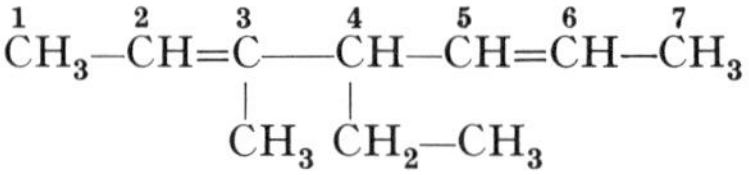

3-Methyl-4-ethyl-2, 5-heptadien

Sitzt in einem Alken ein Substituent X direkt an der Doppelbindung, so befindet er sich in *Vinyl*-Stellung. Vinylsubstituenten sind besonders stark gebunden, da die C–X-Bindung von der Seite des C-Atoms her mit einem sp^2-Orbital gebildet wird. Substituenten an einem zur Doppelbindung benachbarten C-Atom werden als *Allyl*-Substituenten bezeichnet. Sie können leicht samt dem bindenden Elektronenpaar als X^- abgespaltet werden. Dabei entsteht ein durch Mesomerie stabilisiertes Allylcarboniumion (S. 41, 181).

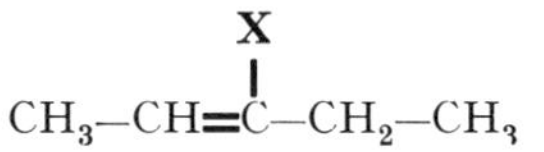

X in Vinylstellung

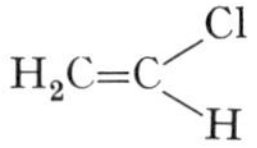

Vinylchlorid

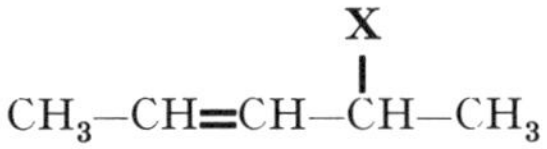

X in Allylstellung

$CH_2{=}CH{-}CH_2{-}OH$

Allylalkohol

34. Alkine

Charakteristisch für diese Verbindungsklasse ist eine C–C-Dreifachbindung. Der einfachste Vertreter ist das Äthin oder Acetylen H–C≡C–H. Verbindungen mit Dreifachbindungen können formal von Acetylen abgeleitet werden, indem man eines oder beide H-Atome durch Alkylreste ersetzt. Die Namen, die sich aus dieser Betrachtungsweise ableiten lassen, sind bei den Beispielen in Klammern angegeben.
Zur Benennung nach der Genfer Nomenklatur gilt alles für die Alkene Gesagte sinngemäß, die Endung der Namen ist hier aber **-in**.

Beispiele:

$H{-}\overset{1}{C}{\equiv}\overset{2}{C}{-}\overset{3}{C}H_2{-}\overset{4}{C}H_3$

1-Butin
(Ethylacetylen)

$\overset{1}{C}H_3{-}\overset{2}{C}{\equiv}\overset{3}{C}{-}\overset{4}{C}H_3$

2-Butin
Dimethylacetylen

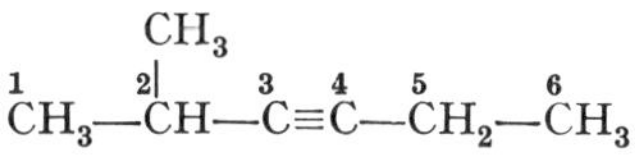

2-Methyl-3-hexin
(Ethyl-isopropyl-acetylen)

$H{-}\overset{1}{C}{\equiv}\overset{2}{C}{-}\overset{3}{C}H_2{-}\overset{4}{C}{\equiv}\overset{5}{C}{-}H$

1,4-Pentadiin

$H{-}\overset{6}{C}{\equiv}\overset{5}{C}{-}\overset{4}{C}H_2{-}\overset{3}{C}H{=}\overset{2}{C}H{-}\overset{1}{C}H_3$

2-Hexen-5-in (-en kommt vor -in)

Übung 35. Benenne die folgenden Verbindungen:

a) $CH_3{-}(CH_2)_6{-}CH_3$

b) 

c) 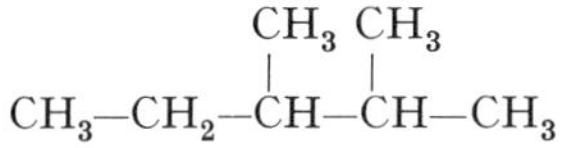

d) 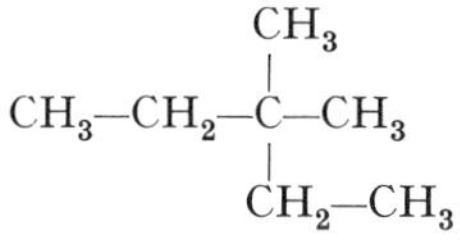

e) 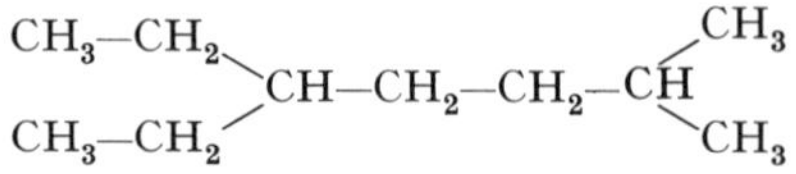

f) 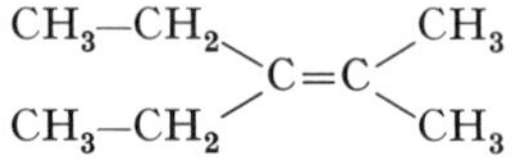

g) 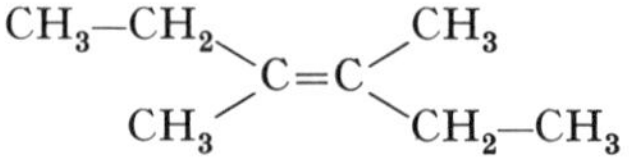

h) 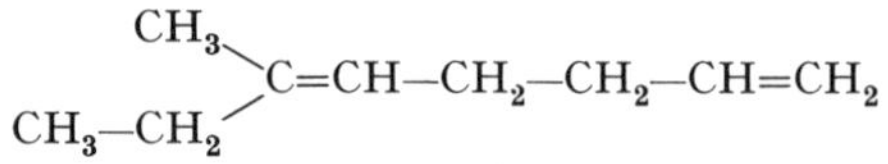

i) 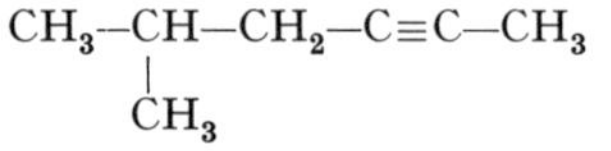

k) $CH_2{=}CH{-}CH_2{-}CH_2{-}CH_2{-}C{\equiv}C{-}H$

Übung 36. Stelle Strukturformeln für folgende Verbindungen auf: a) *n*-Butan; b) Isobutan; c) 2,3,5-Trimethylhexan; d) 2,2-Dimethylpentan; e) 2,3-Dimethyl-3-isopropylheptan; f) 3,5-Dimethyl-2-hexen; g) Diisopropylacetylen; h) 1,1,2-Trimethyl-2-isopropylethylen; i) 3-Methyl-1-hexen-4-in; k) 5,5-Dimethyl-1,3,7-octatrien.

Übung 37. Die folgenden Namen entsprechen nicht den Regeln. Warum? Wie lauten die korrekten Namen?
a) 5,5-Dimethylheptan; b) 4-Methylhexan; c) 2,2-Diethylpentan; d) 3-Methyl-4-hexen; e) 1-*n*-Propyl-2-isopropylethylen.

35. Halogen-Kohlenwasserstoffe

Ersetzt man bei Kohlenwasserstoffen einzelne H-Atome durch Halogenatome, so erhält man die *Halogenkohlenwasserstoffe* oder *Alkylhalogenide*. Obschon diese Verbindungen keinen Salzcharakter haben, kann man sie als Halogenide benennen. Nach der Genfer Nomenklatur bildet man die Namen wie bei den Alkanen, wobei die Halogensubstituenten wie Alkylgruppen behandelt werden, z. B.

$CH_3{-}CH_2{-}Cl$

Chlorethan
Ethylchlorid

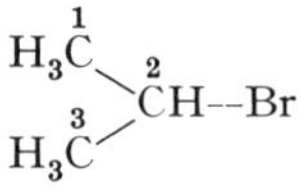

2-Brompropan
Isopropylbromid

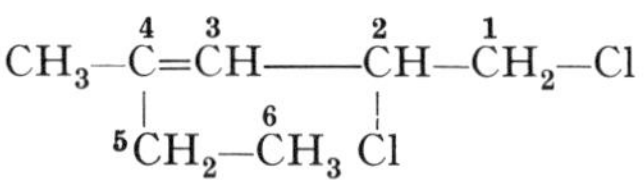

1,2-Dichlor-4-methyl-3-hexen

Obschon die vom Methan abgeleiteten Halogenverbindungen auch als Mono-, Di-, Tri- und Tetrahalogenmethane bezeichnet werden können, sind die folgenden Namen gebräuchlicher:

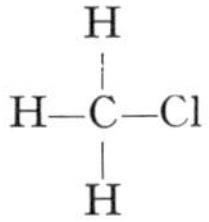

Methylchlorid

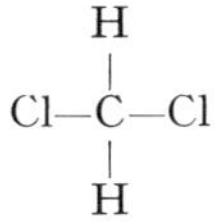

Methylenchlorid

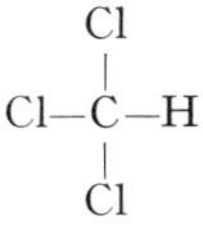

Chloroform

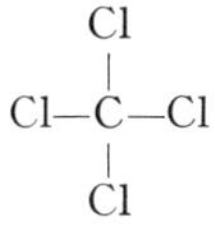

Tetrachlorkohlenstoff

Bei Dihalogenkohlenwasserstoffen bedeuten die Bezeichnungen *geminal* (*gem.*) und *vicinal* (*vic.*), daß die beiden Halogenatome am gleichen bzw. an zwei benachbarten Kohlenstoffatomen sitzen.

$F{-}CH_2{-}CH_2{-}F$

1,2-Difluorethan
vic. Difluorethan

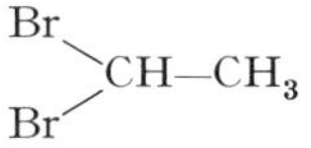

1,1-Dibromethan
gem. Dibromethan

36. Alkohole

Alkohole weisen als funktionelle Gruppe die Hydroxylgruppe –OH auf. Zur Benennung dieser Verbindungen nach der Genfer Nomenklatur muß die Hauptkette so gewählt werden, daß sie die OH-Gruppe trägt. Der Name eines Alkohols besteht dann aus der Positionszahl der OH-Gruppe (möglichst niedrig), der Bezeichnung des zugrundeliegenden Kohlenwasserstoffs und der Endung -**ol**.

Beispiele:

$CH_3{-}CH_2{-}CH_2{-}OH$

1-Propanol

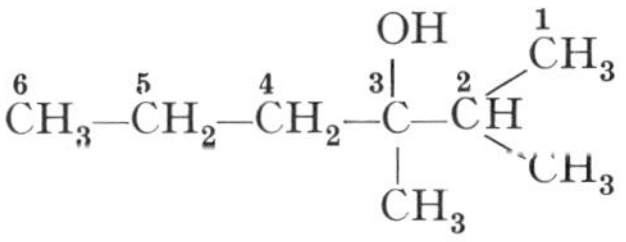

2,3 Dimethyl-3-hexanol

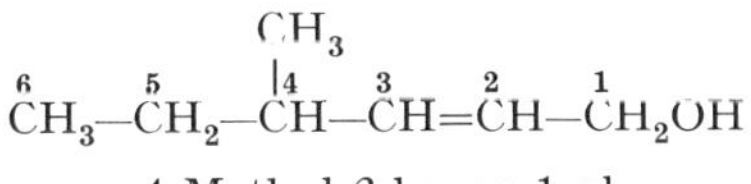

4-Methyl-2-hexen-1-ol

Zur Kennzeichnung unverzweigter Alkohole mit endständiger OH-Gruppe ist auch die Bezeichnung *n*- üblich. Bei einfachen Alkoholen wird der Name oft aus der Bezeichnung für die darin enthaltene Alkylgruppe und dem Wort -alkohol gebildet (Namen in Klammern):

CH_3OH	Methanol (Methylalkohol)
CH_3-CH_2OH	Ethanol (Ethylalkohol)
$CH_3-CH_2-CH_2OH$	*n*-Propanol (*n*-Propylalkohol)
$CH_3-CH_2-CH_2-CH_2OH$	*n*-Butanol (*n*-Butylalkohol)

Gruppen von analog gebauten Verbindungen, die sich nur in der Kettenlänge unterscheiden, werden als *homologe Reihen* bezeichnet. Die Alkohole mit unverzweigter Kette (Methanol, Äthanol, *n*-Propanol, *n*-Butanol usw.) bilden eine homologe Reihe.

Der Substitutionsgrad des Kohlenstoffatoms, das die OH-Gruppe trägt, ist ein Strukturmerkmal, nach dem die Alkohole in drei Gruppen aufgeteilt werden. Je nach dem, ob dieses C-Atom einen, zwei oder drei Alkylgruppen trägt, bezeichnet man die Alkohole als *primär, sekundär* oder *tertiär*. Als *Beispiele* seien die vier möglichen C_4-Alkohole erwähnt (von der Genfer Nomenklatur abweichende Namen in Klammern):

$\overset{4}{C}H_3-\overset{3}{C}H_2-\overset{2}{C}H_2-\overset{1}{C}H_2-OH$

primärer Alkohol
1-Butanol
(*n*-Butanol)

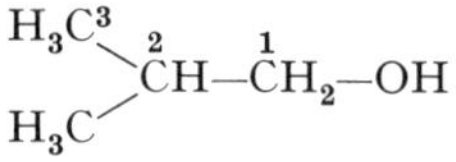

primärer Alkohol
2-Methyl-1-propanol
(Isobutanol)

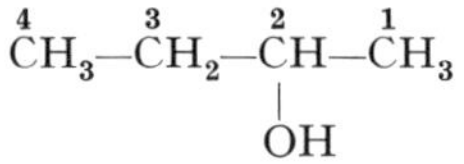

sekundärer Alkohol
2-Butanol
(*sek.* Butanol)

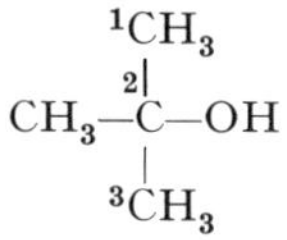

tertiärer Alkohol
2-Methyl-2-propanol
(*tert.* Butanol)

Primäre, sekundäre und tertiäre Alkohole unterscheiden sich in ihrem chemischen Verhalten (S. 141).

Verbindungen, die mehrere OH-Gruppen enthalten, werden als Diole, Triole usw. bezeichnet. Geminale Diole sind nur in Ausnahmefällen stabil (z. B. Chloralhydrat, S. 100). Liefert eine Reaktion ein geminales Diol, so geht es meist sofort unter Wasserabspaltung in eine Carbonylverbindung (Kapitel 38) über.

$HOCH_2-CH_2-CH_2OH$

1,3-Propandiol

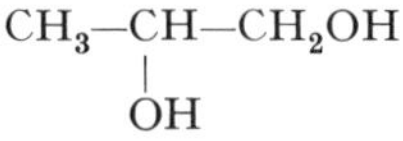

1,2-Propandiol
vicinales Diol

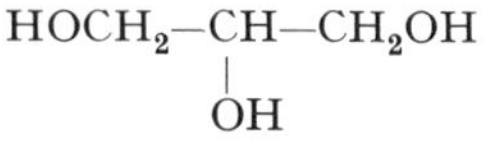

Propantriol
(Glycerin)

37. Ether

Ether sind Verbindungen der allgemeinen Formel R–O–R[3]). Bei einfachen Ethern sind die beiden Gruppen R gleich, gemischte Ether enthalten zwei verschiedene Alkylgruppen. Der Name wird aus den Bezeichnungen für die beiden Alkylgruppen und dem Wort -ether gebildet.

$CH_3–O–CH_3$ — Dimethylether

$CH_3–O–CH_2–CH_3$ — Methylethylether

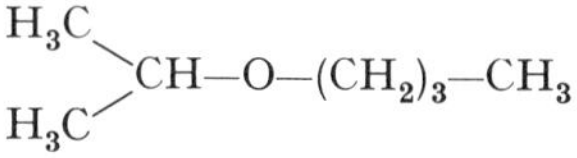

Isopropyl-*n*-butylether

Ethergruppen –O–R werden allgemein als Alkoxy-Gruppen ($–OCH_3$ Methoxy-, $–OCH_2CH_3$ Ethoxy- usw.) bezeichnet. Damit kann man Ethergruppierungen in komplizierter gebauten Molekülen wie Substituenten behandeln:

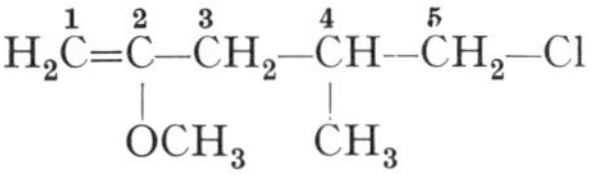

2-Methoxy-4-methyl-5-chlor-1-penten

Übung 38. Benenne die folgenden Verbindungen:

a) 

b) 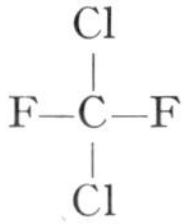

c) $Br–CH_2–CH_2–CH_2–OH$

d) 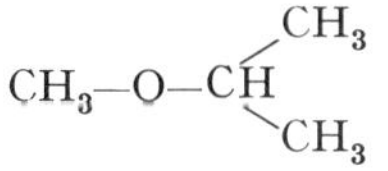

e) $Cl_3C–CH_2–CH_3$

f) 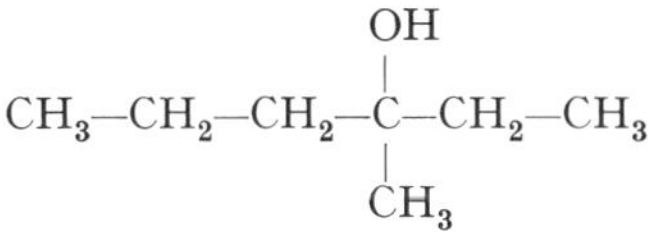

g) $CH_2{=}CH–CH_2OH$

h) $CH_2{=}CClH$

i) 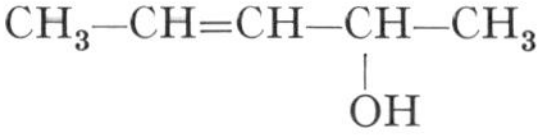

Übung 39. Notiere die Strukturformeln für folgende Verbindungen: a) Methyliodid; b) Neopentylalkohol; c) 2-Buten-1,4-diol; d) 1,1-Difluor-2-methyl-4-chlor-2-hexen; e) Ethyl-*tert.*-butylether; f) *gem.* Dichlorethan; g) Hexachlorethan.

[3]) In allgemeinen Formeln bedeutet R eine beliebige, eventuell Substituenten tragende Alkyl- oder Arylgruppe.

38. Aldehyde und Ketone

Die Aldehyden und Ketonen gemeinsame funktionelle Gruppe ist die Carbonylgruppe $>C=O$

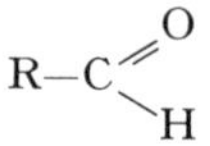 Aldehyd 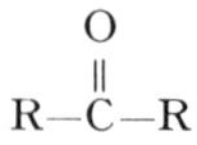 Keton

Die Namen von einfachen Aldehyden können von denjenigen der entsprechenden Carbonsäuren (Kapitel 39) abgeleitet werden. Viele einfache Ketone haben Trivialnamen.

$HCHO$	Formaldehyd
CH_3-CHO	Acetaldehyd
CH_3-CH_2-CHO	Propionaldehyd
$CH_3-CH_2-CH_2-CHO$	Butyraldehyd
$CH_3-CO-CH_3$	Aceton
$(CH_3)_2C=CH-CO-CH_3$	Mesityloxid

Nach der Genfer Nomenklatur werden die Aldehyde mit dem Namen des zugrundeliegenden Kohlenwasserstoffs benannt, dem die Endung -**al** angefügt wird. Eine Bezeichnung der Stellung erübrigt sich, da die Aldehydgruppe immer endständig ist und das C-Atom der Carbonylgruppe die Nummer 1 erhält.

$CH_3-CH_2-CH_2-CHO$

n-Butanal

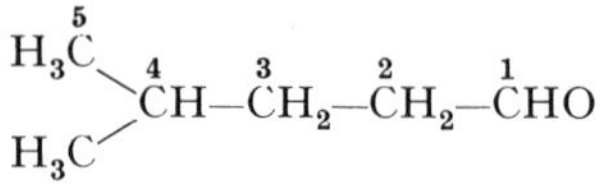

4-Methylpentanal

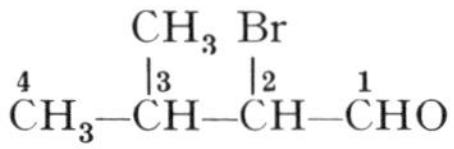

2-Brom-3-methyl-butanal

Ketone benennt man mit dem Namen des zugrundeliegenden Kohlenwasserstoffs (die Hauptkette muß die Carbonylgruppe enthalten), der Stellung der Carbonylgruppe und der Endung -**on**. Außerdem kann man die Namen aus den Bezeichnungen für die beiden Alkylgruppen R und dem Wort -keton zusammensetzen (Namen in Klammern):

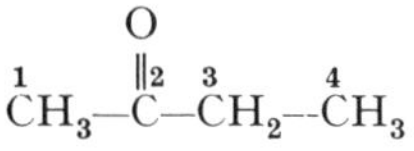

Butanon
(Methylethylketon)

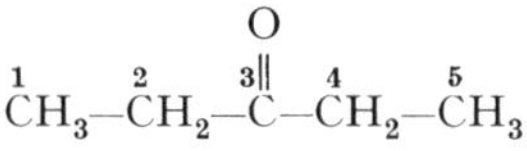

3-Pentanon
(Diethylketon)

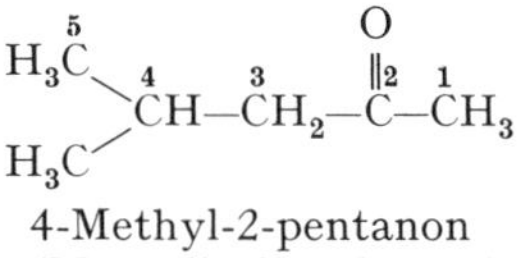

4-Methyl-2-pentanon
(Methylisobutylketon)

Verbindungen mit mehreren Carbonylgruppen werden als Di-, Triketone bezeichnet. Die chemischen Eigenschaften dieser Verbindungen hängen von der Stellung der CO-Gruppen ab:

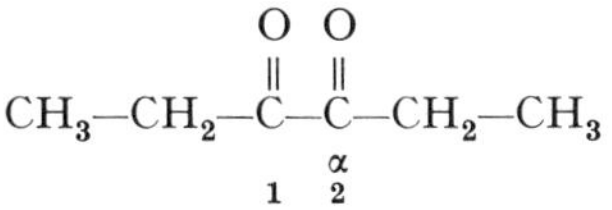

3,4-Hexandion
ein α-Diketon oder 1,2-Diketon

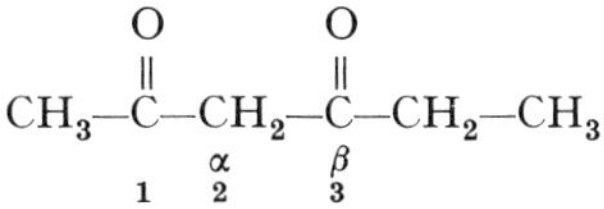

2,4-Hexandion
ein β-Diketon oder 1,3-Diketon

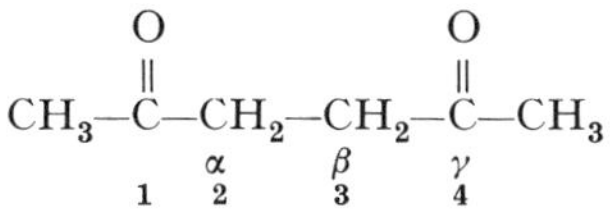

2,5-Hexandion
ein γ-Diketon oder 1,4-Diketon

Carbonylverbindungen, die in α-Stellung Wasserstoffatome aufweisen, stehen im Gleichgewicht mit einer *Enol*-Form (En- von der Doppelbindung, -ol von der OH-Gruppe). Sie entsteht durch Verschiebung eines H-Atoms vom α-C-Atom an den Carbonylsauerstoff und eines Elektronenpaars:

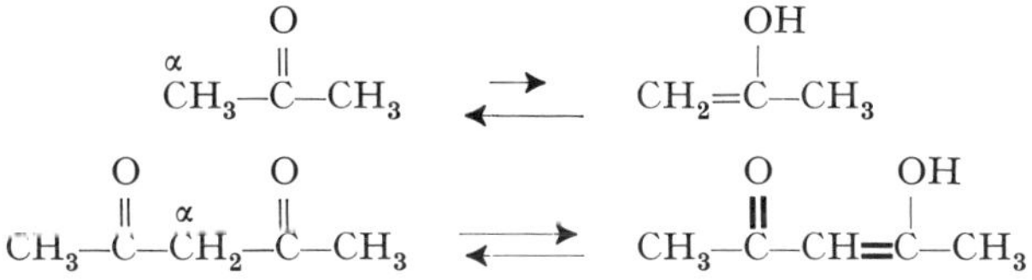

Aceton

Acetylaceton

Keto-Form Enol-Form

Das Gleichgewicht liegt normalerweise fast ganz auf der Seite der Ketoform. Der Anteil der Enolform wird größer, wenn diese durch die Ausbildung von konjugierten Doppelbindungen begünstigt wird.
Kann in einem Molekül ein Atom oder eine Gruppe sehr rasch die Stellung wechseln, so wird diese Erscheinung als *Tautomerie* bezeichnet. Normalerweise wird dieser Begriff jedoch nur im Fall der Verschiebung von Wasserstoff verwendet.

Die Beweglichkeit der α-Wasserstoffatome erklärt viele für Carbonylverbindungen typische Reaktionen wie z. B. die α-Halogenierung (S. 101).
Wird an die Carbonylgruppe ein Alkohol, z. B. Methanol CH_3OH, addiert (S. 99), so entsteht ein *Halbacetal*. Die OH-Gruppe im Halbacetal kann bei weiterer Umsetzung gegen eine CH_3O-Gruppe ausgetauscht werden, es entsteht dabei ein *Acetal*.

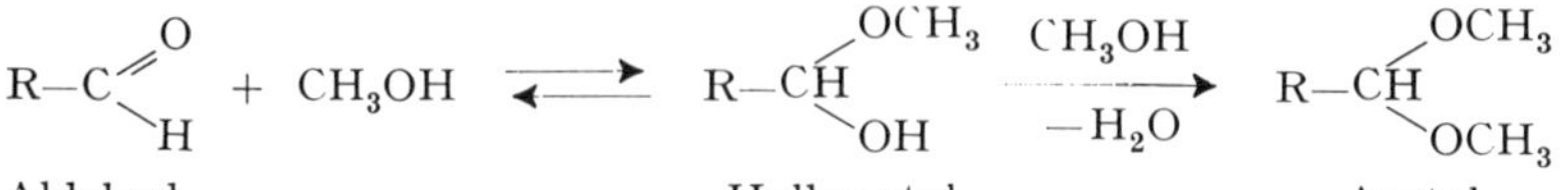

Aldehyd   Halbacetal   Acetal

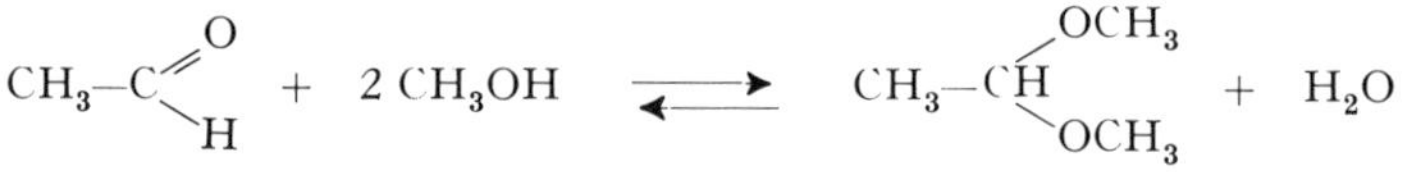

Acetaldehyd   Acetaldehyd-dimethylacetal

Entsprechende Verbindungen können auch aus Ketonen erhalten werden. Man bezeichnet sie ebenfalls als Acetale, die Bezeichnung Ketal sollte nicht mehr verwendet werden. Zur Verwendung der Acetale als Schutzgruppen vgl. S. 99.
Weitere von Carbonylverbindungen abgeleitete Verbindungsklassen werden in Kapitel 42 behandelt.

39. Carbonsäuren

Carbonsäuren tragen als funktionelle Gruppe die Carboxylgruppe $-C{\langle}^{O}_{OH}$. Da viele Carbonsäuren mit unverzweigter Kohlenstoffkette erstmals aus Fetten (S. 228) isoliert wurden, bezeichnet man diese homologe Reihe als *Fettsäuren*. (In Klammern sind die zugehörigen Anionen angegeben, z. B. $Na^{\oplus}HCOO^{\ominus}$ = Natriumformiat.)

HCOOH	Ameisensäure (-formiat)	CH_3-$(CH_2)_3$-COOH	Valeriansäure (-valerianat)
CH_3-COOH	Essigsäure (-acetat)	CH_3-$(CH_2)_4$-COOH	Capronsäure (-capronat)
CH_3-CH_2-COOH	Propionsäure (-propionat)	CH_3-$(CH_2)_{14}$-COOH	Palmitinsäure (-palmitat)
CH_3-$(CH_2)_2$-COOH	Buttersäure (-butyrat)	CH_3-$(CH_2)_{16}$-COOH	Stearinsäure (-stearat)

Die Gruppe $R{-}\overset{\overset{\displaystyle O}{\|}}{C}{-}$ wird allgemein als *Acylgruppe* bezeichnet, z. B.

$H{-}\overset{\overset{O}{\|}}{C}{-}$ Formyl- $CH_3{-}\overset{\overset{O}{\|}}{C}{-}$ Acetyl- $CH_3{-}CH_2{-}\overset{\overset{O}{\|}}{C}{-}$ Propionylgruppe

Die Namen für verzweigte und substituierte Carbonsäuren können von denen der einfachen Säuren abgeleitet werden; das Carboxyl-Kohlenstoffatom erhält dabei die Nummer 1. Man kann aber auch die COOH-Gruppe als Substituenten auffassen und den Namen der Carbonsäure aus der Bezeichnung für den Kohlenwasserstoff, der die Carboxylgruppe trägt, der Stellungsbezeichnung und dem Wort -carbonsäure bilden:

$$\overset{6}{C}H_3{-}\overset{5}{C}H_2{-}\overset{4}{C}H_2{-}\underset{\underset{CH_3}{|}}{\overset{3}{C}H}{-}\underset{\underset{Br}{|}}{\overset{2}{C}H}{-}\overset{1}{C}OOH \;=\; \overset{5}{C}H_3{-}\overset{4}{C}H_2{-}\overset{3}{C}H_2{-}\underset{\underset{CH_3}{|}}{\overset{2}{C}H}{-}\underset{\underset{Br}{|}}{\overset{1}{C}H}{-}COOH$$

2-Brom-3-methyl-capronsäure — 1-Brom-2-methyl-pentan-1-carbonsäure

Oft wird die Bezeichnung der Stellung von Substituenten durch griechische Buchstaben bevorzugt, z. B.

$$CH_3{-}(CH_2)_2{-}\underset{\underset{OH}{|}}{\overset{\alpha}{C}H}{-}COOH \qquad Cl{-}\overset{\gamma}{C}H_2{-}\overset{\beta}{C}H_2{-}\overset{\alpha}{C}H_2{-}COOH$$

α-Hydroxyvaleriansäure — γ-Chlorbuttersäure

$$CH_3{-}\underset{\underset{NH_2}{|}}{\overset{\alpha}{C}H}{-}COOH$$

α-Aminopropionsäure

Verbindungen mit mehreren Carboxylgruppen werden als Di-, Tri- oder allgemein als Polycarbonsäuren bezeichnet:

HOOC–COOH	Oxalsäure (-oxalat)
$HOOC{-}CH_2{-}COOH$	Malonsäure (-malonat)
$HOOC{-}(CH_2)_2{-}COOH$	Bernsteinsäure (-succinat)
$HOOC{-}(CH_2)_3{-}COOH$	Glutarsäure
$HOOC{-}(CH_2)_4{-}COOH$	Adipinsäure

Die Carbonsäuren sind schwache Säuren:

$$R{-}C\genfrac{}{}{0pt}{}{\nearrow\!\!\!\!=O}{\searrow OH} + H_2O \rightleftharpoons R{-}C\genfrac{}{}{0pt}{}{=O}{-O^{\ominus}} + H_3O^{\oplus}$$

Die Übertragung eines Protons auf H_2O ist bei Carbonsäuren leichter möglich als bei Alkoholen ROH, da das zurückbleibende Anion durch Mesomerie stabilisiert werden kann (S. 38). Die Protolysekonstanten von Carbonsäuren liegen meist zwischen etwa 10^{-4} und 10^{-5} (z. B. Essigsäure $K_1 = 1{,}8 \cdot 10^{-5}$); bei Dicarbonsäuren ist die erste Protolysekonstante K_1 größer, wenn die beiden COOH-Gruppen nahe beieinanderliegen (z. B. Oxalsäure $K_1 = 3{,}8 \cdot 10^{-4}$, Bernsteinsäure $K_1 = 6{,}4 \cdot 10^{-5}$). Durch elektronenanziehende Substituenten, vor allem solche in α-Stellung, wird die Acidität von Carbonsäuren stark gesteigert (S. 86).

40. Von den Carbonsäuren abgeleitete Verbindungsklassen

40.1. Säureanhydride

Säureanhydride entstehen formal, wenn man Carbonsäuren Wasser entzieht. Dabei wird aus zwei Carboxylgruppen ein Molekül H_2O abgespaltet:

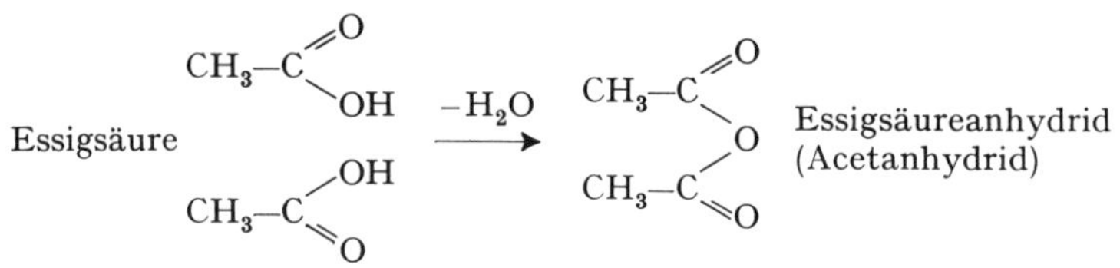

Die Namen dieser Verbindungen setzen sich aus dem Namen der Säure und dem Wort *-anhydrid* zusammen. Von einem gemischten Anhydrid spricht man, wenn zwei verschiedene Säuren darin vertreten sind:

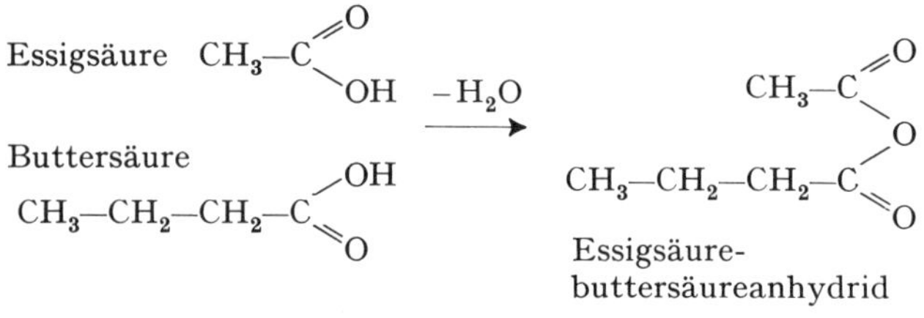

Bei Dicarbonsäuren kann das Anhydrid intramolekular gebildet werden; dabei entstehen cyclische Anhydride.

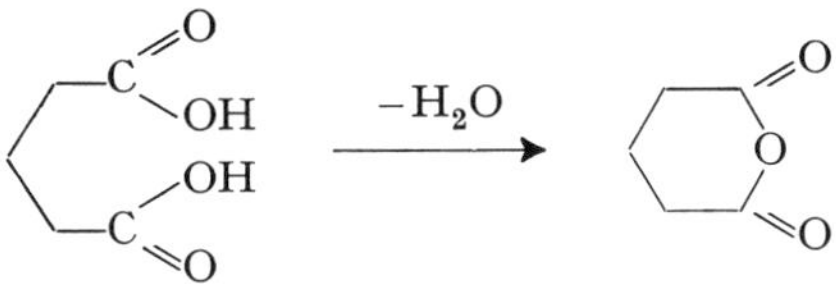

Glutarsäure Glutarsäureanhydrid

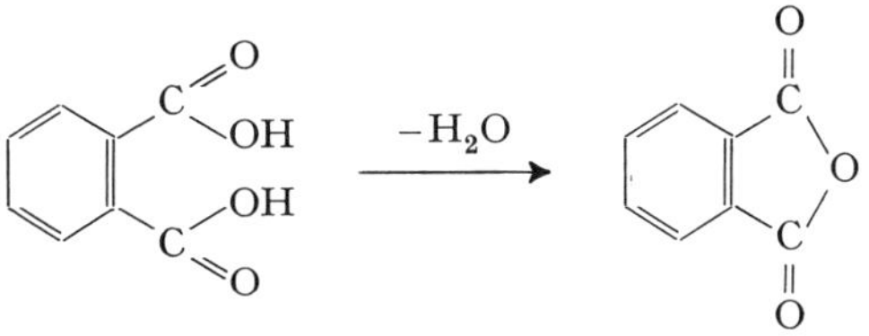

Phthalsäure Phthalsäureanhydrid

40.2. Säurehalogenide

In den Säurehalogeniden ist die OH-Gruppe der Carbonsäuren durch ein Halogenatom ersetzt. Am wichtigsten sind die Säurechloride:

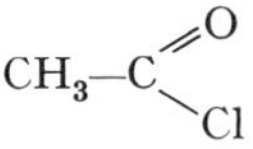

Essigsäurechlorid oder Acetylchlorid

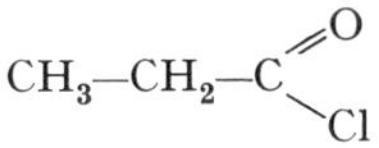

Propionsäurechlorid oder Propionylchlorid

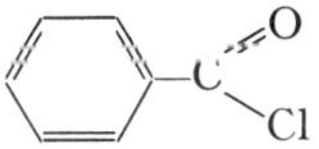

Benzoesäurechlorid oder Benzoylchlorid

40.3. Säureamide

In den Säureamiden ist die OH-Gruppe der Carbonsäuren durch eine NH_2-Gruppe ersetzt:

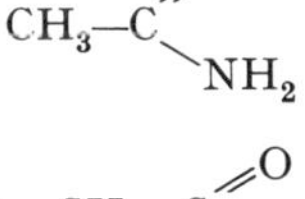

Essigsäureamid oder Acetamid

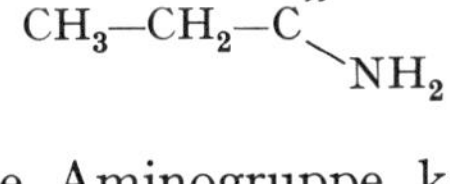

Propionsäureamid oder Propionamid

Die Aminogruppe kann alkyliert sein. Die Bezeichnung der Alkylgruppen wird dann dem Namen des Säureamids vorangestellt, zusammen mit dem Buchstaben N, um zu verdeutlichen, daß diese Alkylgruppen am Stickstoffatom sitzen:

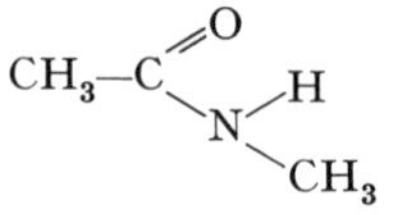

N-Methylacetamid

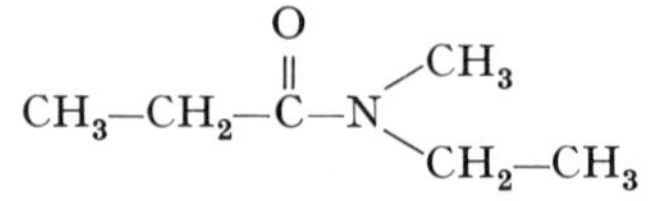

N-Methyl-N-ethylpropionamid

Die Amidstruktur spielt eine wichtige Rolle in den aus α-Aminosäuren zusammengesetzten Peptiden und Proteinen (S. 229).

40.4. Ester

Ester entstehen aus Carbonsäuren und Alkoholen unter Abspaltung von Wasser:

Da diese Umsetzung formal eine Ähnlichkeit mit einer Säure-Basen-Reaktion hat, werden die Ester oft als Alkylsalze der zugrundeliegenden Carbonsäure benannt. Andrerseits kann der Name auch zusammengesetzt werden aus dem vollen Namen der Säure, dem Namen der im Alkohol enthaltenen Alkylgruppe und dem Wort -ester:

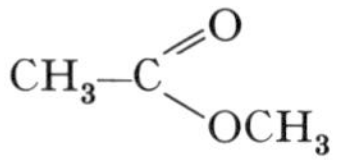

Methylacetat oder
Essigsäuremethylester

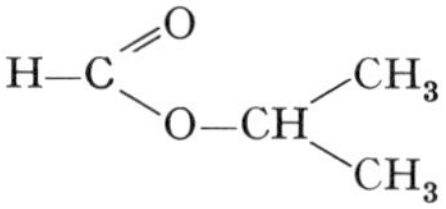

Isopropylformiat oder
Ameisensäureisopropylester

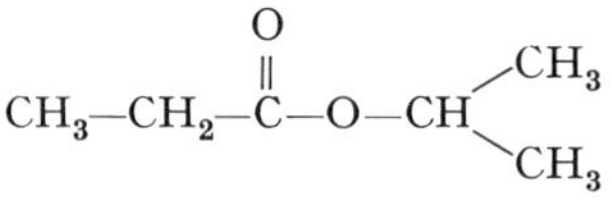

Isopropylpropionat oder
Propionsäureisopropylester

40.5. Lactone und Lactame

Lactone entstehen aus Hydroxycarbonsäuren durch intramolekulare Abspaltung von Wasser. Diese Verbindungen sind also intramolekulare Ester. Die Reaktion geht am besten, wenn sie zu Verbindungen mit fünf- oder sechsgliedrigen Ringen führt.

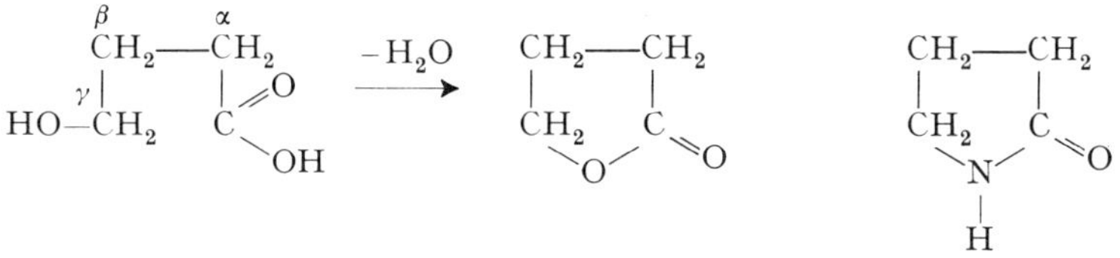

γ-Hydroxybuttersäure γ-Butyrolacton γ-Butyrolactam

Die entsprechenden, von Aminosäuren abgeleiteten Verbindungen, bei denen es sich um intramolekulare Säureamide handelt, werden als *Lactame* bezeichnet.

Übung 40. Benenne die folgenden Verbindungen:

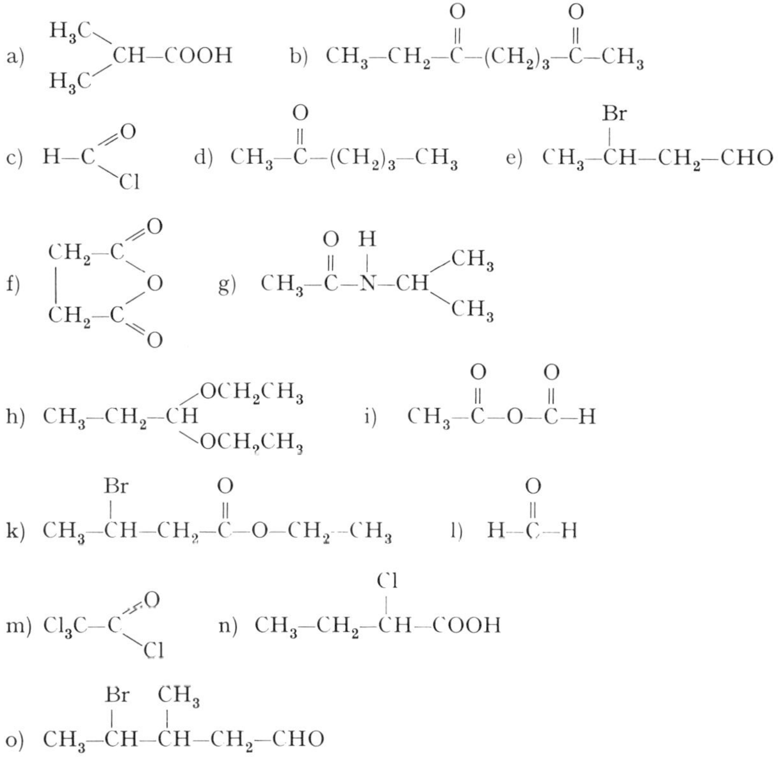

Übung 41. Notiere die Strukturformeln für folgende Verbindungen: a) Methylformiat; b) α-Brompropionsäure; c) Adipinsäureanhydrid; d) Isopropyl-*n*-butylketon; e) Trifluoressigsäure; f) Acetaldehyd-dimethylacetal; g) 3-Methyl-2,4-pentandion; h) β-Brompropionaldehyd; i) Methylvinylketon; k) δ-Valerolactam; l) Aceton-diethylacetal; m) N-ethyl-N-propylformamid.

41. Amine

Amine sind stickstoffhaltige organische Verbindungen, die als Alkylderivate des Ammoniaks betrachtet werden können. Nach der Zahl der im NH_3-Molekül durch Alkylgruppen ersetzten Wasserstoffatome unterscheidet man zwischen *primären, sekundären* und *tertiären*[4]) Aminen. Die Namen bestehen aus den Bezeichnungen für alle an den Stickstoff gebundenen Alkylgruppen und dem Wort *-amin*. Die Alkylgruppen werden nach steigender C-Zahl aufgezählt.

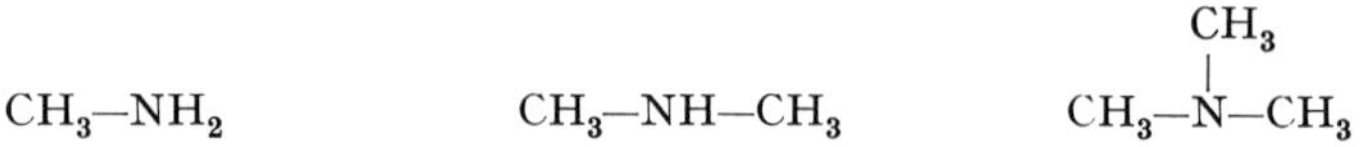

Methylamin	Dimethylamin	Trimethylamin
primäres Amin	*sekundäres Amin*	*tertiäres Amin*

Methylisopropylamin — Methylethyltertiärbutylamin

Wie Ammoniak sind auch die Amine schwache Basen: an das freie Elektronenpaar des Stickstoffs kann ein Proton angelagert werden. Bei der Umsetzung von Aminen mit Säuren entstehen wasserlösliche Salze:

$$\ddot{N}H_3 + HCl \rightarrow NH_4^{\oplus}\, Cl^{\ominus} \qquad \text{Ammoniumchlorid}$$

$$CH_3\text{–}\ddot{N}H_2 + HCl \rightarrow CH_3\text{–}\overset{\oplus}{N}H_3\, Cl^{\ominus} \qquad \text{Methylamin-hydrochlorid}$$

$$(CH_3CH_2)_2\ddot{N}H + HBr \rightarrow (CH_3CH_2)_2\overset{\oplus}{N}H_2\, Br^{\ominus} \qquad \text{Diethylamin-hydrobromid}$$

Tertiäre Amine reagieren mit Alkylhalogeniden zu Salzen, in denen der Stickstoff vier Alkylgruppen trägt. Tauscht man in diesen *quartären Ammoniumsalzen* das Halogenidion gegen das Hydroxylion aus, so erhält man *quartäre Ammoniumhydroxide.*

[4]) Man beachte die unterschiedliche Anwendung dieser Begriffe bei Alkoholen (S. 206) und Aminen, z. B.:

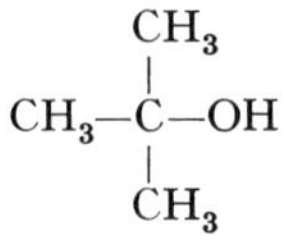 *tert.* Alkohol, aber 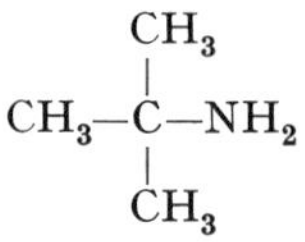 *prim.* Amin

Wäßrige Lösungen dieser Verbindungen sind dank der Anwesenheit der starken BROENSTED-Base $OH^{\ominus}$ stark alkalisch.

Triethylamin — Methyliodid — Methyltriethylammoniumiodid *quartäres Ammoniumsalz*

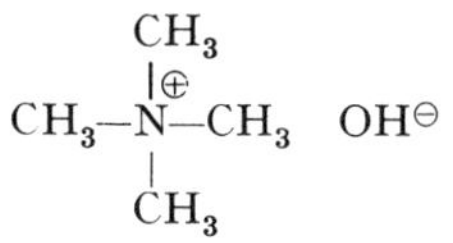

Tetramethylammoniumhydroxid
quartäres Ammoniumhydroxid

Im Gegensatz dazu sind die Amine schwache Basen:

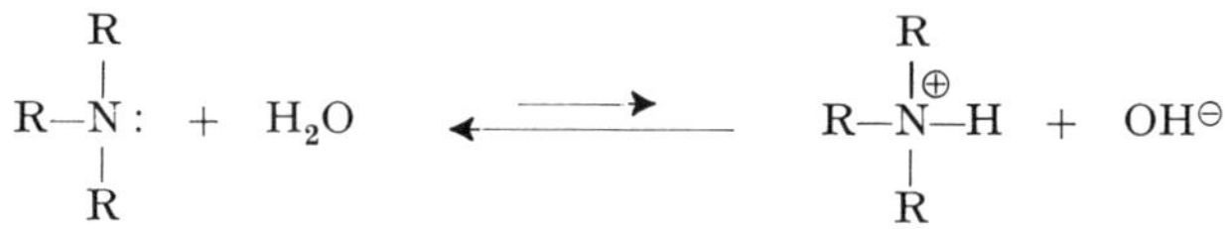

Die Protolysekonstanten vieler Amine sind von der gleichen Größenordnung wie diejenige von Ammoniak.

NH_3	$K_b = 1{,}8 \cdot 10^{-5}$	$(CH_3)_2NH$	$K_b = 6{,}0 \cdot 10^{-4}$
$CH_3{-}NH_2$	$K_b = 4{,}3 \cdot 10^{-4}$	$(CH_3)_3N$	$K_b = 6{,}3 \cdot 10^{-5}$

42. Andere stickstoffhaltige Verbindungen

42.1. NITRILE

Nitrile enthalten als funktionelle Gruppe die Cyanogruppe $-C{\equiv}N$. Ihre Namen werden von denjenigen der Carbonsäuren mit der gleichen Anzahl C-Atome abgeleitet. Die Nitrile können auch als Derivate der Blausäure HCN aufgefaßt und als *Cyanide* bezeichnet werden.

$CH_3{-}CN$	Acetonitril	oder	Methylcyanid
$CH_3{-}CH_2{-}CN$	Propionitril	oder	Ethylcyanid

42.2. IMINE ODER SCHIFFSCHE BASEN, ENAMINE

Imine entstehen bei der Reaktion von Aldehyden oder Ketonen

mit primären Aminen. Das nach der Addition des Amins an die CO-Gruppe vorliegende Zwischenprodukt ist instabil (S. 100) und spaltet Wasser ab:

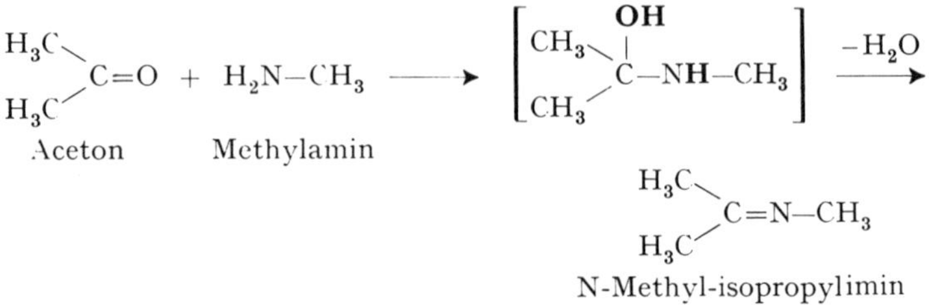

Bei Reaktionen von Aldehyden und Ketonen mit *sek.* Aminen kann die Wasserabspaltung aus dem instabilen Zwischenprodukt nicht in der oben gezeigten Weise erfolgen, da der Stickstoff keinen Wasserstoff mehr trägt. In diesem Fall entstehen als Produkt *Enamine:*

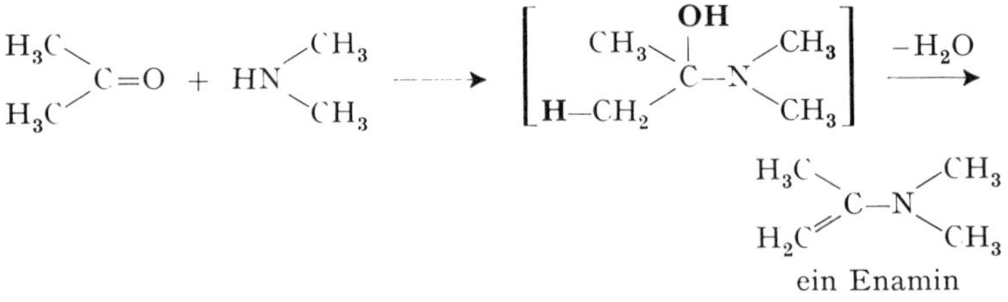

Die Enamingruppierung eignet sich, ähnlich wie die Acetalgruppierung, sehr gut als *Schutzgruppe* (S. 99) für Carbonylgruppen. Die Carbonylverbindung kann aus dem Enamin in saurer Lösung leicht wieder freigesetzt werden.

42.3. Oxime

Die Addition von Hydroxylamin $H_2N{-}OH$ an Carbonylgruppen führt unter Wasserabspaltung zu Oximen (S. 101):

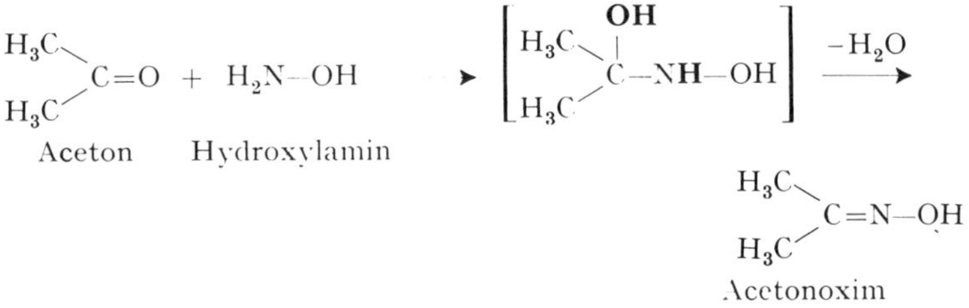

Nach der Art der verwendeten Carbonylverbindung unterscheidet man

R–CH=N–OH und 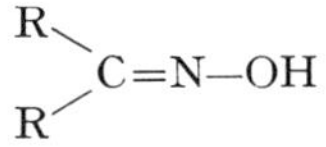

Aldoxime Ketoxime

Bei von unsymmetrischen Carbonylverbindungen abgeleiteten Oximen tritt *cis-trans*-Isomerie (S. 54) an der C–N-Doppelbindung auf. Dabei spielt das einsame Elektronenpaar am Stickstoff die Rolle eines Substituenten. An Stelle der Bezeichnungen *cis-* und *trans-* sind bei den Oximen die Vorsilben *syn-* und *anti-* gebräuchlich:

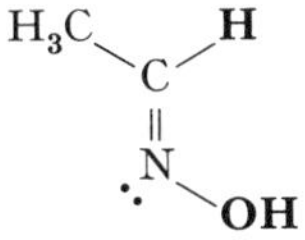

syn-Acetaldoxim

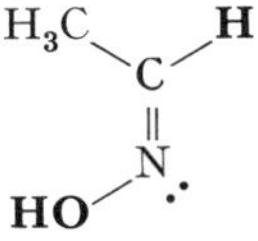

anti-Acetaldoxim

42.4. Hydrazone und Semicarbazone (vgl. S. 101)

42.5. Imide

Die Imide sind mit den bereits erwähnten Amiden (S. 213) verwandt. Die typische Imidgruppierung entsteht bei der Reaktion zwischen zwei Carboxylgruppen und einem *prim.* Amin oder NH_3. Am wichtigsten sind jene Imide, die sich von Dicarbonsäuren ableiten lassen:

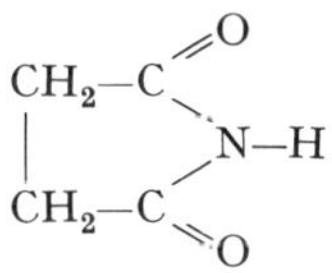

Succinimid aus Bernsteinsäure

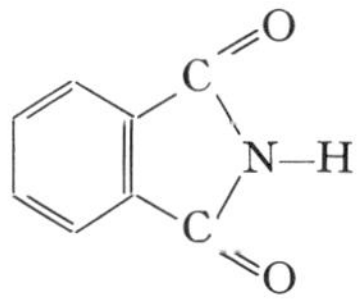

Phthalimid aus Phthalsäure

42.6. Nitroso- und Nitroverbindungen

Die funktionellen Gruppen –NO und $-NO_2$ werden bei der Benennung von Nitroso- und Nitroverbindungen gleich behandelt wie Halogensubstituenten:

CH_3-NO_2

Nitromethan

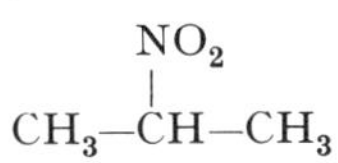

2-Nitropropan

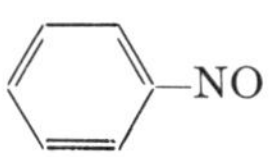

Nitrosobenzol

Primäre und sekundäre Nitrosoverbindungen sind instabil, sie lagern sich zu Oximen um. Tertiäre und aromatische (Kapitel 45) Nitrosoverbindungen sind hingegen beständig.

2-Nitrosopropan — Acetonoxim

42.7. Azoverbindungen

Azoverbindungen enthalten die Azogruppe –N=N–. Zu dieser Gruppe gehören die Azofarbstoffe.

$CH_3-N=N-CH_3$

Azomethan

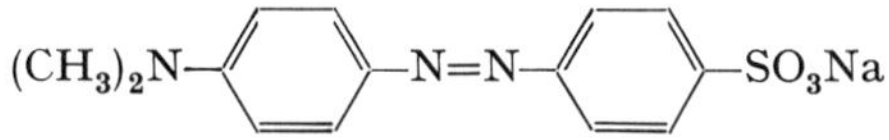

Methylorange (Azofarbstoff)

42.8. Diazoverbindungen

Der wichtigste Vertreter dieser Gruppe ist das Diazomethan CH_2N_2 mit den mesomeren Grenzformen (S. 39)

$$CH_2=\overset{\oplus}{N}=\overset{\ominus}{\ddot{N}}: \longleftrightarrow \overset{\ominus}{\ddot{C}}H_2-\overset{\oplus}{N}\equiv N:$$

43. Schwefelhaltige Verbindungen

In vielen organischen Verbindungen kann Sauerstoff durch den ebenfalls zur 6. Hauptgruppe gehörenden Schwefel ersetzt werden. Zur Benennung dieser schwefelhaltigen Analogen benützt man die Namen der entsprechenden sauerstoffhaltigen Verbindungen und ergänzt sie durch die Silbe *-thio:*

CH_3-SH	Methan*thiol* oder Methylmercaptan
$HS-CH_2-CH_2-CH_2-SH$	1,3-Propandi*thiol*
$CH_3-CH_2-S-CH_2-CH_3$	Diäthyl*thio*ether oder Diethylsulfid

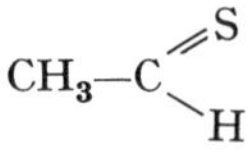 *Thio*acetaldehyd

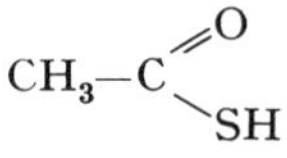 *Thio*essigsäure

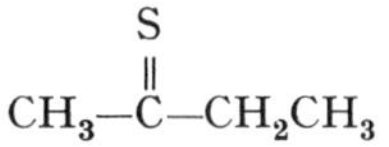 Methylethyl*thio*keton

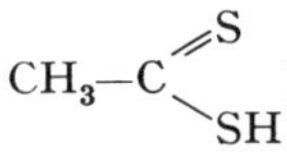 Di*thio*essigsäure

Als Beispiele für weitere Gruppen von organischen Schwefelverbindungen, in denen der Schwefel vier- oder sechsbindig ist, seien erwähnt:

$CH_3{-}\overset{\overset{\displaystyle O}{\|}}{S}{-}CH_3$	$CH_3{-}\overset{\overset{\displaystyle O}{\|}}{\underset{\underset{\displaystyle O}{\|}}{S}}{-}CH_3$	$CH_3{-}\overset{\overset{\displaystyle O}{\|}}{\underset{\underset{\displaystyle O}{\|}}{S}}{-}OH$
Dimethyl*sulfoxid*	Dimethyl*sulfon*	Methan*sulfonsäure*

44. Alicyclische Verbindungen

Alicyclische Verbindungen erhalten dieselben Namen wie die offenkettigen Kohlenwasserstoffe mit der gleichen Anzahl C-Atome, ergänzt durch die vorangestellte Bezeichnung *cyclo-*. Es wird die S. 199 eingeführte Kurzschreibweise verwendet:

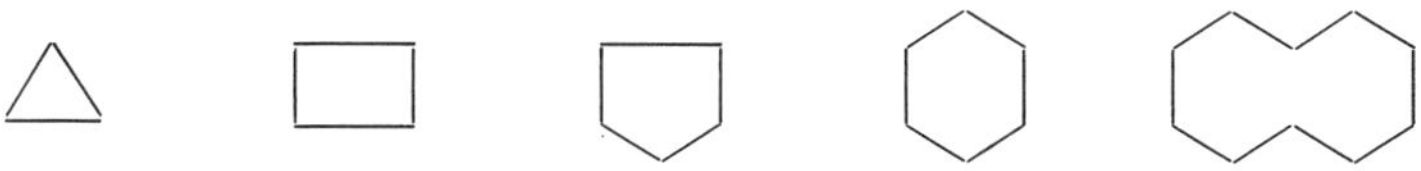

Cyclopropan Cyclobutan Cyclopentan Cyclohexan Cyclodecan

Die Benennung von substituierten Alicyclen erfolgt sinngemäß nach den für die aliphatischen Verbindungen gültigen Regeln. Trägt ein Ring zwei oder mehr Substituenten, so werden die Ringglieder fortlaufend durchnumeriert, und zwar so, daß einer der Substituenten in 1-Stellung steht. Es erübrigt sich dann, diese 1 im Namen wiederzugeben (Ausnahme: Doppelbindungen). Es erhält immer derjenige Substituent die Positionsnummer 1, nach dem man die Verbindung z. B. als Carbonsäure oder Keton benennen will.

Beispiele:

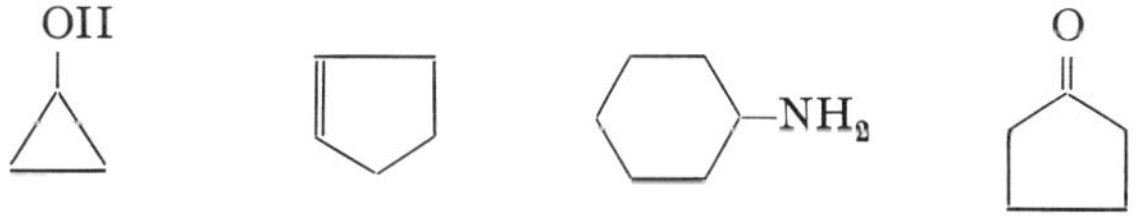

Cyclopropanol Cyclopenten Cyclohexylamin Cyclopentanon

2-Cyclohexenon 1,3-Cyclohexadien 1,4-Cyclohexadien Cyclooctatetraen

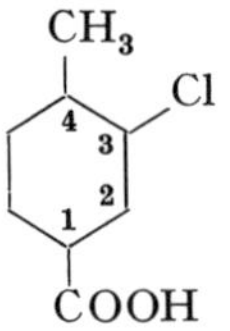

3-Chlor-4-methyl-cyclohexan-carbonsäure

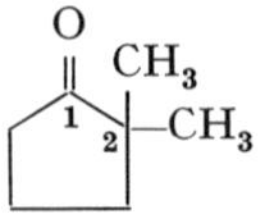

2,2-Dimethyl-cyclopentanon

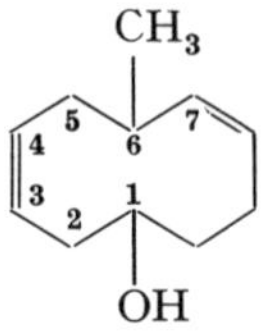

6-Methyl-3,7-cyclodecadienol

Übung 42. Benenne die folgenden Verbindungen:

a) 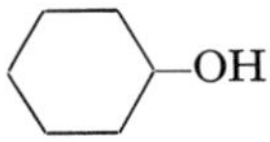

b) $CH_3-NH-CH_2-CH_3$

c) 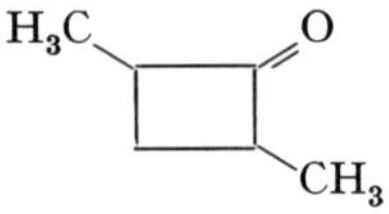

d) 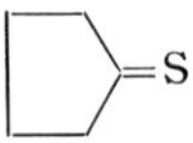

e) 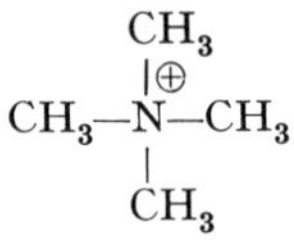 $I^{\ominus}$

f) 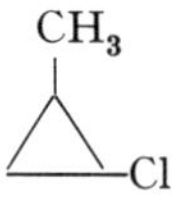

g) 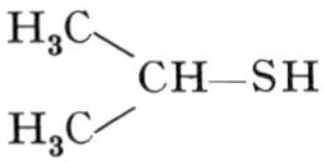

h) $CH_3-\overset{\oplus}{N}H_3\ Br^{\ominus}$

i) 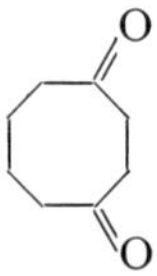

k) $CH_3-CH_2-NO_2$

l) 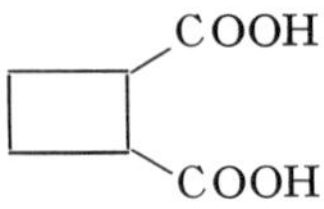

m) 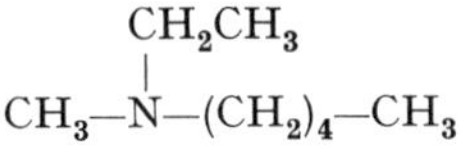

n) $CH_3-\overset{\overset{\displaystyle O}{\|}}{S}-CH_2CH_3$

Übung 43. Notiere Strukturformeln für folgende Verbindungen: a) Triethyl-*n*-propylammoniumiodid; b) 1,2-Cyclopropandiol; c) Thiopropionsäure; d) Tetraethylammoniumhydroxid; e) 1,3,5-Cycloheptatrien; f) 2,6-Dimethylcyclohexanon; g) *n*-Propyl-isopropylamin; h) 1,4-Butandithiol; i) 2-Cyclopentenol; k) Acetonitril; l) 1,4-Dichlor-2-methylcyclohexan; m) Dimethylsulfid.

45. Aromatische Verbindungen

Die aromatischen Kohlenwasserstoffe und viele der substituierten aromatischen Verbindungen besitzen Trivialnamen.

Benzol

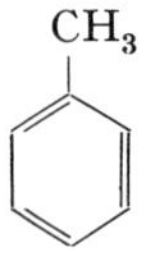

Toluol

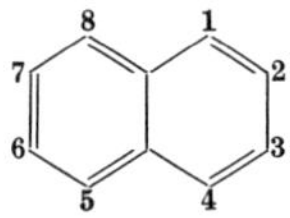

Naphthalin

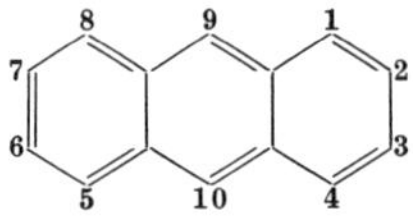

Anthracen

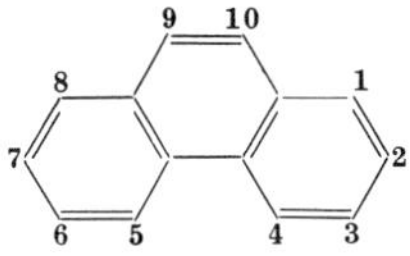
Phenanthren

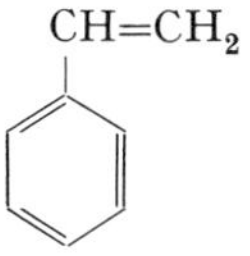
Styrol

Benzoesäure

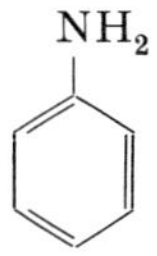
Anilin

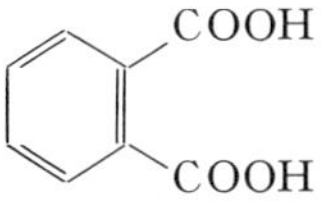
Phthalsäure

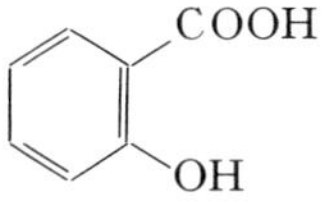
Salicylsäure

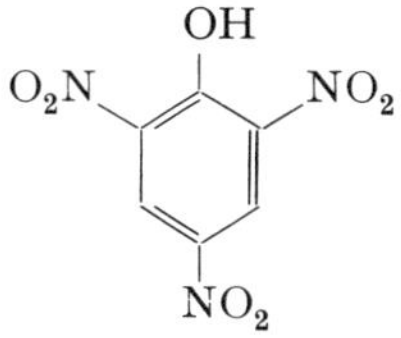
Pikrinsäure

Diese Beispiele zeigen auch die übliche Numerierung der C-Atome. Ringverknüpfungsstellen in aus mehreren Ringen aufgebauten (mehrkernigen) aromatischen Verbindungen, an denen keine Substituenten sitzen können, erhalten keine Nummer.
Die systematische Benennung von aromatischen Verbindungen ist am einfachsten bei monosubstituierten Benzolderivaten:

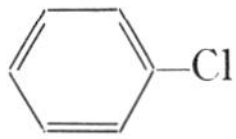 Chlorbenzol

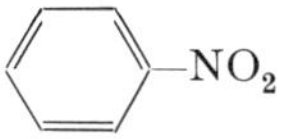 Nitrobenzol

Für die Anordnung von zwei funktionellen Gruppen gibt es drei Möglichkeiten. Zu ihrer Kennzeichnung kann man die C-Atome des Benzolrings durchnumerieren oder die Bezeichnungen *o*- (*ortho*-), *m*- (*meta*-) und *p*- (*para*-) verwenden.

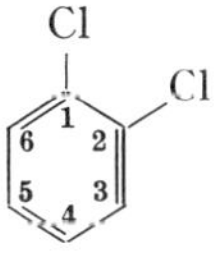
1,2-Dichlorbenzol
o-Dichlorbenzol

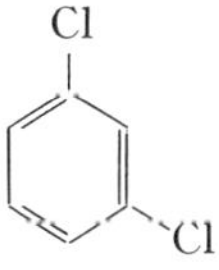
1,3-Dichlorbenzol
m-Dichlorbenzol

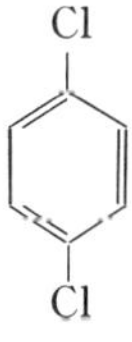
1,4-Dichlorbenzol
p-Dichlorbenzol

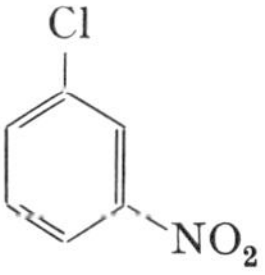
3-Nitrochlorbenzol
m-Nitrochlorbenzol

Sind mehr als zwei Substituenten vorhanden, so sollte immer anhand der Nummern benannt werden.
Die aromatischen Alkohole heißen *Phenole*. Sie unterscheiden sich in ihren Eigenschaften von den aliphatischen Alkoholen. Sie sind schwache Säuren, da Phenolat-Anionen im Gegensatz

zu Alkoholationen wie z. B. $CH_3O^{\ominus}$ durch Mesomerie stabilisiert sind (S. 39).

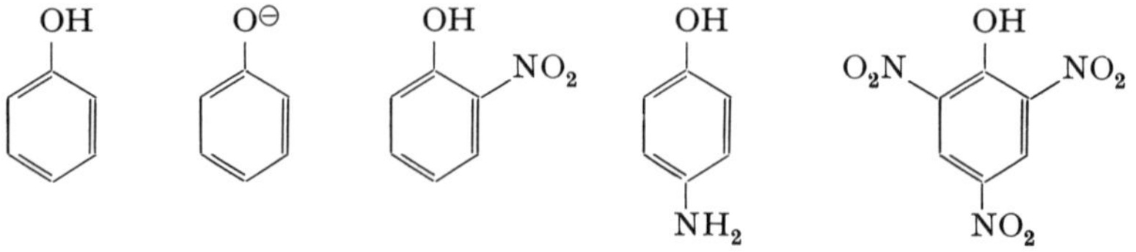

Phenol	Phenolat-Anion	*o*-Nitrophenol	*p*-Aminophenol	Pikrinsäure
		2-Nitrophenol	4-Aminophenol	2,4,6-Trinitrophenol

Phenole und aromatische Amine lassen sich leicht zu *Chinonen* oxidieren. Diese Verbindungen sind nicht aromatisch, nach ihren Eigenschaften handelt es sich eher um cyclische ungesättigte Ketone. Nach der Stellung der beiden Sauerstoffunktionen unterscheidet man:

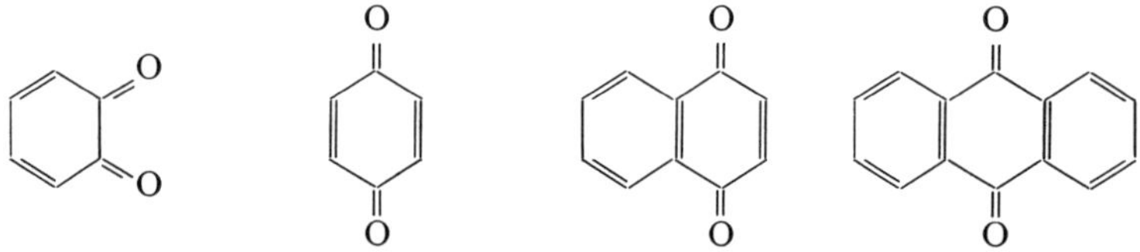

o-Benzochinon	*p*-Benzochinon	1,4-Naphthochinon	Anthrachinon
1,2-Benzochinon	1,4-Benzochinon		

Die Redoxreaktion zwischen Chinonen und Hydrochinonen läuft sehr rasch ab und ist reversibel. Die Lage des Redoxgleichgewichts ist pH-abhängig.

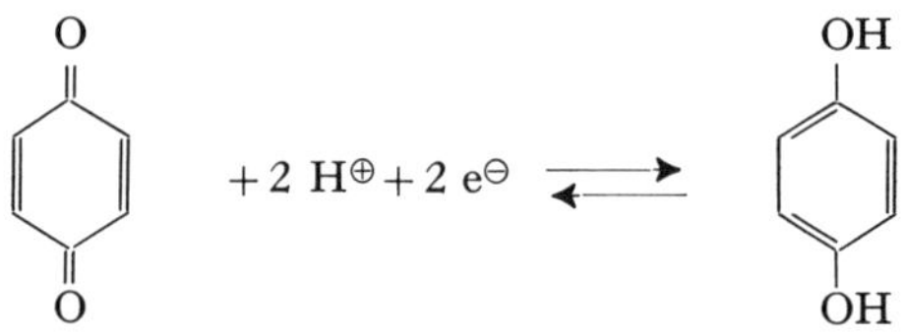

Für monosubstituierte Naphthalinderivate wird außer der oben gezeigten Numerierung auch noch ein zweites System angewendet. Es beruht darauf, daß im Naphthalin jeweils vier der acht substituierbaren Stellungen gleichwertig sind. Zur Unterscheidung werden die Bezeichnungen α- und β- verwendet.

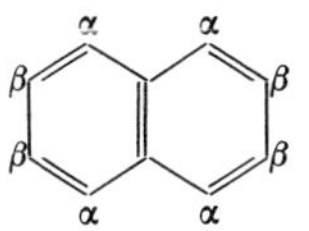

Naphthalin

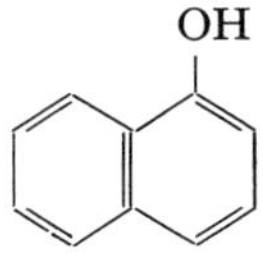

1-Naphthol
α-Naphthol

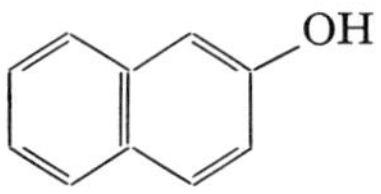

2-Naphthol
β-Naphthol

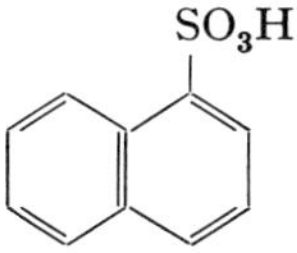

1-Naphthalin-
sulfonsäure

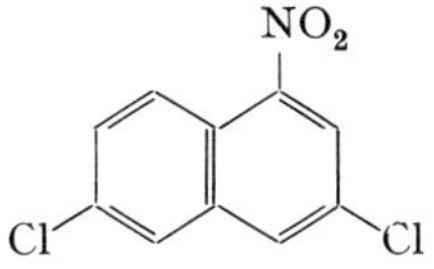

1-Nitro-3,6-dichlor-
naphthalin

Treten Aromaten ihrerseits als Substituenten auf, so werden sie als *Aryl*gruppen bezeichnet:

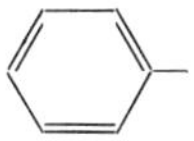

Phenyl-

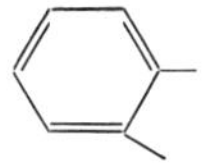

Phenylen-

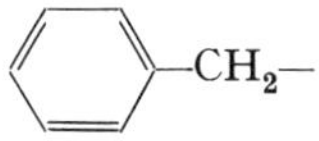

Benzyl-

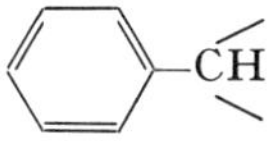

Benzal-

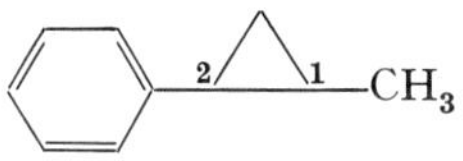

1-Methyl-2-phenyl-
cyclopropan

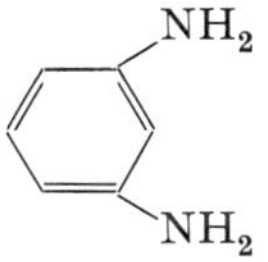

m-Phenylen-
diamin

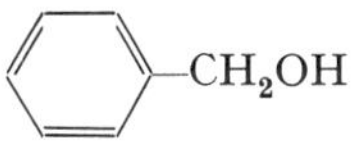

Benzylalkohol

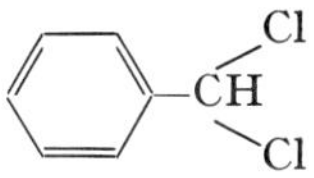

Benzalchlorid

Partiell hydrierte Verbindungen werden als Dihydro-, Tetrahydroderivate bezeichnet, wenn sie eine oder zwei Doppelbindungen weniger enthalten als die aromatische Verbindung. Durch Zahlen wird angegeben, in welchen Stellungen die eingeführten H-Atome sitzen.

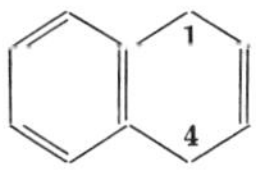

1,4-Dihydronaphthalin

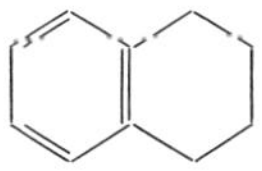

1,2,3,4-Tetra-
hydronaphthalin
Tetralin

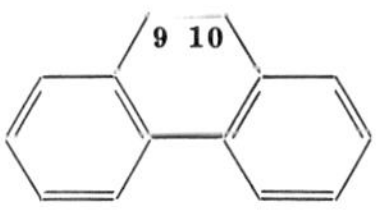

9,10-Dihydrophenanthren

46. Aromatische Heterocyclen

Zur Benennung von substituierten Heterocyclen werden die

Atome im Ring durchnumeriert, und zwar so, daß die Heteroatome möglichst niedrige Nummern erhalten. Bei mehreren verschiedenen Heteroatomen im gleichen Ring richtet sich die Reihenfolge nach absteigender Gruppennummer und aufsteigender Ordnungszahl der Heteroatome: O und S kommen also vor N und O vor S. Die folgende Aufstellung zeigt neben einer Auswahl von wichtigen aromatischen Heterocyclen mit der korrekten Numerierung auch einige Di- und Tetrahydro-Analoge. Diese sowie die Drei- und Vierringverbindungen sind natürlich nicht aromatisch und mit * gekennzeichnet.

Oxiran*

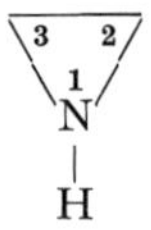
Aziridin*

Oxetan*

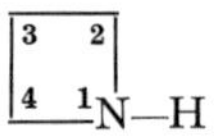
Azetidin*

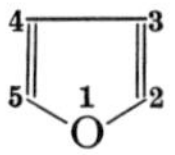
Furan

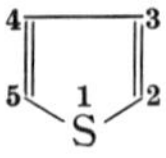
Thiophen

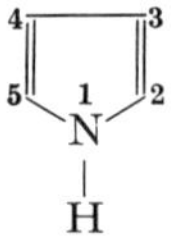
Pyrrol

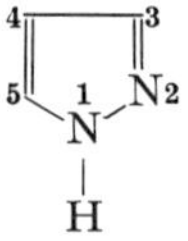
Pyrazol

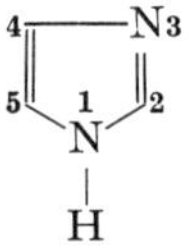
Imidazol

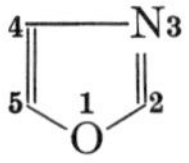
Oxazol

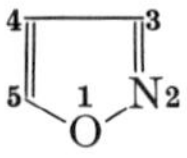
Isoxazol

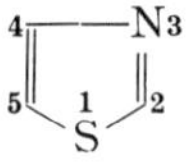
Thiazol

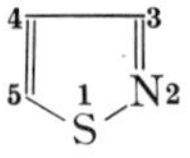
Isothiazol

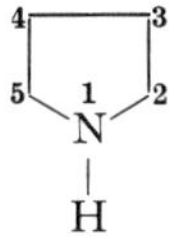
Pyrrolidin*

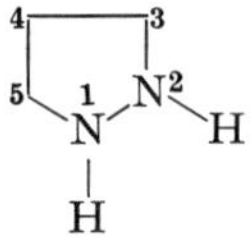
Pyrazolidin*

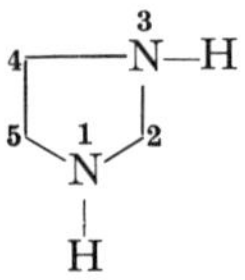
Imidazolidin*

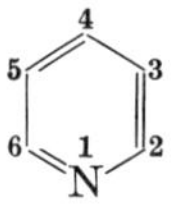
Pyridin

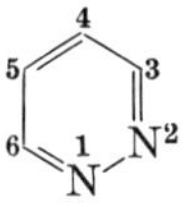
Pyridazin

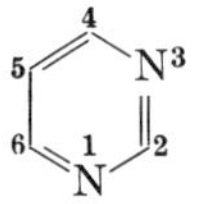
Pyrimidin

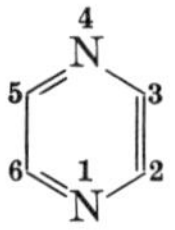
Pyrazin

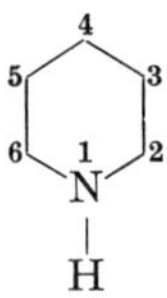
Piperidin*

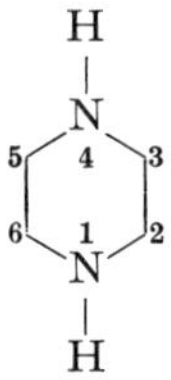
Piperazin*

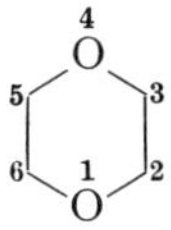
Dioxan*

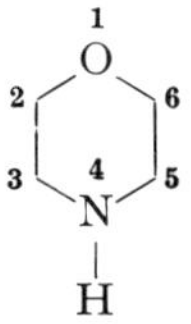
Morpholin*

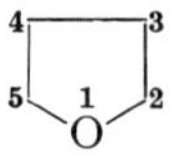
Tetrahydrofuran*

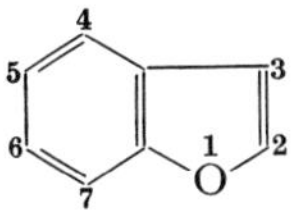

Benzofuran

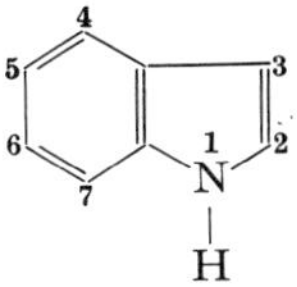

Indol

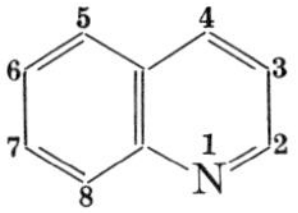

Chinolin

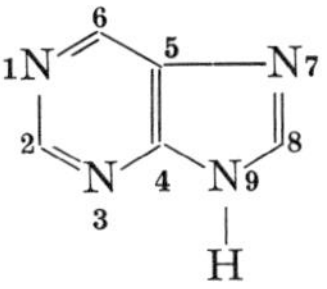

Purin

Bei substituierten Heterocyclen werden die Substituenten zusammen mit der Stellungsangabe, meist in alphabetischer Reihenfolge, aufgezählt und vor den Namen des Grundgerüsts gesetzt.

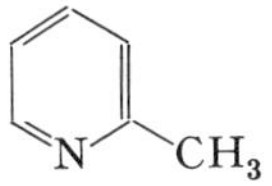

2-Methylpyridin
α-Picolin

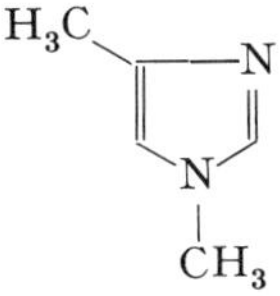

1,4-Dimethyl-imidazol

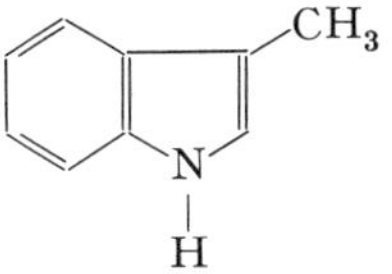

3-Methylindol
Skatol

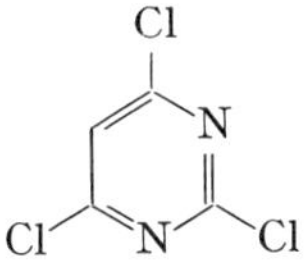

2,4,6-Trichlor-pyrimidin

Übung 44. Benenne die folgenden Verbindungen:

a) 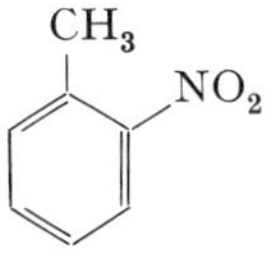

b) 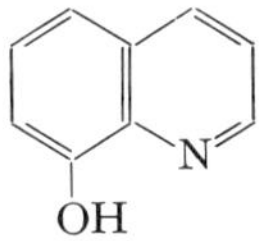

c) 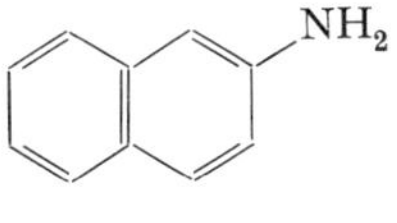

d) 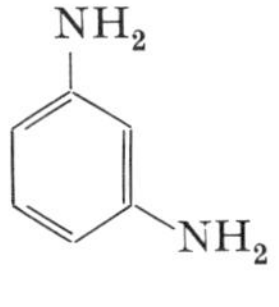

e) 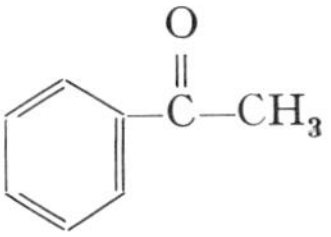

f) 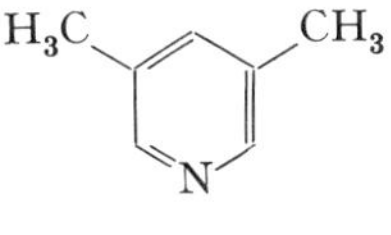

g) 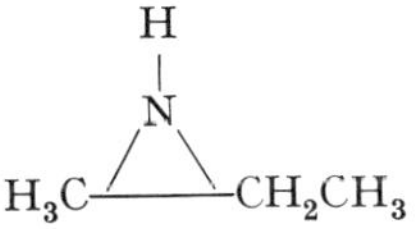

h) 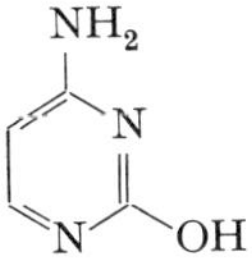

i) 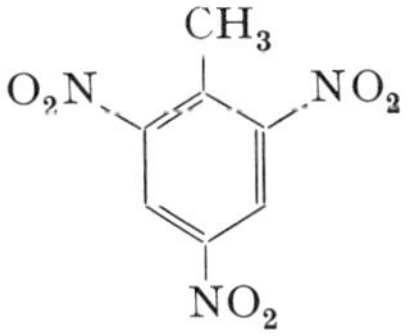

k) 

l) 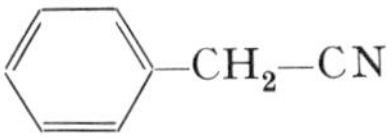

m) 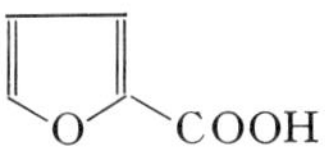

Übung 45. Formuliere Strukturformeln für die folgenden Verbindungen: a) 2-Acetylthiophen; b) Naphthalin-β-sulfonsäure; c) *m*-Nitrobrombenzol; d) *o*-Aminophenol; e) 3,5-Dimethylpiperidin; f) Pyridin-2-aldehyd; g) 1,5-Dibromanthracen; h) *m*-Chlorperbenzoesäure; i) 2,3-Dimethyloxiran; k) Isothiazol; l) 4-Nitrophthalsäureanhydrid; m) 4-Methoxypyridin.

47. Naturstoffe

Das Gebiet der Naturstoffe umfaßt alle Verbindungen, die zuerst aus Pflanzen oder Tieren isoliert wurden. Diese Stoffe gehören zu den verschiedensten Verbindungsklassen und weisen meist ein hohes Molekulargewicht und eine komplizierte Struktur auf. Viele davon, vor allem solche mit biologischen Wirkungen, sind auch auf synthetischem Weg zugänglich gemacht worden. Im Rahmen dieser kurzen Einführung können nur die wichtigsten Naturstoffgruppen anhand einiger Beispiele vorgestellt werden.

47.1. Fette und Öle

Fette und Öle sind Fettsäureester des Glycerins. Das Glycerin ist dabei mit drei gleichen oder verschiedenen Fettsäuren verestert:

$$\begin{array}{l} CH_2\text{–O–CO–}R_1 \\ | \\ CH\text{–O–CO–}R_2 \\ | \\ CH_2\text{–O–CO–}R_3 \end{array} \xrightarrow{NaOH} \begin{array}{l} CH_2\text{–OH} \\ | \\ CH\text{–OH} \\ | \\ CH_2\text{–OH} \end{array} + \begin{array}{l} R_1\text{–COOH} \\ \\ R_2\text{–COOH} \\ \\ R_3\text{–COOH} \end{array}$$

Die Isolierung von einzelnen reinen Fetten gelingt meist nicht. Deshalb hydrolysiert man die Fette oder Öle mit NaOH und bestimmt die Art und Menge der freigesetzten Fettsäuren. Häufig vorkommende Fettsäuren sind:

$CH_3\text{–}(CH_2)_{10}\text{–}COOH$	Laurinsäure
$CH_3\text{–}(CH_2)_{12}\text{–}COOH$	Myristinsäure
$CH_3\text{–}(CH_2)_{14}\text{–}COOH$	Palmitinsäure
$CH_3\text{–}(CH_2)_{16}\text{–}COOH$	Stearinsäure
$CH_3\text{–}(CH_2)_7\text{–}CH{=}CH\text{–}(CH_2)_7\text{–}COOH$	Ölsäure
$CH_3\text{–}(CH_2)_4\text{–}CH{=}CH\text{–}CH_2\text{–}CH{=}CH\text{–}(CH_2)_7\text{–}COOH$	Linolsäure

Fette enthalten vorwiegend gesättigte Fettsäuren, Öle weisen einen hohen Gehalt an ungesättigten Fettsäuren auf.

47.2. Peptide und Proteine

Peptide und Proteine sind aus α-Aminosäuren aufgebaut. Bis zu einem Molekulargewicht von etwa 10000 zählt man die Verbindungen zu den Peptiden, darüber zu den Proteinen.
Zu den Proteinen gehören alle Faserproteine, die z. B. die Muskelfasern bilden; das in Bindegeweben enthaltene Kollagen; das Keratin, das in Haaren, Nägeln und Horn vorkommt, sowie die Plasmaproteine wie z. B. Hämoglobin. Zu den Peptiden gehören viele Verbindungen mit Hormoncharakter wie z. B. Oxytocin, Vasopressin, β-ACTH (Adrenocorticotropes Hormon), Insulin usw.
Es sind 24 α-Aminosäuren als Bausteine natürlicher Proteine und Peptide bekannt. Die verschiedenen Verbindungen unterscheiden sich in der Kettenlänge, dem relativen Gehalt an bestimmten Aminosäuren und der Reihenfolge (Sequenz) dieser Bausteine in der Peptidkette. Die Aminosäuren sind durch Amidbindungen (S. 213) miteinander verbunden:

$$\underset{\text{L-Glycin}}{H_2N{-}CH_2{-}COOH} + \underset{\text{L-Valin}}{\mathbf{H_2N{-}\overset{\overset{CH(CH_3)_2}{|}}{C}H{-}COOH}} + \underset{\text{L-Serin}}{H_2N{-}\overset{\overset{CH_2OH}{|}}{C}H{-}COOH} + \underset{\text{L-Glycin}}{\mathbf{H_2N{-}CH_2{-}COOH}}$$

$$\downarrow$$

$$H_2N{-}CH_2{-}\overset{\overset{O}{\|}}{C}{-}\mathbf{NH{-}\overset{\overset{CH(CH_3)_2}{|}}{C}H{-}\overset{\overset{O}{\|}}{C}}{-}NH{-}\overset{\overset{CH_2OH}{|}}{C}H{-}\overset{\overset{O}{\|}}{C}{-}\mathbf{NH{-}CH_2{-}COOH}$$

ein Tetrapeptid

47.3. Kohlenhydrate

Die einfachsten Vertreter dieser Stoffklasse sind Polyhydroxyaldehyde und -ketone. Der wichtigste Vertreter dieser *Monosaccharide* genannten Gruppe ist die D-Glucose (Traubenzucker). Bei den *Aldohexosen*, den Monosacchariden mit sechs C-Atomen und einer Aldehydgruppe, zu denen auch die D-Glucose gehört, gibt es acht diastereomere D-L-Paare (S. 63). Die Galactose ist ein weiteres Beispiel aus dieser Reihe. Die D-Fructose (Fruchtzucker) ist ein Vertreter der *Ketohexosen*. Die Monosaccharide liegen normalerweise nicht in der offenkettigen Form vor, sondern als Ringe: Zwischen der Aldehydgruppe in 1-Stellung und der OH-Gruppe in 5-Stellung bildet sich intramolekular ein Halbacetal (S. 99). Bei dieser Reaktion wird das C-Atom in 1-Stellung asymmetrisch, so daß zwei isomere Formen, die α-D-Glucose und die β-D-Glucose, entstehen können. In Lösung stehen alle drei Formen miteinander im Gleichgewicht. Löst man reine α-D-Glucose in Wasser, so ist die optische Drehung zunächst $[\alpha]_D = +112°$, ändert sich dann aber langsam, bis der Gleichgewichtszustand mit ca. 30% α-D-Glucose und 64% β-D-Glucose mit einem $[\alpha]_D$-Wert von + 52,5° erreicht wird. Zum gleichen Wert kommt man beim Auflösen von reiner β-D-Glucose. Diese Änderung der optischen Drehung als Folge einer strukturellen Veränderung der gelösten Verbindung wird als *Mutarotation* bezeichnet.

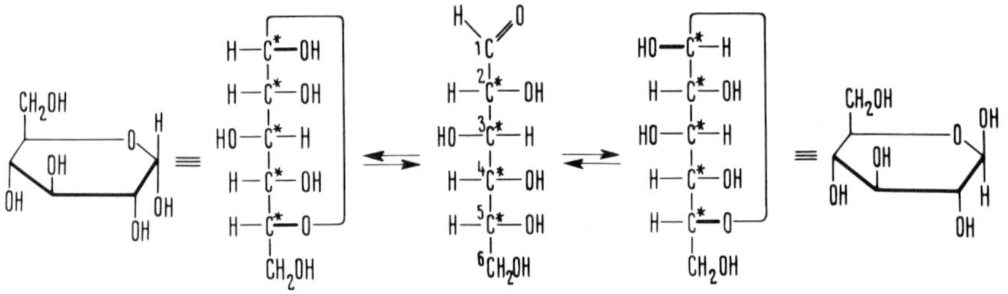

α-D-Glucose $[\alpha]_D = +112°$ D-Glucose β-D-Glucose $[\alpha]_D = +19°$

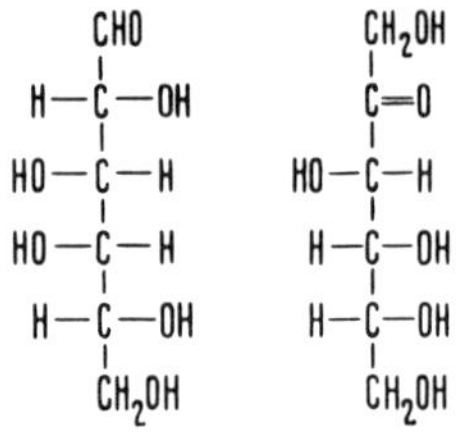

D-Galactose D-Fructose

Neben den hier erwähnten Hexosen gibt es auch Monosaccharide mit mehr oder weniger als sechs C-Atomen (z. B. Pentosen, Heptosen) sowie solche, bei denen einzelne OH-Gruppen, vor allem in 2- und 6-Stellung von Hexosen, fehlen (Desoxyzucker). Die *Disaccharide* sind aus zwei einfachen Zuckern zusammengesetzt. Dabei wird zwischen der Aldehydgruppe (oder Ketogruppe) eines Zuckermoleküls und einer OH-Gruppe eines anderen Zuckermoleküls ein Acetal gebildet (glykosidische Verknüpfung). So besteht Lactose (Milchzucker) aus je einem Molekül D-Glucose und D-Galactose. Im Lactosemolekül liegt dabei die Glucose als Halbacetal, die Galactose als Acetal vor. Die Saccharose (Rohrzucker) ist aus D-Glucose und D-Fructose aufgebaut.

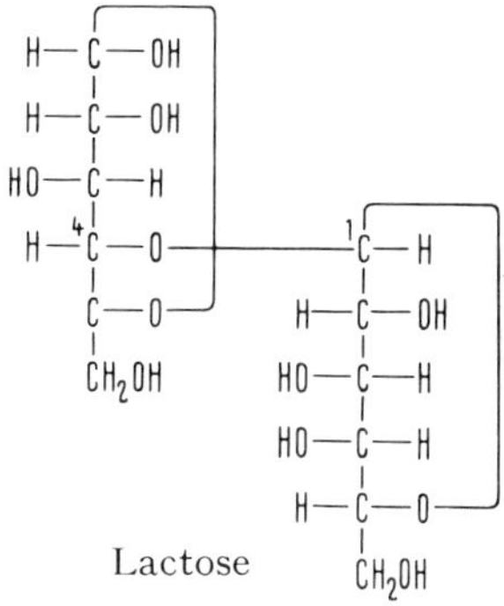

Lactose

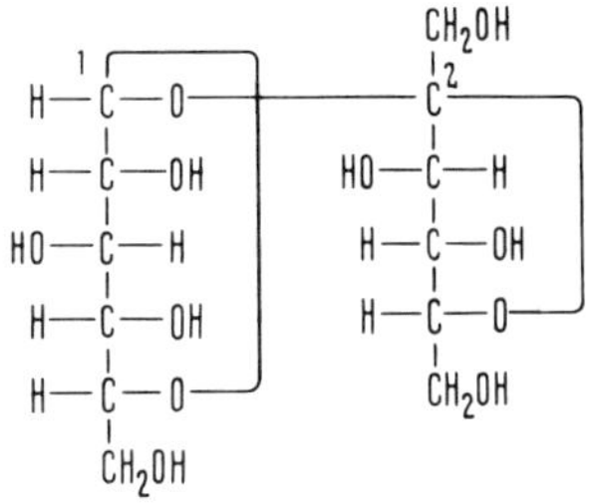

Saccharose

In ähnlicher Weise können auch mehrere Zuckermoleküle miteinander verknüpft werden. Zu diesen *Polysacchariden* gehören Stärke und Cellulose, die beide aus D-Glucose aufgebaut sind. Der große Unterschied zwischen diesen beiden Stoffen beruht darauf, daß Stärke aus Ketten von α-D-Glucosemolekülen, Cellulose dagegen aus Ketten von β-D-Glucosemolekülen aufgebaut ist:

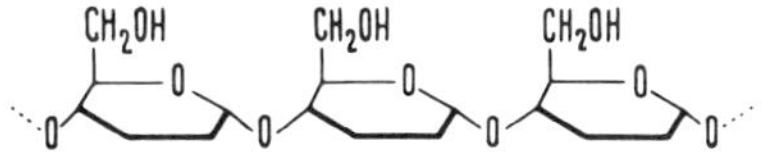

Stärke

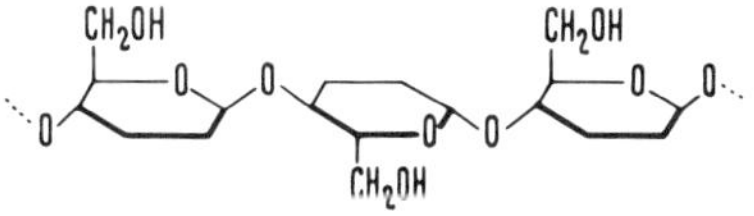

Cellulose

47.4. Alkaloide

Zu den Alkaloiden werden organische Verbindungen gezählt, die Stickstoff enthalten, basisch sind und eine starke biologische Wirkung zeigen. Chemisch ist diese Gruppe sehr heterogen. Wie aus den Beispielen ersichtlich ist, leiten sich einige Alkaloide

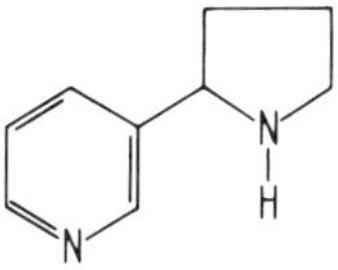

Nicotin

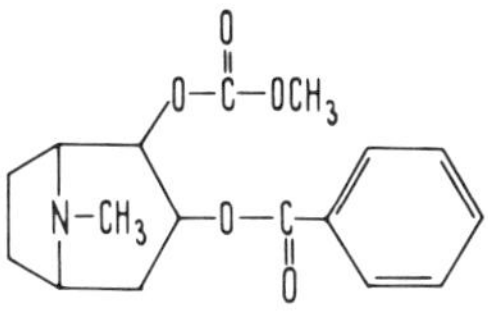

Cocain

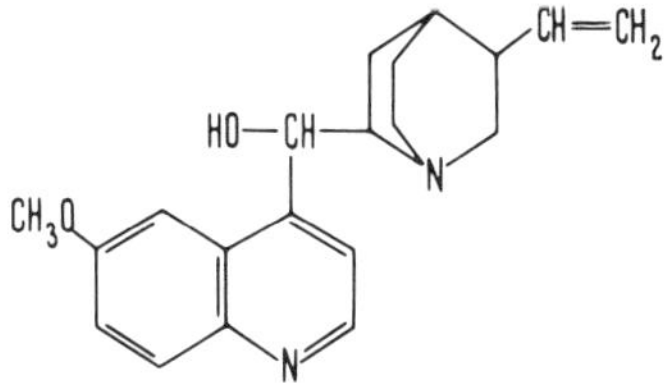

Chinin

von einfachen Heterocyclen wie Pyridin oder Piperidin ab, andere wie z. B. Morphin sind dagegen sehr viel komplizierter gebaut.

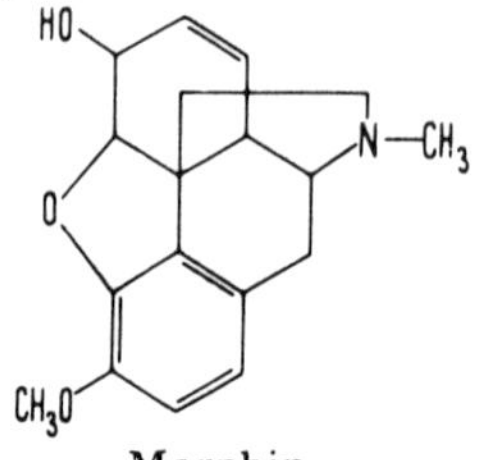

Morphin

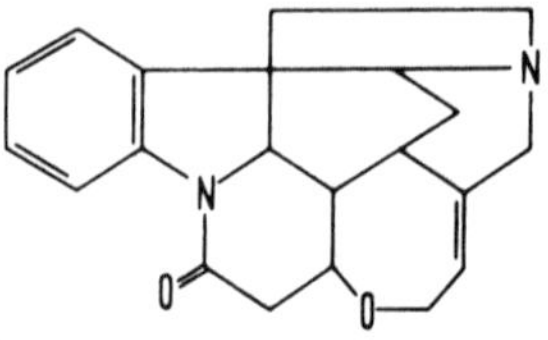

Strychnin

47.5. Terpene

Viele Terpene sind Duftstoffe und ätherische Öle. Man kann sich diese Verbindungen als aus C_5-Einheiten aufgebaut vorstellen (Isoprenregel; es ist bewiesen, daß diese Verbindungen biosynthetisch tatsächlich aus C_5-Bausteinen aufgebaut werden). Nach der Anzahl dieser Isopren-Bausteine teilt man die Terpene ein in Terpene (C_{10}-Verbindungen), Sesquiterpene (C_{15}-Verbindungen), Diterpene (C_{20}-Verbindungen), Triterpene (C_{30}-Verbindungen) usw. Die Isopreneinheiten können zu offenkettigen oder cyclischen Terpenen zusammengefügt sein. In den Beispielen sind die einzelnen C_5-Einheiten durch Fettdruck hervorgehoben.

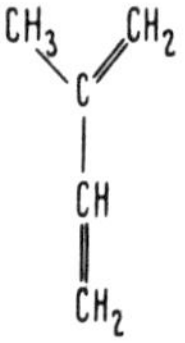

Isopren

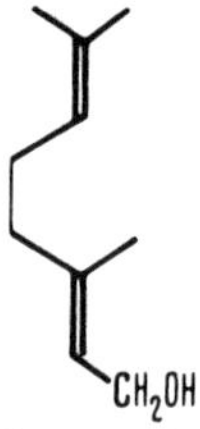

Geraniol (Terpen)

Limonen (monocyclisches Terpen)

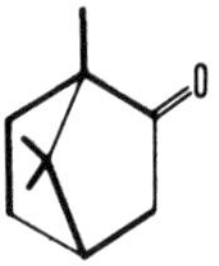

Campher (bicyclisches Terpen)

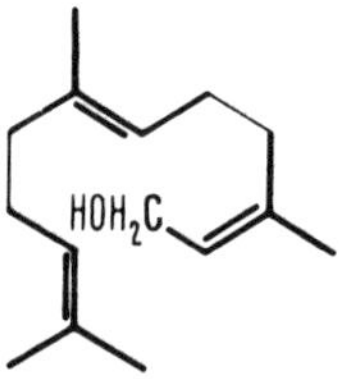

Farnesol (Sesquiterpen)

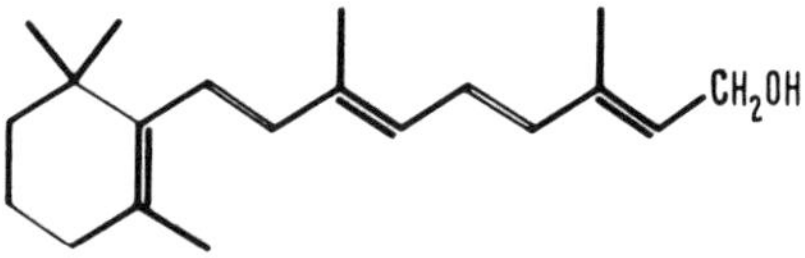

Vitamin A (Diterpen)

Kautschuk ist ein Gemisch aus Polyterpenen, welche aus 100–500 Isopreneinheiten aufgebaut sind.

47.6. Steroide

Die Steroide leiten sich von den Triterpenen ab. Zu dieser Gruppe von tetracyclischen Verbindungen gehören viele wichtige Hormone. Da gewisse Grundgerüste hier in den natürlichen wie auch in den abgewandelten oder synthetisch hergestellten Verbindungen immer wieder vorkommen, hat man sie mit eigenen Namen und einer festgelegten Numerierung versehen. So kann die Benennung anhand der üblichen Regeln erfolgen. Die natürlichen Steroidhormone besitzen alle auch Trivialnamen.

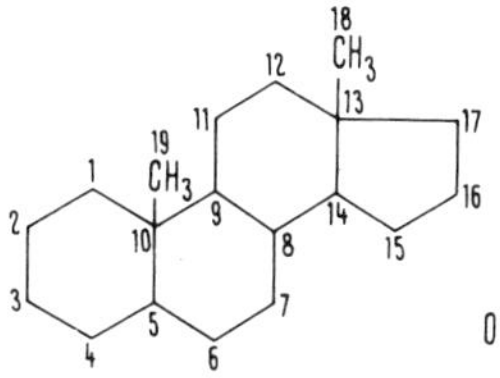

Androstan-Gerüst (C_{19})

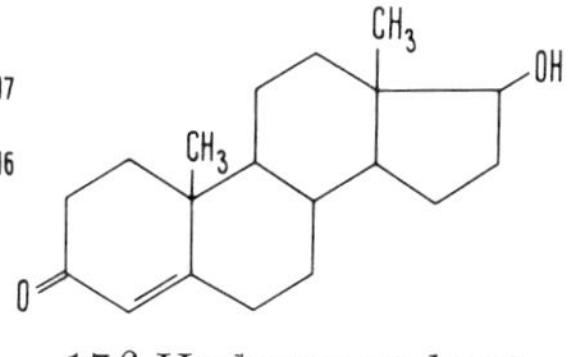

17β-Hydroxy-androst-4-en-3-on
= Testosteron

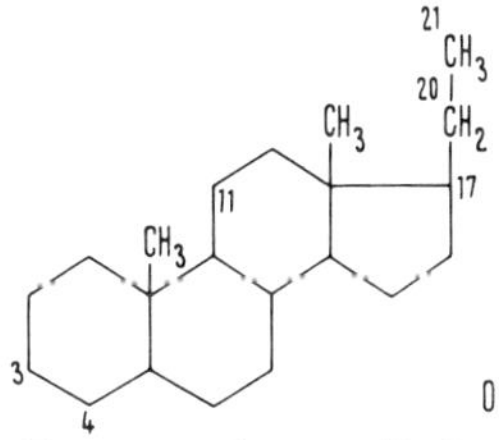

Pregnan-Gerüst (C_{21})

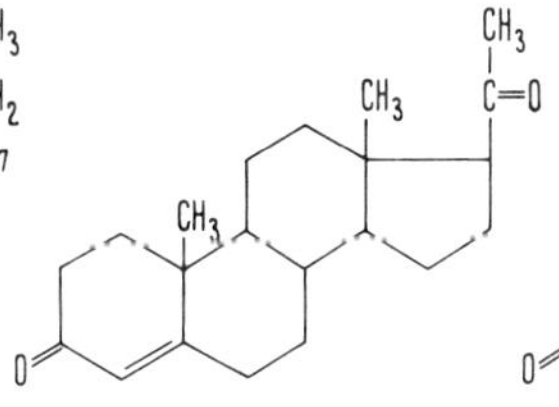

Pregn-4-en-3,20-dion
Progesteron

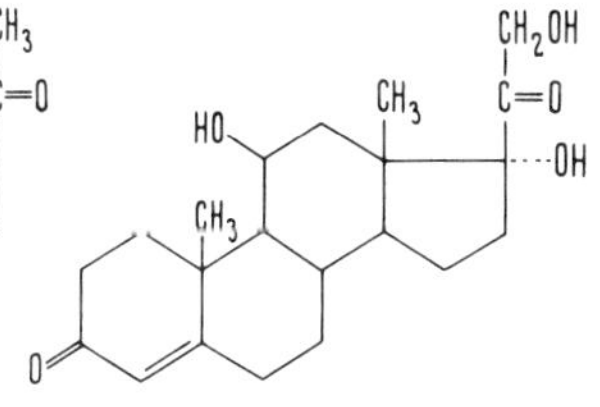

11β,17α,21-Trihydroxy-pregn-4-en-3-on
Cortisol

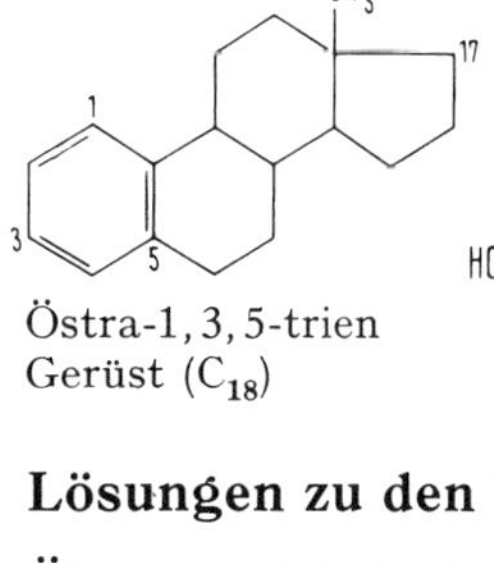

Östra-1,3,5-trien
Gerüst (C_{18})

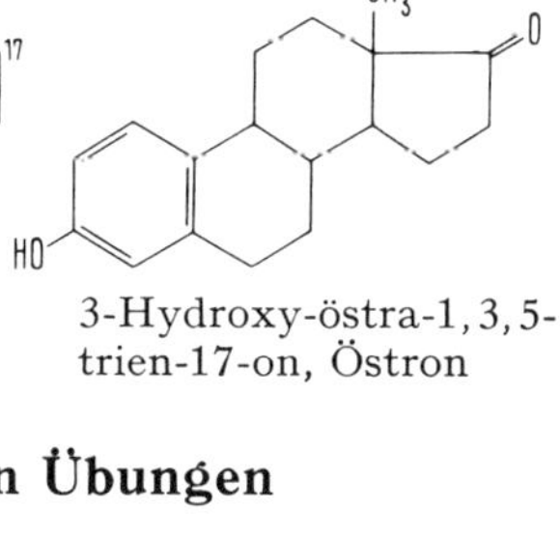

3-Hydroxy-östra-1,3,5-trien-17-on, Östron

Lösungen zu den Übungen

Übung 1. a) $C_{21}H_{32}O_4$; b) $C_{20}H_{30}O_5$; c) $C_{31}H_{50}N_2O_2$.

Übung 2. a) $C_{10}H_{16}O$; b) $C_{11}H_7NO_4$; c) $C_{15}H_{17}N_3O$.

Übung 3. Die aus den Verbrennungswerten berechneten Prozentzahlen (C 79,3%, H 10,22%) stimmen besser mit dem für $C_{31}H_{48}O_3$ berechneten Prozentgehalt an C und H überein ($C_{31}H_{48}O_3$: C 79,43, H 10,32%; $C_{31}H_{46}O_3$: C 79,78, H 9,94%).

Übung 4. Es lassen sich 12 Strukturisomere formulieren:
$CH_2{=}CH{-}CH_2{-}NH_2$, $CH_2{=}C(NH_2){-}CH_3$, $NH_2{-}CH{=}CH{-}CH_3$, $CH_3{-}CH_2{-}CH{=}NH$,

$CH_3{-}C({=}NH){-}CH_3$, $CH_2{=}CH{-}NH{-}CH_3$, $CH_3{-}CH{=}N{-}CH_3$, $CH_3{-}CH_2{-}N{=}CH_2$,

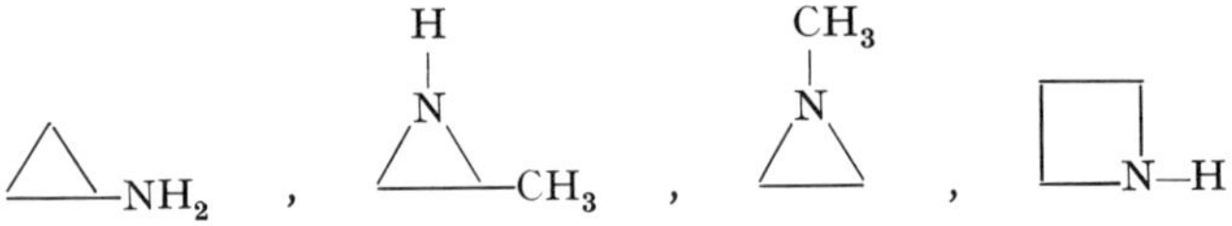

(zur Schreibweise vgl. S. 198).

Übung 5. a)

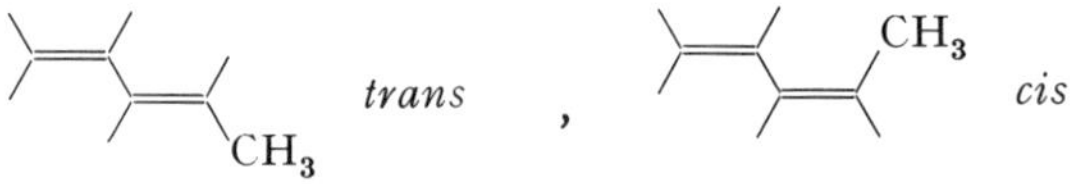

b)

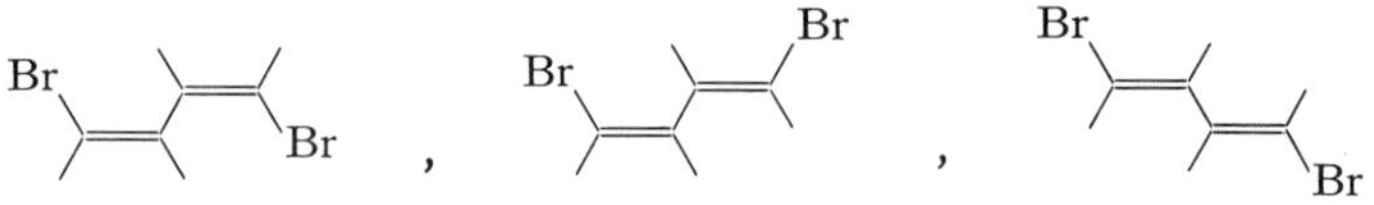

cis-cis, *cis-trans*, *trans-trans*

c)

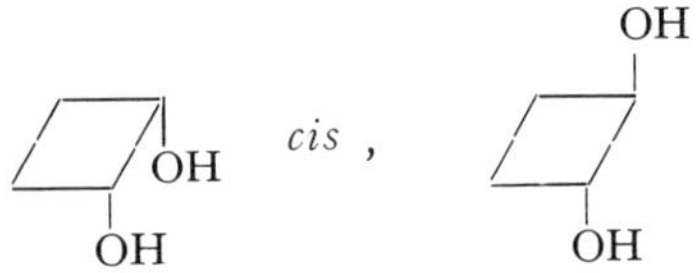

cis, *trans*

d) (Z)-, *cis*-; e) (E)-; f) (E)-; g) (Z)-, *trans*- (auf Grund der beiden Methylgruppen); h) (Z)- ; i) (Z)-; k) (E)-.

Übung 6. $[\alpha]_D^{20} = +102°$.

Übung 7. Optische Antipoden, die spezifischen Drehungen betragen ± 66°.

Übung 8. a) Stellungen 2, 3; **4** Isomere. b) 2; **2**. c) 1, 3, 4; **8**. d) 1, 2, 4; **8**. e) 1, 4; **2** (Spezialfall, da die beiden C* starr miteinander verbunden sind). f) 5, 6, 9, 13, 14; **32**. g) 8, 9, 13, 14, 17; **32**.

Übung 9. Es gibt 4 diastereomere Antipodenpaare (die kurzen Striche in den abgekürzten Formeln bedeuten OH-Gruppen):

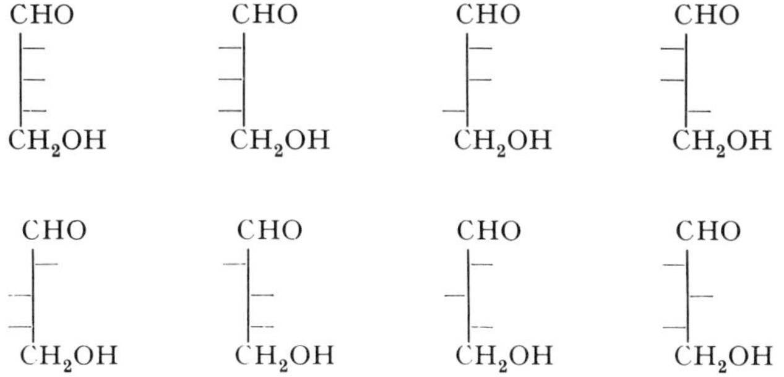

Übung 10. a) R; b) S; c) R; d) R, R.

Übung 11. Die Isomeren sind 1,1, 1,2-*cis*, 1,2-*trans*, 1,3-*cis* und 1,3-*trans*. Optisch aktiv ist das 1,2-*trans*-Isomere.

Übung 12. a) Brom diäquatorial; b) Isopropylgruppe äquatorial, F axial; c) beide möglichen Sessel-Konformationen gleichwertig.

Übung 13.

a) $(CH_3)_2CBr{-}CH_2{-}CH_3$; b)

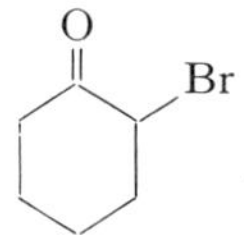

; c)

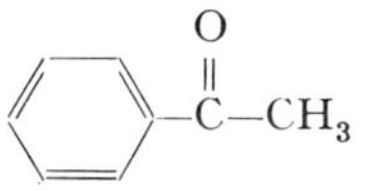

;

d) $(CH_3)_2CBr{-}CHBr{-}CH{=}C(CH_3)_2 + (CH_3)_2CBr{-}CH{=}CH{-}CBr(CH_3)_2$(mehr);

e)

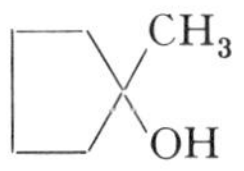

; f)

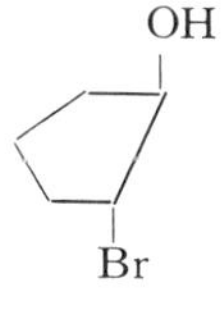

; g) $CH_3{-}CHBr{-}CH(CH_3)_2$;

h)

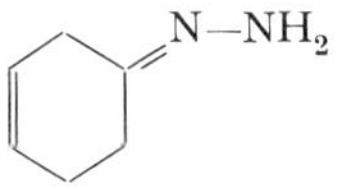

i) vorwiegend 1,2-Addition zu

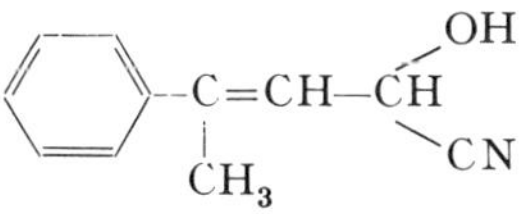

Übung 14. Die Produkte sind D,L-Dibrombernsteinsäure aus Maleinsäure und *meso*-Dibrombernsteinsäure aus Fumarsäure. Racemate und *meso*-Formen zeigen keine optische Drehung. Die Racemisierung kommt zustande, weil das Br^+-Ion das eben gebaute Molekül **22** mit gleicher Wahrscheinlichkeit von oben oder unten angreift.

Übung 15. a) und c) nach S_N2; d) und e) nach S_N1; b) geht keine S_N-Reaktion ein, es kann aber Hydrolyse zu Cyclopropanol stattfinden; f) S_N2 wegen sterischer Hinderung unmöglich, S_N1-Reaktionen möglich, da der + I-Effekt von zwei *tert.* Butylgruppen das sekundäre Carboniumion in genügendem Maß zu stabilisieren vermag.

Übung 16. *cis*-1-Iod-2-methylcyclopentan → *trans*-1-Methoxy-2-methylcyclopentan. *trans*-1-Iod-2-methylcyclopentan → *cis*-1-Methoxy-2-methylcyclopentan.

Übung 17.

a) $(CH_3)_2N-(CH_2)_3-CH=CH_2$

b) 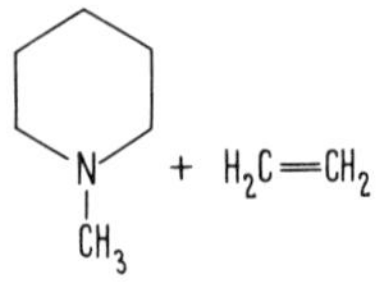

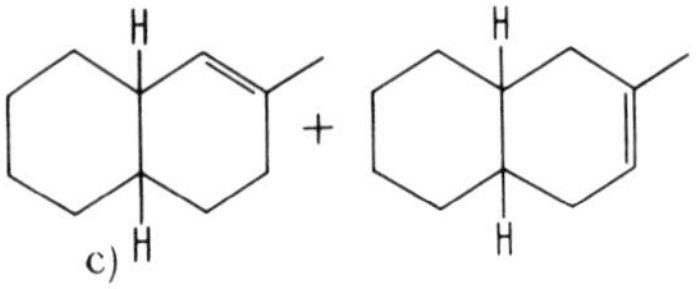

c)

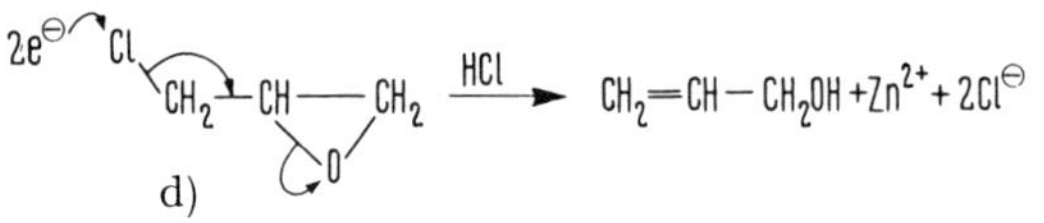

d)

Übung 18. Aus der *trans*-Form entsteht durch Bromabspaltung Cyclohexen.

Übung 19. Die Unterscheidung ist möglich, da die *cis*- und die *trans*-Eliminierung (die tatsächlich stattfindet) zu verschiedenen Produkten führen:

cis-Eliminierung ⟶ 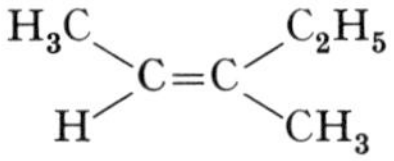

;

trans-Eliminierung ⟶ 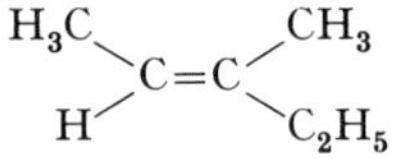

.

Übung 20. Das Produkt mit endständiger Doppelbindung ist günstiger, da die Wechselwirkungen zwischen den Methylgruppen am C-1 und C-3 geringer sind als im Produkt mit der höher substituierten Doppelbindung.

Übung 21. a) 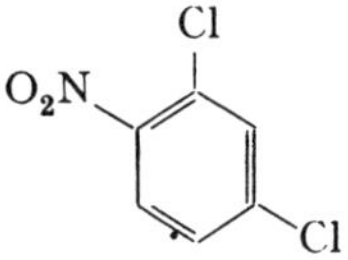

b) 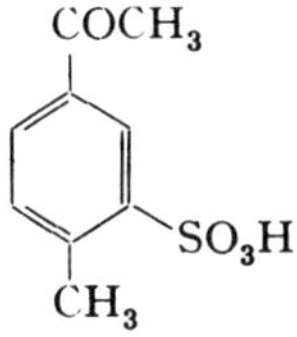

c) 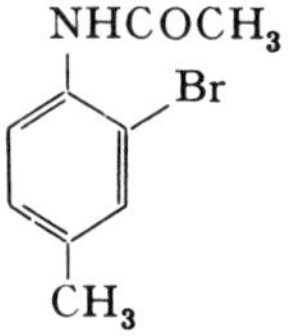

d) 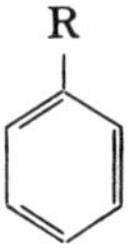

R = { CH_2Cl, $CHCl_2$, CCl_3

e) 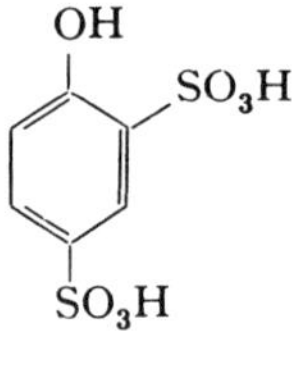

f) 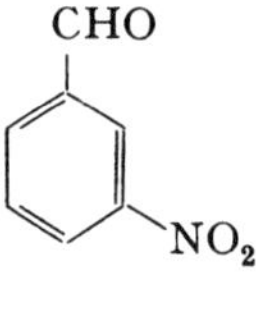

g) 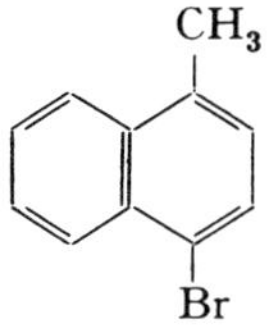 h) 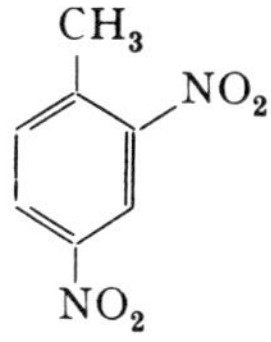 i) 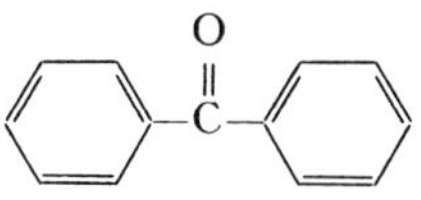 k) 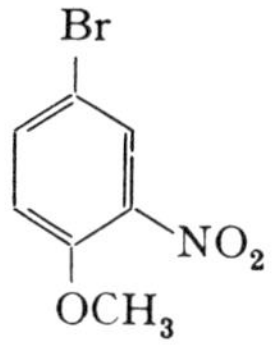

Übung 22. Zahl der isomeren Substitutionsprodukte: *ortho-* → 2, *meta* → 3, *para* → 1.

Übung 23. a) NH_2 ist ein starker Substituent 1. Ordnung, sehr leichte Substitution in *ortho-* und *para-*; b) durch Acetylierung zu $-NHCOCH_3$ wird die aktivierende Wirkung des NH_2-Substituenten abgeschwächt, er ist aber immer noch *ortho-para-*dirigierend; c) in der stark sauren Lösung wird aus $-NH_2$ durch Protonierung eine $-\overset{+}{N}H_3$-Gruppe. Diese dirigiert als Substituent 2. Ordnung in die *meta-*Stellung.

Übung 24. a) Ozonisierung ergibt CH_3–CO–$(CH_2)_4$–CHO und OHC–$(CH_2)_3$–$CH(CH_3)$–CHO; b) mit $NaBH_4$ wird nur das Keton reduziert, der Ester bleibt unverändert; c) nur der ungesättigte Alkohol geht die folgenden Reaktionen ein: Mit H_2/Pt findet eine H_2-Aufnahme statt, mit MnO_2/Chf Oxidation zum α, β-ungesättigten Keton, mit Persäuren zum Epoxid.

Übung 25. a) H_2/Pd, $NaBH_4$, H_2/Pt. b) LINDLAR-Katalysator (S. 93), Na/NH_3, H_2/Pt. c) H_2/Pt oder $LiAlH_4$ oder $NaBH_4$; CLEMMENSEN-Reduktion; Druckhydrierung mit RANEY-Nickel/H_2.

Übung 26. a) liefert ein Diol mit *erythro*, b) ein Diol mit *threo-*Konfiguration. Da in beiden Fällen die Reagenzien das ebene Molekül **11** von oben oder unten angreifen können (und zwar mit gleicher Wahrscheinlichkeit), entstehen Racemate, so daß $[\alpha]_D = 0°$.

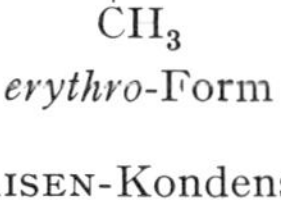

*erythro-*Form

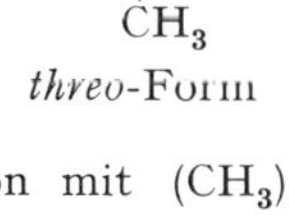

*threo-*Form

Übung 27. a) CLAISEN-Kondensation mit $(CH_3)_2N$–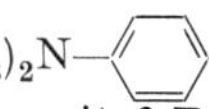–CHO und Essigsäuremethylester; b) KNOEVENAGEL-Reaktion mit 2-Butanon und Malonsäurediethylester, dann Hydrolyse und CO_2-Abspaltung; c) 2-Butanon + Essigester mit $NaOCH_3$, Nebenprodukt: CH_3–CO–CH_2–CO–CH_2–CH_3; d) Aldol-Reaktion zwischen $(CH_3)_3$–CHO und CH_3CHO, Nebenprodukt: Crotonaldehyd; e) DIECKMANN-Kondensation von H_5C_2O–CO–$(CH_2)_5$–CO–OC_2H_5; f) KNOEVENAGEL-Reaktion mit 2-Butanon und

Malonsäuredinitril als Methylenkomponente; g) ein Benzoesäureester C_6H_5–CO–OR und Propionsäuremethylester, es sind Nebenprodukte zu erwarten (vgl. S. 159); h) Aceton + Essigester + $NaOCH_3$.

Übung 28. a)

$$COCl_2 \xrightarrow{h\nu} COCl\cdot + Cl\cdot$$

$$RH + Cl\cdot \longrightarrow R\cdot + HCl$$

$$R\cdot + COCl_2 \longrightarrow R\text{–}COCl + Cl\cdot$$

b)

$$\text{Propan} \longrightarrow CH_3\text{–}CH(COCl)\text{–}CH_3\ ; \quad \text{Isopentan} \longrightarrow (H_3C)_2C(COCl)\text{–}CH_2\text{–}CH_3$$

Übung 29.

a) 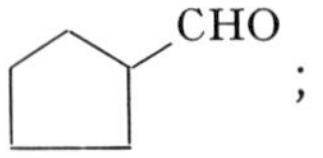

; b) 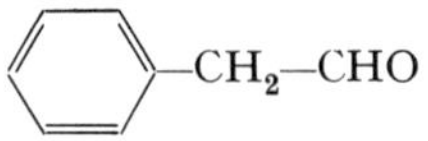

; c) $(CH_3)_3C$–CHO

Übung 30.

$$(H_3C)_2C{=}CH_2 \xrightarrow[\text{oder } KMnO_4]{OsO_4} (H_3C)_2C(OH)\text{—}CH_2(OH) \xrightarrow{H^{\oplus}} (H_3C)_2CH\text{–}CHO$$

Übung 31. a) 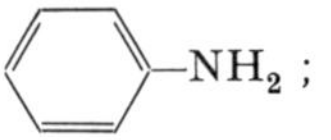

; b) H_2N–$(CH_2)_4$–NH_2.

Übung 32.

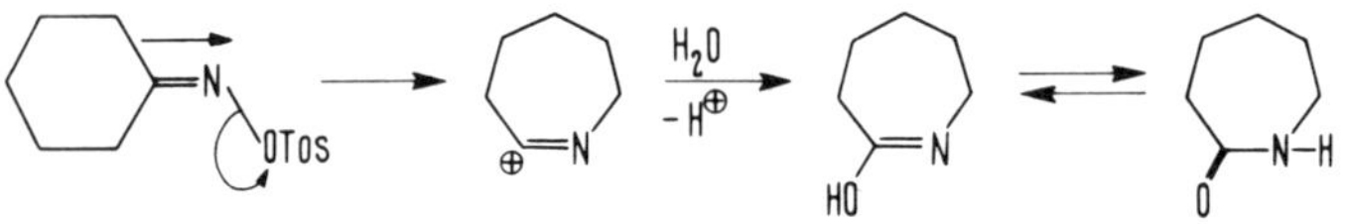

ε-Caprolactam

Übung 33. Es entstehen Propionaldehyd/Propen und Acetaldehyd/1-Buten, je nachdem, ob die Protonierung in 2- oder 4-Stellung eintritt.

Übung 34. Isobuttersäure und Propionsäure. Außer der Spaltung tritt noch die Hydrolyse des zunächst entstandenen Propionsäuremethylesters in der alkalischen Lösung ein.

Übung 35. a) *n*-Octan; b) 2-Methylbutan (Isopentan); c) 2,3-Dimethylpentan; d) 3,3-Dimethylpentan; e) 2-Methyl-5-ethylheptan; f) 2-Methyl-3-ethyl-2-penten (1,1-Dimethyl-2,2-diethylethylen); g) *trans*-3,4-Dimethyl-3-hexen (1,2-Dimethyl-1,2-diethylethylen); h) 6-Methyl-1,5-octadien; i) 5-Methyl-2-hexin (Methyl-isobutylacetylen); k) 1-Hepten-6-in.

Übung 36. a) $CH_3{-}CH_2{-}CH_2{-}CH_3$; b) 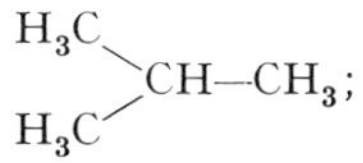

c) 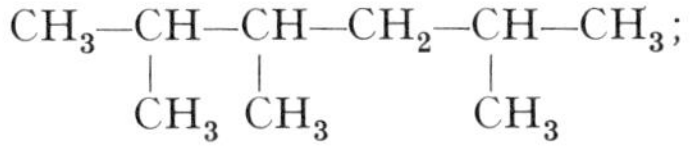 d) $(CH_3)_3C{-}CH_2{-}CH_2{-}CH_3$;

e) 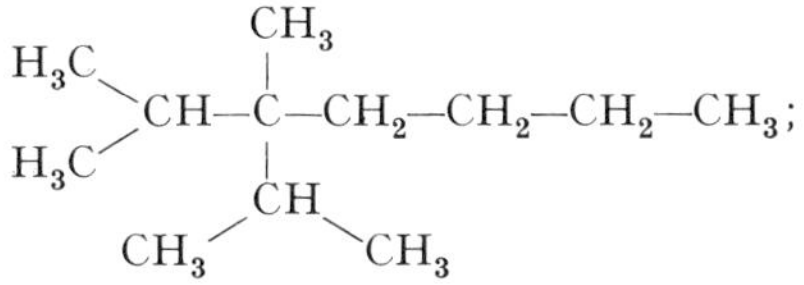

f) 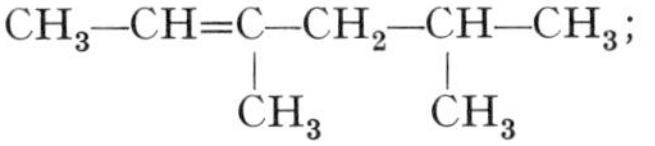 g) $(CH_3)_2CH{-}C{\equiv}C{-}CH(CH_3)_2$;

h) 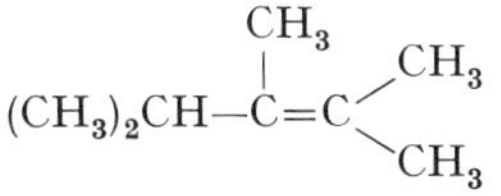 i) 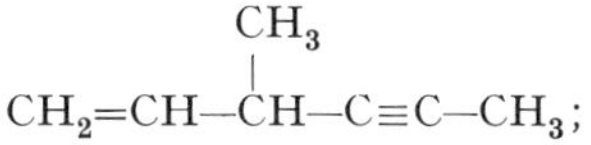

k) 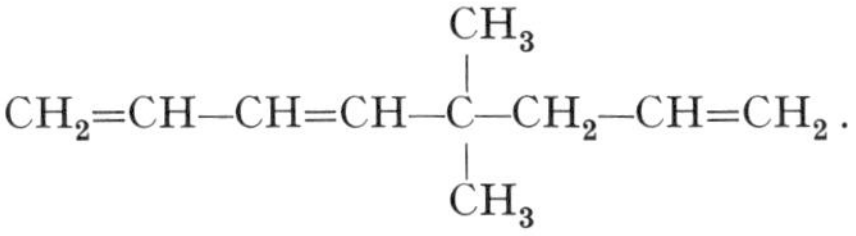

Übung 37. a) 3,3-Dimethylheptan; b) 3-Methylhexan; c) 3-Methyl-3-ethylhexan; d) 4-Methyl-2-hexen; e) 2-Methyl-3-hepten. Fehler; a), b) und d): Falsche Numerierung der Hauptkette, c) falsche Hauptkette, e) gerade Ketten immer nach der Genfer Nomenklatur benennen.

Übung 38. a) 2-Chlorpropanol; b) Difluordichlormethan; c) 3-Brom-1-propanol; d) Methyl-isopropylether; e) 1,1,1-Trichlorpropan; f) 3-Methyl-3-hexanol; g) 1-Propen-3-ol (Allylalkohol); h) Chlorethylen, Chlorethen (Vinylchlorid); i) 2-Penten-4-ol.

Übung 39. a) CH_3I; b) $(CH_3)_3C\ CH_2OH$; c) $HO{-}CH_2{-}CH{=}CH{-}CH_2{-}OH$;

d) 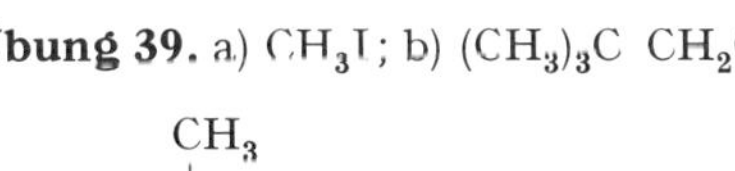 e) $CH_3{-}CH_2{-}O{-}C(CH_3)_3$;

f) $Cl_2CH{-}CH_3$; g) $Cl_3C{-}CCl_3$.

Übung 40. a) Isobuttersäure; b) 2,6-Octandion; c) Ameisensäurechlorid; d) 2-Hexanon (Methyl-*n*-butylketon); e) 3-Brombutanal (β-Brombutyraldehyd); f) Bernsteinsäureanhydrid; g) N-Isopropylacetamid; h) Propionaldehyd-diethylacetal; i) Ameisensäure-essigsäureanhydrid; k) 3-(oder β-)Brom-buttersäureethylester; l) Formaldehyd; m) Trichloressigsäurechlorid; n) 2-(oder α-)Chlorbuttersäure; o) 3-Methyl-4-brompentanal.

Übung 41. a) $H-CO-OCH_3$; b) $CH_3-CHBr-COOH$; c) 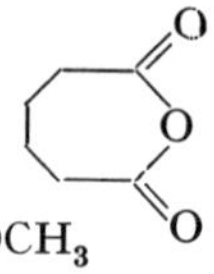

d) $(CH_3)_2CH-CO-(CH_2)_3-CH_3$; e) CF_3-COOH; f) 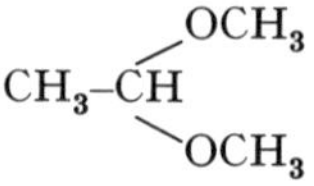 ;

g) $CH_3-CO-CH(CH_3)-CO-CH_3$; h) $BrCH_2-CH_2-CHO$;

i) $CH_3-CO-CH=CH_2$; k) 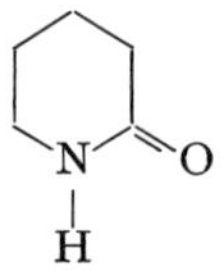 ;

l) 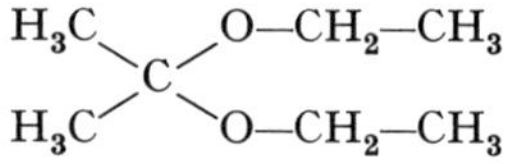 ; m) 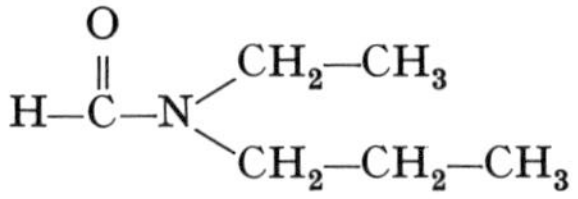 .

Übung 42. a) Cyclohexanol; b) Methylethylamin; c) 2,4-Dimethylcyclobutanon; d) Cyclopentanthioketon; e) Tetramethylammoniumiodid; f) 1-Methyl-2-chlor-cyclopropan; g) Isopropanthiol; h) Methylamin-hydrobromid; i) 1,4-Cyclooctandion; k) Nitroethan; l) Cyclobutan-1,2-dicarbonsäure; m) Methylethyl-*n*-pentylamin; n) Methylethylsulfoxid.

Übung 43. a) 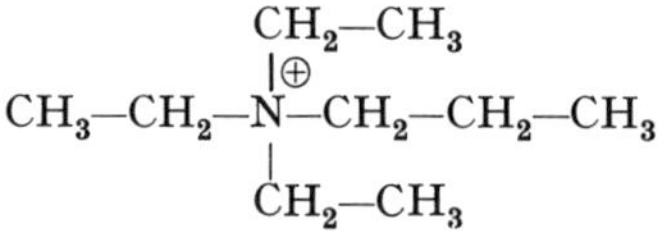 ; b) 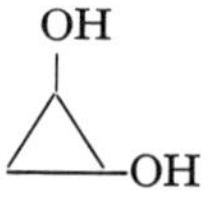 ;

c) 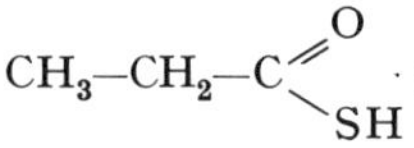 ; d) $\overset{\oplus}{N}(C_2H_5)_4\ OH^{\ominus}$; e)  ;

f) 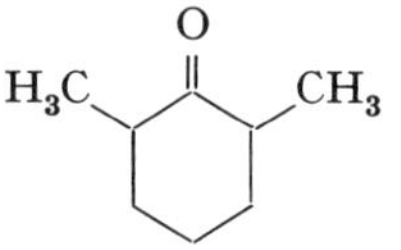 ;

g) 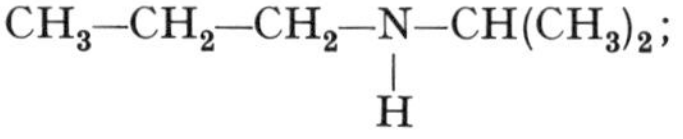 ; h) $HS-CH_2-CH_2-CH_2-CH_2-SH$;

i) 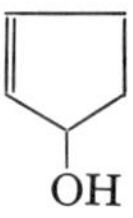 ; k) $CH_3-C\equiv N$; l) 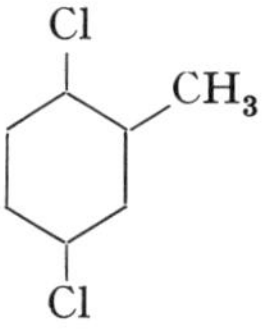 ; m) CH_3-S-CH_3.

Übung 44. a) *o*-Nitrotoluol; b) 8-Hydroxychinolin; c) 2-(oder β-)Naphthylamin; d) *m*-Phenylendiamin; e) Methyl-phenylketon (Acetophenon);

f) 3,5-Dimethylpyridin; g) 2-Methyl-3-ethyl-aziridin; h) 4-Amino-2-hydroxy-pyrimidin; i) 2,4,6-Trinitrotoluol; k) *p*-Toluolsulfonsäure; l) Benzylcyanid; m) 2-Furancarbonsäure.

Übung 45.

a) 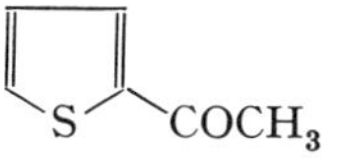

b) 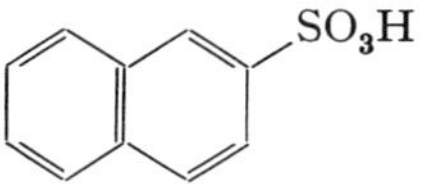

c) 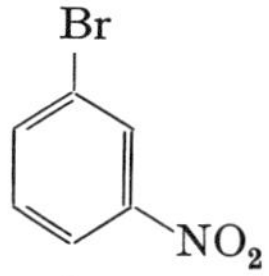

d) 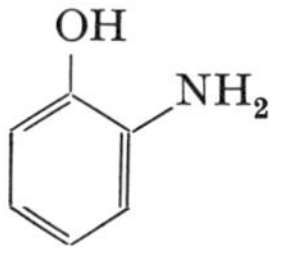

e) 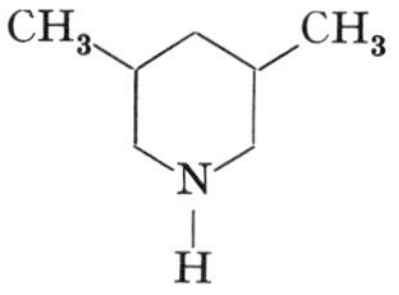

f) 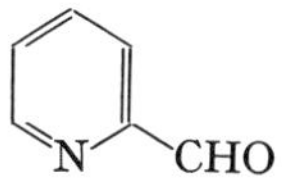

g) 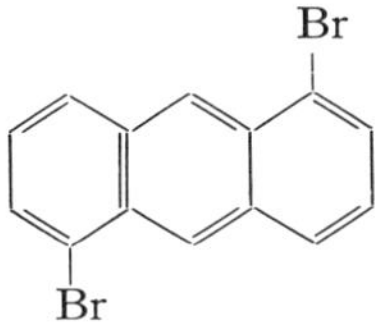

h) 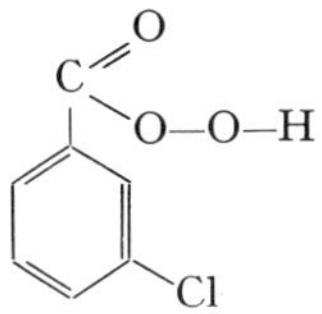

i) 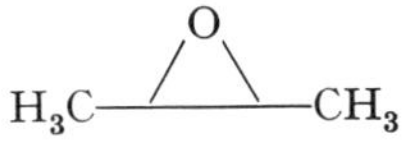

k) 

l) 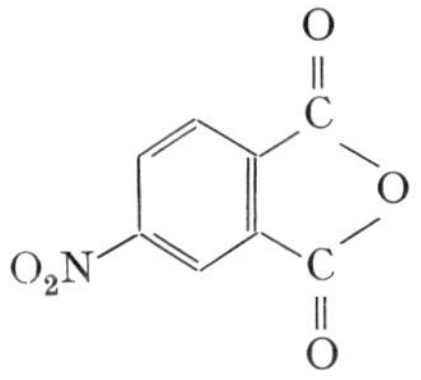

m) 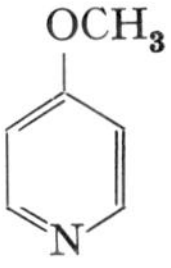

Sachwortregister

A

B